Vencendo a ansiedade e a preocupação

FBTC
Federação Brasileira de
Terapias Cognitivas

artmed

A Artmed é a editora
oficial da FBTC

C592v   Clark, David A.
      Vencendo a ansiedade e a preocupação : com a terapia cognitivo-comportamental / David A. Clark, Aaron T. Beck ; tradução : Daniel Bueno ; revisão técnica : Elisabeth Meyer. – 2. ed. – Porto Alegre : Artmed, 2025.
      x, 372 p. ; 25 cm.

      ISBN 978-65-5882-225-7

      1. Ansiedade 2. Terapia cognitivo-comportamental. 3. Psicoterapia. I. Beck, Aaron T. II. Título.

                             CDU 159.9:616.89-008.441

Catalogação na publicação: Karin Lorien Menoncin – CRB 10/2147

David A. **Clark**
Aaron T. **Beck**

Vencendo a ansiedade e a preocupação

com a terapia cognitivo-comportamental

2ª edição

Tradução
Daniel Bueno

Revisão técnica
Elisabeth Meyer
*Terapeuta cognitivo-comportamental com treinamento
no Instituto Beck, Filadélfia – Pensilvânia.
Doutora em Psiquiatria pela Faculdade de Medicina
da Universidade Federal do Rio Grande do Sul.*

artmed

Porto Alegre
2025

Obra originalmente publicada sob o título *The Anxiety and Worry Workbook: The Cognitive Behavioral Solution*, 2nd Edition
ISBN 9781462546169

Colaboraram nesta edição:

Coordenadora editorial
Cláudia Bittencourt

Capa
Paola Manica | Brand&Book

Preparação de original
Luana R. Truyllio

Leitura final
Gabriela Dal Bosco Sitta

Editoração
Ledur Serviços Editoriais Ltda.

Reservados todos os direitos de publicação, em língua portuguesa, ao
GA EDUCAÇÃO LTDA.
(Artmed é um selo editorial do GA EDUCAÇÃO LTDA.)
Rua Ernesto Alves, 150 – Bairro Floresta
90220-190 – Porto Alegre – RS
Fone: (51) 3027-7000

SAC 0800 703 3444 www.grupoa.com.br

IMPRESSO NO BRASIL
PRINTED IN BRAZIL

Autores

David A. Clark, PhD, é professor emérito de psicologia pela University of New Brunswick, Canadá, e tem consultório particular de psicologia clínica desde 1985. O Dr. Clark é uma autoridade amplamente reconhecida em terapia cognitivo-comportamental para ansiedade, depressão e transtorno obsessivo-compulsivo. Ele é membro da Canadian Psychological Association e membro fundador da Academy of Cognitive and Behavioral Therapies.

Aaron T. Beck, MD, até sua morte, em 2021, foi professor emérito de psiquiatria pela University of Pennsylvania e presidente emérito do Beck Institute for Cognitive Behavior Therapy. Internacionalmente consagrado como o fundador da terapia cognitiva, Beck foi citado pela *American Psychologist* como "um dos cinco psicoterapeutas mais influentes de todos os tempos".

Uma homenagem a Aaron T. Beck
(1921–2021)

Na profissão médica, são muito poucos os que podemos dizer que mudaram a história do tratamento de saúde mental. Aaron T. Beck é um desses raros indivíduos. Suas seis décadas de pesquisa, prática clínica, ensino e treinamento resultaram em uma nova escola de psicoterapia, a *terapia cognitiva*. Sua teoria e terapia cognitiva dos transtornos psicológicos foi uma das primeiras formas sistemáticas e empiricamente verificáveis de psicoterapia. Como resultado, o trabalho de Beck foi exaustivamente estudado, a ponto de consagrar-se como uma modalidade de tratamento baseada em evidências não apenas para ansiedade e depressão, mas para uma ampla variedade de transtornos psicológicos. O sucesso da terapia cognitiva não é atribuível apenas ao gênio incomum do Dr. Beck. Com seu entusiasmo e sua paixão por expandir nossa compreensão da mente humana, ele tinha uma profunda compaixão por aqueles que enfrentam problemas de saúde mental, e sua visão foi verdadeiramente inspiradora na busca pela melhora da qualidade e da eficácia do tratamento para essas pessoas em uma escala mundial.

Foi uma grande honra e privilégio ter aprendido e colaborado com um dos gigantes da psiquiatria contemporânea. Nunca é demais enfatizar a perda pessoal que senti com a morte de meu mentor, amigo e colaborador em 1º de novembro de 2021. Uma semana antes de sua morte, ele estava prestes a enviar sua última contribuição para o primeiro rascunho completo desta 2ª edição de *Vencendo a ansiedade e a preocupação*. Apesar de não incluir suas percepções finais, este livro voltado aos pacientes está imbuído do conhecimento e da sabedoria clínica daquele que provavelmente foi o psiquiatra mais importante dos tempos modernos. Espero que os leitores possam vislumbrar a sabedoria ímpar de Aaron T. Beck ao longo das páginas deste livro.

David A. Clark

Prefácio

A ansiedade continua sendo um dos maiores problemas de saúde mental do mundo. Desde que escrevemos a 1ª edição deste livro, há 10 anos, vimos um aumento da ansiedade relacionado à convulsão global causada pela pandemia de covid-19 e suas consequências. A doença em si e os vários esforços para sua mitigação tiveram impacto direto na vida de bilhões de pessoas em todo o mundo. É neste cenário de maré ascendente de ansiedade que apresentamos esta 2ª edição revisada e ampliada de *Vencendo a ansiedade e a preocupação*.

Este é um livro sobre terapia cognitivo-comportamental (TCC) para a ansiedade e seus transtornos. É um livro de exercícios voltado aos pacientes que mostra como usar os *insights*, intervenções e recursos da TCC para dar fim à ansiedade grave e incontrolável. Suas mais de 70 folhas de trabalho oferecem orientação passo a passo para aplicar estratégias de TCC altamente eficazes voltadas a ansiedade generalizada, preocupação, pânico e ansiedade social. O livro está repleto de casos ilustrativos e exemplos extraídos de décadas de experiência no tratamento, na pesquisa e no ensino da TCC. O Dr. Aaron T. Beck, meu coautor, é o criador da terapia cognitiva para ansiedade. Esta obra está permeada por sua compreensão única e inovadora a respeito da ansiedade e seu tratamento.

Esta 2ª edição é uma revisão completa e uma expansão de nosso livro original. Há várias mudanças e atualizações que são dignas de nota. Incorporamos ideias e intervenções da terapia cognitiva orientada para a recuperação (CT-R), uma modificação da terapia cognitiva padrão que o Dr. Beck desenvolveu para o tratamento de transtornos mentais graves. Essa perspectiva não estava disponível quando a 1ª edição foi publicada. Adaptamos a perspectiva da CT-R ao tratamento da ansiedade problemática. Tanto quanto sabemos, esta é a primeira publicação sobre CT-R para ansiedade dirigida ao público em geral. Com base na abordagem da CT-R, há um novo capítulo sobre formas úteis de ansiedade que fornece um ponto de partida para reformular a abordagem da ansiedade mais grave e problemática. Reorganizamos o livro para que os leitores sejam apresentados primeiro às intervenções básicas da TCC usadas em estratégias para problemas de ansiedade difíceis, como preocupação, pânico e ansiedade social. As intervenções foram divididas em mais etapas práticas e específicas que facilitam a aquisição de habilidades de tratamento necessárias para uma redução genuína da ansiedade. Ampliamos o capítulo sobre intervenções comportamentais e introduzimos inovações mais recentes na terapia de exposição, como a teoria da inibição aprendida e o ensaio comportamental. Foi adicionado um novo capítulo sobre sensibilidade à ansiedade, especialmente importante para indivíduos com ataques de pânico. Outros conceitos como controle mental, intolerância à incerteza, medo de constrangimento e processamento pós-evento foram incluídos ou expandidos para fornecer um protocolo de tratamento mais robusto para os diversos problemas de ansiedade abordados. Com base nos *feedbacks* recebidos em relação à 1ª edição, esta nova edição contém mais relatos de casos, exemplos e amostras de folhas de trabalho – todos baseados em dados de pessoas reais, cujas informações pessoais foram rigorosamente modificadas para proteger sua privacidade – para que os leitores possam ver como nossas estratégias de TCC são aplicadas a problemas de ansiedade da vida real. Os capítulos sobre preocupação e ansiedade social fornecem material adicional que potencializa a eficácia da TCC para ansiedade.

Esta revisão não teria sido possível sem a ajuda e o incentivo de uma série de pessoas. Ao longo dos anos, aprendemos muito sobre ansiedade, preocupação e seu tratamento a partir das experiências que nossos pacientes compartilharam conosco. Sua sabedoria e coragem para enfrentar um adversário tão assustador quanto a ansiedade foram verdadeiramente inspiradoras. Além disso, numerosos pesquisadores, clínicos e estudantes contribuíram para o desenvolvimento da TCC para ansiedade. Muitos deles conhecemos pessoalmente, e a eles somos gratos pelo conhecimento e pela perspicácia clínica que trouxeram às páginas deste livro. Mas há pessoas específicas que desempenharam um papel crítico importante nesse processo de revisão. Somos especialmente gratos a Chris Benton por seus *insights*, energia, praticidade e plena atenção aos detalhes, que melhoraram nossa capacidade de comunicar ideias e estratégias. Como na edição anterior, agradecemos a colaboração positiva de nossa editora, Kitty Moore, que forneceu apoio e incentivo para que este projeto seguisse adiante. Robert Diforio, nosso agente literário, tem sido uma bem-vinda adição à equipe desde a nossa 1ª edição. Seu profundo conhecimento do mundo editorial, aliado ao entusiasmo e à dedicação a este livro, foi inspirador. Há também outras pessoas da The Guilford Press que fizeram contribuições valiosas para esta publicação: o diretor de arte Paul Gordon, a gerente de projeto editorial Anna Bracket e a editora Deborah Heimann. Finalmente, sou grato a Nancy Nason-Clark, minha esposa há 45 anos, que continua fornecendo constante incentivo, aconselhamento e apoio emocional em meus esforços para me comunicar por meio da palavra escrita.

Sumário

Acesse a página do livro em **loja.grupoa.com.br** e faça o *download* das folhas de trabalho aqui apresentadas.

1

Um novo começo

A ansiedade não é sua inimiga! Iniciar um manual sobre ansiedade dessa forma pode parecer estranho. Não há dúvida de que este manual de exercícios o atraiu porque a ansiedade e a preocupação parecem forças incontroláveis em sua vida. Talvez você se lembre de uma época em que se sentir ansioso não era diferente de qualquer outra emoção passageira, como sentir-se triste, zangado ou frustrado. Mas a ansiedade passou a ter um papel muito maior na sua vida do que você gostaria. Agora, ela lhe causa sofrimento pessoal considerável e está interferindo em sua vida diária. Ela tirou sua alegria de viver e sua autoconfiança foi abalada. Seu mundo pode estar diminuindo à medida que você evita um número cada vez maior de lugares, pessoas e experiências devido à ansiedade. Evidentemente, a ansiedade e a preocupação são um problema sério e você está em busca de respostas.

Quer o seu problema com ansiedade e preocupação tenha ocorrido recentemente ou já esteja presente há anos, você encontrará neste manual instruções passo a passo sobre como usar a abordagem da terapia cognitivo-comportamental (TCC) para aliviar o fardo de seu sofrimento emocional. A TCC é um tratamento cientificamente comprovado que é eficaz na redução de uma variedade de problemas de ansiedade. A TCC foi fundada pelo Dr. Aaron T. Beck (coautor), e *Vencendo a ansiedade e a preocupação* é baseado em nossa pesquisa coletiva e experiência clínica de oferecer TCC a centenas de indivíduos. Você encontrará nestas páginas inúmeros exercícios e folhas de trabalho que apresentam as mais potentes e inovadoras estratégias de tratamento para ansiedade e preocupação com base nos princípios fundamentais da TCC.

Nossa abordagem neste manual difere de outros recursos da TCC em dois aspectos fundamentais. Primeiro, passamos um tempo considerável explicando como a mente ansiosa opera e no que você precisa trabalhar para alcançar uma mudança duradoura. Acreditamos que é importante entender a psicologia da ansiedade para beneficiar-se ao máximo das intervenções da TCC. Em segundo lugar, apresentamos uma nova forma de TCC, chamada de *terapia cognitiva orienta-*

da à recuperação (CT-R). Essa abordagem reconhece que emoções negativas como a ansiedade podem ser úteis para alcançar objetivos e aspirações almejados, presumindo que todas as pessoas têm pontos fortes que podem ser aproveitados para lidar com problemas como ansiedade e preocupação. Vários exercícios no manual concentram-se em ajudá-lo a descobrir seus pontos fortes e habilidades ao sentir-se ansioso.

Talvez você já tenha procurado se livrar de sua ansiedade e preocupação lendo livros de autoajuda e obras inspiradoras, participando de seminários motivacionais, fazendo uso de remédios e assim por diante, mas, quanto mais você tenta, mais ansioso e preocupado você se sente. Você já pensou na possibilidade de estar focando o resultado errado? A verdade é que não podemos eliminar a ansiedade ou a preocupação esforçando-nos mais. Não seria maravilhoso poder abolir toda angústia e permanecer calmo e confiante o tempo todo? Mas isso não é possível, pois as emoções negativas e positivas são parte intrínseca de nossa constituição psicológica. Na verdade, as emoções negativas, incluindo a ansiedade, são necessárias para nossa própria sobrevivência. Quando são suportáveis, elas nos motivam a lidar com os problemas da nossa vida e nos ajudam a nos prepararmos para o futuro. Mas a ansiedade e a preocupação nem sempre são suportáveis. Elas podem se tornar muito desconfortáveis, abalando aspectos importantes da nossa vida. Este manual trata sobre como diminuir a ansiedade problemática para que você possa viver uma vida feliz e produtiva.

Há muitas maneiras pelas quais nossas experiências com ansiedade diferem umas das outras. A ansiedade pode variar de uma sensação leve, quase imperceptível, de estar tenso até uma intensa onda de apreensão. Ataques de pânico e ansiedade generalizada elevada são exemplos de experiências de ansiedade grave. A intensidade de nossos sentimentos ansiosos pode mudar rapidamente ou permanecer elevada por horas, dependendo da situação. Um pouco de ansiedade pode ser saudável. Mas, quando a ansiedade se torna muito grave, persistente e desproporcional para a situação, ela torna-se prejudicial. É esse tipo de ansiedade que nos faz ir em busca de alívio de suas propriedades angustiantes e perturbadoras. A ansiedade pode ser medida em um medidor emocional, conforme ilustrado na Figura 1.1.

Podemos usar números que variam de 0 a 100 para representar vários níveis de ansiedade. Quando a ansiedade é leve a moderadamente intensa (0-50), sentimo-nos fisicamente inquietos, tensos, alertas, concentrados e preocupados. Esse é um nível saudável de ansiedade que pode nos ajudar a lidar com os desafios da vida. Quando os sentimentos ansiosos se tornam mais intensos (50-100), sentimo-nos agitados, nervosos, assustados, hipervigilantes e fora de controle. A ansiedade então tornou-se grave. É um estado altamente angustiante que interfere em nossa capacidade de funcionamento. É difícil suportar a ansiedade nessa

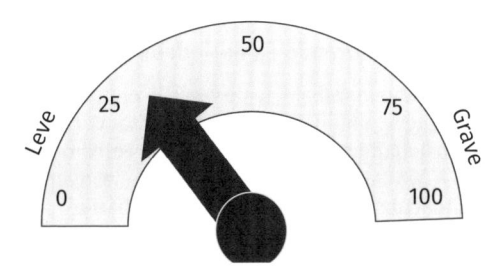

FIGURA 1.1 O medidor de ansiedade.

faixa, então buscamos alívio imediato. Este manual apresenta intervenções que demonstraram aumentar a tolerância à ansiedade, o que tem o efeito de diminuir sua intensidade. Mas, antes de se aprofundar nas formas de ansiedade grave, tire um tempo para analisar sua experiência de ansiedade leve.

ANSIEDADE LEVE

Em sua batalha contra a ansiedade e a preocupação graves, você pode ter esquecido que muitas vezes suas experiências de ansiedade são breves, leves e até úteis em situações específicas. A ansiedade leve envolve:

- Um sentimento perceptível de apreensão e inquietação
- Um aumento na excitação física e na tensão
- Pensamentos de um possível resultado negativo para você ou seus entes queridos

A ansiedade leve geralmente é desencadeada pela antecipação de situações específicas, como fazer uma prova importante, participar de um evento social envolvendo pessoas desconhecidas, falar em uma reunião, fazer uma apresentação para outras pessoas, ir a uma entrevista de emprego iminente, trazer à tona um assunto importante para tratar com seu parceiro ou viajar sozinho para um lugar desconhecido. Dificilmente passa um dia sem que cada um de nós sinta uma leve ansiedade ou apreensão. Geralmente ela é breve e razoavelmente bem tolerada ou controlada. Mesmo que você tenha muitos episódios de ansiedade grave, é provável que você, assim como os outros, lide bem com esses incidentes leves. Na verdade, você provavelmente tira proveito dessa ansiedade, pois assim você lida muito melhor com a situação do que se você estivesse muito relaxado e excessivamente confiante. Ou você já se esqueceu de todas as vezes em que tolerou uma ansiedade mais leve e a usou a seu favor? Ao longo deste manual, mostraremos como você pode aplicar o que você faz com a ansiedade leve ao lidar com episódios mais graves. Para começar, sugerimos que você reserve alguns minutos para completar o exercício a seguir.

EXERCÍCIO DE AVALIAÇÃO **Lembrando da ansiedade leve**

Eis uma oportunidade de examinar mais de perto seus pontos fortes e sua capacidade de lidar com uma ansiedade leve a moderadamente intensa. Você pode até descobrir que é capaz de tolerar mais ansiedade do que imaginava. Na Folha de trabalho 1.1, é solicitado que você relembre situações que causaram apenas uma leve ansiedade. Pense em como sua resposta a essas situações manteve sua ansiedade baixa.

➲ **Dicas para resolução de problemas: registrando a ansiedade leve**

Se você está tendo dificuldade para relembrar experiências passadas de ansiedade leve, peça ajuda ao seu parceiro ou a um familiar. Além disso, você pode usar a folha de trabalho para anotar suas experiências de ansiedade durante as próximas duas semanas.

Você ficou surpreso ao saber que pode usar a ansiedade leve para lidar com problemas? Revendo seus registros, existe alguma coisa que você fez nessas situações que você poderia aplicar em momentos de ansiedade grave? Mantenha a Folha de trabalho 1.1 à mão, pois iremos voltar a ela no Capítulo 3. Por enquanto, vamos considerar sua experiência de ansiedade grave.

ANSIEDADE GRAVE

Episódios de ansiedade grave parecem muito diferentes de sua forma mais branda. Quando o ponteiro de ansiedade sobe para a faixa de 80 a 100, a ansiedade se torna muito mais difícil de gerenciar. Existem várias características da ansiedade grave que a tornam especialmente difícil de suportar.

- Experimentamos mais sintomas com maior intensidade e persistência.
- Nossos sentimentos são desproporcionais (excessivos) às situações cotidianas que os acionam.
- Nosso pensamento se torna mais extremo, focando o pior resultado possível (catástrofe).
- Estamos mais focados no perigo e na ameaça, bem como na impotência.
- Acreditamos firmemente que os sentimentos de ansiedade são insuportáveis e devem ser eliminados.
- Fuga e esquiva tornam-se nosso *modus operandi*.

O Capítulo 4 explica como essas características estão relacionadas entre si, tornando a ansiedade grave um problema que atrapalha a vida diária. Por ora, considere os exemplos a seguir, sobre três pessoas que vivenciam diferentes formas de ansiedade problemática.

FOLHA DE TRABALHO 1.1

Minhas experiências de ansiedade leve

Instruções: relembre três ou quatro experiências de ansiedade leve (de 0 a 50 no medidor de ansiedade). Na primeira coluna, anote a situação que desencadeou sua ansiedade e, na segunda coluna, descreva como foi a experiência de ansiedade (sensações físicas, emoções, pensamentos). Na terceira coluna, descreva brevemente como você reagiu à ansiedade e como sentir-se um pouco ansioso ou preocupado pode ter sido positivo. A ansiedade/preocupação o ajudou a lidar com um problema difícil? A primeira linha fornece um exemplo que ilustra como preencher a folha.

Situação (gatilho)	Como você sentiu a ansiedade leve	Como a ansiedade ajudou
Exemplo: Eu tenho um carro velho e, enquanto dirigia para o trabalho, ouvi um som de batida no motor.	Senti um nó na garganta; fiquei tenso; tive dificuldade para dormir; fiquei pensando sobre o conserto do carro ser caro e como eu iria pagar por ele.	Fiz uma revisão das minhas finanças antes de consultar o revendedor e fixei um limite para o quanto gastaria consertando meu carro velho. Marquei um encontro com o revendedor. Pensei em maneiras de lidar com minhas necessidades de transporte além de possuir um carro.

A história de Rebecca: assombrada pelos "E se..."

Rebecca não consegue dormir. Nos últimos 5 anos, desde que foi promovida a gerente de loja, essa mãe de 38 anos, com duas filhas em idade escolar, sente-se tomada de apreensão, nervosismo e preocupações em relação ao seu trabalho, à segurança de suas filhas, à saúde de seus pais envelhecidos, às finanças pessoais e às inseguranças do emprego de seu marido. Sua cabeça produz uma lista interminável de possíveis catástrofes: ela não vai ser uma boa gerente no trabalho, não vai conseguir atingir as metas mensais de vendas, sua filha mais nova vai se machucar na escola ou sua filha mais velha vai sofrer provocações de amigos, seus pais vão ficar decepcionados com ela por não visitá-los, não vai sobrar dinheiro depois de pagar as contas para contribuir para seu plano de previdência, seu marido qualquer dia pode perder o emprego... e a lista continua. Rebecca sempre foi preocupada, mas isso tornou-se quase insuportável nos últimos anos. Além das noites insones, ela se encontra quase sempre agitada, trêmula, "ouriçada", incapaz de relaxar e irritável, com ocasionais explosões de raiva. Ela desata a chorar sem motivo aparente. As preocupações são incessantes e impossíveis de controlar. Apesar de seus esforços para se distrair e se reconfortar pensando que tudo ficará bem, ela sente um mal-estar no estômago prenunciando que "os problemas estão logo ali na esquina".

A história de Todd: um corpo de medos

Todd está perdendo o controle – ao menos é assim que lhe parece. Como recém-formado iniciando em um novo emprego de vendedor, Todd acabara de se mudar para uma nova cidade e pela primeira vez tinha seu próprio apartamento. Estava fazendo novos amigos, tinha uma namorada firme e estava fazendo grandes progressos em seu novo emprego. Suas avaliações de desempenho iniciais foram extremamente positivas. A vida estava boa, mas tudo isso mudou subitamente para Todd em um dia frio de novembro enquanto dirigia do trabalho para casa. Seu emprego andava um pouco estressante, e Todd tinha que fazer horas extras para terminar a tempo um grande projeto para um cliente. Ele tinha ido à academia depois do trabalho para fazer sua rotina de exercícios cardiovasculares e aliviar um pouco o estresse do dia. No caminho para casa, um sentimento estranho e inesperado abateu-se sobre ele. De repente, Todd sentiu o peito apertar e o coração começou a bater mais rápido. Sentiu uma vertigem, uma espécie de tontura, como se estivesse prestes a desmaiar. Ele encostou o carro no acostamento, desligou o motor e agarrou a direção. Então se sentiu tenso e começou a vibrar e tremer. Sentiu um extremo calor e começou a ficar sem ar, convencido de que estava se asfixiando. Imediatamente, Todd pensou que podia estar sofrendo um infarto, exatamente como tinha acontecido com seu tio três anos antes. Esperou alguns minutos até que os sintomas diminuíssem e então foi a um hospital de pronto-socorro. Os exames médico e laboratorial completos não revelaram nenhum problema físico. O médico que o atendeu disse que ele tinha tido um ataque de pânico, deu-lhe uma medicação e disse-lhe para consultar o médico de família.

Aquele primeiro ataque havia acontecido nove meses antes, e desde então a vida de Todd mudara drasticamente. Ele agora tem ataques de pânico frequentes e está quase sempre preocupado com sua saúde. Qualquer sensação física inesperada pode desencadear um ciclo de ansiedade grave. Ele reduziu suas atividades sociais e agora se vê com medo de ir aos lugares porque teme ter outro ataque. Limita-se ao trabalho, ao apartamento de sua namorada e à sua própria casa, com medo de arriscar-se em um território novo ou desconhecido. O mundo de Todd diminuiu, dominado por medo e esquiva.

A história de Isabella: morrendo de constrangimento

Isabella é uma tímida mulher solteira em seus 40 anos. Desde a infância, ela sempre se sentiu ansiosa na presença de outras pessoas e por isso evita interações sociais o máximo possível. Parece que tudo que envolva outras pessoas a deixa ansiosa – manter uma conversa, atender o telefone, falar em uma reunião, pedir ajuda a um funcionário de uma loja, até mesmo comer em um restaurante ou andar no corredor de um cinema. Todas essas situações fazem com que ela se sinta tensa, ansiosa e constrangida porque receia enrubescer e parecer desajeitada. Ela está convicta de que as pessoas estão sempre observando-a e se perguntando o que há de errado com ela. Muitas vezes, ela teve ataques de pânico e sentiu-se extremamente constrangida por seu comportamento em contextos sociais. Como resultado, Isabella evita o máximo possível situações sociais e públicas. Ela tem apenas uma amiga íntima e passa a maioria dos fins de semana com seus pais. Embora seja muito competente em seu emprego como escriturária, ela foi preterida para uma promoção por sua falta de jeito com as pessoas. Isabella está presa em seu mundo limitado, sentindo-se deprimida, solitária e sem amor – aprisionada por seus medos e ansiedade frente às pessoas.

Rebecca, Todd e Isabella têm dificuldades e limitações pessoais consideráveis em suas vidas diárias por causa da ansiedade grave e persistente. Alguma dessas histórias lhe parece familiar? Você está lutando contra uma ansiedade grave que se parece com a preocupação de Rebecca, com os ataques de pânico de Todd ou com a inibição de Isabella frente a outras pessoas? O próximo exercício lhe dará a oportunidade de escrever sobre sua experiência de ansiedade grave.

> EXERCÍCIO DE AVALIAÇÃO **Lembrando-se da ansiedade grave**
>
> Você provavelmente é capaz de se lembrar de vários casos de ansiedade ou de preocupação grave. É importante que você dê uma olhada nessas experiências passadas porque elas provavelmente tiveram uma grande influência em sua atual tolerância a sentimentos ansiosos. A Folha de trabalho 1.2 será um importante recurso para você durante o restante do manual.

Foi mais fácil relembrar ocasiões de ansiedade grave do que de ansiedade leve? Compare seus registros nas Folhas de Trabalho 1.1 e 1.2. Você percebe alguma semelhança entre sua ansiedade leve e sua ansiedade grave? Existem sintomas específicos da ansiedade grave que a tornam insuportável? Existem estratégias de enfrentamento que você usa com a ansiedade leve que poderiam reduzir os efeitos nocivos da ansiedade grave? Acreditamos que há muito que você pode aprender com sua forma de lidar com a ansiedade leve. Voltaremos a esse tema diversas vezes ao longo deste manual, mostrando-lhe como aprender com suas experiências de ansiedade suportável. Mas, por enquanto, vamos deixar de lado sua experiência com a ansiedade e apresentá-lo à nossa abordagem da ansiedade.

Você não está sozinho

Você não está sozinho em sua luta contra a ansiedade grave. Mundialmente, uma em cada nove pessoas experimenta um transtorno de ansiedade em um determinado ano,[1] e aproximadamente 65 milhões de adultos nos Estados Unidos experimentarão uma condição de ansiedade clinicamente significativa em algum momento de sua vida, tornando-a o *problema de saúde mental mais comum*.[2] Pense nessa questão da seguinte forma: mais de um quarto de seus amigos, colegas e vizinhos sentirão grande ansiedade, mesmo que a maioria não procure ajuda profissional. Algumas pessoas conhecidas e bem-sucedidas lutaram contra a ansiedade, incluindo Selena Gomez, Lady Gaga, Nicolas Cage, Kim Kardashian e Marcus Morris,[3] além de figuras históricas como Winston Churchill e Abraham Lincoln. Portanto, não há razão para se envergonhar ou se culpar por seus medos e por sua ansiedade. Muitas pessoas têm uma vida bem-sucedida apesar de seus ataques de ansiedade grave. A boa notícia é que você não precisa lutar sozinho. Pesquisas feitas nas últimas décadas nos ensinaram muito sobre a ansiedade e a maneira mais eficaz de tratá-la.

O QUE ESTE MANUAL TEM DE DIFERENTE?

Centenas de livros de autoajuda, bem como numerosos gurus da internet, *coaches* de desenvolvimento pessoal, palestrantes motivacionais e profissionais de saúde mental oferecem *insights* e abordagens que alegam produzir avanços no enfrentamento da ansiedade. Para muitos de vocês, provavelmente este não é o primeiro manual sobre ansiedade. É possível que seu terapeuta já tenha recomendado

FOLHA DE TRABALHO 1.2

Minhas experiências de ansiedade grave

Instruções: pense em três ou quatro experiências de ansiedade intensa e persistente que pareceram insuportáveis no momento em que ocorreram (medidor de ansiedade 80-100). Na primeira coluna, observe a situação que desencadeou sua ansiedade. Pode ter sido uma situação, uma sensação física ou um pensamento indesejado. Na segunda coluna, descreva como foi a experiência de ansiedade (sensações físicas, emoções, pensamentos). Na terceira coluna, descreva brevemente como você reagiu à ansiedade e as eventuais consequências ou problemas causados por ela. A primeira linha oferece um exemplo que ilustra como preencher a folha de trabalho.

Situação (gatilho)	Como você sentiu a ansiedade grave	Como você reagiu/ consequências da ansiedade
Exemplo: Sinto-me enjoado, cansado e indisposto de maneira geral.	Sinto-me fraco, instável, tonto; minha respiração torna-se mais rápida e superficial; minha frequência cardíaca aumenta. Não consigo explicar por que me sinto tão mal; eu me pergunto se devo chamar um médico; penso nas pessoas que conheço que já tiveram câncer e me pergunto se eu poderia estar com câncer de estômago.	Liguei para minha mãe para me tranquilizar de que não estava gravemente doente. Fiquei em casa depois do trabalho e não saí de casa porque não me sentia bem. A ansiedade estava tão intensa que eu não aguentava mais, então tomei minha medicação. Deitei-me e tentei descansar para ver se me acalmava.

outros materiais de apoio que falharam em cumprir suas promessas. Então por que você deveria investir mais tempo e esforço neste manual? O que torna nossa abordagem diferente de outras?

Vencendo a ansiedade e a preocupação se aprofunda na abordagem da TCC para a ansiedade. Ele não se confunde com outras intervenções de eficácia menos comprovada. Ele ensina a compreensão da ansiedade pela TCC e mostra o que precisa mudar em nosso pensamento e comportamento para reduzir a ansiedade. Os primeiros sete capítulos ensinam as habilidades fundamentais da TCC, que são adaptadas e refinadas em capítulos posteriores para lidar com problemas de ansiedade específicos, como preocupação, ataques de pânico e ansiedade social. Além disso, este é o primeiro manual de ansiedade que inclui elementos da CT-R. Nele você encontrará relatos de casos, exemplos, exercícios e folhas de trabalho que aumentam a utilidade prática do manual. Para que você tenha uma ideia melhor do que esperar, começaremos com um breve panorama da TCC e da CT-R.

Terapia cognitivo-comportamental

Na TCC, sustenta-se que nossa forma de pensar e agir tem um efeito significativo sobre como nos sentimos. Se pensarmos que um evento iminente pode ter um resultado negativo, vamos considerá-lo ameaçador. A ameaça antecipatória geralmente leva a fuga e ações de esquiva porque estamos buscando segurança e conforto. Os pensamentos de ameaça e os comportamentos de esquiva têm o efeito involuntário de aumentar a intensidade de sentimentos ansiosos. Na TCC, mudar nosso modo de pensar sobre ameaças e perigos é considerado fundamental para a redução da ansiedade. Esse é um tratamento psicológico organizado e sistemático que ensina as pessoas a diminuírem sua ansiedade mudando seus pensamentos, crenças e comportamentos. A Figura 1.2 ilustra o modelo de TCC básico.

Um dos autores deste volume (Aaron T. Beck) foi pioneiro da TCC, no final dos anos 1960 e início dos anos 1970, com foco na depressão e depois na ansiedade. Juntos, publicamos um manual de tratamento atualizado e abrangente de TCC para ansiedade em 2010, chamado *Terapia cognitiva para os transtornos de ansiedade: tratamentos que funcionam.*[4] A primeira edição de *Vencendo a ansiedade e a preocupação* era uma versão para pacientes baseada naquele primeiro manual. Os leitores podem encontrar uma explicação mais detalhada da perspectiva da TCC sobre ansiedade, seu suporte de pesquisa e estratégias de tratamento no manual clínico de 2010.

Hoje, a TCC é praticada por profissionais de saúde mental em todo o mundo. Centenas de estudos demonstram a eficácia da TCC para ansiedade.[5,6] Entre 60 e 80% das pessoas com problemas de ansiedade que completam um tratamento de TCC (10 a 20 sessões) experimentam uma redução significativa de sua ansiedade, embora apenas uma minoria (entre 25 e 40%) fique completamente livre de

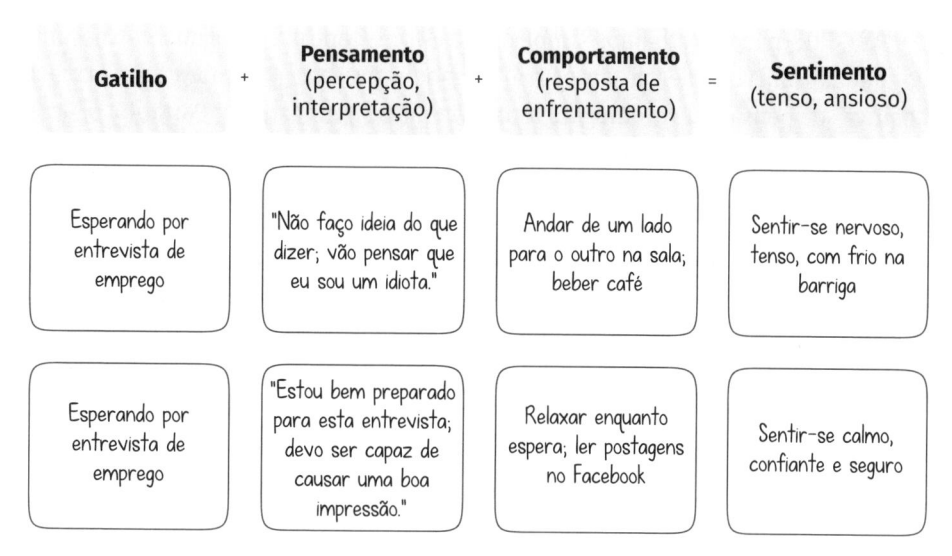

FIGURA 1.2 Modelo cognitivo-comportamental básico da ansiedade.

sintomas.[7,8] Isso é equivalente à eficácia da medicação sozinha ou mais efetivo, com alguns estudos mostrando que a TCC produziu melhora mais duradoura do que a produzida apenas por medicação.[9] No mínimo, a TCC é significativamente mais eficaz do que não fazer nada ou receber orientação de apoio básica. Atualmente, a TCC é um tratamento de primeira escolha para ansiedade recomendado por muitas organizações psiquiátricas e de saúde mental em todo o mundo.[10,11]

Terapia cognitiva orientada para a recuperação

A CT-R é uma nova perspectiva em TCC que entende a mudança humana em termos de recuperação e não simplesmente de alívio do sofrimento pessoal. Uma abordagem de recuperação se concentra em estratégias que ajudam as pessoas a tirarem proveito de seus interesses, capacidades, aspirações, habilidade de resolução de problemas, comunicação eficaz e resiliência ao estresse.[12] Na CT-R, entende-se que todos nós temos momentos em que estamos "em nossa melhor forma", quando nossos pensamentos, emoções e ações trabalham juntos em busca dos nossos objetivos, valores e aspirações. Beck e colegas referem-se a isso como modo adaptativo. Um modo é uma tendência ou forma de agir que envolve crenças, atitudes, sentimentos, motivação e comportamento.[13] Na CT-R, qualquer resposta adaptativa é considerada se ela nos ajuda a alcançar objetivos e valores pessoais importantes. Geralmente experimentamos sentimentos positivos quando reagimos de forma adaptativa. Quando você gerencia a ansiedade e, eventualmente, a transforma em uma sensação de dever cumprido, você está operando no modo adaptativo.

Na CT-R, não trabalhamos simplesmente com crenças e pensamentos negativos que causam sofrimento, também ajudamos as pessoas a descobrir formas mais positivas de pensar que promovam uma vida mais significativa.[14] Portanto, o terapeuta e o paciente de CT-R trabalham juntos em formas de pensar que possam interferir na capacidade da pessoa de atingir um objetivo. Por exemplo, imagine que você está chegando ao fim de uma licença médica por ansiedade e estresse. Você está muito ansioso e preocupado com o plano de retorno ao trabalho elaborado pelo setor de recursos humanos (RH). Você está convencido de que vai falhar e de que sua ansiedade voltará com força total. O terapeuta de TCC tradicional focaria seus pensamentos ansiosos e formas de reduzir sua ansiedade no trabalho. O terapeuta de CT-R também visaria à redução da ansiedade, mas iria além desse foco para incluir meios de descobrir como você poderia promover uma maior sensação de realização e alcançar suas metas no trabalho. Se você maximizar suas potencialidades no trabalho, progredir em direção a objetivos estimados e desenvolver maior resiliência ao estresse, sua ansiedade no trabalho será mais suportável, até mesmo adaptativa, em vez de grave e debilitante. Ao longo deste manual, destacamos o que você pode aprender com suas experiências de ansiedade e preocupação leves, que podem ajudá-lo a obter maior satisfação com a vida.

O QUE ESPERAR

Os primeiros sete capítulos de *Vencendo a ansiedade e a preocupação* aprofundam-se nos processos psicológicos básicos responsáveis por tornar a ansiedade um problema. Nesses capítulos, abordamos os elementos básicos da mente ansiosa, tais como viés de interpretação de ameaças, crenças subjacentes sobre ansiedade, sensibilidade aumentada à ansiedade, comportamento de esquiva e busca de segurança, e intolerância à incerteza. Os psicólogos costumam chamar esses processos de *transdiagnósticos*, porque eles são encontrados em diferentes tipos de problemas de ansiedade. Você aprenderá a usar estratégias de tratamento específicas projetadas para alterar essas características básicas da mente ansiosa.

Os três capítulos restantes se concentram em três problemas de ansiedade: preocupação, ataques de pânico e ansiedade social-avaliativa. Você encontrará protocolos de tratamento de TCC adaptados às características específicas de cada problema de ansiedade. Mesmo que seu tipo de ansiedade se encaixe bem em um desses problemas, recomendamos que você trabalhe com os primeiros sete capítulos antes de focar um dos capítulos específicos posteriores. Os primeiros capítulos fornecem habilidades fundamentais que são necessárias para obter o máximo dos capítulos posteriores. A Tabela 1.1 apresenta uma visão geral das habilidades que você aprenderá em cada capítulo.

TABELA 1.1 O que você aprenderá com este manual

Capítulos	O que você vai aprender/descobrir	Principais exercícios
Capítulo 2, "Primeiros passos"	• Que a prática é fundamental para a eficácia do tratamento • Quais crenças minam a motivação e como corrigi-las • Como obter o máximo de benefícios do manual	• Completar a folha de trabalho a respeito de crenças sobre tarefas práticas • Avaliar se você está obtendo o máximo de suas experiências práticas
Capítulo 3, "Quando a ansiedade é útil"	• Como a ansiedade pode ser útil • Como reconhecer de que forma a ansiedade o ajuda a resistir • Seu nível de resiliência à ansiedade	• Rastrear a ansiedade leve e útil • Descobrir o seu Perfil de ansiedade adaptativa
Capítulo 4, "Quando a ansiedade se torna um problema"	• Se a sensibilidade à ansiedade está influenciando sua ansiedade problemática • Sua tolerância a sintomas de ansiedade específicos • Como usar as intervenções da TCC para aumentar sua tolerância à ansiedade e diminuir a sensibilidade à ansiedade	• Identificar pensamentos ansiosos • Manter um registro de ansiedade • Criar um Perfil de sintomas de ansiedade
Capítulo 5, "Convivendo com sintomas de ansiedade"	• Como as previsões errôneas de ameaças influenciam a ansiedade • Como criar um mapa exclusivo de sua mente ansiosa • Como usar a busca de evidências e outras intervenções de TCC para reduzir a ansiedade • Como realizar um exame mental para descobrir formas menos ansiosas de pensar	• Avaliar sua sensibilidade aos sintomas • Completar a folha de trabalho sobre sensibilidade à ansiedade • Praticar a observação neutra e outras intervenções de TCC
Capítulo 6, "Transforme sua mente ansiosa"	• Se a sensibilidade à ansiedade está influenciando sua ansiedade problemática • Sua tolerância a sintomas de ansiedade específicos • Como usar as intervenções da TCC para aumentar sua tolerância à ansiedade e diminuir a sensibilidade à ansiedade	• Descobrir suas previsões de ameaças • Criar seu Mapa da mente ansiosa • Usar formulários de busca de evidências e de custo-benefício para praticar habilidades de TCC • Usar o Formulário de perspectiva alternativa para gerar modos de pensar mais saudáveis

(Continua)

TABELA 1.1 O que você aprenderá com este manual *(Continuação)*

Capítulos	O que você vai aprender/descobrir	Principais exercícios
Capítulo 7, "Reduza o comporta-mento ansioso"	• Como redescobrir sua coragem frente à ansiedade • Como reconhecer os efeitos do modo de autoproteção na ansiedade • Quais crenças de ansiedade são responsáveis por sua persistência • Como a busca por segurança pode ser contraproducente • Como usar a exposição sistemática para superar a ansiedade	• Completar a folha de trabalho sobre resposta de autoproteção • Preencher a Escala de crenças sobre ansiedade • Descobrir a busca problemática de segurança com o Formulário de respostas de busca de segurança • Usar o Plano de exposição orientado para a recuperação para potencializar a eficácia do tratamento
Capítulo 8, "Assuma o controle de sua mente preocupada"	• Como distinguir preocupação nociva de preocupação útil • Quais são os processos mentais que conduzem a mente preocupada • Como determinar seu perfil de preocupação • Como usar resolução de problemas, descatastrofização, exposição controlada à preocupação e outras intervenções para superar a preocupação prejudicial • Como desenvolver resiliência à preocupação através de maior tolerância à incerteza	• Identificar as formas inúteis de pensar que criam preocupação prejudicial • Preencher a *Checklist* de crenças sobre preocupação • Monitorar sua preocupação com o Diário de preocupações • Criar seu Perfil de preocupações individualizado • Avaliar seu nível de controle e responsabilidade com o Gráfico de *pizza* de controle • Registrar suas intervenções com o Formulário de exposição à preocupação, o Registro diário de incerteza e o Formulário de aptidão para tolerância
Capítulo 9, "Derrote o medo do pânico"	• Como saber o que torna o pânico e o medo dele um problema • Como identificar hipersensibilidade e interpretações catastróficas equivocadas de sintomas físicos • Como funciona a mente em pânico • Como avaliar seu episódio de pânico • Como usar estratégias de TCC, tais como reavaliação do pânico, reescrita do pânico, indução de sintomas e remoção de busca de segurança, para combater ataques de pânico	• Completar a *Checklist* de autodiagnóstico de pânico • Automonitorar sua ansiedade com o Registro semanal de pânico • Criar seu próprio Perfil de pânico • Usar o Registro de interpretação antipânico de sintomas para combater interpretações catastróficas equivocadas

(Continua)

TABELA 1.1 O que você aprenderá com este manual *(Continuação)*

Capítulos	O que você vai aprender/descobrir	Principais exercícios
Capítulo 10, "Supere a ansiedade social"	• Como reconhecer os três pilares da ansiedade social • Como decompor sua ansiedade nas três fases da ansiedade social • O método TCC de avaliar e conceituar sua ansiedade social • Como usar as intervenções da TCC para reduzir a ansiedade antecipatória debilitante • Estratégias que promovem melhor gerenciamento da ansiedade e melhoram habilidades sociais • Como parar a ruminação ansiosa e o processamento pós-evento de interações sociais recentes	• Preencher a *Checklist* de ansiedade social • Determinar seus objetivos de mudança social • Manter um registro de ansiedade social • Criar seu Perfil de ansiedade social • Criar um Plano de exposição social • Fortalecer as habilidades sociais com o Formulário de habilidades cognitivas pró-sociais e o Guia de reeducação comportamental • Confrontar o medo do constrangimento com o Formulário do custo do constrangimento • Praticar a reavaliação do desempenho social anterior para reduzir a ruminação

Escrevemos este manual pensando em você. Sua organização, estilo e conteúdo são destinados a pessoas como você, que desejam uma vida melhor, uma vida na qual a ansiedade seja suportável e vivenciada de uma forma que enriqueça a vida, em vez de ameaçar sua alegria, paz e conforto. Ninguém que abre um manual de autoajuda está procurando o caminho mais fácil. Você sabe que comprometimento, tempo e esforço serão necessários para superar suas formas habituais de lidar com a ansiedade. É nosso desejo trabalhar com você, proporcionando uma nova forma de entender sua ansiedade e fornecendo estratégias mais eficazes para que você possa suportar uma gama de experiências de ansiedade e lidar melhor com elas.

COMO USAR O MANUAL

Sua ansiedade pode ter aspectos próprios, mas, se você puder ver elementos de sua ansiedade nos exemplos de Rebecca, Todd e Isabella, então este manual é para você. Ele foi escrito como um recurso autônomo de autoajuda. Isso significa que você pode usá-lo por conta própria, independentemente do nível ou tipo de ansiedade que você sente.

Outros podem achar mais útil usar o manual como um complemento do tratamento, com um terapeuta indicando capítulos específicos, seções especiais ou determinados exercícios. Isso se aplica se sua ansiedade for grave, se você estiver evitando atividades importantes para a vida diária porque elas o deixam ansioso ou se você estiver tendo dificuldade para identificar seu pensamento ansioso. Um terapeuta também pode aconselhá-lo sobre quais habilidades de TCC enfatizar e como elas podem ser modificadas para abordar características específicas de sua ansiedade, podendo prescrever exercícios do manual de maneira mais estratégica. Frequentemente, as pessoas acham que precisam da responsabilidade da terapia estruturada para encorajar o compromisso com o processo de mudança. Se você já trabalhou com um terapeuta cognitivo-comportamental no passado e achou o tratamento útil, você poderá usar o manual para aprimorar suas habilidades de TCC.

Abandonar velhos hábitos, aprender novas estratégias e praticar maior tolerância ao medo, à ansiedade e à incerteza exige coragem e determinação. Mesmo que sua ansiedade esteja na faixa moderada, usar o manual por conta própria pode ser muito desafiador.

Você pode avançar mais se receber tratamento profissional, uma vez que a mudança genuína depende de saber o que fazer para, então, aplicar esse conhecimento à sua experiência cotidiana de ansiedade. Seja usando o manual sozinho ou com o auxílio de um terapeuta, o retorno que você pode obter deste material depende do quanto você se dedica a ele. Sugerimos que você reserve 20 minutos por dia para ler *Vencendo a ansiedade e a preocupação* e planeje quais exercícios e folhas de trabalho você completará na sequência.

Conforme você lê o manual, pergunte a si mesmo: "Como isso se aplica à minha ansiedade?". Não se apresse, e faça o máximo de exercícios possível. Não se preocupe muito em tentar fazer com perfeição todos os exercícios e folhas de trabalho. Alguns deles lhe parecerão mais úteis do que outros e, assim, você pode preferir dedicar mais tempo aos mais úteis. Lembre-se de que o manual deve ser um guia prático, não um livro didático. Você vai compreender novos aspectos de sua ansiedade, mas esperamos, sobretudo, que você adquira novas habilidades que possam ser aplicadas à sua experiência cotidiana de ansiedade. Antes de começarmos, tire um tempo para refletir sobre o que você almeja ao ler *Vencendo a ansiedade e a preocupação*.

MEUS OBJETIVOS DE REDUÇÃO DE ANSIEDADE

O que você quer deste manual? Quais são seus objetivos quando se trata de lidar com a ansiedade? O próximo exercício lhe dá a oportunidade de pensar mais profundamente sobre sua ansiedade e mostra como estratégias mais eficazes de enfrentamento podem contribuir para uma vida mais gratificante.

EXERCÍCIO DE AVALIAÇÃO   **Estabelecendo seus objetivos com o manual**

Como a maioria das pessoas, você provavelmente já tentou fazer melhorias em alguma área de sua vida, como exercício físico, dieta, gerenciamento do tempo, do sono e coisas semelhantes. Você sabe que ter um objetivo é fundamental para manter a motivação e o comprometimento. O mesmo se aplica a *Vencendo a ansiedade e a preocupação*. Você precisa de objetivos específicos para se manter motivado a aplicar o conhecimento e fazer os exercícios do livro. A Folha de trabalho 1.3 apresenta um processo que você pode usar para descobrir de que forma sua vida seria melhor se sua ansiedade fosse menos intensa e mais suportável. Você é solicitado a definir objetivos específicos que se relacionem a aspectos práticos nos quais sua vida melhoraria se sua ansiedade fosse gerenciável.

⊃ **Dicas para resolução de problemas: outras maneiras de estabelecer objetivos de redução da ansiedade**

Na TCC, os terapeutas trabalham em estreita colaboração com os pacientes para ajudá-los a criar objetivos de tratamento razoáveis e efetivos. A maioria das pessoas precisa de ajuda com essa tarefa. Se você fizer este exercício sozinho, estabelecer metas de mudança pode ser especialmente difícil. Assim, listamos algumas estratégias adicionais que você pode seguir ao criar seus objetivos de redução de ansiedade.

- Pense em alguns pontos específicos nos quais seu desempenho melhoraria em cada área da vida se você tivesse pouca ou nenhuma ansiedade.
- Considere como você funcionava em cada área antes que a ansiedade se tornasse um problema. Seu objetivo pode ser voltar a essa mesma forma de funcionamento.
- Você tem um amigo ou familiar que você considera um ótimo pai/mãe, que tem uma carreira bem-sucedida, mantém sua forma física ou parece bem-sucedido de alguma outra forma? A ansiedade não interfere na vida dele(a). O que você admira nessa pessoa? Será que essa característica ou qualidade poderia se tornar seu objetivo de redução de ansiedade?
- Certifique-se de que seu objetivo se refere a uma maneira específica de pensar ou responder. Deve ser uma maneira de pensar ou responder que seja coerente com sua personalidade e habilidades. Por exemplo, um objetivo como "ser a alma da festa" seria inapropriado se você for uma pessoa introvertida e mais séria por natureza.

Você conseguiu listar maneiras específicas como agiria, pensaria ou se sentiria melhor caso tivesse menos ansiedade? Você pode pensar nelas como objetivos ou aspirações, modos como você gostaria de funcionar se gerenciasse melhor sua ansiedade. Talvez essas tenham sido suas maneiras de ser quando a ansiedade era menos intensa, e agora você gostaria de voltar ao seu jeito anterior de ser. Se você for capaz de ver como sua vida seria melhor com uma ansiedade mais leve, isso pode motivá-lo a fazer o trabalho apresentado nos capítulos seguintes.

À medida que avança nos capítulos, você pode querer voltar para a Folha de trabalho 1.3 e rever seus objetivos. Além disso, você pode usar seus objetivos para avaliar como a abordagem da TCC à ansiedade melhorou sua qualidade de vida. Todos nós precisamos de encorajamento para continuar, e, se você puder ver pro-

FOLHA DE TRABALHO 1.3

Meus objetivos de redução de ansiedade

Instruções: a vida diária envolve várias preocupações básicas, listadas abaixo. Revise seus registros na Folha de trabalho 1.2 e considere como a ansiedade está tendo um efeito negativo em cada uma dessas preocupações da vida. Depois, imagine especificamente de que forma você seria mais bem-sucedido ou eficaz em cada domínio da vida se sua ansiedade fosse leve (suportável) em vez de grave (insuportável). Na coluna da direita, liste especificamente de que forma você funcionaria melhor dentro desse domínio se você estivesse menos ansioso. Esses serão seus objetivos de redução de ansiedade, ou seja, o que você almeja ao melhorar seu nível de tolerância e controle da ansiedade. Um exemplo é fornecido para cada preocupação da vida.

Domínios da vida	Objetivos ou alvos específicos de redução da ansiedade
Trabalho (Como a ansiedade leve e suportável me tornaria mais bem-sucedido no trabalho?)	*Exemplo*: Eu expressaria minha opinião com mais frequência nas reuniões semanais do departamento. 1. _____ 2. _____ 3. _____
Família/parceiro(a) (Como eu seria um pai/mãe, cônjuge, irmão/irmã ou filho/filha melhor se minha ansiedade fosse mais leve, mais suportável?)	*Exemplo*: Eu faria viagens com minha família e participaria de encontros familiares em vez de usar minha ansiedade como desculpa para ficar em casa sozinho. 1. _____ 2. _____ 3. _____
Amizades (Como a ansiedade mais leve afetaria minha vida social?)	*Exemplo*: Eu sairia mais com os amigos em vez de inventar desculpas para rejeitá-los. 1. _____ 2. _____ 3. _____

(Continua)

FOLHA DE TRABALHO 1.3 (*Continuação*)

Domínios da vida	Objetivos ou alvos específicos de redução da ansiedade
Saúde/aptidão física (Como minha saúde poderia melhorar se a ansiedade fosse mais suportável?)	*Exemplo*: Eu adotaria uma abordagem razoável de "esperar para ver" quando tivesse alguma dor ou problema inesperado, em vez de pesquisar imediatamente sobre os sintomas ou marcar uma consulta médica. 1. _____ 2. _____ 3. _____
Lazer/recreação (Como a ansiedade mais leve poderia trazer mais diversão para minha vida?)	*Exemplo:* Eu praticaria mais *hobbies*, esportes, artes ou outras atividades agradáveis em vez de esperar até me sentir disposto. 1. _____ 2. _____ 3. _____
Comunidade/cidadania (Como a ansiedade suportável aumentaria meu nível de engajamento na comunidade?)	*Exemplo:* Eu leria mais sobre questões políticas/sociais importantes e procuraria formas de tornar-me politicamente mais engajado em minha comunidade. 1. _____ 2. _____ 3. _____
Espiritualidade (Como uma maior tolerância à ansiedade melhoraria minha consciência espiritual?)	*Exemplo:* Seria mais presente e grato; ou seja, mais consciente das bênçãos em minha vida. 1. _____ 2. _____ 3. _____

gresso através dos objetivos que você alcançou, você se sentirá motivado a continuar trabalhando em sua ansiedade.

O PRÓXIMO CAPÍTULO

Este capítulo trata de determinar se o manual é adequado para você. Se você completou as Folhas de Trabalho 1.1 e 1.2, você já deve ter decidido que o manual é relevante para o seu sofrimento. No mínimo, você tem curiosidade suficiente para continuar lendo. Você pode estar se perguntando o que a CT-R pode acrescentar à abordagem padrão da TCC para ansiedade. O próximo capítulo mostra como dar os primeiros passos com o manual. Você entenderá a importância das tarefas práticas na TCC e como melhorar seu engajamento com o manual.

2

Primeiros passos

Quando você pensa sobre aptidão física e manter-se saudável, sem dúvida vêm à cabeça dieta e exercícios físicos. Você faz o possível para comer bem e fazer exercícios regularmente porque você sabe que eles são importantes para a satisfação com a vida e o bem-estar. Mas é difícil "manter o ritmo". Nossas agendas lotadas e as demandas urgentes da vida diária facilmente nos tiram de nossas rotinas saudáveis. Quando isso acontece, é importante fazer um balanço e renovar nosso compromisso com uma vida saudável.

A saúde mental é muito parecida com a saúde física. Na verdade, a expressão *aptidão mental* tem sido usada em referência a uma mente saudável. Os psicólogos definem aptidão mental como *prosperar nesta vida usando nossas habilidades e recursos para nos adaptarmos com flexibilidade aos desafios e vantagens que surgem em nosso caminho.*[15] Ansiedade e preocupação excessivas prejudicam a aptidão mental. Elas interferem em nossa capacidade de lidar com desafios e realizar nosso potencial. Se a ansiedade e a preocupação problemáticas estão bloqueando seu caminho para a aptidão e a integridade mental, mostraremos como usar a TCC para abrir o caminho para uma melhor aptidão mental.

Sabe-se que a aptidão física só pode ser alcançada através de um programa de exercícios regulares que mantenha nossos corpos fortes, ágeis e resilientes. O mesmo se aplica à mente. Podemos nos tornar emocional e psicologicamente mais fortes praticando exercícios cognitivos (de pensamento) e comportamentais diários. Esses exercícios visam a reduzir o impacto prejudicial da ansiedade em nossas vidas, assim como os exercícios físicos compensam o estilo de vida sedentário moderno. Mas os benefícios de todo exercício, seja físico ou mental, dependem da prática regular. E esse é o problema para a maioria de nós!

Manter exercícios regulares e uma dieta equilibrada é um desafio. Você pode começar com afinco, mas logo seu entusiasmo diminui, os horários se desorganizam, a determinação desmorona e as desculpas começam a parecer cada vez mais sensatas. Mesmo os mais obstinados entusiastas da boa forma física acham a prática regular dos exercícios difícil. Felizmente, aqueles que fazem algum esforço para mantê-la descobrem que os benefícios – tanto de curto quanto de longo prazo – tornam-se tão importantes que eles sentem falta do exercício quando deixam de praticar. Acreditamos que você descobrirá o mesmo quando dedicar sua energia aos exercícios deste manual. É por isso que este capítulo é importante: armar-se com as ferramentas mentais de que você vai precisar para continuar trabalhando para reduzir sua ansiedade lhe dará uma chance de fazer a abordagem da TCC funcionar para você.

DIFERENTES PONTOS DE PARTIDA

Cada pessoa começa em um ponto diferente no caminho para a aptidão e a integridade mental. Devido a adversidades anteriores da vida, dificuldades na infância, história familiar, predisposições biológicas e outros fatores, algumas pessoas podem ter que trabalhar mais na aptidão do que outras. Mas todos podem melhorar sua saúde emocional. O fato de que você está lendo este manual é o primeiro passo no comprometimento com uma saúde mental melhor. Os primeiros passos são uma parte crítica da mudança, por isso você está de parabéns por iniciar esta jornada conosco. Criamos exercícios para ajudá-lo a fazer mudanças de longo prazo, assim como a TCC demonstrou ter efeitos benéficos de longo prazo na ansiedade. Você está pronto para dar o próximo passo praticando as habilidades da TCC explicadas neste manual?

Antes de começar, considere as seguintes maneiras de tornar o manual uma experiência mais positiva e gratificante.

- **Mantenha suas expectativas realistas.** Todos nós temos diferentes pontos de partida para a ansiedade e a preocupação, que afetam o quanto podemos diminuir nossa ansiedade. No Capítulo 5, por exemplo, você aprenderá que temos diferentes suscetibilidades aos sintomas de ansiedade. Se você é altamente reativo a sentimentos ansiosos, você pode não conseguir reduzir sua ansiedade ao mesmo nível que uma pessoa menos sensível à ansiedade.
- **Reserve um tempo para si.** Caso você comece a questionar se dispõe de tempo para fazer TCC, pare e reflita sobre quanto tempo você desperdiça atualmente por causa da ansiedade. Você já parou para calcular quanto tempo você passa todos os dias preocupado, sentindo-se cansado por causa da insônia, estressado ou improdutivo por conta da esquiva? Agora compare isso com a quantidade de tempo que você vai precisar para o manual. Um investimento na redução da ansiedade agora causaria uma perda ou um ganho líquido de tempo e produtividade nos próximos meses?
- **Comece devagar e vá intensificando.** Você já ouviu o ditado "Roma não foi construída em um dia". Isso certamente se aplica à TCC para ansiedade. Se você é muito sensível aos sintomas de ansiedade (veja o Capítulo 5), é impor-

tante não se sobrecarregar tentando fazer demais. É muito melhor começar com algo que causa apenas ansiedade leve ou moderada e depois trabalhar gradualmente até situações de ansiedade mais graves.

- **Mantenha um ritmo regular.** Quem já fez uma maratona sabe que manter um bom ritmo constante é a chave para terminar a corrida. O mesmo se aplica a seu programa de TCC. É melhor fazer um pouco a cada dia e todos os dias do que não fazer nada por alguns dias e depois fazer algo por algumas horas no fim de semana. Leia um pouco do manual todos os dias e certifique-se de dedicar algum tempo aos exercícios.

- **Identifique os pensamentos.** Ao fazer os exercícios da TCC, concentre sua atenção em como você está pensando. Se você estiver se sentindo ansioso, tome nota de pensamentos exagerados de ameaça e perigo (pensamento catastrófico). Existem erros ou distorções em seu pensamento? Você está convicto de que está desamparado ou de que não suporta a ansiedade? Você está pensando em fugir, ou está se prendendo a uma falsa sensação de segurança? Tornar-se mais consciente de seu pensamento ansioso e aprender a corrigi-lo (ver Capítulo 6) é uma estratégia importante para reduzir a ansiedade.

- **Seja paciente e não fuja.** Quando a ansiedade está aumentando e a mente ansiosa assume o controle, nosso instinto é fugir! Embora isso seja perfeitamente compreensível, é importante continuar com o exercício. Não abandone a situação nem desista. Divida o tempo em pequenas unidades e concentre-se em atingir a próxima meta ("Vou ficar mais 10 minutos, e quando atingir isso vou ficar mais 10, e assim por diante"). É assim que os atletas concluem uma corrida quando estão cansados, com dor e querem desistir.

- **Comemore os êxitos e solucione obstáculos.** Muitas pessoas que iniciam um programa de TCC observam melhoras imediatas em sua ansiedade. É importante reconhecer suas realizações e comemorar o progresso que você fez na superação da ansiedade. Afinal, é você quem está fazendo as mudanças e, por isso, precisa se incentivar. Ao mesmo tempo, não se surpreenda com reveses e decepções. Em vez de desistir, examine atentamente a razão pela qual a tarefa não deu certo. Adote uma postura orientada ao problema e veja que mudanças você pode fazer para superar a tentativa fracassada.

- **Não lute contra a ansiedade; deixe-a fluir.** A ansiedade é como estar preso em uma rede; quanto mais você luta contra ela, mais se enreda. Observe se você está tentando controlar sua ansiedade ao fazer os exercícios práticos. Lutar pelo controle só vai piorar sua ansiedade. Em vez disso, procure aceitar seu estado ansioso e permitir que a ansiedade diminua naturalmente.

- **Seja gentil consigo mesmo.** Mudar a forma como pensamos e reagimos a emoções fortes como a ansiedade é difícil. Você irá muito mais longe com o manual se exercitar a autocompaixão e não a autocrítica.

COMO NOSSA ABORDAGEM PODE FUNCIONAR PARA VOCÊ

Existem três tipos de exercícios e folhas de trabalho associadas neste manual. Aproximadamente a metade dos exercícios são avaliativos. Eles objetivam oferecer uma nova percepção de sua ansiedade e preocupação, e fornecem informações de avaliação que lhe mostram como aplicar estratégias de intervenção para reduzir sua ansiedade.

A maioria dos exercícios restantes apresenta estratégias de intervenção da TCC. São exercícios terapêuticos projetados para reduzir sua ansiedade e preocupação, ajudando-o a progredir em direção às metas de redução da ansiedade definidas no primeiro capítulo. É importante que você conclua os dois tipos de exercícios, porque eles se complementam. Ocasionalmente, você encontrará um questionário, que é um tipo de exercício que ajuda a determinar se você compreende um princípio central da abordagem da TCC para ansiedade.

Independentemente do tipo de exercício, as folhas de trabalho serão mais úteis na redução de sua ansiedade se você seguir as seguintes dicas:

- Sempre preencha as folhas de trabalho por conta própria, para capturar sua perspectiva sobre ansiedade e preocupação.
- Siga as instruções do exercício, que informam como preencher a folha de trabalho.
- Não perca tempo se preocupando se seus registros nas folhas são detalhados e completos. Você ficará melhor nessa tarefa com o passar do tempo.
- Evite ser perfeccionista. Suas folhas de trabalho não precisam ser perfeitas, mas consideradas um "trabalho em andamento" – uma oportunidade de aprender.
- Tente completar as folhas de trabalho o mais breve possível após uma experiência de ansiedade. Se você deixar para fazer isso horas ou dias depois, esquecerá muitas informações valiosas sobre sua experiência.
- Resista à tentação de voltar e alterar seus registros em folhas de trabalho já concluídas. Sua primeira resposta imediata em uma folha de trabalho é provavelmente a melhor.
- Acesse a página do livro em loja.grupoa.com.br e faça o *download* das folhas de trabalho. Se você optar por imprimir folhas de trabalho do *site*, certifique-se de manter os formulários preenchidos à mão; você precisará consultar muitos deles à medida que avança no livro.

O QUE VOCÊ JÁ OUVIU FALAR SOBRE TCC?

Você provavelmente não teria chegado tão longe neste manual se tivesse sérias dúvidas sobre a abordagem da TCC à ansiedade. Mas, se você foi exposto às concepções errôneas a seguir, elas podem enfraquecer sua confiança na TCC e minar sua motivação para fazer os exercícios do manual. Vamos desmistificá-las de uma vez por todas:

☒ MITO: a TCC é excessivamente intelectual e não lida com sentimentos.

☑ REALIDADE: é verdade que a TCC se concentra muito em como pensamos e nos comportamos. Mas os pensamentos e crenças importantes na TCC são emocionais – eles tratam de nossas emoções e não de nosso intelecto. A TCC consiste em mudar emoções e, neste manual, pedimos continuamente às pessoas que observem, registrem e compreendam "como elas se sentem".

☒ MITO: somente pessoas com alto nível de instrução ou muito inteligentes podem se beneficiar da TCC.

☑ REALIDADE: a capacidade de observar seu pensamento e avaliá-lo, e de considerar maneiras alternativas de pensar, é mais importante para o êxito da TCC do que o quanto você estudou ou o seu Q.I.

☒ MITO: por ser muito rígida, a TCC não pode levar em consideração as necessidades e circunstâncias particulares dos indivíduos.

☑ REALIDADE: a TCC é sempre aplicada às características particulares de sua experiência ansiosa.

☒ MITO: a TCC é superficial, tratando apenas os sintomas e não abordando a causa básica da ansiedade.

☑ REALIDADE: a TCC considera pensamentos e crenças automáticas sobre ameaça e impotência, elementos básicos da ansiedade. Ao abordar essas "causas cognitivas básicas", a TCC frequentemente mostra benefícios duradouros para reduzir a ansiedade.

☒ MITO: você não pode se beneficiar da TCC se estiver tomando medicação para ansiedade.

☑ REALIDADE: estudos e nossa própria experiência clínica mostraram que as pessoas sob medicação para ansiedade podem se beneficiar significativamente da TCC.

☒ Mito: você precisa ser bem organizado e disciplinado para se beneficiar da TCC.

☑ REALIDADE: não existem evidências de pesquisa de que uma personalidade organizada e disciplinada se beneficia mais da TCC do que qualquer outra pessoa.

☒ MITO: a TCC ignora completamente a influência de nosso passado.

☑ REALIDADE: a TCC se concentra no presente, mas vivências difíceis passadas e adversidades na infância podem ser consideradas quando têm uma influência importante em sua ansiedade e preocupação.

☒ MITO: a TCC é eficaz somente com ansiedade leve ou moderada.

☑ REALIDADE: estudos que avaliaram formalmente a TCC mostraram que os indivíduos com sintomas graves de ansiedade podem obter melhora significativa dos sintomas.

☒ MITO: a TCC é só uma "terapia de fala", na qual as pessoas "livram-se da ansiedade falando consigo mesmas".

☑ REALIDADE: a mudança de comportamento é uma parte muito importante da TCC. Embora mudar sua forma de pensar sobre a ansiedade seja crucial, mudar seu comportamento em resposta ao seu problema de ansiedade é igualmente importante.

☒ MITO: a TCC enfatiza o "poder do pensamento positivo" para induzir as pessoas a ficarem menos ansiosas.

☑ REALIDADE: a TCC enfatiza a importância do "pensamento realista" e não do "pensamento positivo". Você aprenderá a substituir o pensamento irrealista e exagerado por avaliações mais precisas e realistas da ameaça nas atividades diárias comuns. Essa é uma habilidade central que você usará repetidamente para reduzir a intensidade de sua ansiedade.

☒ MITO: o tratamento cognitivo-comportamental para ansiedade é lento e pode levar muitas semanas até que benefícios reais possam ser observados.

☑ REALIDADE: muitos dos efeitos significativos da TCC são observados nas primeiras sessões. Você pode esperar ver alguma melhora nas primeiras quatro a seis semanas de terapia.

☒ MITO: é raro ver reduções repentinas de ansiedade na TCC.

☑ REALIDADE: pessoas formalmente submetidas à TCC podem sentir uma redução repentina na ansiedade de uma semana para outra. Não se sabe se essas mudanças repentinas ocorrem ao usar apenas manuais de TCC.

> ⮏ **Dicas para obter sucesso: manter-se motivado para a mudança**
>
> Caso você encontre um ponto neste manual em que se sinta emperrado ou desmotivado, releia a lista anterior e verifique se você ainda endossa algum desses mitos. Em caso afirmativo, lembre-se de se ater aos fatos. Talvez você acredite em um desses mitos e isso esteja impedindo-o de comprometer-se com o programa do manual. Se for esse o caso, cogite a possibilidade de suspender seu julgamento sobre a abordagem da TCC até ter feito uma tentativa. Você pode selecionar algum aspecto de suas experiências de ansiedade e usar um ou dois exercícios dos Capítulo 6 ou 7 durante um período de duas a três semanas. Observe o efeito que isso tem em sua ansiedade. Vale a pena continuar? A melhor maneira de manter-se motivado é sentir algum progresso na redução de sua ansiedade ou preocupação. Se você estiver trabalhando com um terapeuta cognitivo-comportamental, converse com ele sobre suas preocupações acerca do progresso lento do tratamento.

A PRÁTICA LEVA À "PERFEIÇÃO"

A expressão "A prática leva à perfeição" pode não se aplicar à redução da ansiedade, mas sua mensagem básica é pertinente. Quanto mais você praticar as habilidades da TCC, melhor você conseguirá aplicá-las aos seus problemas de ansiedade e preocupação. Você pode nunca alcançar a perfeição, mas, quanto mais você usar os exercícios e as folhas de trabalho do manual, maior serão seus efeitos na redução da ansiedade. Uma pesquisa mostrou que indivíduos que se envolvem em *tarefas práticas* entre as sessões de terapia experimentam melhoras mais significativas na ansiedade e na depressão do que aqueles que não as praticam.[16,17]

Na TCC, os exercícios práticos são adaptados para abordar aspectos singulares de sua experiência de ansiedade. Eis alguns exemplos. Darrell evita locais públicos porque acredita que estar nesses lugares é o que causa seus ataques de pânico. Seus exercícios práticos focaram em lhe demonstrar que não são os lugares que desencadeiam a ansiedade, mas sua tendência a interpretar erroneamente o aumento de sua frequência cardíaca como sinal de um possível infarto. Aaliyah preocupa-se constantemente com quase todos os aspectos de sua vida – a saúde de suas filhas, a viabilidade de seu casamento, o futuro de sua mãe idosa e assim por diante. Seus exercícios testaram suas crenças de que a preocupação a preparava para o pior. Phoebe sentia-se extremamente ansiosa em antecipação a todas as situações sociais porque estava convicta de que ela era a única pessoa que sentia esse nível de ansiedade e que se constranger era inevitável. Seus exercícios concentraram-se em lhe mostrar não apenas que muitas pessoas sentiam algum nível de ansiedade social, mas

> Neste manual, **exercícios práticos** são definidos como qualquer atividade estruturada específica e claramente determinada que é realizada em casa, no trabalho ou na comunidade de uma pessoa para observar, avaliar ou modificar as cognições falhas e os comportamentos inadequados que caracterizam a ansiedade.

também que elas tinham um bom desempenho mesmo quando estavam ansiosas.

VOCÊ TEM DÚVIDAS SOBRE FAZER OS EXERCÍCIOS DA TCC?

Talvez você esteja pensando que tudo isso soa muito bem, mas que é bem mais fácil falar do que fazer. Você pode trazer para este livro (ou para a terapia) muitas noções preconcebidas sobre a eficácia dos exercícios práticos e sobre as estratégias da TCC em geral. Ao fazer os exercícios, você verá que as ferramentas e técnicas da TCC foram meticulosamente elaboradas para antever obstáculos e ajudá-lo a eliminar os efeitos negativos da ansiedade na sua vida. Mas, se você tem dúvidas que o impedem de se aprofundar, agora é a hora de eliminar as eventuais noções preconcebidas que estejam em seu caminho. Constatamos que quando as pessoas têm dificuldade para concluir os exercícios práticos, seja como autoajuda ou com a orientação de um terapeuta, o problema muitas vezes reside em ideias preconcebidas sobre esse trabalho. Você pode se sentir ansioso para enfrentar sua ansiedade e acreditar que está entrando neste programa com a mente aberta, mas pequenas dúvidas e perguntas constantemente espreitam no íntimo das pessoas, prontas para aparecer e sabotar seus esforços quando elas menos esperam. Jogar luz sobre esses fantasmas e apontá-los neste momento irá ajudá-lo a tirar o melhor do trabalho que você faz neste livro e/ou na terapia. Resumindo: você vai obter muito mais deste manual se tiver uma mente aberta quanto a fazer exercícios e preencher as folhas de trabalho.

EXERCÍCIO DE AVALIAÇÃO   **Crenças problemáticas sobre a prática**

Você está plenamente consciente de suas crenças sobre os exercícios práticos da TCC? Reserve alguns minutos para classificar a si próprio quanto às crenças na Folha de trabalho 2.1.

Como você se saiu? Não dispomos de dados que possam afirmar com segurança quais pontuações indicam que você está pronto para a TCC. Mas você pode usar a lista de verificação de uma maneira mais informal observando as crenças para as quais você marcou "Concordo" ou "Concordo totalmente". Todas essas crenças refletem ideias que podem interferir em sua capacidade de se comprometer com este programa.

EXERCÍCIO DE INTERVENÇÃO   **Desafie crenças inúteis sobre as práticas**

Você não precisa ficar travado em suas crenças negativas e preconceitos contra a prática das estratégias da TCC. Você pode usar a abordagem da TCC para avaliar suas crenças sobre as tarefas práticas e adotar uma perspectiva mais positiva que aumentará seu envolvimento com o manual. Revise suas respostas na Folha de trabalho 2.1 e anote as crenças para as quais você marcou "Concordo" e "Concordo totalmente" em um pedaço de papel. Avalie a precisão de cada crença de sua lista fazendo o seguinte:

FOLHA DE TRABALHO 2.1

Minhas crenças sobre tarefas práticas

Instruções: leia cada afirmativa e circule o número que melhor corresponde ao quanto você concorda ou discorda de cada crença sobre exercícios de autoajuda.

	Discordo totalmente	Discordo	Concordo	Concordo totalmente
1. Fazer essas tarefas vai piorar minha ansiedade.	1	2	3	4
2. Não adianta tentar; nada pode me ajudar.	1	2	3	4
3. Eu não deveria precisar de exercícios para superar minha ansiedade.	1	2	3	4
4. Estou ansioso demais para fazer tarefas de casa neste momento.	1	2	3	4
5. Minha ansiedade anda muito bem; não quero arriscar piorar as coisas fazendo exercícios de autoajuda.	1	2	3	4
6. Não acredito que esses exercícios sejam uma maneira eficaz de reduzir a ansiedade.	1	2	3	4
7. Sou um procrastinador; eu sempre tive problemas para me motivar a fazer trabalho extra.	1	2	3	4
8. Não estou melhorando, então por que me preocupar em fazer esses exercícios?	1	2	3	4
9. Estou cansado ou estressado demais para fazer exercícios de autoajuda.	1	2	3	4
10. Essas tarefas são triviais; não vejo como isso vai me ajudar a vencer a ansiedade.	1	2	3	4
11. Estou muito ocupado e não tenho tempo para exercícios diários de autoajuda.	1	2	3	4
12. A ansiedade é uma condição médica; eu não deveria ter que fazer todo esse esforço para me livrar dela.	1	2	3	4

(Continua)

FOLHA DE TRABALHO 2.1 *(Continuação)*

	Discordo totalmente	Discordo	Concordo	Concordo totalmente
13. Outras pessoas superam a ansiedade sem se esforçar tanto assim.	1	2	3	4
14. Existe uma raiz profundamente entranhada em minha ansiedade que precisa ser descoberta; não vejo como esses exercícios podem ser eficazes.	1	2	3	4
15. E se eu não fizer esses exercícios corretamente e eles piorarem minha ansiedade?	1	2	3	4
16. Detesto anotar coisas; eu nunca fui uma pessoa de manter registros.	1	2	3	4
17. Falta-me motivação e disciplina para fazer este tipo de terapia.	1	2	3	4
18. Isso é muito difícil, deve haver um modo mais fácil de superar a ansiedade.	1	2	3	4
19. Fazer ao menos um pouco da tarefa de casa é melhor do que não fazer nada.	1	2	3	4
20. Mesmo que eu não faça os exercícios de autoajuda, ir às sessões de terapia ou ler sobre ansiedade deve ajudar um pouco.	1	2	3	4
21. Sempre detestei fazer tarefa de casa, mesmo na infância.	1	2	3	4
22. Não gosto de seguir programas rígidos, prefiro fazer as coisas do meu jeito.	1	2	3	4
23. Posso superar minha ansiedade sem prática.	1	2	3	4
24. Fiz progressos na minha ansiedade no passado sem fazer exercícios de autoajuda; portanto, eu não deveria precisar fazê-los agora.	1	2	3	4
25. Estes exercícios são muito demandantes; eu não vejo como eles vão me ajudar a superar a ansiedade.	1	2	3	4

- **Questione** a precisão dessas crenças. A crença se aplica a todas as suas experiências de fazer exercícios físicos ou mentais para se aperfeiçoar? Você já teve alguma experiência que contradiz a crença? Quais são as consequências para você de manter essas crenças?

- **Substitua** o termo *ansiedade* por *aptidão física* ou *falta de aptidão física* em sua declaração de crença (por exemplo, "Posso superar minha *falta de aptidão física* sem prática"). Você acreditaria nessa afirmação se ela se referisse a tornar-se fisicamente apto? Se ela não é verídica para aptidão física, como poderia ser verídica para aptidão mental? Você pode conversar com amigos sobre como eles superaram as mesmas crenças negativas a respeito de treino para aptidão física.

- **Tome uma atitude** fazendo algo pequeno que possa testar ou corrigir a crença (se você acredita que não tem disciplina para fazer tarefas de autoajuda [item 17], você pode começar fazendo um exercício de autoajuda curto e limitado que leve apenas alguns minutos por dia).

⊃ **Dicas para resolução de problemas: ainda cético sobre os exercícios práticos**

Se você está fazendo terapia e ainda tem dúvidas sobre estar pronto para fazer os exercícios deste manual, você deve conversar sobre essas dúvidas com seu terapeuta, pois elas também podem ser um obstáculo para seu progresso na terapia. Se estiver lendo o manual por conta própria, converse com outras pessoas que superaram a ansiedade por meio da terapia. Que papel os exercícios desempenharam em sua recuperação? Além disso, não estamos pedindo que você faça todos os exercícios o tempo todo. Em vez disso, pedimos que você *reserve 30 minutos na maioria dos dias e se concentre em um exercício de cada vez*. Você se lembra do velho ditado chinês que diz que "Toda jornada começa com o primeiro passo"? Essa é a nossa perspectiva na TCC. Você já deu o primeiro passo chegando até aqui no manual. Você está pronto para continuar a jornada rumo à recuperação?

Maximizando o sucesso com o manual

A TCC é mais eficaz quando as pessoas praticam estratégias de redução de ansiedade em vez de apenas ler sobre elas. Você foi apresentado a barreiras que podem prejudicar seu comprometimento com este manual. Também é importante lembrar que nossos exercícios práticos são genéricos para que possam ser aplicados a uma ampla gama de experiências de ansiedade. Mesmo com instruções e recomendações, cabe a você decidir como usar os exercícios e aplicar as estratégias de TCC às suas experiências de ansiedade. É possível usar estes exercícios de maneira eficaz ou ineficaz. Analise os exemplos a seguir.

Durante muitos anos, Sebastian, 44 anos, teve ansiedade grave causada por pensamentos intrusivos perturbadores sobre danos ou ferimentos a entes queridos. Por exemplo, ele pensava em um amigo sofrendo um acidente de carro e ficava ansioso porque isso poderia realmente acontecer, ou ele pensava em um familiar tendo uma doença grave e depois ficava preocupado porque a pessoa poderia realmente ficar gravemente doente. Sebastian tinha esses pensamentos terríveis muitas vezes ao longo do dia e tentava se distrair deles ou tranquilizar-se de que tudo ficaria bem.

Para superar a ansiedade causada por esses pensamentos preocupantes, era importante que Sebastian fizesse exercícios que o expusessem a situações que desencadeassem a preocupação, que ele praticasse corrigir seus pensamentos automáticos de perigo (como "Se eu tenho essa preocupação sobre esses perigos, talvez algo ruim vá acontecer com as pessoas") e evitasse esforços para controlar a preocupação. Contudo, Sebastian nunca gostou muito de fazer essas tarefas. Ele estava bastante satisfeito em comparecer às sessões de terapia e falar sobre sua ansiedade, mas tinha muita dificuldade para encontrar tempo para aplicar a terapia. Sebastian tentava fazer algumas das coisas que seu terapeuta cognitivo-comportamental recomendava, mas elas nunca funcionaram para ele. Ele temia que os exercícios o deixassem mais ansioso. Ele era impaciente com o ritmo da terapia e achava que os exercícios eram triviais e sem importância. Recusava-se a manter um registro escrito dos exercícios e os fazia apenas uma ou duas vezes por semana por alguns minutos. Ele dizia que estava muito ocupado e não tinha tempo suficiente. Quando fazia um exercício, ele parava assim que se sentia um pouco ansioso. No fim, todo o processo era frustrante e improdutivo para Sebastian. Apesar de comparecer fielmente a suas sessões de terapia, Sebastian não conseguiu superar seus pensamentos ansiosos preocupantes.

O que deu errado? Sebastian não tinha certeza dos benefícios que poderia obter fazendo os exercícios indicados pelo terapeuta, não cumpria as tarefas nem trabalhou de forma gradual, recusou-se a manter um registro escrito de suas experiências com os exercícios, não praticava regularmente e nunca tentou determinar o que tinha dado errado e como poderia corrigir os problemas. Havia muitos problemas com a atitude de Sebastian em relação aos exercícios práticos. Para mudar sua terapia e torná-la eficaz, ele precisaria acreditar verdadeiramente nos benefícios dos exercícios práticos. Ele precisava ser mais sistemático em sua forma de fazer os exercícios, manter um registro escrito de suas experiências e praticar os exercícios repetidamente durante vários dias.

Belinda, 32 anos, que queria tratar de uma intensa ansiedade social, tirou proveito de todos os recursos da TCC disponíveis. Na companhia de outras pessoas, sentia-se notada e achava que os outros percebiam que ela estava ansiosa e, por isso, concluíam que ela devia ter algum problema emocional. Seus exercícios práticos a expunham a situações sociais que causavam ansiedade cada vez mais intensa. Ela praticava esses exercícios diariamente e registrava seu progresso em diários estruturados e fichas de avaliação. Quando tinha dificuldade com um determinado exercício, ela anotava os desafios em sua ficha de avaliação e depois buscava soluções para os problemas. Ela também usava os exercícios como uma oportunidade de praticar a correção de seus pensamentos exagerados de medo e perigo e de refinar suas respostas de enfrentamento da ansiedade. Após várias semanas de exercícios estruturados diários, Belinda descobriu-se muito menos ansiosa em diversas situações sociais comuns, sentindo-se muito mais confiante em suas habilidades sociais.

As pessoas que você conheceu no início deste capítulo – Darrell, Aaliyah e Phoebe – também usaram exercícios que as ajudaram.

Os exercícios de Darrell envolviam ir ao supermercado pela manhã, quando havia apenas algumas pessoas fazendo compras. Ele ficava perto da frente da loja, próximo à saída, e monitorava seu nível de ansiedade, observando eventuais sintomas físicos e identificando eventuais pensamentos ansiosos ou interpretações dos sintomas. Então, produzia interpretações alternativas menos assustadoras dos sintomas físicos. Darrell não saía da loja até que seu nível de ansiedade tivesse baixado para 50% de seu nível mais alto, quando entrara na loja. Além disso, Darrell praticou ir ao mercado todos os dias até obter aptidão mental naquela situação – ou seja, até poder entrar na loja sem sentir ansiedade problemática. Uma vez dominada essa situação, ele prosseguiu para uma nova situação de ansiedade, como fazer compras por períodos prolongados em toda a loja.

Na terapia, Aaliyah aprendeu a diferença entre preocupação produtiva e improdutiva (você aprenderá mais sobre essa distinção no Capítulo 8). Ela recebeu uma folha de papel que listava as características dos dois tipos de preocupação. Durante a semana seguinte, Aaliyah foi solicitada a registrar vários episódios de preocupação todos os dias e a indicar se a preocupação satisfazia os critérios de preocupação produtiva ou improdutiva. Ela ficou impressionada ao descobrir que dois terços de suas preocupações eram improdutivas e pouco tinham a ver com preparar-se para futuros eventos negativos. Essa informação foi então usada para avaliar algumas de suas falsas crenças sobre preocupações e estruturar diversas estratégias que ela poderia usar em resposta às preocupações improdutivas. Para Aaliyah, a aptidão mental envolveu monitorar ativamente sua preocupação e aprender a considerá-la a partir dessa nova perspectiva.

Como observado anteriormente, uma das preocupações centrais de Phoebe era a de que ela era a única pessoa que ficava ansiosa e que a ansiedade sempre levava ao constrangimento. Para testar essa crença, o terapeuta de Phoebe pediu-lhe que observasse e classificasse o nível de ansiedade de outras pessoas na próxima reunião do departamento. Phoebe anotou todos os sinais externos de ansiedade que observou nos outros e classificou seu provável nível de ansiedade em uma escala de 0 a 100. Ela também registrou seu nível de desempenho na reunião a despeito da ansiedade. Essa tarefa prática desempenhou um papel crítico no aprendizado de Phoebe de que a ansiedade é comum e nem sempre tem um desfecho desastroso, e de que uma pessoa pode ter um bom desempenho

mesmo que esteja ansiosa. Ao mudar algumas antigas atitudes em relação à ansiedade, Phoebe foi se fortalecendo para tentar expressar sua opinião mesmo se
sentindo muito ansiosa.

Essas três pessoas melhoraram por meio de exercícios práticos, trabalhando
em suas ansiedades *uma de cada vez*, abordando cada ansiedade *gradualmente* e
prosseguindo com o exercício mesmo que sua ansiedade aumentasse inicialmente. Isso é
semelhante ao que acontece com o condicionamento físico: você estabelece uma
linha de base como ponto de partida, aumenta a força gradualmente e adere ao
princípio "sem dor, sem ganho" caso queira ficar fisicamente mais forte.

EXERCÍCIO DE AVALIAÇÃO   **Sua prática é eficaz?**

A próxima folha de trabalho lista sete características necessárias para tornar um exercício eficaz. Se você está sempre preocupado com a possibilidade de não estar fazendo
um exercício corretamente, você pode usar a Folha de trabalho 2.2 para determinar se
sua experiência de exercício contém os elementos críticos para o sucesso. Por enquanto,
reserve um momento para se familiarizar com esta lista.

⮎ **Dicas para resolução de problemas: ajustando seus exercícios práticos**

Você concluiu que não está aproveitando ao máximo seus exercícios práticos? Existem
várias maneiras de melhorar a forma como você usa os exercícios do manual.

- Se um exercício for muito difícil, divida-o em etapas menores que lhe permitam
  trabalhar até o fim.
- Se sua ansiedade for intolerável ao iniciar uma nova tarefa prática, considere buscar o apoio de um amigo próximo ou confidente. Contudo, isso deve ser feito por
  pouco tempo para não desenvolver dependência de outra pessoa.
- Procure o conselho de uma pessoa que conheça a TCC sobre como modificar uma
  tarefa prática para que ela seja mais relevante para sua experiência de ansiedade.
- Faça a tarefa prática em diversas situações geradoras de ansiedade para aumentar
  sua eficácia e possibilidade de generalização. Evite repetições desnecessárias em
  seus exercícios práticos.
- Os exercícios práticos devem provocar alguma ansiedade. Pare de fazer um exercício quando ele não causa mais ansiedade.

O PRÓXIMO CAPÍTULO

Agora que você leu esses dois capítulos introdutórios, está pronto para começar
a construir suas habilidades de TCC para ansiedade e preocupação. Neste capítulo, enfatizamos a importância de fazer o trabalho da TCC, ou seja, praticar
as estratégias de redução da ansiedade que são explicadas neste manual. Você
aprenderá muito sobre sua mente ansiosa e sobre a abordagem da TCC nos capítulos subsequentes. Mas, para conseguir uma redução significativa na ansiedade
e na preocupação, você precisará colocar essas habilidades em prática. Sem essa

FOLHA DE TRABALHO 2.2

Sete características de tarefas eficazes

Instruções: leia as perguntas abaixo e marque *Sim* ou *Não* para responder a cada uma. Uma breve explicação é fornecida para cada característica de um exercício de prática eficaz. Há espaço suficiente nas colunas *Sim* e *Não* para múltiplas marcas de seleção, para que você possa usar este exercício repetidamente à medida que avança no conteúdo do manual.

Pergunta	Explicação	Sim	Não
1. *Justificativa clara* Você entende por que está fazendo o exercício prático?	O exercício deve abordar um importante aspecto da ansiedade grave e contribuir para o seu objetivo de redução da ansiedade.		
2. *Custo-benefício* Você sabe o que você vai ganhar fazendo o exercício?	Você deve ter clareza sobre os custos e benefícios associados ao investimento do seu tempo para fazer o exercício.		
3. *Instruções precisas* Você sabe como fazer o exercício?	O exercício deve ser claramente especificado para que você saiba exatamente o que fazer, quando e por quanto tempo.		
4. *Etapas graduadas* Você está fazendo o exercício seguindo etapas específicas?	Tarefas práticas precisam ser feitas sistematicamente; você começa com algo em um nível de ansiedade mais baixo e vai aumentando até chegar a situações ou tarefas que envolvam ansiedade mais grave.		
5. *Manutenção de registros* Você está mantendo um registro de suas sessões práticas?	Fazer uma breve descrição por escrito do seu comportamento, pensamento e nível de ansiedade é essencial toda vez que você se envolve em um exercício prático.		
6. *Prática repetida* Você está praticando o exercício repetidamente durante vários dias?	Faça cada exercício com frequência, se possível diariamente, antes de prosseguir para a próxima tarefa do capítulo. Muitas vezes, quando a TCC falha, é porque o exercício prático foi feito por tempo insuficiente.		
7. *Solução de decepções* Caso haja um problema com um exercício, o que você pode fazer para que o exercício funcione para você?	Se você está decepcionado com o resultado de um exercício prático, reserve um tempo para avaliar o que deu errado. Considere como você poderia melhorar no exercício na próxima vez que o fizer.		

experiência "prática" de lutar contra sua ansiedade, a TCC será pouco mais do que uma maneira interessante de compreender a ansiedade. Então, vamos começar a trabalhar em seu programa de TCC para redução de ansiedade. No próximo capítulo, partimos de um lugar muito incomum. Com base na perspectiva da CT-R, começamos com seus pontos fortes e com o modo como você usa a ansiedade para lidar com situações difíceis em sua vida.

3

Quando a ansiedade é útil

A ansiedade pode ser misteriosa, atingindo-nos de maneiras difíceis de entender. Talvez você se lembre de uma época em que ansiedade e preocupação não eram problemas importantes para você. Houve momentos em que você se sentiu ansioso ou preocupado com algum evento futuro, mas não foi grande coisa. Você entendeu por que se sentia tenso ou nervoso e lidou com isso da mesma forma que com todas as outras emoções negativas que vêm e vão ao longo do dia. Sentir-se ansioso antes de fazer uma apresentação, encontrar uma pessoa importante pela primeira vez ou aguardar os resultados de um exame de saúde – é esperado que nos sintamos ansiosos nessas circunstâncias. Na verdade, a ansiedade que sentimos nessas circunstâncias pode realmente nos ajudar a ter um melhor desempenho, já que concentra nossa atenção na importância do que está acontecendo. Mas sua experiência de ansiedade mudou e agora domina o seu dia. Você se sente ansioso e preocupado com coisas que nunca o incomodaram anteriormente – fazer compras no supermercado, consultas médicas, a fidelidade do seu parceiro, ir a um restaurante ou pensar sobre seu futuro. Você notou mudanças em suas emoções, mas não para melhor. Você tem ficado ansioso e preocupado, e não sabe por quê.

Ou talvez você saiba por que está tão ansioso e preocupado, mas as coisas que o deixam extremamente ansioso nem sempre fazem sentido. Você já notou que fica ansioso com atividades diárias que todos enfrentam, mas fica extremamente calmo e equilibrado em relação a problemas importantes com sérias consequências? Muitas vezes a ansiedade não é desencadeada pelas maiores ameaças à nossa segurança física ou bem-estar. Você pode sentir estresse e frustração, mas não ter nenhuma ansiedade ao dirigir no trânsito intenso. E ainda assim, você poderia sentir-se nervoso e hesitante ao negar um pedido despropositado, mesmo feito por um perfeito desconhecido. Evidentemente, o trânsito intenso é mais perigoso do que ser assertivo com um desconhecido. Certa vez, um cliente relatou sentir-se muito ansioso ao engolir alimentos sólidos, mas não tinha problemas para fazer comédia *stand-up*. A maioria das pessoas concordaria que essa última situação é especialmente assustadora, dada a alta probabilidade de falha. Um piloto ficava intensamente ansioso ao viajar como passageiro de uma companhia aérea comercial, mas não tinha dificuldade alguma ao pilotar um pequeno avião monomotor. Uma pessoa financeiramente segura preocupava-se com dinheiro, mas sentia-se menos preocupada com sua saúde, apesar de ter sofrido um infarto recentemente. O que faz com que fiquemos mais ansiosos pode ser um mistério; muitas vezes são os aspectos rotineiros e mundanos da vida e não as ameaças pessoais mais significativas.

Quando a ansiedade ameaça a nossa saúde emocional, naturalmente nos concentramos nas ocasiões em que ela é grave e aparentemente está fora de controle. É fácil ignorar todas as vezes em que você lidou bem com sentimentos de ansiedade e não permitiu que eles interferissem em suas atividades da vida diária. Quando são graves, os sintomas de ansiedade podem gerar uma experiência inesquecível que chama a nossa atenção e aumenta o nosso nível de insegurança e impotência. Esquecemo-nos de todas as vezes que toleramos nossos sentimentos de ansiedade e os consideramos emoções normais. Você tem preconceito em relação à ansiedade? Você se convenceu de que não consegue lidar com a ansiedade porque se lembra apenas dos episódios graves? A maioria dos indivíduos que tratamos por um problema de ansiedade tem esse preconceito. Eles perderam a confiança em sua capacidade de lidar com ansiedade e preocupação. Você não acha que é possível que você seja melhor do que pensa no controle da ansiedade?

Acreditamos que é importante iniciar seu trabalho com a ansiedade redescobrindo seus pontos fortes e habilidades naturais para lidar com sentimentos de ansiedade. Essa abordagem é inteiramente compatível com a orientação de recuperação da TCC introduzida no Capítulo 1. Você não acha que sua maneira de pensar e se comportar ao se adaptar à ansiedade pode fornecer alguns *insights* sobre como lidar com a ansiedade quando ela se torna um problema?

Este capítulo se enquadra na perspectiva da CT-R sobre ansiedade. Os exercícios e folhas de trabalho fornecem a oportunidade de descobrir suas habilidades adaptativas com níveis baixos ou moderados de ansiedade. Você aprenderá por que é capaz de tolerar a ansiedade nesse nível e como você usa os sentimentos de ansiedade a seu favor. Você pode se surpreender ao saber que você é emocionalmente mais forte do que pensa e já tem habilidades que pode usar contra seus problemas de ansiedade.

Alyssa: uma mãe ansiosa

Alyssa, 44 anos, é inteligente, engenhosa, disciplinada e sempre se empenhou em aproveitar sua vida ao máximo. Tudo estava indo bem até que ela e Daniel decidiram que era hora de formarem uma família. Após vários anos de consulta com endocrinologistas reprodutivos e em uma clínica de fertilidade, Alyssa finalmente deu à luz Brianna. Ela considerava Brianna seu "bebê milagroso", mas, para surpresa do casal, três anos depois Alyssa ficou grávida novamente, dando à luz um menino que chamaram de Caleb. Alyssa sentiu-se verdadeiramente abençoada e começou a construir a família segura e amorosa que ela nunca teve como criança.

A vida era tudo o que ela sonhara, exceto por um acontecimento inesperado. O nascimento das crianças trouxe consigo medos, ansiedades e preocupações que eram completamente estranhos para Alyssa. A princípio ela pensou que sua ansiedade em relação a perigos, ferimentos e doenças que pudessem acometer seus filhos era típica de mães de primeira viagem mais velhas. Mas, com o tempo, a ansiedade e a preocupação aumentaram. Alyssa temia que as crianças pudessem ser sequestradas na escola, se machucassem no *playground* ou ao praticar esportes, contraíssem uma doença grave ou que os pais dos amigos dos filhos fossem negligentes ao levar as crianças para passear. Além disso, Alyssa temia que a cuidadora que ficava com as crianças após a escola não estivesse prestando atenção suficiente em Brianna e Caleb. Quer ela fosse a motorista ou a passageira, dirigir em família era um pesadelo, devido ao medo de Alyssa de que se envolvessem em um acidente. Quando Brianna tinha 8 anos e Caleb, 5, Alyssa tornara-se uma mãe excessivamente ansiosa, controladora e protetora. Ela percebeu que isso não era saudável para as crianças e estava sobrecarregando seu casamento, mas não conseguia se conter.

Alyssa não conseguia entender sua ansiedade. Por um lado, ela atribuía a ansiedade à dificuldade da gravidez e às circunstâncias em torno do nascimento dos filhos. Por outro lado, porém, a ansiedade não fazia sentido. Ela não tinha problemas de ansiedade antes das crianças, era capaz de lidar com ameaças e desafios no trabalho, em relação à sua saúde e nas relações familiares com apenas o mínimo de apreensão e nervosismo. Ela sabia que milhões e milhões de mulheres enfrentam o mesmo grau de ameaças e perigos para seus filhos com muito menos ansiedade e preocupação. Além disso, a ansiedade realmente não era comum em sua família, e ela estava criando um ambiente muito mais seguro para seus filhos do que tivera quando criança. Era um mistério por que Alyssa conseguia controlar a ansiedade no trabalho, mas quando se tratava dos filhos era vitimada por sua mente ansiosa descontrolada.

Você, como Alyssa, está surpreso com sua ansiedade? Ela é desencadeada por uma preocupação específica, como a criação dos filhos, a saúde, o desempenho no trabalho, viagens ou relacionamentos, embora você seja capaz de funcionar praticamente livre de ansiedade em outras áreas da sua vida? Você consegue se lembrar de uma época em que a ansiedade não era uma preocupação? Para entender como você se tornou ansioso, comece considerando sua experiência de ansiedade leve. Para Alyssa, isso significou observar de que forma ela normalizava a ansiedade e a preocupação que sentia no trabalho.

MEDO E ANSIEDADE: QUAL É A DIFERENÇA?

O medo é uma emoção básica que está programada em nosso cérebro, e é fundamental para a sobrevivência. Uma das primeiras emoções que surgiram em nosso desenvolvimento como espécie, o medo está amplamente presente em todo o reino animal. Sem medo, logo pereceríamos por conta de todos os perigos que encontramos neste mundo. Podemos chamar de "destemido" alguém que busca emoções e corre riscos desnecessários, mas mesmo essa pessoa sabe como é sentir medo. Se você não tivesse medo, seria descuidado e indiferente, o que poderia colocar você e aqueles ao seu redor em perigo.

Não precisamos nos lembrar de ter medo. O medo surge de repente, muitas vezes sem aviso. É uma resposta emocional automática a qualquer objeto, situação ou circunstância que reconhecemos (percebemos) como um perigo iminente para o nosso bem-estar pessoal.[4] Ele é a percepção do perigo. Por exemplo, pessoas com aracnofobia sabem que têm medo de aranhas. Mas esse medo só é ativado em situações em que elas pensam que uma aranha pode estar presente, como quando veem uma teia de aranha, entram em uma casa velha ou andam na mata. Até mesmo ver a foto de uma aranha pode ativar o medo. Sempre que está ao ar livre, a pessoa que tem medo de aranhas pensa: "Será que vou encontrar uma aranha?", "Aranhas são perigosas porque podem entrar na boca ou nos ouvidos e botar ovos" ou "Se eu vir uma aranha, vou surtar". O corpo entra em um estado de alta excitação quando indivíduos com fobia de aranha veem qualquer coisa que os lembre de uma aranha. Eles podem se sentir tensos, nervosos, com o estômago embrulhado, com um aperto no peito ou com o coração acelerado. E o medo pode causar uma mudança de comportamento, como evitar qualquer lugar que pareça representar risco de exposição a aranhas.

Na TCC, você trabalha para reduzir o medo, mudando sua forma de pensar e agir. Em vez de pensar no objeto do medo (por exemplo, uma aranha) como uma ameaça ou perigo iminente, você é ensinado a reavaliar o objeto do medo como menos ameaçador à sua segurança e bem-estar. Em vez de evitar ou fugir do medo, você é encorajado a enfrentá-lo.

Medo e ansiedade estão interligados. Ficamos ansiosos quando antecipamos que uma situação, evento ou circunstância futura pode envolver sofrimento significativo devido a uma ameaça incerta e incontrolável aos nossos interesses vitais.[4] Você pode entender a ansiedade como um sistema de alerta precoce da possibilidade de que alguma ameaça ao seu bem-estar ocorra no futuro. Por exemplo, falamos sobre "medo da morte", mas, para a maioria das pessoas que não estão diante da morte iminente, seria mais correto chamar isso de "sentir-se ansioso diante da morte". Em nosso exemplo de fobia de aranha, você ficaria ansioso em relação a visitar amigos porque eles moram em uma casa velha que pode ter aranhas, ou ansioso em relação a ir ao cinema porque o filme pode conter uma cena com aranhas. Você tem um medo básico de deparar-se com aranhas, mas você vive em um estado de ansiedade persistente diante da possibilidade de ser exposto a uma aranha.

Quando ansiosos, temos uma sensação de apreensão e excitação física em que acreditamos que não podemos prever, e muito menos controlar, eventos futuros potencialmente desagradáveis. Nós nos sentimos nervosos, apreensivos e tensos. Também pensamos que algo ruim está prestes a acontecer. Não nos sentimos ansiosos ou preocupados com o passado. Em vez disso, a ansiedade é sempre em relação a eventos no futuro – um resultado ruim ou uma catástrofe que imaginamos que "poderia acontecer". A pessoa com ansiedade é dominada pelo pensamento "e se". Praticamente qualquer coisa com a qual nos deparamos na vida pode desencadear ansiedade. Até a própria ansiedade pode nos fazer sentir mais ansiosos ("E se a ansiedade nunca passar?" ou "E se a ansiedade piorar e eu perder o controle?"). Outros exemplos de catástrofes imaginárias são:

- "E se me der um branco durante a prova?"
- "E se eu não terminar todo o meu trabalho?"
- "E se eu tiver um ataque de pânico no supermercado?"
- "E se eu ficar gravemente doente devido ao contato com outras pessoas?"
- "E se eu encontrar alguém que me lembre o agressor que me atacou?"
- "E se eu perder meu emprego?"

O QUE PROVOCA ANSIEDADE LEVE?

Raramente nossos sentimentos ocorrem sem uma causa. Geralmente existe um gatilho que altera o modo como nos sentimos, e a ansiedade não é diferente. Na maioria das vezes, nos sentimos ansiosos porque algo desencadeou uma sensação de ameaça. O gatilho pode ser uma situação ou circunstância, um pensamento, imagem ou memória intrusiva, uma sensação física inesperada ou algum comentário ou ação de outra pessoa. Ser capaz de identificar os gatilhos mais comuns de sua ansiedade leve é uma parte importante de entender como você consegue lidar com a ansiedade em algumas situações, mas não em outras.

EXERCÍCIO DE AVALIAÇÃO **Descubra seus gatilhos de ansiedade leve**

Este exercício o ajudará a descobrir situações, pensamentos, sensações físicas e comportamentos em sua vida cotidiana que podem desencadear sentimentos de ansiedade. A Folha de trabalho 3.1 é uma lista seletiva categorizada nos principais aspectos da vida: trabalho, finanças, relações sociais, saúde e relacionamentos familiares/íntimos.

Quantas situações lhe causaram ao menos alguma ansiedade (isto é, aquelas que você indicou que causam apenas um pouco de ansiedade)? A maioria desses

FOLHA DE TRABALHO 3.1

Checklist de gatilhos de ansiedade

Instruções: marque um X na coluna que representa a quantidade de ansiedade que você associa a cada situação. Nos espaços em branco, escreva outros gatilhos para seus sentimentos de ansiedade que não estejam listados na categoria correspondente.

Possíveis gatilhos de ansiedade	Nenhuma ansiedade	Um pouco de ansiedade	Muita ansiedade
Desempenho no trabalho/escola			
Estar atrasado para uma reunião, aula ou compromisso			
Perder meu emprego; ser reprovado ou abandonar a escola			
Pensar que estou ficando para trás; não conseguir me equiparar no trabalho ou na escola			
Não ter êxito; não conseguir atender às expectativas, objetivos ou metas			
Receber possível avaliação negativa no trabalho ou notas baixas			
Ter trabalho inacabado			
Cometer erros			
Não fazer o melhor que posso			
Outro: _____			
Outro: _____			
Relações sociais			
Comparecer a um evento social (como uma festa) com muitas pessoas desconhecidas			
Fazer uma ligação telefônica para um estranho			
Entrar atrasado em um teatro, igreja ou grupo			
Ser assertivo			
Expressar minha opinião, especialmente em um grupo			
Convidar amigos para jantar			
Malhar na academia			
Preocupar-me com o fato de os outros me acharem burro, chato ou sem graça			

(Continua)

FOLHA DE TRABALHO 3.1 *(Continuação)*

Possíveis gatilhos de ansiedade	Nenhuma ansiedade	Um pouco de ansiedade	Muita ansiedade
Ter a sensação de não saber o que dizer			
Pensar que sou inadequado			
Pensar que causei uma má impressão ou fiz papel de bobo			
Preocupar-me por ter sido rude ou indelicado			
Pensar que não sou aceito			
Fazer uma apresentação			
Pensar em parecer nervoso, desconfortável			
Outro: _____			
Outro: _____			
Finanças			
Ter dificuldade para pagar contas			
Lembrar que estou endividado			
Preocupar-me com a perspectiva de que não terei dinheiro suficiente			
Gastar demais			
Não economizar o suficiente/investimentos com baixo desempenho			
Não cumprir meu orçamento			
Não ter dinheiro suficiente; não conseguir pagar as contas			
Precisar de uma renda melhor			
Outro: _____			
Outro: _____			
Relações íntimas/familiares			
Discutir com parceiro, filho, pai/mãe			
Passar por acidente, lesão ao parceiro, filho, pai/mãe			
Pensar que não sou atraente para um parceiro íntimo			
Pensar que não sou amado por um parceiro íntimo			
Pensar que meu parceiro íntimo não está comprometido comigo			

(Continua)

FOLHA DE TRABALHO 3.1 (*Continuação*)

Possíveis gatilhos de ansiedade	Nenhuma ansiedade	Um pouco de ansiedade	Muita ansiedade
Pensar que meu parceiro íntimo não é fiel			
Não ter parceiro íntimo no momento			
Iniciar um relacionamento amoroso			
Sentir falta de intimidade			
Outro: _____			
Outro: _____			
Saúde			
Preocupar-me com uma condição clínica crônica			
Sentir dor crônica			
Aguardar o resultado de um exame médico			
Sentir dores repentinas no peito			
Estar em público e pegar uma doença infecciosa			
Preocupar-me com excesso de peso ou problemas de saúde			
Ir ao médico ou hospital			
Sentir náusea ou dor de estômago			
Sentir dor de cabeça			
Ter dores e sofrimentos inesperados			
Sentir-me tonto, instável ou fraco			
Sentir-me cansado, com falta de energia			
Dormir mal			
Preocupar-me com um possível infarto, AVC ou aneurisma			
Preocupação com esquecimento, confusão ou falta de concentração			
Ter pensamentos sobre morte e morrer			
Outro: _____			
Outro: _____			

gatilhos estava associada a uma categoria ou outra, como trabalho ou relacionamentos íntimos? Você ficou surpreso com a quantidade de situações que o deixam ansioso? As situações que desencadearam muita ansiedade são o assunto do próximo capítulo. Por enquanto, queremos focar as situações levemente indutoras de ansiedade, para que você possa descobrir por que é capaz de suportar a ansiedade nessas situações, mas não em outras. Posteriormente, compararemos como você responde a situações que lhe causam grave ansiedade com a sua forma de responder àquelas que causam ansiedade leve. Enquanto isso, mantenha a Folha de trabalho 3.1 à mão para que você possa consultá-la enquanto conclui o capítulo.

A ANSIEDADE PODE PARECER NORMAL

Você provavelmente não percebe como passa de calmo e relaxado para estressado e ansioso ao longo do dia. Você tolera níveis leves de apreensão, tensão e nervosismo para que isso não interfira na sua vida diária. A maioria das pessoas ficaria ansiosa antes de fazer um discurso ou se apresentar diante de uma grande plateia, conhecer uma pessoa importante, esperar o resultado de um exame médico, ouvir que seu parceiro tem dúvidas sobre o relacionamento e coisas do gênero. O que torna a ansiedade normal ou leve diferente de sua contraparte mais grave é a nossa capacidade de tolerá-la e nos recuperarmos rapidamente.

EXERCÍCIO DE AVALIAÇÃO **Redescubra a ansiedade leve**

Talvez você tenha esquecido como é um sentimento normal de ansiedade porque tem estado muito focado em seus problemas de ansiedade. O exercício da Folha de trabalho 3.2 irá ajudá-lo a reconectar-se com suas experiências de ansiedade leve. Você pode usar as experiências que classificou como causadoras de um pouco de ansiedade na folha de trabalho anterior como gatilhos típicos de ansiedade leve.

➲ **Dicas para resolução de problemas: capturando momentos de ansiedade leve**

Pode ser difícil pensar na ansiedade como uma emoção normal, até mesmo útil, quando você está lutando contra problemas de ansiedade. Se você não conseguiu se lembrar de nenhuma experiência de ansiedade leve para registrar na Folha de trabalho 3.2, você pode usá-la como um formulário de automonitoramento. Durante uma ou duas semanas, anote os momentos em que você enfrentou um problema difícil, estressante ou desafiador. Use a *checklist* de sintomas (Passo 2) para indicar como você se sentiu fisicamente, como a situação afetou seu pensamento, como você se comportou e o que você sentiu (subjetivo) ao enfrentar o problema. Complete a *checklist* o mais cedo possível, enquanto sua memória está fresca. É difícil se lembrar dos sintomas de ansiedade leve porque a experiência se dissipa rapidamente. Se a estratégia de automonitoramento não ajudar, tente preencher a Folha de trabalho 3.2 quando você e seu parceiro ou um familiar estiverem lidando com o mesmo problema. Você pode discutir como cada um de vocês enfrentou o problema usando a Folha de trabalho 3.2 como guia.

FOLHA DE TRABALHO 3.2

Checklist de ansiedade leve

Instruções: esta folha de trabalho tem duas partes.

Passo 1. No espaço fornecido, descreva brevemente duas experiências de ansiedade normal leve. Nessas ocasiões, você se sentiu ligeiramente nervoso, tenso ou ansioso e estava pensando que algo ruim poderia acontecer com você ou com um ente querido. A ansiedade pode ter ocorrido em uma situação que causaria alguma ansiedade na maioria das pessoas.

1.   Experiência de ansiedade leve: _____

   _____

   _____

2.   Experiência de ansiedade leve: _____

   _____

   _____

Passo 2. Abaixo você encontrará uma lista de características comuns a todos os níveis de ansiedade. Assinale os sintomas que você teve durante as experiências de ansiedade leve registradas no Passo 1.

Características físicas

☐ Aumento da frequência cardíaca, palpitações
☐ Falta de ar, respiração acelerada
☐ Dor ou pressão no peito
☐ Sensação de asfixia
☐ Tonturas, vertigens
☐ Sudorese, ondas de calor, calafrios
☐ Náuseas, dores de estômago, diarreia
☐ Tremor, estremecimento
☐ Formigamento ou dormência nos braços, pernas
☐ Fraqueza, instabilidade, desmaios
☐ Músculos tensos, rigidez
☐ Boca seca

Características comportamentais

☐ Evitação de sinais ou situações de ameaça
☐ Fuga, evasão
☐ Busca por segurança, tranquilidade
☐ Inquietação, agitação, andar de um lado para o outro
☐ Hiperventilação
☐ Paralisia, imobilidade
☐ Dificuldade para falar

Características cognitivas (do pensamento)

☐ Medo de perder o controle, incapacidade de lidar com a situação
☐ Medo de lesão física ou morte
☐ Medo de enlouquecer
☐ Medo de avaliação negativa por parte de outras pessoas
☐ Pensamentos, imagens ou memórias assustadoras
☐ Percepções de irrealidade ou alheamento
☐ Falta de concentração, confusão, distração
☐ Estreitamento de atenção, hipervigilância para ameaças
☐ Memória fraca
☐ Dificuldade de raciocínio, perda de objetividade

Características subjetivas

☐ Sentir-se nervoso, tenso, irritado
☐ Sentir-se assustado, temeroso, aterrorizado
☐ Ficar nervoso, apreensivo, com os nervos à flor da pele
☐ Ficar impaciente, frustrado

Ao se sentir ansioso, algumas das características físicas, cognitivas, comportamentais e subjetivas destacaram-se mais do que outras? Seja qual for sua experiência de ansiedade leve, está claro que você é capaz de suportar esses sintomas. Isso é o que mantém os sentimentos ansiosos breves e amenos. Fica claro que você é capaz de lidar eficazmente com a ansiedade quando ela envolve os sintomas que você marcou nessa folha de trabalho. Mantenha essa folha de trabalho à mão para que você possa compará-la com suas experiências de ansiedade problemática, tema do próximo capítulo.

Se Alyssa completasse a Folha de trabalho 3.2, suas experiências de ansiedade leve poderiam ser as situações de ter que apresentar uma nova estratégia de publicidade *on-line* à alta gerência e comparecer a uma reunião de pais e mestres. A ansiedade em ambas as situações foi leve e controlável, mas Alyssa poderia notar certos sintomas físicos, como indisposição estomacal e músculos tensos. Suas preocupações cognitivas poderiam ser medo de avaliações negativas e falta de concentração. Em termos comportamentais, ela poderia apresentar alguns sinais de inquietação e dificuldade para falar.

Alyssa também poderia se sentir um pouco nervosa e irritada. Contudo, nenhum desses sintomas é difícil de controlar e, portanto, ela seria capaz de funcionar muito bem nessas situações. Suas experiências de ansiedade leve foram como as de Alyssa, ou você marcou sintomas diferentes? Nem todos nós sentimos ansiedade da mesma maneira. É perfeitamente possível que alguns sintomas sejam mais fáceis de suportar do que outros, e essa pode ser uma das razões pelas quais sua ansiedade permanece baixa nessas situações. Posteriormente, veremos como as características que você experimenta com baixa ansiedade se comparam aos sintomas que você tem quando a ansiedade é grave.

A PRODUÇÃO DE ANSIEDADE LEVE

Certas maneiras de pensar, sentir e se comportar mantêm nossos sentimentos de ansiedade sob controle. A Figura 3.1, a seguir, mostra três engrenagens que mantêm sua ansiedade na faixa normal de emoção.

A engrenagem da cognição

Mantemos nossos sentimentos de ansiedade moderados avaliando a ameaça ou o perigo em termos realistas. Evitamos pensar o pior ou catastrofizar a situação. O pensamento realista sobre ameaças envolve:

- Diminuir o significado pessoal e a intensidade da situação que gera ansiedade.
- Presumir que um desfecho negativo leve a moderado é mais provável.

FIGURA 3.1 Modelo cognitivo-comportamental básico de ansiedade.

- Pensar que um desfecho gravemente ruim não é imediato, mas uma possibilidade no futuro distante.

Alyssa teve que fazer uma apresentação importante para seu departamento, mas ela se sentiu apenas ligeiramente ansiosa. Ela manteve seus sentimentos de ansiedade sob controle dizendo a si mesma que não havia nada de especial nessa apresentação e que, mesmo que não tivesse tido o seu melhor desempenho, nada aconteceria. Ela acreditava que era altamente improvável que pudesse se sair tão mal a ponto de arruinar sua reputação no trabalho. Obter uma avaliação de desempenho ruim que ameaçaria seu emprego não era algo que Alyssa considerasse iminente, embora reconhecesse que sua segurança no emprego não era de modo algum absoluta.

Também mantemos nossa ansiedade em um nível mínimo acreditando que podemos lidar com a situação demandante em questão. A ansiedade aumenta quando acreditamos que somos fracos, impotentes ou vulneráveis demais para lidar com um desfecho negativo previsto. Mantemos nossos sentimentos de ansiedade sob controle da seguinte forma:

- Acreditando que somos capazes de lidar com a situação que causa ansiedade.
- Focando nossas habilidades de resolução de problemas.
- Tolerando sentimentos desconfortáveis.

Alyssa acreditava em si mesma quando se tratava de desempenho no trabalho. Ela sabia por experiência que era muito boa em fazer apresentações, então tratou a tarefa como um problema a ser resolvido. Ela percebeu, por experiência própria, que poderia ter um bom desempenho mesmo quando estivesse um pouco ansiosa. Na verdade, ela acreditava que um pouco de ansiedade a mantinha afiada e alerta. Assim, acreditando que nenhuma ameaça era grande demais e que suas habilidades de enfrentamento estavam prontas e estavam disponíveis para lidar com qualquer desafio que surgisse em seu caminho, Alyssa foi capaz de manter sua ansiedade no trabalho em um nível mínimo.

Na CT-R, o foco está na busca de metas e aspirações valorizadas para o futuro. Uma boa maneira de manter a ansiedade baixa é concentrar-se nos objetivos importantes de sua vida. Isso é mais do que apenas distrair-se com uma "ocupação" qualquer. Trata-se de um envolvimento apaixonado com aquilo que você considera mais importante, com base em seus pontos fortes e talentos. Não precisa ser um envolvimento em uma grande tarefa. Em vez disso, podem ser atividades específicas que estejam conectadas a um objetivo de vida maior.

Ser produtiva e bem-sucedida eram objetivos valiosos para Alyssa. Ela sabia que fazer uma boa apresentação era uma parte importante do êxito no trabalho. Quando começava a ficar nervosa com uma apresentação, ela conseguia focar sua atenção no aperfeiçoamento da apresentação, e não em como se sentia. O que é importante para você? Você já percebeu que fica menos ansioso quando está envolvido em uma tarefa importante e interessante? Em situações que geram ligeira ansiedade, você pode pensar mais sobre o que você tem que fazer, o que chamamos de atividade direcionada a um objetivo, e não sobre como você se sente.

A engrenagem da excitação física

Mesmo quando nossa ansiedade é leve, ainda podemos senti-la em nosso corpo. Reveja a Folha de trabalho 3.2. Quais sensações físicas você marcou? Por que você acha que esses sintomas permaneceram relativamente leves e acabaram desaparecendo? Provavelmente, há duas coisas que você fez quando estava com músculos tensos e sentia tontura, dor de estômago ou algum outro sintoma.

1. **Gerou uma interpretação favorável:** você não considerou que a sensação física fosse grave; você acreditou que era devida ao estresse, cansaço ou excesso de trabalho e que acabaria por desaparecer.
2. **Distraiu-se:** em vez de focar o sintoma físico e preocupar-se com ele, você concentrou sua atenção em outra coisa, como uma tarefa importante ou uma conversa com um amigo.

Quando se sentia estressada e ansiosa no trabalho, Alyssa percebia que seu coração disparava e ela sentia calor e, às vezes, vertigens. Ela recentemente fez um exame físico completo, e, dada a sua idade e baixos fatores de risco, sabia que esses sintomas eram devidos ao estresse e não a um problema cardiovascular.

Então, em vez de temer os sintomas, ela os interpretava como um sinal para se acalmar e respirar fundo algumas vezes. Em vez de tentar controlar os sintomas, ela os deixava passarem por conta própria. Ela, então, era capaz de retomar o seu trabalho.

A orientação de recuperação da TCC enfatiza o que há de "melhor em você". Na CT-R, o terapeuta orienta os indivíduos na descoberta de crenças positivas sobre si mesmos, outras pessoas e seu futuro.[12] Quais poderiam ser algumas crenças positivas sobre ficar fisicamente agitado quando ansioso? Quando a ansiedade é leve, ou até útil, é provável que você considere a excitação física uma vantagem e não um obstáculo. Por exemplo, você pode interpretar sua tensão, aumento da frequência cardíaca ou sensação de formigamento como sinal de que você está atento, energizado ou pronto para agir. Essa é a interpretação que você faz desses sintomas no início de uma competição desportiva, de um recital de música ou ao embarcar em uma missão militar perigosa. Você pode chamar isso de "uma descarga de adrenalina", mas o que é importante é a crença de que é um sinal positivo. Quando a ansiedade é útil, tendemos a ver a excitação física como útil, até mesmo um sinal de força. Quando os sentimentos de ansiedade aumentam, ficamos mais propensos a acreditar que a excitação física é um problema e que precisamos nos acalmar.

A engrenagem da resposta de enfrentamento

Quando nossa ansiedade é leve, respondemos aos nossos sentimentos de maneira diferente do que quando é grave. Você está ciente da ansiedade, mas continua se concentrando no que estiver fazendo. Você segue em frente com o objetivo imediato que está diante de você. Quando surge uma dificuldade, você adota uma abordagem de resolução de problemas e vê a situação como um desafio. Você pode interpretar o sentimento de ansiedade como uma emoção útil que o mantém alerta e focado. Evitar, atrasar o que o está deixando ansioso ou fugir disso é a coisa mais distante da sua mente.

Essa foi a abordagem que Alyssa passou a utilizar quando se sentia ansiosa com suas apresentações no trabalho. Do ponto de vista da CT-R, seria possível dizer que as expectativas e crenças positivas sobre si mesma estavam em primeiro lugar em sua mente, e que ela tirou proveito de seus pontos fortes e talentos ao lidar com a apresentação. Ela considerou útil sua ansiedade leve porque ela a motivava a manter o foco na preparação da apresentação. Quando pensou sobre a possibilidade de fazer um trabalho ruim, ela reviu as partes da apresentação sobre as quais tinha menos certeza e passou mais tempo buscando informações que embasassem seus argumentos. Como a apresentação estava marcada para o final da semana, ela reservou um tempo para trabalhar nisso.

Ela deu alta prioridade a isso e não permitiu que outros trabalhos tomassem o tempo programado para a preparação. Dessa forma, Alyssa trabalhou com a ansiedade, permitindo-se experimentar os sentimentos enquanto mantinha o foco em seu trabalho.

EXERCÍCIO DE AVALIAÇÃO **Rastreando a ansiedade leve**

Este exercício lhe dá a oportunidade de compreender melhor como as engrenagens da cognição, da excitação física e do enfrentamento funcionam para manter sua ansiedade sob controle. Toda ansiedade, seja leve ou grave, pode ser decomposta em gatilhos, pensamentos, sensações físicas e respostas de enfrentamento. O trabalho realizado nos exercícios anteriores lhe será útil ao preencher a Folha de trabalho 3.3. O exemplo na página 53 ilustra como Alyssa poderia preencher esta folha de trabalho.

Você ficou surpreso com o número de vezes que manteve seus sentimentos de ansiedade na faixa de baixa intensidade? Houve certas maneiras de pensar ou lidar com a ansiedade que a mantiveram no nível mínimo? Talvez você queira destacar essas principais cognições e respostas de enfrentamento, pois elas podem ser especialmente potentes para manter sua ansiedade moderada.

Se você der uma olhada no exemplo de Alyssa, verá duas cognições que foram especialmente úteis para manter sua ansiedade suportável. A primeira foi lembrar a si mesma de que ela sempre estivera suficientemente preparada para as apresentações anteriores, mesmo que houvesse pouco tempo disponível para a preparação, e a segunda, que ela poderia transformar a apresentação em um sessão de chuva de ideias (*brainstorming*) com seus colegas. Em termos de comportamento, a assertividade de Alyssa ao lidar com perguntas do público e a noção do que fazer caso travasse em certos detalhes da apresentação foram muito úteis. Você, como Alyssa, descobriu maneiras de pensar e se comportar quando está levemente ansioso que poderiam ajudá-lo nos episódios de ansiedade problemática?

TORNANDO A ANSIEDADE ÚTIL

No início deste capítulo, discutimos o valor do medo e da ansiedade para a sobrevivência. A seguir, queremos analisar se a ansiedade pode conferir alguns benefícios pessoais à vida diária. Muitas das ameaças que enfrentamos hoje são de natureza mais psicológica ou mesmo existencial; sendo assim, é possível que a ansiedade seja útil nessas situações? Há algum tipo de ansiedade que faça parte do seu modo adaptativo, que permita que você seja o melhor que pode ao tomar decisões ou agir sobre uma questão importante? Vamos analisar alguns exemplos.

Meu registro de ansiedade leve

Instruções: ao preencher esta folha de trabalho, pense amplamente sobre seus gatilhos de ansiedade leve. Qualquer situação externa, pensamento, imagem, memória ou sensação física pode desencadear leves sentimentos de ansiedade. É provável que apenas alguns sintomas de excitação física estejam presentes na ansiedade leve. As colunas de cognição e comportamento são as mais importantes. Para a coluna de cognição, considere de que forma você acha que a situação não é tão ruim, que você será capaz de lidar com ela e que tudo dará certo no final. Para a coluna de comportamento, descreva brevemente como você transformou a situação que gerou ansiedade em um desafio, manteve o foco na resolução de problemas e não deixou que a ansiedade atrapalhasse seus esforços.

Data e hora	Situação/ gatilho de ansiedade	Sensações físicas	Cognição (O que você estava pensando quando estava levemente ansioso?)	Enfrentamento (Como você respondeu à sua ansiedade leve?)
1.				
2.				

De *The Anxiety and Worry Workbook, Second Edition*, de David A. Clark e Aaron T. Beck. Copyright © 2023 The Guilford Press. Acesse a página do livro em loja.grupoa.com.br e faça o *download* desta folha de trabalho.

Registro de ansiedade leve de Alyssa

Data e hora	Situação/gatilho de ansiedade	Sensações físicas	Cognição (O que você estava pensando quando estava levemente ansioso?)	Enfrentamento (Como você respondeu à sua ansiedade leve?)
1. Terça-feira, 18 de fevereiro de 2022, 14h30	Estou sentada à minha mesa, tentando trabalhar na apresentação para sexta-feira, mas estou tendo um fluxo constante de interrupções.	Sinto-me tensa e de repente a sala parece muito mais quente; sinto uma pressão se formando em meu peito, minha boca está seca; quando me levanto, sinto-me um pouco instável e tonta.	Eu nunca estarei pronta com todas essas interrupções. Por que as pessoas não me deixam em paz? Vou ter que trabalhar na apresentação em casa, o que é muito difícil para toda a família. Eu sempre consigo fazer o trabalho. Eu até fiz alguns dos meus melhores trabalhos em situações difíceis. Esta não é uma apresentação importante; as pessoas sabem que venho tendo muitas demandas ultimamente. Se eu não estiver totalmente pronta, posso dedicar mais tempo para uma discussão e transformar a apresentação em uma sessão de debate de ideias.	Coloquei uma placa na porta do meu escritório entre as 15h e 16h dizendo "Não perturbe". Não chequei mensagens de texto ou e-mails por uma hora. Li alguns documentos importantes e depois listei os principais pontos que eu queria transmitir na apresentação. Reconheci que estava me sentindo ansiosa, então fiz uma pausa de cinco minutos para fazer respiração controlada e ouvir música relaxante. Caso eu travasse em uma parte da apresentação, eu pulava para outra parte a fim de manter meu ritmo de trabalho durante a hora inteira.
2.				

Você já se preocupou com algo que disse a um amigo ou familiar? Talvez você tenha feito um comentário precipitado e depois, ao refletir sobre o que disse, ficou pensando se a pessoa interpretou da maneira errada o que você falou. Sua preocupação (ansiedade leve) persiste até que, por fim, você fala com seu amigo. Você descobre que seu amigo ficou ofendido com seu comentário. Agora você tem a chance de consertar as coisas. Nesse caso, sua ansiedade foi adaptativa; ela o alertou sobre um possível rompimento da amizade, então você tomou medidas corretivas. Essa ação condiz com um dos seus valores fundamentais, que é viver em harmonia com os outros. Algumas pessoas, porém, ficam excessivamente preocupadas com a possibilidade de ofender os outros. Nesse caso, a ansiedade deixa de ter qualquer valor adaptativo. É como um alarme contra roubo com defeito, que é inútil porque, na maioria das vezes, ele dispara quando não há roubo algum acontecendo.

Todos nós podemos nos lembrar de várias ocasiões em que nos sentimos ansiosos com relação ao nosso desempenho no trabalho. O medo de falhar, de se constranger ou de ficar aquém de seus padrões causou alguma ansiedade, o que o motivou a se esforçar mais e ter um melhor desempenho. Mais uma vez, um caso leve de ansiedade de desempenho pode ser adaptativo, mas, caso a ansiedade seja muito intensa, ela prejudica sua confiança e capacidade de trabalhar. Em outros casos, uma leve ansiedade em situações sociais pode aumentar sua consciência dos sinais sociais para que você aja adequadamente. Mas, quando a ansiedade social se torna muito grave, ficamos desajeitados e constrangidos perto dos outros.

Há uma série de outras situações em que alguma ansiedade e preocupação pode nos motivar a lidar com problemas da vida real. Algumas preocupações com finanças podem nos tornar mais responsáveis com o nosso dinheiro, a ansiedade em relação aos danos causados aos nossos filhos pode nos ajudar a tomar precauções apropriadas, e algumas preocupações sobre o futuro podem nos motivar a criar planos de contingência sensatos. Mas, obviamente, a ansiedade em cada cenário deixa de ser adaptativa quando se torna exagerada e desproporcional à situação em questão.

EXERCÍCIO DE AVALIAÇÃO   **Debruçando-se sobre a ansiedade e a preocupação**

Este exercício irá ajudá-lo a pensar sobre as possíveis vantagens da ansiedade leve em sete áreas-chave da vida. Nem todas as preocupações de vida listadas na Folha de trabalho 3.4 são igualmente relevantes, então escolha três ou quatro que sejam mais importantes para você. Pense em um problema ou desafio que você enfrentou em cada uma dessas áreas e considere como um pouco de ansiedade o ajudou a lidar com a dificuldade. É importante que você seja capaz de recordar exemplos específicos de sua vida nos quais uma leve ansiedade ou preocupação foi útil. Isso tornará o conceito de ansiedade útil significativo para você.

FOLHA DE TRABALHO 3.4

Quando minha ansiedade foi útil

Instruções: selecione três ou quatro domínios da vida que você considera importantes. Pense em uma experiência que lhe causou algum nervosismo, ansiedade, preocupação ou estresse, mas na qual seu estado emocional realmente tenha ajudado a lidar bem com a situação. Depois de descrever a situação, na primeira coluna, indique, na segunda coluna, como um pouco de ansiedade ou preocupação o ajudou a ter um desempenho melhor do que você teria se não houvesse ansiedade.

Situação, problema ou preocupação desafiadora/difícil	Como uma leve ansiedade ou preocupação me ajudou a lidar com a situação, problema ou questão
Trabalho:	
Relações familiares/íntimas:	
Amizades/esfera social:	
Saúde/condicionamento físico:	
Lazer/recreação:	
Comunidade/cidadania:	
Espiritualidade/fé religiosa:	

○ **Dicas para resolução de problemas: mais orientações para descobrir ansiedade útil**

Se você teve dificuldade para pensar na ansiedade ou preocupação como algo útil, certifique-se de:

• Escolher áreas da vida que estejam associadas a vários desafios ou problemas importantes que você se lembra de ter enfrentado. A maioria das pessoas consegue pensar em situações difíceis no trabalho/escola ou nas relações familiares/íntimas, mas teria mais dificuldade com os domínios de comunidade/cidadania ou espiritualidade/fé religiosa. Você também pode revisar suas respostas nas Folhas de trabalho 3.1 e 3.3 como auxílio para lembrar-se de algumas experiências relevantes.

• Não estar interpretando mal ou ignorando experiências que são de ansiedade leve. Algumas pessoas não consideram nervosismo, tensão ou frio na barriga como ansiedade. Mas esses são sintomas de ansiedade leve, então você pode ter tido esses sintomas, mas não chamava isso de ansiedade.

• Pensar que a ansiedade útil aumenta sua motivação, tornando-o mais criativo ou encorajando-o a tomar a iniciativa para lidar com a situação. Essas são formas pelas quais uma leve ansiedade ou preocupação nos ajuda a lidar com problemas da vida diária.

Você ficou surpreso ao descobrir exemplos específicos de ansiedade atuando em seu favor? Um pouco de ansiedade e preocupação pode nos tornar melhores em nosso trabalho, mais sensíveis e compreensivos em nossos relacionamentos, mais conscientes sobre uma vida saudável e mais comprometidos em incluir relaxamento e diversão em nossa programação semanal.

Alyssa sentia-se dividida entre o trabalho e as responsabilidades familiares. Essa era uma dificuldade contínua, que a deixava levemente ansiosa e preocupada. Mas ela usou essa ansiedade a seu favor ao ficar mais consciente de que não deveria permitir que as demandas do trabalho invadissem a vida familiar. Outra experiência desafiadora no domínio da amizade era sua preocupação de que perderia seus amigos mais próximos por conta da negligência devido a sua vida agitada. Novamente, a ansiedade leve associada a essa preocupação foi adaptativa, porque a motivou a reservar algum tempo para seus amigos.

APROVEITE SEUS PONTOS FORTES

Neste capítulo, você aprendeu que em muitas situações você sente níveis baixos de ansiedade. Talvez você fique surpreso ao constatar que vivencia episódios leves de ansiedade com mais frequência do que episódios mais graves. Esperamos que você tenha aprendido com este capítulo que *você é mais forte do que pensa*. Talvez você lide muito melhor com as dificuldades do que tinha percebido. Talvez você esteja tão focado em seus problemas de ansiedade, preocupação e pânico que se esqueceu do quanto lida bem com a ansiedade em outras situações. A orientação de recuperação da TCC começa ajudando as pessoas a descobrirem o que elas têm de melhor. É por isso que iniciamos com um capítulo sobre ansiedade adaptativa. Queremos que você redescubra sua força emocional e use-a como ponto de partida para desenvolver um programa de TCC para lidar com seus problemas de ansiedade.

Contudo, não se engane quanto ao objetivo: este não é apenas um capítulo sobre "sentir-se bem". Você descobriu modos de pensar e agir durante a ansiedade leve que pode aplicar às ocasiões em que a ansiedade se torna um problema? O próximo exercício tem como objetivo ajudá-lo a identificar as estratégias que você usa para controlar a ansiedade em situações difíceis. Nós o chamamos de "Meu perfil de ansiedade adaptativa", pois ele representa o que você faz para manter a ansiedade em um nível tolerável e até útil.

EXERCÍCIO DE AVALIAÇÃO **O perfil de ansiedade adaptativa**

O trabalho que você fez neste capítulo está resumido na Folha de trabalho 3.5. A melhor maneira de descobrir seus pontos fortes para lidar com a ansiedade é fazer uma "autópsia" das dificuldades passadas com as quais você lidou bem. Você deve examinar mais de perto algumas de suas experiências leves de ansiedade e explicar: como encarou a dificuldade; sua capacidade de lidar com ela; seu nível de tolerância à ansiedade; e como você lidou com a situação. Suas respostas a essas perguntas fornecerão informações sobre como você diminui o nível de ansiedade em várias situações.

> ⮑ **Dicas para resolução de problemas: identificando a ansiedade grave do passado**
>
> Todo mundo tem seus melhores momentos, em que usa sua ansiedade e preocupação a seu favor para lidar com situações ou problemas difíceis. Mas isso pode ser difícil de reconhecer quando a ansiedade grave parece implacável. É como se uma centelha de sentimento ansioso provocasse uma tempestade de ansiedade ou pânico. E pode ser que você sinta sua ansiedade muito mais intensamente na maior parte do tempo, enquanto outras pessoas podem ter menos episódios de ansiedade grave. Pode ser que você tenha que se esforçar para identificar seus momentos de ansiedade leve em um redemoinho de ansiedade grave. Mas nós propomos que você dedique um tempo para pesquisar os momentos em que você sente ansiedade ou preocupação leve e considerar se sua maneira adaptativa de pensar e lidar com ela pode ser usada ao sentir ansiedade grave.

Se você ainda estiver tendo dificuldades para preencher o perfil de ansiedade adaptativa, nós descrevemos alguns cenários baseados na história de Alyssa.

O que você disse a si mesmo sobre o desfecho ou as consequências da dificuldade que fez você se sentir um pouco ansioso ou preocupado? Você foi capaz de pensar nas maneiras pelas quais a situação não era tão terrível quanto você pode ter pensado inicialmente? Você foi capaz de acreditar que conseguiria lidar com a dificuldade, que você não era vítima de más circunstâncias? Como você se

FOLHA DE TRABALHO 3.5

Meu perfil de ansiedade adaptativa

Instruções: revise suas anotações na Folha de trabalho 3.4 e selecione duas ou três experiências de vida que foram difíceis, mas nas quais você administrou tão bem a ansiedade e a
preocupação que conseguiu superar a difícil circunstância. Em seguida, responda às quatro
perguntas associadas a cada situação. Explique sucintamente como o que você pensou e
a maneira como se comportou em cada situação lhe permitiram manter a ansiedade e a
preocupação em um nível baixo.

A. **Situação desafiadora e difícil:** _____

_____

1. O que eu disse a mim mesmo que me fez pensar que a situação não era tão grave:

_____

_____

_____

_____

_____

2. O que eu disse a mim mesmo sobre minha capacidade de lidar com a situação:

_____

_____

_____

_____

_____

3. O que eu disse a mim mesmo sobre minha capacidade de tolerar ou lidar com a
    ansiedade causada pela situação: _____

_____

_____

_____

_____

_____

4. Como minha reação à situação reduziu a ansiedade: _____

_____

_____

_____

_____

_____

(Continua)

FOLHA DE TRABALHO 3.5 *(Continuação)*

B. **Situação desafiadora e difícil:** _____

_____

1. O que eu disse a mim mesmo que me fez pensar que a situação não era tão grave:

_____
_____
_____
_____
_____
_____
_____

2. O que eu disse a mim mesmo sobre minha capacidade de lidar com a situação:

_____
_____
_____
_____
_____
_____
_____

3. O que eu disse a mim mesmo sobre minha capacidade de tolerar ou lidar com a ansiedade causada pela situação: _____

_____
_____
_____
_____
_____
_____
_____

4. Como minha reação à situação reduziu a ansiedade: _____

_____
_____
_____
_____
_____
_____

(Continua)

FOLHA DE TRABALHO 3.5 *(Continuação)*

C.   **Situação desafiadora e difícil:** _____

_____

1.   O que eu disse a mim mesmo que me fez pensar que a situação não era tão grave:

_____

_____

_____

_____

_____

_____

2.   O que eu disse a mim mesmo sobre minha capacidade de lidar com a situação:

_____

_____

_____

_____

_____

_____

3.   O que eu disse a mim mesmo sobre minha capacidade de tolerar ou lidar com a ansiedade causada pela situação: _____

_____

_____

_____

_____

_____

_____

4.   Como minha reação à situação reduziu a ansiedade: _____

_____

_____

_____

_____

_____

_____

Perfil de ansiedade adaptativa de Alyssa

A. **Situação desafiadora e difícil:** Há alguns meses, Daniel soube que a empresa onde trabalha estava reduzindo o número de funcionários e que seu cargo poderia ser extinto.

1. O que eu disse a mim mesmo que me fez pensar que a situação não era tão grave: A princípio fiquei preocupada e ansiosa, mas lembrei a mim mesma de que tenho um bom emprego e que podemos sobreviver com apenas um salário por um tempo, se necessário. Daniel teve que procurar trabalho no passado e sempre encontrou um bom emprego, pois ele é qualificado e tem um excelente histórico empregatício. Nenhum emprego é garantido para sempre, por isso é natural mudar de emprego várias vezes durante a trajetória profissional. Seja como for, ele está infeliz nesse cargo; ele vai conseguir uma boa indenização que lhe dará tempo para procurar uma ocupação mais gratificante.

2. O que eu disse a mim mesmo sobre minha capacidade de lidar com a situação: Não há nada que eu possa fazer para mudar a situação. Não tenho influência sobre a tomada de decisão da empresa. Já conseguimos resolver dificuldades financeiras juntos anteriormente, quando tínhamos muito menos dinheiro do que temos agora. Daniel sabe lidar bem com dificuldades como esta. Procurei dar-lhe apoio emocional e incentivo enquanto ele esperava para saber como ficaria sua situação de emprego. Eu disse a mim mesma que poderíamos aproveitar algumas semanas de folga dele para que ele assumisse mais responsabilidades familiares e fizesse alguns reparos domésticos muito necessários.

3. O que eu disse a mim mesmo sobre minha capacidade de tolerar ou lidar com a ansiedade causada pela situação: Se Daniel fosse demitido, eu ficaria mais ansiosa e preocupada caso isso se arrastasse por meses. Na época, eu fui capaz de lidar com a ansiedade de não saber se ele manteria o emprego. É natural preocupar-se um pouco e talvez perder um pouco de sono enquanto se espera por possíveis "más notícias". Se eu sentia alguma ansiedade, imaginei o quanto ela deveria ser maior para ele. Mantive meu foco em Daniel e não fiquei preocupada com meus sentimentos.

4. Como minha reação à situação reduziu a ansiedade: Foquei o meu trabalho e a vida familiar para manter uma aparência de normalidade. Não questionei Daniel sobre o que estava acontecendo com seu trabalho ou a redução da empresa porque falar sem parar sobre isso só aumentava nossa ansiedade. Não esperei que ele me tranquilizasse porque ele não sabia o que iria acontecer. Eu estava disponível quando ele queria conversar, mas também quis demonstrar força pessoal e confiança na capacidade dele para enfrentar essa tempestade.

B. **Situação desafiadora e difícil:** Minha mãe não tem estado bem. Ela consultou o médico de família, que recentemente agendou uma série de exames de saúde. Isso é preocupante porque o câncer é comum na família da minha mãe.

1. O que eu disse a mim mesmo que me fez pensar que a situação não era tão grave: Lembrei a mim mesma de que minha mãe está envelhecendo, então é normal que surjam problemas de saúde. A maioria dos idosos têm problemas de saúde. A vida é incerta, então não

tenho escolha a não ser conviver com a incerteza da nossa saúde. Procurei não tirar conclusões precipitadas nem pensar o pior. A maioria das condições médicas em idosos é crônica e controlada por meio de medicamentos e mudanças no estilo de vida. É da natureza da medicina moderna não termos escolha senão aguardar os resultados dos exames. Fiquei pensando que não quero que ela seja tratada sem a devida avaliação e diagnóstico. Como todos nessa situação, eu poderia praticar a paciência e esperar, ou poderia me preocupar, mas ainda assim ter de esperar. Em muitas ocasiões tive que esperar por um resultado que poderia ter sido muito pior do que foi.

2. O que eu disse a mim mesmo sobre minha capacidade de lidar com a situação: Qualquer que fosse o resultado dos exames, eu não tinha escolha a não ser lidar com ele. Somos uma família unida e meus pais precisavam do meu apoio. Quando Daniel sofreu um grave acidente de carro vários anos atrás, eu estava à altura da situação e dei o apoio que ele precisava para se recuperar. Eu fiz isso naquela vez, então disse a mim mesma que podia fazer isso de novo por minha mãe.

3. O que eu disse a mim mesmo sobre minha capacidade de tolerar ou lidar com a ansiedade causada pela situação: Fiquei preocupada e ansiosa até recebermos os resultados do exame. Eu pensei: "Bem, todo mundo sente um pouco de ansiedade enquanto aguarda resultados". Quando pensei sobre os problemas de saúde de minha mãe, fiz uma oração por ela e depois deixei minha ansiedade e preocupações irem e virem naturalmente ao longo do dia.

4. Como minha reação à situação reduziu a ansiedade: Mantive o foco no trabalho e nas responsabilidades da família. Eu mantinha contato diário com minha mãe, mas não ficava perguntando se ela tinha ficado sabendo de alguma coisa. Eu perguntava como ela estava se sentindo, mas decidi que era melhor normalizar a vida tanto quanto possível. Procurei não dizer a ela "tudo vai dar certo", pois eu sabia que era uma garantia inútil. Eu não posso prever o futuro. Em vez disso, tive que conviver com a incerteza de não saber.

convenceu de que poderia suportar a ansiedade – de que ela não atrapalharia seus esforços para lidar com o problema? Que estratégias de enfrentamento você usou para manter um baixo nível de ansiedade?

Tratamos muitos indivíduos com problemas de ansiedade que relataram que as preocupações sobre o emprego e a saúde dos entes queridos causavam grande ansiedade e preocupação. Mas, como Alyssa, a maioria das pessoas é capaz de identificar momentos em que sentiram níveis de ansiedade e preocupação mais baixos e mais gerenciáveis.

Se considerarmos a primeira pergunta de cada cenário da folha de trabalho de Alyssa, notaremos que ela corrigiu sua maneira de pensar sobre a possibilidade de Daniel ficar desempregado e a saúde de sua mãe. Em vez de pensar no pior resultado possível das situações, ela se forçou a pensar em desfechos menos ameaçadores. Se Daniel fosse despedido, ele poderia ficar algum tempo sem emprego, mas provavelmente logo encontraria outro trabalho. Alyssa se permitiu ficar ansiosa aguardando os resultados dos exames médicos de sua mãe, percebendo que essa era uma resposta normal, que milhões de pessoas devem enfrentar.

Alyssa também lembrou a si mesma de que ela era capaz de lidar com essas dificuldades familiares. Ela disse a si mesma para permanecer focada em prestar apoio emocional a Daniel e que não havia escolha a não ser aguardar os resultados dos exames de sua mãe. Com base em experiências anteriores, ela sabia que era capaz de suportar seus sentimentos de ansiedade, que o sentimento de apreensão era temporário e desapareceria assim que a situação mudasse.

Mas mudar sua forma de pensar não é suficiente para reduzir a ansiedade. Nosso modo de agir também afeta nossa ansiedade. Como visto nas respostas de Alyssa à quarta pergunta, ela normalizou sua vida diária, tanto quanto possível, a despeito da ansiedade com a possível demissão de Daniel e os resultados dos exames de sua mãe. Ela se impediu de buscar apoio ou de evitar qualquer conversa com o marido ou a mãe sobre suas preocupações. Ela decidiu que, se agisse com força e confiança, isso poderia aplacar sentimentos internos de fraqueza e vulnerabilidade.

O PRÓXIMO CAPÍTULO

Este capítulo se concentrou em suas experiências de ansiedade leve adaptativa. Você está surpreso por saber que é possível controlar muito bem sua ansiedade em muitas situações? Quando você minimiza as consequências negativas de situações difíceis e assume uma postura de resolução de problemas, você pode reduzir a intensidade dos sintomas de ansiedade.

A Figura 3.2 apresenta um resumo dos principais processos psicológicos envolvidos na rota da ansiedade. A lista do lado esquerdo destaca como certas

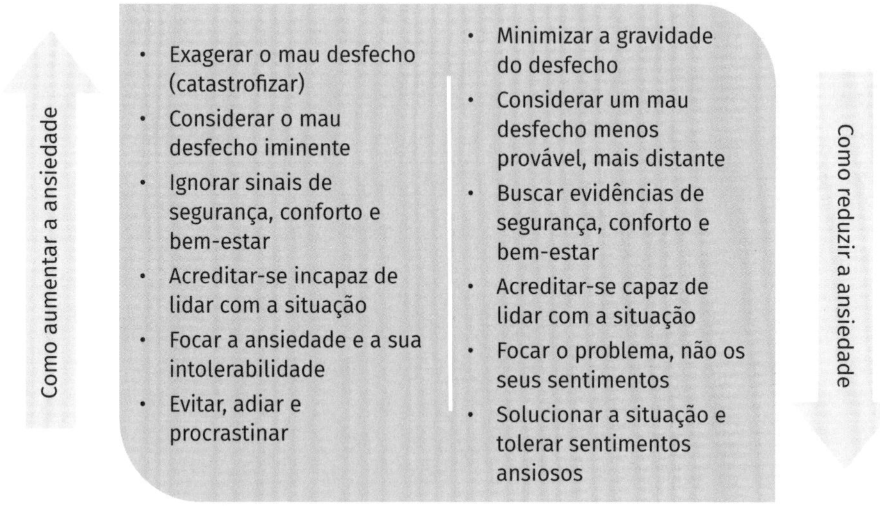

Como aumentar a ansiedade

- Exagerar o mau desfecho (catastrofizar)
- Considerar o mau desfecho iminente
- Ignorar sinais de segurança, conforto e bem-estar
- Acreditar-se incapaz de lidar com a situação
- Focar a ansiedade e a sua intolerabilidade
- Evitar, adiar e procrastinar

Como reduzir a ansiedade

- Minimizar a gravidade do desfecho
- Considerar um mau desfecho menos provável, mais distante
- Buscar evidências de segurança, conforto e bem-estar
- Acreditar-se capaz de lidar com a situação
- Focar o problema, não os seus sentimentos
- Solucionar a situação e tolerar sentimentos ansiosos

FIGURA 3.2 Pontos-chave sobre a regulação de sentimentos de ansiedade.

formas de pensar e lidar com a situação aumentarão a gravidade dos seus sintomas de ansiedade. Esse é o tema do Capítulo 4, que aborda a ansiedade problemática. A lista à direita resume os principais pontos deste capítulo. Essa maneira de pensar e lidar com a situação diminuirá a ansiedade para que ela possa ajudá-lo a lidar com os desafios da vida.

Ao ler sobre os principais processos envolvidos na redução da ansiedade, revise o trabalho que você fez neste capítulo. Quando você sentiu uma leve ansiedade por causa das respostas que você empregou, indicadas na coluna à direita, você estava mobilizando seu modo positivo e adaptativo de pensar e se comportar.

Possivelmente, muitas das suas experiências de ansiedade situam-se em algum ponto da faixa intermediária entre um nervosismo leve e útil, por um lado, e uma ansiedade grave e debilitante, por outro. Talvez você não tenha certeza se seus sentimentos são normais ou excessivos. O próximo capítulo explica como avaliar suas experiências de ansiedade para determinar se você pode ter um problema de ansiedade que melhoraria com as intervenções de TCC apresentadas neste manual.

4

Quando a ansiedade se torna um problema

Há uma inevitabilidade em nossas emoções. Todos nós conhecemos a sensação de "nervos em frangalhos" quando nos preparamos para uma entrevista importante, antevemos encontrar alguém pessoalmente importante pela primeira vez ou pensamos em nos apresentar diante de uma plateia. Como você aprendeu no capítulo anterior, a ansiedade é uma emoção normal, que pode trazer a necessidade imperiosa de preparar-se para uma situação difícil. É um sinal emocional que diz: "Prepare-se para desafios adiante".

Mas, quando são desproporcionais à real ameaça, a ansiedade e a preocupação podem parecer mais graves e interferir em nossa vida diária. Pense nas três pessoas apresentadas no Capítulo 1. As preocupações de Rebecca com seu desempenho no trabalho, com suas finanças e com a saúde de seus pais causaram uma insônia crônica e abalaram sua concentração no trabalho. Como resultado, Rebecca sentia que não estava em sua melhor forma, o que por sua vez aumentou suas preocupações sobre sua avaliação anual de desempenho. Devido aos frequentes ataques de pânico, Todd desenvolveu medo de pânico. Para controlar seu medo, ele começou a evitar qualquer situação que pudesse desencadear outro ataque. Isso reduziu o número de ataques de pânico, mas também interferiu muito em seu funcionamento diário e em sua qualidade de vida. E a ansiedade social de Isabella referia-se a sentir-se intensamente nervosa, parecendo estranha e constrangida em suas interações com outras pessoas. Como resultado, ela passava muito tempo sozinha, o que a fazia sentir-se entediada e deprimida. Em cada um desses exemplos, a ansiedade ou preocupação tornou-se um problema pessoal. Cada uma dessas pessoas apresentava um elevado sentimento de ansiedade que tomava grande parte do dia e tinha um impacto negativo no trabalho e nos relacionamentos. Da mesma forma, a felicidade, a satisfação com a vida e a busca por objetivos de vida almejados despencaram diante da ansiedade grave.

Neste capítulo, você vai descobrir se a ansiedade se tornou um problema em sua vida. Talvez você sinta que já sabe a resposta para essa pergunta. Mesmo assim, achamos que você encontrará utilidade na explicação e nos recursos deste capítulo, pois eles apresentam alguns dos elementos básicos da TCC para ansiedade e preocupação. Outros leitores podem não ter certeza se suas experiências de ansiedade são suficientemente angustiantes para justificar o uso deste manual. Nesse caso, este capítulo será crucial, pois ele dará aos leitores uma maior compreensão de sua ansiedade e esclarecerá se a abordagem da TCC pode ser benéfica para esse problema.

Para entender melhor o que queremos dizer com *ansiedade problemática*, considere duas reações diferentes a uma experiência comum que provoca ansiedade – uma entrevista de emprego. Duas pessoas estão sendo entrevistadas para um cargo em uma grande empresa multinacional. Uma dessas pessoas se sente nervosa alguns dias antes da entrevista. Ela fica pensando na entrevista e no quanto quer o emprego. Ensaia mentalmente todas as perguntas possíveis que podem lhe fazer e como respondê-las. Ela dorme mal algumas noites, e no dia da entrevista sente-se bastante nervosa. Passados alguns minutos na entrevista, seus nervos se acalmam e ela supera a provação. Agora ela deve esperar pela decisão. Chamaríamos essa experiência de ansiedade normal, ou "não problemática", porque a ansiedade não a impediu de fazer a entrevista e se apresentar relativamente bem.

Já a segunda pessoa que se candidatou para a mesma vaga começa a se preocupar com a entrevista algumas semanas antes de sua data. Ela se concentra no quanto se sentirá ansiosa, pensa que ficará mentalmente atordoada e que fará papel de boba. Embora ela queira o emprego, está convencida de que irá falhar miseravelmente. Ela não consegue parar de pensar no constrangimento que sentirá com toda essa provação. Durante uma semana, ela não consegue comer, mal dorme e precisa tirar alguns dias de licença médica em seu atual trabalho. Por fim, a ansiedade é tanta que ela liga para cancelar a entrevista. Claramente, a ansiedade para essa segunda candidata é um problema. Ela está sentindo uma ansiedade mais intensa do que seria de se esperar em uma entrevista de emprego, e isso está causando uma interferência significativa na sua vida diária. Por causa da ansiedade, ela decidiu cancelar a entrevista, mesmo que isso significasse perder a chance de ter um emprego melhor.

> Reservamos a expressão **ansiedade problemática** para a ansiedade intensificada na qual os sintomas são sentidos com mais intensidade do que seria esperado para uma determinada situação, e na qual há significativo sofrimento pessoal e/ou interferência no funcionamento diário.

Para ajudá-lo a entender se você sofre de ansiedade problemática, expandiremos as principais características da ansiedade grave listadas no Capítulo 1 e forneceremos ferramentas de avaliação para que você possa determinar se está enfrentando um problema de ansiedade. Você aprenderá a usar um formulário de rastreamento de sintomas para estar mais ciente do fluxo e refluxo de seus sentimentos ansiosos. O capítulo termina com uma ferramenta de perfil de sintomas que você pode usar para descobrir as conexões entre os vários componentes da sua ansiedade. Isso vai lhe dar um "instantâneo" do que você sente quando está altamente ansioso. Essa será uma das folhas de trabalho que você vai precisar para construir seu plano pessoal de tratamento com a TCC.

A FORMAÇÃO DE UM PROBLEMA DE ANSIEDADE

Nem toda ansiedade se produz da mesma forma. As pessoas diferem na forma como vivenciam a ansiedade e seus gatilhos e em sua reação. Você sabe, desde o último capítulo, que é perfeitamente normal sentir alguma ansiedade e preocupação. Poderíamos até dizer que a maioria das pessoas consegue recordar experiências de ansiedade excepcionalmente grave. Mas há uma diferença entre ansiedade grave ocasional e ansiedade problemática. Esta ocorre quando sentimos ansiedade de maneira frequente, persistente, altamente angustiante e mal controlada, o que interfere em nossos relacionamentos, no trabalho e em outras atividades diárias significativas.

Os problemas de ansiedade muitas vezes surgem das experiências da vida cotidiana. Você já foi ao supermercado centenas de vezes, mas desta vez você sente uma intensa onda de nervosismo e a sensação de que está perdendo o controle. A experiência o deixa confuso e você se pergunta o que há de errado com você. Na próxima vez que você sai, você se lembra da experiência terrível no supermercado e fica preocupado que ela possa acontecer de novo. Então você começa a reduzir as saídas e decide fazer suas compras *on-line*. Você está vendo como uma situação comum, como fazer compras no supermercado, pode desencadear um futuro problema de ansiedade? A Figura 4.1 ilustra os componentes básicos na rota para a ansiedade problemática.

Vamos considerar outro exemplo que demonstra como esse caminho acarretou o problema de ansiedade social de Isabella. Se considerarmos alguns dos gatilhos de ansiedade dela, muitos deles irão causar leve ansiedade na maioria das pessoas, como falar em público ou ir a uma festa na qual você não conhece a maioria das pessoas. Contudo, Isabella sentia uma ansiedade significativa ao participar de reuniões familiares, pedir ajuda a um balconista ou comer em um restaurante. Essas são situações que a maioria das pessoas não consideraria provocadoras de ansiedade. Assim, a rota para o problema de ansiedade social dela se iniciou com uma maior sensibilidade a situações que causam no máximo uma leve apreensão em pessoas sem problemas de ansiedade.

Se considerarmos o segundo ponto crítico na rota para a ansiedade, a maneira de Isabella pensar sobre situações sociais piorou muito sua ansiedade. Ela interpretava qualquer sentimento de ansiedade como sinal de perda de controle. Ela

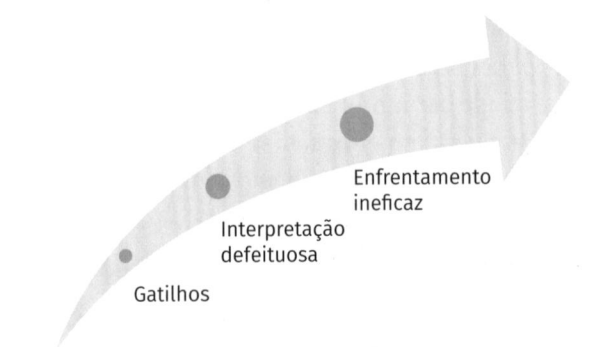

FIGURA 4.1 Escalada ascendente na rota para a ansiedade problemática.

imaginava que todos veriam que ela estava ansiosa e se perguntariam o que havia de errado com ela. Ela se considerava tímida e inibida perto de outras pessoas e, portanto, propensa a dizer algo embaraçoso que causaria sentimentos de vergonha. Ela acreditava que a ansiedade tinha efeitos devastadores, portanto ela precisava ficar calma e autoconfiante antes que pudesse se aventurar em ambientes sociais desconfortáveis.

A maneira pouco saudável de Isabella pensar sobre suas habilidades sociais e sobre sua capacidade de manejar a ansiedade a levou a evitar ambientes sociais, tanto quanto possível, para lidar com o problema. Ela se sentia segura e confortável quando estava sozinha, com sua família próxima ou com sua melhor amiga. Isabella, como a maioria das pessoas, preferia o conforto ao desconforto, então ela aprendeu a lidar com a ansiedade social com fuga e esquiva. Mas, quanto mais ela evitava situações sociais, mais ansiosa e estranha ela se sentia perto dos outros. Infelizmente, a ansiedade social de Isabella também se propagou para outras situações que não provocavam muita ansiedade no passado.

O caminho percorrido por Isabella até chegar a um problema de ansiedade social lhe parece familiar? Você reconhece semelhanças com a forma como sua ansiedade cresceu ao longo do tempo? Para ajudá-lo a entender melhor se sua ansiedade se tornou um problema pessoal significativo, nós fornecemos diversas folhas de trabalho que você pode usar para avaliar os três aspectos da ansiedade – gatilhos, interpretação e respostas de enfrentamento.

Gatilhos de ansiedade

A ansiedade raramente surge do nada; geralmente ela é desencadeada por uma situação externa ou por um pensamento, uma imagem, uma lembrança, um comportamento ou uma sensação física. A maioria das pessoas têm facilidade para identificar seus gatilhos de ansiedade, especialmente se for uma situação externa ou uma circunstância. Outras vezes, o gatilho pode ser menos óbvio. Isso é especialmente verdadeiro quando se trata de um pensamento ou uma sensação física. Seja o gatilho óbvio ou não, é importante saber o que desencadeia sua ansiedade. Esse é um dos primeiros passos da TCC para ansiedade. É difícil tratar a ansiedade se você não conhece seus gatilhos.

Para determinar se a ansiedade que você sente na presença de certos gatilhos é maior do que você esperaria, pergunte a si mesmo:

- Esse gatilho está me causando mais ansiedade do que causaria na maioria das pessoas?
- Meus gatilhos de ansiedade são exclusivos ou novos para mim?

EXERCÍCIO DE AVALIAÇÃO **Gatilhos de ansiedade**

A Folha de trabalho 4.1 concentra-se nos tipos de gatilhos associados ao seu problema de ansiedade. Relembre suas experiências de ansiedade ou preocupação grave (revise a Folha de trabalho 1.2). O que estava acontecendo quando sua ansiedade iniciou? Você se encontrava em uma situação ou circunstância que o deixou ansioso? Surgiu de repente em sua mente algum pensamento, imagem ou lembrança que fez você se sentir ansioso ou preocupado? Esses são chamados de *pensamentos intrusivos indesejados*. Ou você sentiu alguma dor, desconforto ou outra sensação física inesperada que provocou sua ansiedade? Pedimos que você pense mais profundamente sobre seus gatilhos de ansiedade em termos da potência deles para provocar ansiedade grave.

⮑ **Dicas para resolução de problemas: mantenha um registro de seus gatilhos**

Se você teve problemas para se lembrar de seus gatilhos de ansiedade, a Folha de trabalho 4.1 pode ser usada como um instrumento de automonitoramento. Fique muito atento a sua ansiedade nas próximas duas semanas. Quando sentir ansiedade significativa, anote o local em que isso aconteceu e o que você estava pensando ou fazendo pouco antes de a ansiedade atingi-lo. Isso deve lhe dar uma pista sobre seus gatilhos. Se você teve dificuldade para preencher a Folha de trabalho 4.1, você pode pedir que um membro da sua família ou amigo próximo faça observações sobre sua ansiedade ou preencher a folha de trabalho com seu terapeuta.

Você conseguiu listar diferentes gatilhos que frequentemente provocam mais ansiedade do que você esperaria? Se seus gatilhos foram sobretudo pensamentos indesejados que surgiram repentinamente em sua mente, provavelmente você sente uma combinação de ansiedade e preocupação. Se a maioria dos seus gatilhos são sintomas físicos indesejados, os estados associados mais prováveis são ansiedade com a saúde ou até ataques de pânico.

FOLHA DE TRABALHO 4.1

Meu formulário de avaliação de gatilhos de ansiedade

Instruções: três tipos de gatilhos de ansiedade são indicados na primeira coluna desta folha de trabalho. Para cada tipo, liste os gatilhos mais comuns associados à sua experiência de ansiedade. Na coluna seguinte, avalie a probabilidade (0-100%) de sentir pelo menos alguma ansiedade ao ser exposto a cada gatilho listado. Na terceira coluna, avalie de 0 (sem ansiedade) a 10 (ansiedade extrema, semelhante a pânico) a gravidade média de sua ansiedade ou preocupação quando provocada pelo gatilho.

Gatilhos de ansiedade	Probabilidade provocada (0-100%)	Gravidade da ansiedade/ medo/preocupação (0-10)
Situações externas		
1.		
2.		
3.		
4.		
5.		
Pensamentos, imagens ou lembranças indesejadas		
1.		
2.		
3.		
Dores físicas, desconfortos e outras sensações corporais		
1.		
2.		
3.		

A maneira ansiosa de pensar

Nosso modo de pensar tem uma influência poderosa sobre como nos sentimos. Se você está se sentindo ansioso em uma situação, então você também está tendo pensamentos ansiosos, quer esteja ciente deles ou não. O pensamento ansioso sempre se concentra na ameaça ou perigo para você ou para as pessoas importantes em sua vida. Trata-se de uma tendência a pensar no pior e depois sentir-se impotente para impedir que isso aconteça com você. Você pode estar pensando sobre perda de controle, em como é horrível sentir tanta angústia, ou que você não aguenta mais a angústia. Sabemos também que o pensamento ansioso prejudica nossa capacidade de adaptação a situações difíceis. Crenças positivas sobre si mesmo, como "Posso lidar com esta situação" ou "Já lidei com coisas muito piores no passado e superei", são abafadas por crenças ansiosas sobre vulnerabilidade e impotência. Na abordagem da CT-R para ansiedade, trabalhamos para redescobrir seus pontos fortes e resiliência pessoal para que você seja capaz de superar dúvidas que possa ter sobre si mesmo e sobre sua capacidade de superação.

Quando Rebecca se preocupava, um pensamento sobre o trabalho lhe ocorria e então ela pensava sobre receber uma má avaliação do trabalho, fazer uma apresentação inadequada ou travar uma discussão acalorada com seu gerente. Qualquer pensamento adaptativo sobre já ter recebido avaliações de trabalho melhores do que esperava nunca lhe ocorria. O pensamento ansioso de Todd foi desencadeado por um aperto inesperado no peito, e então ele não conseguia parar de pensar em um iminente ataque de pânico. E Isabella poderia se lembrar de um evento social no fim de semana e começar a pensar no quanto se sentiria ansiosa. Rebecca estava convencida de que se sentiria melhor se parasse de se preocupar, enquanto Todd tentava se convencer de que o aperto no peito era simplesmente devido à atividade. Isabella estava convencida de que se sentiria mais confortável na festa do fim de semana se escondesse sua ansiedade dos outros.

O que você pensa quando se sente ansioso? Você acha difícil lembrar como você superou situações mais difíceis no passado? Faça o próximo exercício para descobrir como você pensa quando se depara com situações, pensamentos ou sensações físicas que o deixam ansioso.

EXERCÍCIO DE AVALIAÇÃO **Capture os pensamentos ansiosos**

Revise suas experiências de ansiedade e preocupação registradas nas folhas de trabalho anteriores. Concentre-se no que você estava pensando durante essas experiências de ansiedade, e não no que você estava sentindo. Pergunte a si mesmo o que era tão perturbador ou incômodo ao se sentir ansioso. Que desfecho ou consequência ruim você estava imaginando? O que você temia que pudesse acontecer? Use a Folha de trabalho 4.2 para iniciar o processo de treinar-se para ter mais consciência de sua maneira ansiosa de pensar.

FOLHA DE TRABALHO 4.2

Formulário do meu pensamento ansioso

Instruções: na primeira coluna, anote os gatilhos que causaram uma classificação de gravidade da ansiedade entre 5 e 10 na folha de trabalho anterior. Na segunda coluna, anote os pensamentos, imagens ou lembranças ameaçadoras, preocupantes ou desconfortáveis que lhe ocorreram quando você encontrou o gatilho.

Gatilhos de ansiedade	O que é ameaçador, preocupante ou desconfortável?
Situações externas	
1.	
2.	
3.	
4.	
5.	
Pensamentos, imagens ou lembranças indesejadas	
1.	
2.	
3.	
Dores físicas, desconfortos e outras sensações corporais	
1.	
2.	
3.	

> ⊃ **Dicas para obter sucesso: temas comuns no pensamento ansioso**
>
> Identificar o pensamento ansioso é uma das habilidades mais difíceis de aprender na TCC para ansiedade. Isso ocorre porque nossos sentimentos podem ser tão avassaladores quando estamos ansiosos que é difícil prestar atenção ao que estamos pensando. Tudo o que sabemos é que estamos muito chateados e precisamos sair da situação o mais rápido possível. Mas ainda é importante saber como você está pensando ansiosamente, porque essa é a chave para superar a ansiedade. Você pode melhorar sua consciência do que está acontecendo em sua mente procurando certos temas comuns em seu processo de pensamento, tais como:
>
> * Pensar que você não suporta se sentir ansioso
> * Querer saber se a ansiedade irá desaparecer algum dia
> * Questionar se há algo errado com você
> * Acreditar que você deve ser fraco e impotente
> * Fazer previsões terríveis sobre o futuro

Você foi capaz de identificar pensamentos, imagens ou lembranças ameaçadoras que surgem em sua mente quando se sente muito ansioso? Frequentemente, nosso pensamento ansioso parece ridículo quando estamos calmos ou distantes da situação ameaçadora. Mas é importante saber como você está pensando quando se sente ansioso ou chateado. Mudar seu modo de pensar quando está ansioso é um componente-chave da TCC. Isso é mais fácil falar do que fazer, porque, quando estamos muito ansiosos, só conseguimos pensar em como obter alívio da ansiedade.

Se você estiver com dificuldade para identificar seu modo de pensar quando está ansioso, dê uma olhada no Formulário do pensamento ansioso de Rebecca. Você deve se lembrar, do Capítulo 1, que a ansiedade de Rebecca centrava-se em seu desempenho no trabalho, na segurança de seus filhos, em suas finanças pessoais e na segurança de seu marido no emprego.

Você notou que os registros de Rebecca na segunda coluna sobre seus pensamentos ansiosos focavam a expectativa de que algum desfecho negativo provavelmente se abateria sobre ela? Às vezes o pensamento ansioso era extremo, até mesmo catastrófico, como ter câncer de estômago ou Derek perder o emprego. Em outros casos, o pensamento ansioso era menos extremo, mas sempre envolvia algum grau de ameaça pessoal.

Na CT-R também consideramos como o pensamento ansioso pode minar a confiança em nossa capacidade de lidar com pensamentos, sentimentos e situações difíceis. Durante suas experiências de ansiedade, procure pensamentos sobre fraqueza, impotência e vulnerabilidade. Além disso, verifique se você tem pensamentos ansiosos que o convencem de que há muitas barreiras ou dificuldades que o impedem de perseguir metas e valores estimados.[14] Por exemplo, quando Rebecca teve uma súbita sensação de náusea e pensou na possibilidade

Formulário do pensamento ansioso de Rebecca

Gatilhos de ansiedade	O que é ameaçador, preocupante ou desconfortável?
Situações externas	
1. Dirigindo para o trabalho; trânsito intenso	Chegarei atrasada, atrasarei meu trabalho antes mesmo de começar e terei um dia extremamente estressante. Quando estou estressada, minha ansiedade é sempre muito pior.
2. Abrir o *e-mail* e ele estar abarrotado de novas mensagens	Não vou conseguir ler todos estes *e-mails*. Vou deixar passar algo importante e terei problemas com a matriz.
Pensamentos, imagens ou lembranças indesejadas	
1. Imagem repentina da minha filha se machucando no pátio da escola	Ela está gravemente ferida e precisa ser levada ao hospital. Ela está chorando por sua mãe e eu não estou lá.
2. Gostaria de saber o que meu marido está fazendo em seu trabalho neste exato momento	O que será que faremos se ele perder o emprego? Não conseguiremos sobreviver apenas com o meu salário.
Dores físicas, desconfortos e outras sensações corporais	
1. Sensação repentina de náusea	Este trabalho é muito estressante; fico pensando se isso está destruindo minha saúde e na possibilidade de ter alguma doença grave, como câncer de estômago.
2. Não consigo dormir	Amanhã vou estar muito cansada no trabalho; vou me arrastar durante o dia, e isso tornará as coisas muito mais estressantes. Quando estou cansada, sou mais propensa a ter um ataque de ansiedade.

de câncer de estômago, ela também se questionou se seria capaz de lidar com um trabalho tão estressante quanto o que ela tinha. Duvidar de sua capacidade de lidar com estresse era uma parte importante de seu pensamento ansioso: "Talvez eu tenha que me contentar com um trabalho menos gratificante e com menor remuneração". Essas dúvidas sobre si mesma não apenas alimentaram sua ansiedade, mas também foram um obstáculo para encontrar um trabalho mais satisfatório e gratificante. Para superar a ansiedade relacionada ao trabalho, o plano de tratamento de Rebecca precisou incluir exercícios que enfatizassem seus talentos e habilidades, para que ela tivesse mais confiança e menos dúvidas sobre o trabalho. Isso ilustra como a orientação da CT-R agrega maior potência à TCC convencional para ansiedade.

Enfrentamento ineficaz

O terceiro elemento crítico na rota para problemas de ansiedade é a confiança nas estratégias de enfrentamento que podem fornecer apenas alívio a curto prazo, na melhor das hipóteses. A longo prazo, infelizmente, elas têm a consequência não premeditada de piorar a ansiedade. É por isso que as estamos chamando de *estratégias de enfrentamento ineficazes*. Quando os sentimentos de ansiedade são graves e parece que você não aguenta mais, é possível que suas tentativas de lidar com a situação estejam prejudicando suas chances de se recuperar da ansiedade problemática?

EXERCÍCIO DE AVALIAÇÃO   **Identifique o enfrentamento ineficaz**

Este exercício pede que você analise se você pode estar confiando em estratégias de enfrentamento que podem tornar sua ansiedade mais persistente. Recorde-se das experiências em que você se sentiu muito ansioso. A Folha de trabalho 4.3 lista 26 respostas de enfrentamento comuns que são ineficazes para a ansiedade problemática. Ela também fornece uma escala de classificação que você pode usar para estimar com que frequência você pode utilizar cada estratégia de enfrentamento. Com base na leitura da lista, qual é sua impressão geral sobre a frequência com que você pode usar cada estratégia quando sente ansiedade grave?

➲ **Dicas para resolução de problemas: monitore suas respostas à ansiedade**

Se não tiver certeza do que você faz quando se sente muito ansioso, você pode usar a Folha de trabalho 4.3 como um formulário de automonitoramento. Nas próximas semanas, mantenha a *Checklist* de enfrentamento ineficaz à mão. Ao sentir-se especialmente ansioso, faça uma marca de seleção ao lado das respostas de enfrentamento que você usou para lidar com sua ansiedade. Normalmente, as pessoas usam mais de uma estratégia quando se sentem ansiosas. Por exemplo, você pode ter tentado se acalmar respirando de maneira lenta e profunda. Quando isso não ajudou, talvez você tenha se deitado, mas a ansiedade não diminuiu. Então você finalmente tomou uma medicação ansiolítica. Nesse exemplo, você faria uma marca de seleção ao lado de todas as três respostas de enfrentamento. Ao final de duas semanas, conte o número de marcas de seleção ao lado de cada resposta. Isso lhe dará uma boa ideia da frequência com que você está usando cada uma dessas respostas de enfrentamento.

Quantas respostas de enfrentamento você classificou como 2 ou 3? Essas podem ser respostas de enfrentamento ineficazes que você deve combater quando começar a usar as estratégias de tratamento apresentadas em capítulos posteriores. Você se tornará mais apto a detectar essas respostas e substituí-las por comportamentos de enfrentamento mais eficazes. Mas, por enquanto, procure estar atento à forma como seu comportamento realmente pode fazer você se sentir mais ansioso do que gostaria em diferentes situações.

Checklist de enfrentamento ineficaz

Instruções: usando a escala de avaliação de 4 pontos, circule o número que melhor se aproxima da frequência com que você acha que usa cada resposta de enfrentamento quando se sente muito ansioso.

Respostas de enfrentamento	Nunca	Às vezes	Frequen-temente	Sempre
Abandonar a situação aos primeiros sinais de ansiedade	0	1	2	3
Evitar gatilhos ansiosos	0	1	2	3
Buscar garantias de que ficará bem	0	1	2	3
Ficar quieto, ensimesmar-se	0	1	2	3
Tomar medicação ansiolítica	0	1	2	3
Ligar/pedir ajuda	0	1	2	3
Tentar se acalmar focando a respiração, relaxando, meditando	0	1	2	3
Distrair-se com atividades, música e assim por diante	0	1	2	3
Deitar-se e tentar descansar	0	1	2	3
Firmar-se apoiando-se em objetos	0	1	2	3
Usar bebida alcoólica, maconha, canabidiol ou outra substância	0	1	2	3
Procrastinar	0	1	2	3
Ser excessivamente cauteloso; desacelerar	0	1	2	3
Preparar-se demais ao antever uma situação ansiosa	0	1	2	3
Pensar demais, analisar seus sentimentos	0	1	2	3
Tentar persuadir a si mesmo	0	1	2	3
Preocupar-se	0	1	2	3
Falar ou agir mais rapidamente para superar uma experiência de ansiedade	0	1	2	3
Procurar ajuda médica/profissional	0	1	2	3
Procurar um familiar ou amigo que o faça sentir-se seguro e menos ansioso	0	1	2	3

(Continua)

FOLHA DE TRABALHO 4.3 *(Continuação)*

Respostas de enfrentamento	Nunca	Às vezes	Frequen-temente	Sempre
Ficar com raiva, até mesmo agressivo; partir para o ataque	0	1	2	3
Ficar emotivo, choroso para desabafar os sentimentos	0	1	2	3
Conferir duas vezes algo para ter certeza de que está tudo bem	0	1	2	3
Envolver-se em uma atividade prazerosa (como mídias sociais, comer, assistir a um filme ou à TV)	0	1	2	3
Orar ou outra atividade religiosa	0	1	2	3
Dormir	0	1	2	3

Nem todas as estratégias de enfrentamento listadas na Folha de trabalho 4.3 são igualmente ineficazes. Algumas, como esquivar-se, abandonar uma situação aos primeiros sinais de ansiedade ou usar bebidas alcoólicas para se acalmar, têm um impacto mais negativo do que outras, como buscar segurança, tentar se tranquilizar ou orar, por exemplo. Consideramos as três primeiras estratégias de enfrentamento como *de alto impacto,* porque elas lhe dão a falsa noção de que você está lidando com sua ansiedade quando, na verdade, elas estão piorando as coisas. A conclusão é a seguinte: todas as estratégias contribuirão para seu problema de ansiedade se forem usadas com frequência. Pense nelas como soluções temporárias para uma ferida muito mais profunda! A abordagem da TCC para ansiedade e preocupação apresentará estratégias de enfrentamento alternativas mais eficazes para a redução de seu sofrimento.

UMA ANÁLISE MAIS DETALHADA DOS PROBLEMAS DE ANSIEDADE

Você provavelmente pegou este manual por suspeitar que tem um problema com ansiedade. Neste capítulo, você analisou sua experiência de ansiedade para obter uma visão mais completa do seu problema de ansiedade. Como afirmamos no início do capítulo, saber o quanto sua ansiedade é problemática e vê-la em termos das características que os profissionais usam para identificar problemas de ansiedade pode ajudá-lo no trabalho com este livro, além de motivá-lo a agir. A Tabela 4.1 apresenta oito características que os terapeutas usam para determi-

TABELA 4.1 Características da ansiedade problemática

Característica	Explicação
Maior gravidade dos sintomas	Os sintomas de ansiedade são mais graves do que seria de se esperar em uma situação específica. Por exemplo, sentir intensa ansiedade ao atender o telefone, dirigir sobre uma ponte, fazer um pedido ao balconista de uma loja ou tocar uma maçaneta sugere um nível exagerado de ansiedade, porque esses tipos de ações causam pouca ou nenhuma ansiedade à maioria das pessoas.
Persistência	A ansiedade se torna um problema quando não desaparece rapidamente. Por exemplo, todos nós nos preocupamos de vez em quando, mas as pessoas com preocupação problemática vivenciam isso por horas, dia após dia.
Interferência	A ansiedade problemática interfere no funcionamento diário. Seus efeitos negativos podem limitar-se a certos domínios da vida, mas o impacto é definitivamente perceptível. Alguns indivíduos com agorafobia, por exemplo, farão suas compras às 3h da manhã para evitar outras pessoas, outros dirigirão muitos quilômetros extras no trânsito para evitar atravessar uma determinada ponte, e pessoas com ansiedade generalizada não conseguem pegar no sono por causa da preocupação.
Ansiedade ou pânico repentino	Surtos de ansiedade ou mesmo ataques de pânico caracterizam muitos transtornos de ansiedade. O pânico espontâneo inesperado e o medo do pânico são características significativas dos problemas de ansiedade. Ver o Capítulo 9 para uma discussão adicional.
Generalização	Quando se tornam um problema, o medo ou a ansiedade normalmente começam com uma preocupação específica, mas depois se expandem para uma ampla gama de situações, tarefas, objetos ou pessoas. Mary, por exemplo, teve seu primeiro ataque de pânico quando estava em um restaurante lotado. Isso realmente a assustou, então ela começou a verificar se os restaurantes não estavam muito lotados antes de entrar. Em pouco tempo, ela estava selecionando apenas restaurantes menos populares e frequentando-os fora do horário comercial. Por fim, Mary parou de ir a todos os restaurantes e outros locais públicos por medo de sentir-se "encurralada" e começar a ficar ansiosa. Pode-se ver como a ansiedade de Mary se expandiu, causando maiores interferências e limitações em seu cotidiano.
Pensamento catastrófico	Pessoas com problemas de ansiedade tendem a pensar nos piores casos possíveis. Seu estilo de pensamento tende a presumir que ameaças graves são muito mais prováveis do que realmente são. Por exemplo, uma pessoa em pânico pode pensar automaticamente: "Estou tendo problemas para recuperar o fôlego. E se eu morrer sufocado?". Alguém com ansiedade social pode pensar: "E se as pessoas perceberem que estou nervoso e ficarem pensando se eu sou um doente mental?". Em cada exemplo, o pensamento está focado na possibilidade de alguma catástrofe que exagera o perigo real. O Capítulo 6 aborda como "descatastrofizar" o pensamento ansioso.

(Continua)

TABELA 4.1 Características da ansiedade problemática *(Continuação)*

Característica	Explicação
Fuga e esquiva	Fuga e esquiva são estratégias de enfrentamento comuns quando os sintomas de ansiedade são graves. A tendência natural é buscar o alívio da ansiedade o mais rápido possível, fugindo aos primeiros sinais de desconforto ou evitando completamente os gatilhos de ansiedade. Mas a esquiva excessiva tem um alto custo. Ela contribui para a persistência da ansiedade e significa que você não pode fazer muitas das coisas comuns que outras pessoas fazem confortavelmente. No Capítulo 7, você aprenderá a romper o ciclo de fuga/esquiva.
Perda de segurança ou da capacidade de se sentir calmo	Indivíduos com problemas de ansiedade frequentemente se sentem menos seguros ou protegidos do que os outros. Eles podem fazer todo o possível para se sentirem calmos e confortáveis, mas qualquer sensação de segurança dura pouco e o sentimento de apreensão retorna. Relaxar ou manter a calma pode ser bastante difícil. Quando a ansiedade se torna um problema, as pessoas normalmente se sentem nervosas, tensas e agitadas. A perturbação do sono é outro sinal de que a ansiedade se tornou um problema significativo em sua vida.

nar a presença de problemas de ansiedade. Nós já abordamos algumas dessas características, mas outras podem ser novas para você. Juntas, elas trarão mais clareza, permitindo que você entenda melhor sua experiência com problemas de ansiedade.

As oito características da ansiedade problemática são pertinentes à sua experiência de ansiedade grave? O próximo exercício foi elaborado para ajudá-lo a pensar mais profundamente sobre como você pode identificar as principais características da ansiedade problemática em sua própria experiência.

EXERCÍCIO DE AVALIAÇÃO   **A ansiedade tornou-se um problema para mim?**

A Folha de trabalho 4.4 apresenta questões que o ajudam a analisar sua experiência com a ansiedade, para que você possa concluir definitivamente se sua ansiedade é um problema real, um problema que você gostaria de resolver. As questões baseiam-se nas oito características listadas na Tabela 4.1.

Qual é a sua conclusão? Você acha que sua suspeita estava certa – que você está tendo problemas com ansiedade? Nesse caso, este livro é para você. Mesmo que você não tenha certeza, você pode usar o manual para evitar que a ansiedade o domine de forma prejudicial. Nossas estratégias serão úteis para reduzir a gravidade dos sintomas de ansiedade e seu impacto negativo em sua vida.

FOLHA DE TRABALHO 4.4

Características essenciais da minha ansiedade problemática

Instruções: recorde suas experiências recentes de sentir-se extremamente ansioso. Escreva uma resposta curta para cada pergunta abaixo para detalhar sua experiência.

1. Você costuma ter sentimentos mais graves de ansiedade em situações comuns do que a maioria das pessoas? Em caso afirmativo, cite alguns exemplos: _____
   _____
   _____

2. Quando você se sente ansioso, isso dura mais do que no caso da maioria das pessoas que você conhece? Em caso afirmativo, qual é a duração média dos seus episódios graves de ansiedade? _____
   _____
   _____

3. A ansiedade o impede de realizar certas atividades comuns? Em caso afirmativo, indique o que você não pode fazer por causa da ansiedade: _____
   _____
   _____

4. Sua ansiedade costuma atingi-lo repentinamente, como um ataque de pânico? Em caso afirmativo, com que frequência você sofre um surto de ansiedade em uma semana típica?
   _____

5. Você acha que atualmente há mais coisas que o deixam ansioso do que quando você começou a ter problemas com ansiedade? Assinale: ( ) Sim ( ) Não

6. Quando se sente muito ansioso, você pensa automaticamente no pior desfecho possível? Em caso afirmativo, qual é a tragédia típica (pior desfecho) que lhe ocorre quando você está ansioso? _____
   _____
   _____

7. Quando se sente ansioso, você costuma tentar sair da situação o mais rápido possível ou evitá-la completamente? Em caso afirmativo, descreva uma situação, objeto ou pessoa comum que você tenta evitar porque o faz sentir-se ansioso: _____
   _____
   _____

8. Circule a afirmativa que melhor descreve como você se sente na maior parte do tempo.
   a. Sinto-me calmo, relaxado e confortável comigo mesmo.
   b. Sinto-me tenso, nervoso e desconfortável comigo mesmo.

Ao preencher a folha de trabalho, você identificou algumas características dos problemas de ansiedade que são mais relevantes para você do que outras? Nesse caso, essas são as características da ansiedade que você deve focar ao longo do manual.

RASTREANDO SEUS SINTOMAS DE ANSIEDADE

Muitos dos exercícios que você completou até agora pediam que você relembrasse experiências de ansiedade do passado. Há muito o que aprender dissecando experiências do passado. Mas também é verdade que nossas informações mais precisas sobre ansiedade vêm do rastreamento de nossos sintomas em "tempo real". A memória é seletiva, e pode haver lacunas no que você se lembra de um episódio de ansiedade que ocorreu semanas ou meses atrás. É por isso que anotar suas atuais experiências de ansiedade é uma característica central da TCC para ansiedade. Chamamos isso de *automonitoramento*, e ele envolve o uso de formulários estruturados para registrar vários aspectos de sua experiência de ansiedade o quanto antes possível após sua ocorrência. Se você parar e anotar sua experiência minutos depois de ela ter ocorrido, o que você registrou ficará menos encoberto pelo esquecimento do que se você esperasse até o final do dia ou da semana para escrever sobre uma experiência de ansiedade.

Os terapeutas de TCC usam muitos tipos diferentes de formulários de automonitoramento ao tratar a ansiedade. Na verdade, você encontrará diferentes formas de automonitoramento em capítulos posteriores, mas elas têm escopo mais restrito, tendo sido projetadas para responder a perguntas específicas sobre ansiedade. Aqui, apresentamos o tipo mais básico de formulário de automonitoramento de ansiedade. Este é o ponto de partida para qualquer pessoa que esteja iniciando um ciclo de TCC para ansiedade. Você não pode avançar muito mais no manual até passar algumas semanas preenchendo a Folha de trabalho 4.5.

> EXERCÍCIO DE AVALIAÇÃO   **Automonitoramento de sintomas**
>
> Uma compreensão mais profunda da ansiedade é um elemento crucial do tratamento na TCC. Primeiramente, você precisa aprender a rastrear os principais sintomas de sua ansiedade. A Folha de trabalho 4.5 propõe uma divisão da ansiedade em quatro elementos principais: gatilhos, sensação física, pensamentos ansiosos e respostas comportamentais. No início, o automonitoramento pode aumentar sua ansiedade porque ele o torna mais consciente de seu pensamento ansioso e de suas respostas de enfrentamento ineficazes. Mas a TCC não se limita ao automonitoramento dos sintomas. Você usará os dados coletados para criar seu próprio plano de tratamento para redução da ansiedade.

Formulário de automonitoramento dos meus sintomas

Instruções: preencha este formulário começando pela coluna da extrema esquerda e seguindo até a coluna da extrema direita. Use as perguntas de cada coluna como instruções para ajudá-lo a escrever sobre sua experiência de ansiedade. Faça anotações breves, concentrando-se nas principais características de sua ansiedade.

Gatilhos (Onde você estava? Quem estava presente? O que aconteceu imediatamente antes de a ansiedade começar?)	Sintomas físicos (Que sensações físicas você teve?)	Pensamentos ansiosos (O que passou pela sua cabeça durante o episódio? Você estava pensando sobre estar ansioso? Você estava preocupado com alguma coisa? Você estava preocupado com algo ruim que poderia acontecer com você ou com seus entes queridos?)	Sintomas comportamentais (Como você lidou com a ansiedade? O que você fez para parar de se sentir ansioso? Quais estratégias de enfrentamento você usou para se sentir seguro e mais confortável?)
1.			
2.			
3.			

Formulário de automonitoramento de sintomas de Rebecca

Gatilhos (Onde você estava? Quem estava presente? O que aconteceu imediatamente antes de a ansiedade começar?)	Sintomas físicos (Que sensações físicas você teve?)	Pensamentos ansiosos (O que passou pela sua cabeça durante o episódio? Você estava pensando sobre estar ansioso? Você estava preocupado com alguma coisa? Você estava preocupado com algo ruim que poderia acontecer com você ou com seus entes queridos?)	Sintomas comportamentais (Como você lidou com a ansiedade? O que você fez para parar de se sentir ansioso? Quais estratégias de enfrentamento você usou para se sentir seguro e mais confortável?)
1. Pensando na necessidade de confrontar um funcionário atrasado	Pressão no peito, fraqueza, tontura, frequência cardíaca acelerada, tensão	E se o funcionário ficar com raiva e tivermos um confronto? E se ele perceber que estou ansiosa e pensar que sou fraca? Ele vai pensar que não tenho "pulso firme". E se ele falar pelas minhas costas e os funcionários perderem o respeito por mim?	Ensaio repetidamente o que dizer; procrastino, evito o funcionário.
2. Pensando que meus pais estão decepcionados porque eu não os tenho visitado ultimamente	Músculos tensos	Eu deveria reservar um tempo para visitá-los com mais frequência. Sou uma filha tão ruim. E se um deles morrer logo? Então eu vou me arrepender por não os ter visitado mais. Como posso encontrar tempo estando tão ocupada no trabalho e em casa? Não aguento a pressão.	Evito falar com meus pais; prometo visitá-los na próxima semana.
3. Analisando as contas do mês	Peito apertado, tontura, fraqueza, músculos tensos, um pouco trêmula	Como vamos pagar todas essas contas? Nossos gastos estão fora de controle; vamos acabar tendo que declarar falência. [Sinto dificuldade de concentração, confusão, não consigo pensar em uma solução]	Evito abrir as contas mensais; procrastino o pagamento de contas; continuo gastando.

> ⮑ **Dicas para obter sucesso: manter um registro de ansiedade pode ser terapêutico**
>
> Anotar suas experiências de ansiedade pode parecer um processo tedioso. Você pode estar se perguntando se o que você aprende ao fazer esse exercício vale a pena. Como dito anteriormente, o máximo sucesso com a TCC depende de ter uma compreensão o mais completa possível da sua ansiedade. Mas, além disso, nossa experiência clínica demonstrou outro benefício do automonitoramento: chama-se *reatividade*, e ela acontece quando nos tornamos mais conscientes de uma experiência. No caso da ansiedade, você pode sentir uma redução dos sintomas graves, ou mesmo dos ataques de pânico, simplesmente registrando suas experiências. Assim, você pode pensar no Formulário de automonitoramento de sintomas como uma intervenção terapêutica e também como uma ferramenta de avaliação. Mas lembre-se: o automonitoramento é mais potente quando você preenche o formulário minutos depois de um episódio de ansiedade.

Faça várias cópias dessa folha de trabalho (acesse a página do livro em loja. grupoa.com.br e faça o *download* dela). Você deve continuar usando o Formulário de automonitoramento de sintomas enquanto estiver trabalhando em seu problema de ansiedade. É uma boa maneira de captar mudanças em sua ansiedade e acompanhar o progresso do seu tratamento. Monitorar seus sintomas irá ajudá--lo a ser preciso sobre a ansiedade e a pensar em seus vários elementos, em vez de ser dominado pela emoção.

Se você não tiver certeza se o monitoramento dos seus sintomas está adequado, considere o Formulário de automonitoramento de sintomas de Rebecca. Observe que ela incluiu mais alguns detalhes sobre seu pensamento ansioso porque esse é o principal sintoma a que visamos na TCC para ansiedade.

ROTEIRO PARA RECUPERAÇÃO

Agora é hora de construir seu roteiro para redução da ansiedade com base no trabalho que você fez neste capítulo. Chamamos isso de Perfil de sintomas de ansiedade, o qual servirá de base para os perfis mais específicos que você desenvolverá nos próximos capítulos.

> EXERCÍCIO DE AVALIAÇÃO   **Perfil de sintomas de ansiedade**
>
> A Folha de trabalho 4.6 é uma forma de resumir todas as informações que você reuniu neste capítulo. Isso significa que você terá que revisar o trabalho concluído nos exercícios anteriores.
>   Ao preencher os vários componentes do perfil, você desenvolverá uma melhor compreensão das conexões entre pensamentos, sentimentos e comportamentos que aumentam a intensidade de sua ansiedade.

FOLHA DE TRABALHO 4.6

Meu perfil de sintomas de ansiedade

Instruções:

- **Consulte a Folha de trabalho 4.1 preenchida** e, no formulário abaixo, liste as situações externas, os pensamentos indesejados e as sensações físicas que fazem você se sentir ansioso.

- **Consulte a Folha de trabalho 4.2 preenchida**, na qual você registrou os pensamentos ansiosos, pensamentos catastróficos e preocupações que lhe ocorrem quando você está ansioso. Liste exemplos de pensamento ansioso na segunda seção do formulário do perfil, abaixo.

- **Revise a Folha de trabalho 4.3** e, na terceira seção abaixo, liste as diversas maneiras como você tende a reagir quando se sente muito ansioso. Além das estratégias ineficazes que você marcou na Folha de trabalho 4.3, liste todas as respostas que você registrou na Folha de trabalho 4.5.

Gatilhos de ansiedade
(situações, pensamentos, sensações, expectativas)

1. _____

_____

2. _____

_____

3. _____

_____

4. _____

_____

5. _____

_____

(Continua)

FOLHA DE TRABALHO 4.6 *(Continuação)*

Pensamento ansioso (sintomas cognitivos)
(pensamentos apreensivos, preocupações, pior desfecho possível)

1. _____

_____

2. _____

_____

3. _____

_____

4. _____

_____

5. _____

_____

Respostas de enfrentamento (sintomas comportamentais)
(situações, pensamentos, sensações, expectativas)

1. _____

_____

2. _____

_____

3. _____

_____

4. _____

_____

5. _____

_____

Depois de preencher a Folha de trabalho 4.6, considere monitorar seus sintomas de ansiedade durante mais uma semana usando a Folha de trabalho 4.5. O Perfil de sintomas de ansiedade que você preencheu está correto ou você precisa fazer alterações em seus registros?

➲ Dicas para resolução de problemas: identificar o pensamento ansioso é uma habilidade adquirida

Normalmente, as pessoas consideram o pensamento ansioso o componente mais difícil de identificar. Isso ocorre porque ficamos tão focados nas sensações físicas de ansiedade e em nossa resposta comportamental que muitas vezes não percebemos como nossa mente funciona quando estamos ansiosos. Mesmo tendo tido dificuldade para identificar seus pensamentos ansiosos, você ainda pode prosseguir para o próximo capítulo. Você vai aprender outras formas de identificar pensamentos ansiosos no Capítulo 6, que contém mais exercícios e folhas de trabalho que aumentarão sua consciência do pensamento ansioso. Você pode sempre voltar e revisar seu Perfil de sintomas de ansiedade depois de compreender melhor a ansiedade a partir de capítulos posteriores.

Se você teve alguma dificuldade em preencher o Perfil de sintomas de ansiedade, analise o perfil de Beth. Beth é uma mãe de 36 anos que recentemente começou a ter ataques de pânico com períodos intermitentes de ansiedade generalizada. Ela conseguiu identificar aspectos sociais e ambientes públicos como os principais gatilhos para sua ansiedade e pânico. Mas ela estava empregada no setor de varejo, o que significava que grande parte de seu dia de trabalho envolvia interação com pessoas. Assim, Beth começou a se ausentar cada vez mais do trabalho e a se isolar em casa, longe da família e dos amigos. Beth conseguiu identificar os quatro principais sintomas que compõem sua ansiedade.

Antes de terminar este capítulo, compare o que você escreveu em seu Perfil de ansiedade adaptativa (Folha de trabalho 3.5) e seus registros no Perfil de sintomas de ansiedade (Folha de trabalho 4.6). Embora os formatos das duas folhas de trabalho sejam diferentes, as duas primeiras afirmações no Perfil de ansiedade adaptativa se referem a como você pensou sobre situações difíceis quando sentiu uma leve ansiedade. Como esse pensamento se compara com os sintomas cognitivos (segundo quadro) que você relatou para ansiedade grave? Você pode fazer a mesma comparação entre as afirmativas 3 e 4 da Folha de trabalho 3.5 e os sintomas comportamentais que você observou na Folha de trabalho 4.6. Você percebe algumas diferenças óbvias entre a maneira como você pensa e lida com as situações difíceis que acarretam uma leve ansiedade e com as situações que causam sintomas de ansiedade mais graves? Nos momentos em que tem problemas de ansiedade, você acha que poderia pensar e se comportar mais como faz em situações de ansiedade leve? Voltaremos a isso nos Capítulos 6 e 7, mas, por enquanto, considere a possibilidade de você já ter

Perfil de sintomas de ansiedade de Beth

Gatilhos de ansiedade
(situações, pensamentos, sensações, expectativas)

1. Estar em locais públicos, como supermercados, grandes restaurantes, *shopping centers*, cinema.

2. Antever um evento social, como a reunião de equipe de fim de semana.

3. Conversar com uma pessoa desconhecida.

4. Sentir calor e desconforto, especialmente perto de outras pessoas.

5. Relembrar uma interação social que tive com uma pessoa no trabalho na semana anterior.

Pensamento ansioso (sintomas cognitivos)
(pensamentos apreensivos, preocupações, pior desfecho possível)

1. Assim que começar, a ansiedade ficará tão forte que não vou conseguir suportá-la.

2. Não posso deixar que as pessoas vejam que eu estou ansiosa, porque elas vão pensar que sou fraca ou emocionalmente instável.

3. E se eu perder o controle e fizer algo constrangedor? Eu nunca poderia me perdoar por isso.

4. Não posso me deixar estressar; faz mal à minha saúde.

5. Não posso me deixar enrubescer, pois assim as pessoas saberão que estou ansiosa.

Respostas de enfrentamento (sintomas comportamentais)
(situações, pensamentos, sensações, expectativas)

1. Evitar situações e lugares que me deixem ansiosa.

2. Falar o mínimo possível na presença dos outros.

3. Ir embora ao primeiro sinal de ansiedade.

4. Tomar uma medicação ansiolítica antes de iniciar uma tarefa estressante.

5. Tentar me convencer de que tudo ficará bem.

a força e as habilidades pessoais de que necessita para controlar a ansiedade grave de uma forma mais eficaz.

O PRÓXIMO CAPÍTULO

Este capítulo se concentrou em suas experiências de ansiedade elevada e em analisar se isso é um problema que poderia melhorar pela abordagem da TCC. Ao aprender a decompor a ansiedade em seus sintomas principais, você deu o primeiro passo para compreender e controlar melhor seu problema de ansiedade.

A partir de seu trabalho neste capítulo, fica claro que muitas vezes você enfrenta situações difíceis que provocam apenas sentimentos leves de ansiedade. Mas, em outros casos, algo familiar que nunca o incomodou anteriormente agora causa uma intensidade de ansiedade que você nunca esperou. Talvez você esteja se sentindo confuso com suas reações emocionais, perguntando-se por que você parece estar tendo dificuldade com a ansiedade enquanto outros parecem estar levando a vida com tranquilidade. Os próximos três capítulos enfocam essa questão. O Capítulo 5 se aprofunda nos sintomas físicos da ansiedade. Para muitas pessoas, a ansiedade se torna um problema devido à excitação física insuportável que sentem quando estão ansiosas. Os Capítulos 6 e 7 explicam como uma mente ansiosa e um enfrentamento ineficaz contribuem para um problema com a ansiedade. Tudo isso se baseia no conhecimento que você adquiriu neste capítulo, pois compreender sua ansiedade é metade da batalha.

5

Convivendo com sintomas de ansiedade

Sem dúvida você está familiarizado com a expressão *limiar de dor*. Ela se refere ao nível mínimo em que um estímulo aversivo faz com que você sinta dor. Imagine que lhe peçam para colocar a mão em um balde com água gelada. Como você sabe, a água gelada sobre a pele nua causa dor. Digamos que você consiga manter a mão na água gelada por 15 segundos. Você sente dor na mão e, então, a retira rapidamente. Sua amiga coloca a mão na água gelada, mas não sente dor até 45 segundos, e depois disso ela continua deixando a mão na água gelada por dois minutos inteiros. Diríamos que ela tem um *limiar de dor mais alto* e *maior tolerância à dor* do que você. Todos nós já tivemos muitas experiências de dor e, assim, é provável que você tenha uma boa noção de seu limiar de dor, se ele é baixo ou alto.

Assim como para a dor, todos temos um limiar para a ansiedade e nossa tolerância a ela. Se seu limiar de ansiedade for alto, você poderá suportar um nível mais alto de ameaça antes de se sentir ansioso. Você pode até ser alguém que corre riscos ou ser intrépido. Você pode ser a pessoa que consegue caminhar próximo à beira de um penhasco. Mas mesmo pessoas altamente tolerantes podem se sentir ansiosas. O que acontece é que você é capaz de lidar com uma ansiedade mais intensa antes que ela se torne um problema. Mas, se você tiver um limiar de ansiedade baixo, talvez não seja preciso muito para fazer você se sentir ansioso. Se sua tolerância também for baixa, você pode ter dificuldade para lidar com a situação, mesmo com níveis modestos de ansiedade. A Figura 5.1 ilustra essa relação.

É importante conhecer seu limiar de ansiedade porque:

- Isso o ajudará a entender por que a ansiedade se tornou um problema em sua vida.
- Você elaborará metas de redução de ansiedade mais realistas que se ajustem à sua constituição emocional.

Alto limiar de ansiedade e tolerância

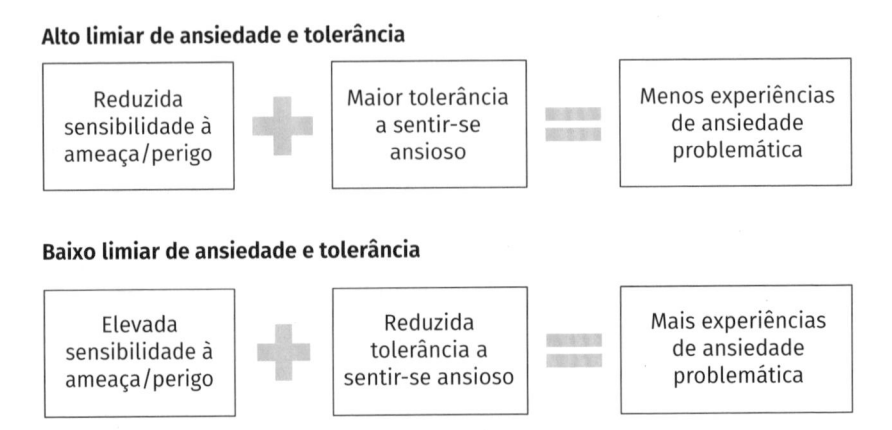

FIGURA 5.1 Relação entre limiar de ansiedade e tolerância.

- Você verá como o foco da TCC no fortalecimento da tolerância à ansiedade pode melhorar sua capacidade de lidar com a ansiedade indesejada e, possivelmente, até aumentar seu limiar de ansiedade.

Consideremos os casos de Marissa e Martina. Ambas passaram por situações de ansiedade, mas a partir de diferentes níveis de limiar e tolerância.

UMA HISTÓRIA DE DOIS LIMIARES

O alto limiar de Marissa

A vida de Marissa estava repleta de estresse e desafios que poderiam arruiná-la a qualquer momento. Ela era mãe solteira e tinha dois filhos em idade escolar, além de um trabalho exigente em publicidade; era filha única de mãe idosa e tinha problemas de saúde que culminaram em uma série de exames médicos para um possível câncer de mama. Em casa, no trabalho e em sua vida pessoal, Marissa enfrentou muitas dificuldades que ameaçaram sua saúde e bem-estar. Às vezes ela se perguntava se o fardo era muito pesado e se estava destinada a uma vida sem amor e companheirismo. No trabalho, ela frequentemente se sentia tensa, confusa e irritada ao ser golpeada por múltiplas demandas. Certas tarefas, como fazer uma apresentação, esforçar-se para cumprir um prazo ou reunir-se com a alta administração, causavam um aumento na sua ansiedade. Mas esses momentos de ansiedade e estresse não assustavam Marissa. Ela acreditava que eles eram temporários, que ela poderia superá-los e que não haveria impacto negativo do fato de ela se sentir ansiosa. A ansiedade teria que ser mais frequente, os sintomas mais graves e as consequências mais impactantes para que Marissa os considerasse um problema.

O baixo limiar de Martina

A vida de Martina era muito menos turbulenta que a de Marissa, mas a ansiedade era um problema desde a infância. Ela se lembrava de sentir-se tensa, nervosa e constrangida já na escola. Era extremamente tímida e tinha intensos ataques de ansiedade se um colega falasse com ela. Com frequência tinha dores de estômago tão fortes que seus pais consultaram vários médicos especialistas, convencidos de que ela tinha alguma doença grave. Agora, na idade adulta, Martina fica ansiosa caso sinta alguma dor ou desconforto que não possa ser explicado facilmente. Ela fica nervosa e inibida perto de outras pessoas, por isso evita a maioria das situações sociais. Está em constante estado de preocupação, pensando em todas as coisas que poderiam dar errado em sua vida. Tem dificuldade para adormecer devido à sua "mente acelerada". Odeia se sentir ansiosa, por isso tenta restringir-se o máximo possível para evitar o desencadeamento desses sentimentos. Para Martina, a ansiedade tornou-se um grande problema. Infiltrou-se em todos os aspectos de sua vida, e ela está perdendo a paciência consigo mesma.

EXERCÍCIO DE AVALIAÇÃO **Encontre seu limiar**

Ao ler esses exemplos de casos, quem se pareceu mais com você, Marissa ou Martina? No espaço abaixo, escreva quais aspectos da ansiedade de Marissa e Martina eram semelhantes aos seus. Você tem mais características de alta (Marissa) ou baixa (Martina) tolerância à ansiedade?

Como minha ansiedade se assemelha à de Marissa:

1. _____

2. _____

3. _____

Como minha ansiedade se assemelha à de Martina:

1. _____

2. _____

3. _____

Qual é a sua conclusão? Você tem um limiar/tolerância alta ou baixa à ansiedade? Se o seu limiar de ansiedade for baixo, isso pode explicar por que você está tendo problemas com ansiedade. Mas há boas notícias: você pode alterar seu limiar de ansiedade para ser mais resistente à ansiedade e à preocupação. Neste capítulo, apresentamos um conceito chamado *sensibilidade à ansiedade* e mostramos como você pode aumentar seu limiar de ansiedade alterando sua sensibilidade aos sintomas de ansiedade.

O QUE É SENSIBILIDADE À ANSIEDADE?

Durante momentos de grande ansiedade, a maioria de nós pensou: "Não aguento mais isso". Você se sentiu consumido pela ansiedade, incapaz de se concentrar em qualquer coisa que não fosse o quanto se sentia infeliz. Nesse momento, nada parece pior do que a ansiedade e seus sintomas. Martina rapidamente chegava a esse "ponto insuportável" quando percebia uma sensação de enjoo no estômago. Era o primeiro sinal de ansiedade, que ela sabia que só iria se intensificar, a menos que ela o desligasse. Assim, sempre que sentia náusea ou algo estranho com seu estômago, Martina abandonava uma situação ou a evitava por completo. Sua maior sensibilidade a sensações abdominais indesejadas era uma característica importante de seu baixo limiar de ansiedade.

EXERCÍCIO DE AVALIAÇÃO   **O primeiro sintoma**

No espaço abaixo, escreva o primeiro sintoma que você experimenta ao se sentir ansioso. A seguir, assinale o número que melhor indica com que frequência você tenta controlar, suprimir ou reduzir o sintoma para que ele não se transforme em ansiedade plena.

Meu primeiro sintoma de ansiedade: _____

_____

0	1	2	3	4	5	6	7	8	9	10
Nunca					Frequentemente					O tempo todo

Se você não tem certeza do seu primeiro sintoma de ansiedade porque seus episódios acontecem muito rapidamente, veja algumas das sugestões nas "Dicas para obter sucesso". Pode ser difícil dissecar um episódio de ansiedade se tudo parece atingi-lo ao mesmo tempo.

⊃ **Dicas para obter sucesso: como descobrir seu primeiro sintoma de ansiedade**

- Revise os sintomas que você registrou na Folha de trabalho 4.5, o Formulário de automonitoramento dos meus sintomas, para determinar quais sintomas tendem a ocorrer no início dos episódios de ansiedade.
- Ao registrar suas experiências de ansiedade, esteja atento à sequência de sintomas físicos que ocorrem quando a ansiedade está aumentando.
- Quando você pensa nas situações que desencadeiam ansiedade, qual é a primeira indicação de que você não está se sentindo bem (consulte a Folha de trabalho 4.1)?
- Qual é o primeiro sinal que faz você pensar que está prestes a ter um episódio de ansiedade grave?

Sensibilidade aos sintomas:
um elemento central da sensibilidade à ansiedade

Você é como Martina? Você desenvolveu uma reação intensa aos primeiros sintomas de ansiedade devido à alta sensibilidade à ansiedade? A sensibilidade à ansiedade é uma tendência a se sentir ansioso por estar ansioso.

Diversos estudos constataram que pessoas que têm problemas de ansiedade também tendem a ter alta sensibilidade à ansiedade.[19,20] Quando você sente ansiedade repetidamente, você pode desenvolver um temor da tensão, das palpitações cardíacas e da falta de ar que ocorrem durante os episódios de ansiedade, acreditando que esses sintomas podem ter um sério impacto negativo. Por exemplo, muitas pessoas com ansiedade passam a temer a excitação fisiológica da ansiedade e, assim, reagem rapidamente para evitá-la a todo custo.

> A **sensibilidade à ansiedade** é uma intolerância (até mesmo medo) aos sintomas físicos, comportamentais e cognitivos da ansiedade devido a crenças de que esses sintomas têm consequências físicas, sociais ou psicológicas negativas.[18,19,20]

Dependendo de suas preocupações em relação à ansiedade, você pode ter desenvolvido uma maior sensibilidade a certos sintomas físicos. Se você sente ansiedade ou sofre ataques de pânico, sua sensibilidade à ansiedade provavelmente se concentra nas sensações físicas relacionadas ao peito, ao coração ou à respiração. Se você fica ansioso em situações sociais, pode ficar particularmente com medo dos sinais externos de ansiedade, como rubor ou suor. Indivíduos com ansiedade generalizada costumam estar mais preocupados com os sintomas de tensão ou com o fato de se sentirem nervosos e apreensivos, enquanto indivíduos com ansiedade em relação à saúde tendem a focar dores corporais inexplicáveis, desconfortos ou erupções cutâneas. A forma como a sensibilidade à ansiedade se expressa depende do tipo de ansiedade que você sente.

EXERCÍCIO DE AVALIAÇÃO **Sensibilidade a sintomas**

Use este exercício para determinar se alguns sintomas físicos de ansiedade lhe parecem mais angustiantes do que outros. A Folha de trabalho 5.1 apresenta uma lista de sintomas comuns de ansiedade. Faça uma avaliação geral do quanto esses sintomas o incomodaram durante episódios graves de ansiedade. É provável que você tenha alta sensibilidade a sintomas que o incomodam muito.

Qual desses sintomas mais o incomoda? Se você não se sente nem um pouco, ou apenas um pouco, incomodado com essas sensações físicas de ansiedade, você provavelmente tem baixa sensibilidade à ansiedade. Mas, se você classificou um ou mais desses sintomas como moderadamente ou muito incômodos, seu nível de sensibilidade à ansiedade pode ser elevado. Lembre-se de que a sensibilidade à ansiedade é uma intolerância a se sentir ansioso ou um medo disso. O pensamento-chave na alta sensibilidade à ansiedade é "Eu não suporto [preencha aqui com seu sintoma mais incômodo]". Martina

FOLHA DE TRABALHO 5.1

Minha escala de tolerância a sintomas

Instruções: assinale o valor que melhor descreve o quanto cada sintoma o incomoda na escala de 0 a 3.

Sintomas de ansiedade	Nem um pouco	Um pouco incomodado	Moderadamente incomodado	Muito incomodado
Sentir desconforto, aperto ou dor no peito	0	1	2	3
Aumento repentino da frequência cardíaca, palpitações cardíacas	0	1	2	3
Corpo trêmulo, mãos trêmulas	0	1	2	3
Sensação de sufocamento, falta de ar ou sensação de não estar recebendo ar suficiente, sem fôlego	0	1	2	3
Sensação de irrealidade, *déjà vu* ou sensação de estar separado do seu corpo	0	1	2	3
Sentir tonturas, vertigens	0	1	2	3
Estômago irritado, enjoado, náusea ou cólicas	0	1	2	3
Sensação de desmaio, fraqueza ou instabilidade	0	1	2	3
Músculos tensos, sensação de rigidez ou de dor	0	1	2	3
Visão turva, sensação de estar no meio de uma neblina	0	1	2	3
Sentir calor, calafrios ou suor	0	1	2	3
Sentir-se inquieto, tenso, agitado, ou andar de um lado para o outro	0	1	2	3
Corar, sentir rubor ou ondas de calor	0	1	2	3
Sentir dor inesperada, desconforto, espasmos musculares ou outro sintoma de uma condição clínica	0	1	2	3

poderia completar a afirmação com "Eu não suporto aquela sensação de enjoo no estômago, uma sensação de embrulho nauseante que me faz pensar que vou vomitar".
É natural tentar fazer algo para extinguir o sintoma perturbador antes que ele piore sua
ansiedade.

Martina desenvolveu uma sensibilidade maior às sensações abdominais e tentava imediatamente acalmar seu estômago se algo não parecesse certo. Ela sabia que uma dor de estômago geralmente desencadeava uma nova onda de ansiedade grave. Ainda mais horripilante era a possibilidade de estar enjoada do estômago. Não é de surpreender que as sensações físicas associadas ao seu sistema gastrointestinal tenham se tornado o foco de sua alta sensibilidade à ansiedade. O primeiro passo para aprender a gerenciar a alta sensibilidade à ansiedade com mais eficácia é saber quais sintomas de ansiedade mais o inco-modam.

CONTEXTO E CONSEQUÊNCIA NA SENSIBILIDADE À ANSIEDADE

Não é apenas a nossa sensibilidade a certos sintomas físicos que determina o nos-so nível de sensibilidade à ansiedade. Dois outros fatores, contexto e consequên-cia, são importantes para compreender a sensibilidade à ansiedade. O contexto do sintoma determina se uma certa sensação física nos deixa "ansiosos por estar-mos ansiosos". Se você estiver em uma situação que exige maior excitação física e for perfeitamente compreensível o porquê de você estar excitado, seu medo da excitação será baixo. Mas, se a sensação física surgir espontaneamente sem uma boa razão, seu medo da excitação física será alto.

Digamos que você acabou de subir vários lances de escada e percebe que seu coração está acelerado. Supondo que você não tenha um problema cardíaco, você não ficaria ansioso com o aumento da frequência cardíaca, pois isso é esperado devido ao aumento de sua atividade. Mas, se você estiver sentado em casa, assis-tindo a um filme, e de repente sentir palpitações cardíacas, sua sensibilidade à ansiedade entrará em ação. Você pensará: "Por que meu coração está acelerado? Estou apenas sentado aqui, sem fazer nada, ele não deveria estar acelerado. Deve haver algo de errado comigo. Talvez seja o início de um ataque de ansiedade, ou, pior, talvez eu esteja tendo um infarto". Dependendo das circunstâncias envol-vidas em sua experiência do sintoma, sua intolerância à ansiedade é ativada ou não.

EXERCÍCIO DE AVALIAÇÃO   **Capte o contexto**

Considere os momentos em que você sentiu ansiedade grave, focando as circunstân-cias em que a ansiedade aconteceu. Pense em situações nas quais você repentinamente teve sintomas de ansiedade, mas não deveria ter se sentido ansioso. Ter o sintoma de ansiedade naquela circunstância não fazia sentido. São situações com alto potencial de sensibilidade à ansiedade. Da mesma forma, se você tivesse o mesmo sintoma em uma situação na qual fosse esperado se sentir assim, ela teria baixo potencial de sensibilida-de à ansiedade. É improvável que você se sinta ansioso por estar ansioso pois você pode explicar por que está se sentindo assim. Use a Folha de trabalho 5.2 para descobrir como o contexto ou as circunstâncias interferem no fato de você estar ou não ansioso por estar ansioso. Fornecemos alguns exemplos para ilustrar como fazer este exercício.

O objetivo deste exercício é demonstrar a importância do contexto. Uma sen-sação física pode provocar alta sensibilidade à ansiedade (medo de ficar ansioso) se você pensa "Eu não deveria estar me sentindo assim agora". Mas ela provo-cará baixa sensibilidade à ansiedade (aceitação de estar ansioso) se você pensar "Muitas vezes tenho essa sensação física nesta situação e está tudo bem. É apenas uma sensação física". Estar ciente do contexto ou da situação que desencadeia um sintoma pode ajudá-lo a ter menos medo dele.

O segundo fator importante na sensibilidade à ansiedade é a *consequência per-cebida*. Se você acha que um sintoma de ansiedade pode prejudicá-lo de alguma forma ou acarretar uma consequência séria, sua sensibilidade à ansiedade será alta. Se você acha que há pouca ou nenhuma consequência de ter o sintoma, sua sensibilidade à ansiedade será baixa. Você é mais capaz de aceitar o sintoma e não se assustar com ele. Existem três tipos de consequências associadas à sensi-bilidade à ansiedade:[21]

- **Preocupações físicas:** que os sintomas relacionados à ansiedade possam cau-sar danos físicos (um infarto, asfixia, vômitos).
- **Preocupações cognitivas:** que os sintomas de ansiedade possam causar sé-rios problemas de funcionamento mental (pensamento, concentração, me-mória, controle mental).
- **Preocupações sociais:** que os sintomas de ansiedade causarão uma avaliação negativa dos outros (ser visto como fraco ou anormal e, assim, ser rejeitado, ridicularizado pelos outros).

Observe que as consequências associadas à sensibilidade à ansiedade são crenças sobre o que pode acontecer devido a um sintoma de ansiedade. Elas po-dem ser baseadas em experiências reais, mas normalmente se baseiam no que tememos que possa acontecer. Por exemplo, palpitações cardíacas ocorrem com frequência quando estamos ansiosos. A consequência que você mais teme em relação a esse sintoma pode ser "Será que estou tendo um infarto?", mesmo que você nunca tenha sofrido um infarto. Mas você também pode temer que seu

FOLHA DE TRABALHO 5.2

Descobrindo a importância do contexto

Instruções: no espaço abaixo, escreva algumas situações que desencadeiam sintomas físicos indesejados que o deixam ansioso porque você fica pensando *Eu não deveria estar me sentindo assim agora.* Essas são situações de alta sensibilidade à ansiedade. Ao lado de cada situação, pense em uma situação diferente na qual você não se sentiria ansioso em relação ao sintoma porque ele seria apropriado naquela situação (por exemplo, *Eu espero ter a sensação física nesta situação*). Essas são situações de baixa sensibilidade à ansiedade.

Situações com alto potencial de sensibilidade à ansiedade	Situações com baixo potencial de sensibilidade à ansiedade
1. Você está sentado em uma cadeira, se levanta repentinamente e se sente tonto, com a cabeça leve, como se fosse desmaiar.	1. Você estava patinando no gelo em uma pista de patinação pública, andando em círculos. Depois de 20 minutos sem parar, você se sente tonto, com a cabeça leve, como se fosse desmaiar.
2. Você está participando de uma reunião do conselho. De repente, sente ondas de calor, seu rosto fica vermelho e você começa a suar.	2. Você está em uma sala lotada e com pouca ventilação, e você começa a sentir calor e a suar.
3.	3.
4.	4.
5.	5.

coração acelerado leve a um ataque de pânico, algo que você já teve no passado. O ponto é que um aumento da frequência cardíaca se torna o foco da sua sensibilidade à ansiedade porque você o associa a uma temida consequência negativa.

EXERCÍCIO DE AVALIAÇÃO **Qual é o seu medo?**

É importante saber o que você teme em relação aos sintomas físicos da ansiedade porque a TCC aborda todos os aspectos do medo de se sentir ansioso. As consequências temidas de alguns sintomas de ansiedade são mais óbvias do que outras. Este exercício irá ajudá-lo a descobrir as consequências dos sintomas físicos da ansiedade que você teme, especialmente as menos evidentes. A Folha de trabalho 5.3 apresenta uma lista de sintomas comuns de ansiedade na coluna da esquerda e uma lista de consequências negativas na coluna da direita. Relembre alguns de seus piores episódios de ansiedade. O que você mais temia que pudesse acontecer por causa de um problema físico aflitivo, como palpitações cardíacas, falta de ar, tonturas e assim por diante?

⊃ **Dicas para obter sucesso: como identificar seus sintomas de medo**

Eis algumas táticas que você pode usar para descobrir o que você mais teme nos sintomas de ansiedade.

- Ao anotar seus episódios de ansiedade, seja específico sobre os aspectos físicos e cognitivos ou os sintomas comportamentais que mais o incomodam. Então, pergunte a si mesmo: "Qual é o meu maior medo em relação ao que poderia acontecer se eu não fizesse nada e deixasse a ansiedade seguir seu curso?".
- Existe alguma catástrofe ou pior desfecho possível associado ao sintoma? Por exemplo, se a sensação de irrealidade é o seu sintoma de ansiedade mais perturbador, você tem medo de perder totalmente o contato com a realidade e cair em um estado psicótico? Mesmo que você saiba que a catástrofe é altamente improvável, ela pode estar causando sua intolerância ao sintoma.
- Pense na sua pior experiência de ansiedade. Qual foi o sintoma de ansiedade mais proeminente e qual foi o impacto em você? Isso pode lhe dar uma pista sobre que consequências você mais teme de um sintoma específico.

Você notou algum tema recorrente em seus sintomas de ansiedade e no que você temia que poderia acontecer por causa da sua ansiedade? As consequências negativas que você acredita que estão associadas aos seus sintomas de ansiedade dizem muito sobre sua sensibilidade à ansiedade. Somos menos capazes de tolerar sintomas de ansiedade quando acreditamos que eles são prejudiciais. Quanto mais graves forem as consequências, maior será a probabilidade de que a sensibilidade à ansiedade esteja desempenhando um papel na sua ansiedade. Por exemplo, se você acha que suas palpitações cardíacas podem ser causadas por um problema cardíaco, você será menos tolerante a essa sensação física do que se você acha que isso é uma indicação de aumento de estresse.

Se ainda não tiver certeza sobre como preencher a Folha de trabalho 5.3, considere o exemplo de Martina. Você deve se lembrar de que frio na barriga e dor

FOLHA DE TRABALHO 5.3

Correspondência entre sintomas e consequências

Instruções: circule todos os sintomas que você sente quando está ansioso. Em seguida, desenhe uma seta ligando cada sintoma a uma ou duas consequências que você acredita estarem associadas a esse sintoma. Desenhe uma **seta grossa** se você estiver muito preocupado com a possibilidade de surgir uma consequência negativa e uma **seta fina** se você estiver apenas levemente preocupado com a possibilidade dessa consequência. Observe que qualquer sintoma pode ter mais de uma consequência temida, e qualquer consequência pode estar associada a mais de um sintoma.

Sintomas de ansiedade	Consequências percebidas
Sentir desconforto, aperto ou dor no peito	A ansiedade aumentará e continuará na maior parte do dia
Aumento repentino da frequência cardíaca, palpitações no coração	Maior risco de um ataque de pânico
Corpo trêmulo, mãos trêmulas	Não será capaz de trabalhar ou ser produtivo devido à ansiedade
Sensação de asfixia, falta de ar, ou sentir que não está recebendo ar suficiente	Sintoma de uma condição clínica grave como infarto, aneurisma cerebral, grave crise de asma ou algo semelhante
Sensação de irrealidade, *déjà vu*, ou sentir-se separado do seu corpo	Maior risco de sentir vergonha ou constrangimento
Sentir-se tonto, com vertigens	Causar desaprovação, rejeição ou crítica dos outros
Sensação de incômodo, enjoo ou frio na barriga, náusea ou cólicas	Sentir preocupação ou perda do controle mental
Sensação de desmaio, fraqueza, cansaço ou instabilidade	Desencadear uma explosão de raiva ou intensa irritabilidade em relação aos outros
Músculos tensos, sensação de rigidez ou dor	Sinais de perigo de dano iminente a si mesmo, à família ou a outras pessoas valiosas
Visão turva, sensação de que está em uma neblina	
Sensação de calor, calafrios ou suor	Aumento dos sintomas físicos de desconforto, como dor muscular/estomacal, dor de cabeça tensional, náusea
Sentir-se inquieto, tenso, agitado, ou andar de um lado para o outro	Perturbação da ordem, da rotina ou da previsibilidade na vida diária
Corar, sentir rubor ou ondas de calor	Maior medo e pensamentos de morte ou morrer
Sentir dor inesperada, desconforto, espasmos musculares ou outro sintoma de uma condição clínica	Aumento na condição de dor crônica
Sentir-se confuso, distraído, não conseguir se concentrar	Sono interrompido, levando ao aumento da fadiga ao longo do dia
Sentir-se frustrado, irritado ou impaciente	Sentir-se sobrecarregado e altamente estressado

Correspondência entre sintomas e consequências – caso de Martina

Sintomas de ansiedade	Consequências percebidas
Sentir desconforto, aperto ou dor no peito	A ansiedade aumentará e continuará na maior parte do dia
Aumento repentino da frequência cardíaca, palpitações no coração	Maior risco de um ataque de pânico
Corpo trêmulo, mãos trêmulas	Não será capaz de trabalhar ou ser produtivo devido à ansiedade
Sensação de asfixia, falta de ar, ou sentir que não está recebendo ar suficiente	Sintoma de uma condição clínica grave como infarto, aneurisma cerebral, grave crise de asma ou algo semelhante
Sensação de irrealidade, *déjà vu*, ou sentir-se separado do seu corpo	
Sentir-se tonto, com vertigens	Maior risco de sentir vergonha ou constrangimento
Sensação de incômodo, enjoo ou frio na barriga, náusea ou cólicas	Causar desaprovação, rejeição ou crítica dos outros
Sensação de desmaio, fraqueza, cansaço ou instabilidade	Sentir preocupação ou perda do controle mental
Músculos tensos, sensação de rigidez ou dor	Desencadear uma explosão de raiva ou intensa irritabilidade em relação aos outros
Visão turva, sensação de que está em uma neblina	Sinais de perigo de dano iminente a si mesmo, à família ou a outras pessoas valiosas
Sensação de calor, calafrios ou suor	
Sentir-se inquieto, tenso, agitado, ou andar de um lado para o outro	Aumento dos sintomas físicos de desconforto, como dor muscular/estomacal, dor de cabeça tensional, náusea
Corar, sentir rubor ou ondas de calor	Perturbação da ordem, da rotina ou da previsibilidade na vida diária
Sentir dor inesperada, desconforto, espasmos musculares ou outro sintoma de uma condição clínica	Maior medo e pensamentos de morte ou morrer
Sentir-se confuso, distraído, não conseguir se concentrar	Aumento na condição de dor crônica
Sentir-se frustrado, irritado ou impaciente	Sono interrompido, levando ao aumento da fadiga ao longo do dia
	Sentir-se sobrecarregado e altamente estressado

de estômago eram seus sintomas de ansiedade mais proeminentes. Pelas setas, você pode ver que a consequência que ela mais temia era uma escalada em sua ansiedade. Contudo, ela também tinha algumas preocupações secundárias sobre a possibilidade de um ataque de pânico e em relação ao simples desconforto associado a seus sintomas abdominais. Fica claro no exemplo de Martina que sua alta sensibilidade à ansiedade centrava-se na crença de que ela não suportava sentir náuseas. Conhecer as consequências que você mais teme dos sintomas de ansiedade é importante para repensar os "perigos" da ansiedade e melhorar sua tolerância a esses sintomas.

AVALIAÇÃO DE SENSIBILIDADE À ANSIEDADE

A esta altura, você deve estar se perguntando se tem alta sensibilidade à ansiedade e se isso é um fator significativo em seu problema com ansiedade. Possivelmente, o trabalho que você fez nos exercícios anteriores indica que você não dispõe de tolerância a certos sintomas de ansiedade. Você suspeita que tem alta sensibilidade à ansiedade, mas gostaria de uma resposta mais definitiva. Felizmente, existe uma sólida base de pesquisa sobre sensibilidade à ansiedade, com diversas medidas disponíveis que fornecem uma avaliação confiável e válida do nível de sensibilidade à ansiedade.[18,21,22]

EXERCÍCIO DE AVALIAÇÃO **Medindo a sensibilidade à ansiedade**

Reserve alguns minutos para executar nossa avaliação de crenças de sensibilidade à ansiedade, a fim de verificar se você pode ter reduzida tolerância aos sintomas de ansiedade. Focamos as crenças sobre a intolerância a sintomas e suas consequências porque esse é o aspecto mais importante da sensibilidade à ansiedade. A Folha de trabalho 5.4 apresenta 10 declarações de crenças sobre sintomas de ansiedade. Não dispomos de pesquisas que estabeleçam um ponto de corte, mas a alta sensibilidade à ansiedade pode ser relevante se você assinalou "Muito" ou "Muitíssimo" em três ou mais itens.

COMO FORTALECER SUA TOLERÂNCIA À ANSIEDADE

Você chegou à conclusão de que a sensibilidade à ansiedade está contribuindo para o seu problema com ansiedade? É importante conhecer o seu limiar de ansiedade e saber se você tem alta sensibilidade à ansiedade (medo de ficar ansioso), porque isso terá um impacto em como você trabalha para reduzir a ansiedade. Existem várias maneiras pelas quais a sensibilidade à ansiedade influencia o tratamento da ansiedade.

- Se você tem alta sensibilidade à ansiedade, pode ser necessário diminuir suas metas de redução de ansiedade para levar em conta sua maior sensibilidade a sintomas de ansiedade.
- Em seu programa de tratamento da ansiedade, você deve focar os sintomas específicos que você mais teme.
- No caso de sensibilidade elevada à ansiedade, o tratamento da ansiedade deve incluir ativação repetida de sintomas temidos e prevenção de estratégias de fuga e esquiva.

No restante deste capítulo, apresentamos quatro intervenções que você deve incluir em seu programa de tratamento de ansiedade se você tiver alta sensibilidade à ansiedade. Essas estratégias aumentarão seu limiar de ansiedade, tornando-o mais tolerante e menos receoso de sentir-se ansioso.

FOLHA DE TRABALHO 5.4

Minhas crenças de sensibilidade à ansiedade

Instruções: abaixo estão 10 declarações de crenças que representam consequências de sensações físicas relacionadas à ansiedade percebidas como negativas. Assinale o quanto cada declaração condiz com o que você acredita sobre aquela sensação física.

Declarações	Bem pouco	Um pouco	Médio	Muito	Muitíssimo
1. Tenho medo de que meu coração bata rapidamente porque tenho a tendência de pensar que algo pode estar seriamente errado.	0	1	2	3	4
2. Quando fico enjoado ou com o estômago irritado, começo a me preocupar com a possibilidade de ficar doente.	0	1	2	3	4
3. Quando sinto um aperto ou dores inesperadas no peito, meu pensamento assustador é se isso pode ser um sinal ou sintoma de infarto.	0	1	2	3	4
4. Quando sinto que não estou respirando adequadamente, tenho tendência a pensar que é grave e que pode me levar à asfixia.	0	1	2	3	4
5. Quando minha garganta fica apertada, eu me pergunto seriamente se eu poderia me engasgar e morrer.	0	1	2	3	4
6. É importante manter-me calmo e relaxado tanto quanto possível.	0	1	2	3	4
7. Tento controlar minha ansiedade para não parecer nervoso para as outras pessoas.	0	1	2	3	4
8. Não gosto de me sentir fisicamente excitado ou agitado.	0	1	2	3	4
9. Preocupa-me que a excitação física ou o estresse possam sair do controle e causar um ataque de pânico.	0	1	2	3	4
10. Fico bastante preocupado com a forma como estou me sentindo fisicamente e com a possibilidade de estar começando a me sentir ansioso.	0	1	2	3	4

Observação. Essas declarações indicam se uma pessoa tem ou não tendência à alta sensibilidade à ansiedade. Uma avaliação precisa da sensibilidade à ansiedade deve ser feita por um profissional de saúde mental qualificado, usando uma medida padronizada de sensibilidade à ansiedade.[21]

Desenvolvendo tolerância

Começamos com uma das maneiras mais fáceis de repensar sua tolerância aos sintomas de ansiedade. No Capítulo 3, você aprendeu que a ansiedade nem sempre é um problema em sua vida. Normalmente, você gerencia muito bem a ansiedade, e pode até usá-la a seu favor. Isso é um exemplo de seu modo positivo e adaptativo entrando em ação, de que você está usando a ansiedade para enriquecer sua vida. O mesmo se aplica à sua tolerância a sintomas específicos de ansiedade, mesmo àqueles que mais o incomodam. Há momentos em que você aceita sintomas de ansiedade, como coração acelerado, falta de ar ou sensação de rubor. Você os suporta, e assim seu nível de ansiedade é mantido baixo. Há algo a aprender com essas experiências que você possa aplicar nos momentos em que sua ansiedade estiver fora de controle?

EXERCÍCIO DE INTERVENÇÃO **Detectando sintomas durante baixa ameaça**

Iniciaremos com um exercício de intervenção denominado *atenção focada nos sintomas*. Seu objetivo é ajudá-lo a obter uma compreensão mais profunda dos motivos pelos quais você é capaz de suportar sintomas de excitação física em algumas situações, mas não em outras. Você aprenderá que, em muitas situações, você normaliza os mesmos sintomas de excitação física que você tem quando se sente muito ansioso.

Durante a próxima semana, anote os momentos em que você tiver um sintoma físico, cognitivo ou comportamental que você costuma sentir quando está extremamente ansioso, mas que, na situação, tenha representado pouca ou nenhuma ameaça (ou seja, ansiedade). Por exemplo, se palpitações cardíacas lhe parecem mais assustadoras quando você está ansioso, há momentos em que seu coração acelera, mas você não sente medo da sensação? Essas são as experiências que gostaríamos que você registrasse na Folha de trabalho 5.5.

⊃ **Dicas para obter sucesso: detectando sintomas quando não está ansioso**

Pode ser difícil desviar nossa atenção para os momentos em que as sensações de excitação física não nos incomodam, pois prestamos mais atenção aos momentos de aflição. Eis a seguir algumas estratégias que você pode usar para melhorar sua percepção das sensações físicas em situações não ansiosas.

- Anote as sensações físicas ou outros sintomas que ocorrem quando você está altamente ativo, como ao se exercitar, praticar esportes ou dançar. Normalmente, esses sintomas de excitação são semelhantes aos que sentimos quando estamos altamente ansiosos. A diferença é que não os consideramos ameaçadores, porque esperamos nos sentir assim quando estamos fisicamente ativos.
- Fique atento aos sintomas de excitação que ocorrem quando você está estressado, frustrado, ou tem múltiplas demandas para atender. Normalmente, esses sintomas não nos incomodam tanto nesses momentos porque achamos que é normal nos sentirmos assim quando estamos estressados ou frustrados.
- Concentre-se nos sintomas que você tem quando não se sente bem ou quando não dormiu o suficiente.
- Pense nos sintomas que você tem após consumir bebidas alcoólicas ou outras substâncias. Novamente, sentir-se tonto ou tenso, por exemplo, não é ameaçador, porque você atribui esses sintomas à droga ou ao álcool que consumiu.

FOLHA DE TRABALHO 5.5

Diário de sintomas não ameaçadores

Instruções: preste atenção aos momentos em que você teve uma sensação física em uma situação não ansiosa. Siga estes passos ao preencher a folha de trabalho.

- **Passo 1.** Indique, na primeira coluna, os sintomas específicos que você sentiu.
- **Passo 2.** Depois, descreva brevemente a situação que desencadeou o sintoma.
- **Passo 3.** A seguir, indique como você interpretou ou explicou por que o sintoma ocorreu. O que fez com que o sintoma ocorresse naquela situação? Que efeito ou consequência você acha que o sintoma poderia ter em você?
- **Passo 4.** Na coluna final, anote o desfecho de toda a experiência. O sintoma simplesmente desapareceu sozinho? Você fez algo para lidar com o sintoma? Que efeito ele teve em seu estado emocional ou em suas ações?

Sintoma(s) que eu tive	Situação que provocou o(s) sintoma(s)	Sua interpretação (entendimento) do(s) sintoma(s)	Desfecho
Exemplos de Martina: Senti um enjoo no estômago, um pouco de náusea.	Tinha acabado de almoçar comida mexicana em minha mesa no trabalho, porque estava ocupada.	Tudo isso foi por causa da comida; *fast food* sempre incomoda meu estômago; não sei por que continuo comendo essas coisas.	Tomei um antiácido e depois meu estômago se acalmou.
Eu me senti muito nervosa, inquieta, não conseguia me concentrar.	Novamente, no trabalho; terrivelmente ocupada; muitas interrupções e demandas.	Eu estava me sentindo estressada e sobrecarregada pelo trabalho; bebi mais café do que o habitual para ficar alerta; eu provavelmente estava reagindo a muita cafeína no meu corpo, somada a todo o estresse.	Fiz uma pequena pausa, saí para espairecer; decidi ignorar meus *e-mails* e focar a tarefa mais urgente. Demorou mais ou menos uma hora, mas por fim eu me acalmei.

As duas primeiras linhas da Folha de trabalho 5.5 apresentam exemplos da experiência de Martina com sintomas de ansiedade. Muitas vezes, o enjoo ou a sensação de estômago irritado se destacavam quando a ansiedade era um problema para ela, mas nesses casos a ansiedade de Martina não aumentou. A razão pode estar na interpretação dos sintomas. Ela disse a si mesma que os sintomas eram normais e não deveriam ser temidos porque havia uma boa explicação para ela se sentir assim. Mas o mais importante é que Martina aprendeu que muitas vezes ela consegue tolerar sintomas de ansiedade melhor do que imaginava. A diferença está em como ela explica para si a causa e a consequência dos sintomas.

O que você aprendeu com seus registros na Folha de trabalho 5.5? Você ficou surpreso ao descobrir que você consegue suportar os sintomas de ansiedade relativamente bem em muitos casos? De que modo você explicou a causa e a consequência dos sintomas que fizeram com que você os tolerasse? Devido a sua tolerância aos sintomas, sua ansiedade foi mínima nessas situações. Você acha que poderia usar essas explicações para entender os sintomas de ansiedade quando eles o assustam? Isso fortaleceria sua tolerância e reduziria bastante os sentimentos ansiosos.

Confronte seu medo de sintomas

Esta próxima intervenção é mais desafiadora, mas tem maior potencial para mudar sua forma de pensar sobre o(s) sintoma(s) de ansiedade que mais o incomoda(m). O objetivo é fortalecer sua tolerância aos sintomas temidos quando sua ansiedade é um problema. Nossa tendência natural ao nos sentirmos extremamente ansiosos é buscar alívio dos sintomas de ansiedade. Martina experimentou várias estratégias para aliviar sua sensação de náusea quando sua ansiedade problemática em relação a situações sociais aumentou.

Neste próximo exercício, você deve fazer exatamente o oposto de buscar alívio dos sintomas temidos. Em vez de tentar atenuar o sintoma abandonando uma situação, se distraindo ou tentando relaxar, a ideia é focar atentamente o sintoma por vários minutos. Por exemplo, digamos que, quando a ansiedade é um problema, você tende a sentir falta de ar. Essa sensação o assusta porque você tem medo de asfixia. Em vez de fazer respiração diafragmática, mantenha-se com aquela sensação de falta de ar. Qual é exatamente a sensação? Você consegue se sentir inspirando e expirando? Coloque a mão sobre seu peito. Você sente seus pulmões se expandirem e se contraírem? Imagine-se de pé fora do seu corpo e observando seus pulmões receberem e expelirem o ar. Em sua imaginação, você consegue imaginá-los enchendo-se de ar e depois se esvaziando? Concentre toda a sua atenção na sensação de falta de ar, mas como um observador imparcial.

Você observa ou acompanha seus pulmões se encherem e expelirem o ar de maneira rítmica. A sensação permanece constante, ou ela vai e vem? Ela desaparece com o tempo?

EXERCÍCIO DE INTERVENÇÃO **Observação imparcial**

A observação imparcial, o exercício da Folha de trabalho 5.6, é uma intervenção que você pode usar para qualquer sintoma que você classificou como moderadamente ou muito incômodo na Folha de trabalho 5.1. A chave para a eficácia do exercício é a prática repetida de focar sua atenção na sensação indesejada, em vez de afastá-la usando alguma distração ou tentando se convencer de que o sintoma não o incomoda. Observar seus sintomas de maneira imparcial é uma forma de exposição a sensações físicas indesejadas e angustiantes. Você descobrirá, no Capítulo 7, que a exposição é um tratamento poderoso para medo e ansiedade.

Com base na ansiedade social de Martina, a Folha de trabalho 5.6 fornece um exemplo de atenção imparcial a um sintoma temido. Você conseguiu superar sua relutância e focar o sintoma que você mais teme quando está muito ansioso? Parabéns se você fez o exercício várias vezes! É preciso coragem e determinação para ir contra a inclinação natural de buscar alívio e segurança das coisas que mais tememos. O que aconteceu com os sintomas e a ansiedade depois que você praticou a observação imparcial? Depois de repetir o exercício várias vezes, você notou melhora na tolerância ao sintoma temido?

Com base no seu trabalho com os dois últimos exercícios de intervenção, tente chegar a uma explicação alternativa para o seu sintoma mais incômodo ou temido que aumentaria sua tolerância a esse sintoma e melhoraria seu limiar de ansiedade. Você pode escrever isso no espaço fornecido. Você verá um exemplo da explicação alternativa de Martina, que a ajudou a melhorar sua tolerância a sensações de enjoo e náusea.

Minha explicação alternativa para meu(s) sintoma(s) temido(s): _____

_____

_____

_____

Explicação alternativa de Martina para o sintoma de enjoo: Meu estômago é extremamente sensível a tudo o que acontece na minha vida. Fiz muitos exames médicos, então eu sei que não há nada de errado com ele. É só como ele é. As sensações sempre desaparecem sozinhas. Nada de ruim aconteceu além de me sentir mal. Muitas pessoas não se sentem bem e conseguem seguir a vida. Eu posso fazer o mesmo; vou continuar com a minha vida como se ter um estômago altamente sensível fosse mais um inconveniente infeliz do que qualquer outra coisa.

FOLHA DE TRABALHO 5.6

Diário de atenção focada em sintomas

Instruções: durante a próxima semana, anote os momentos em que você praticou o *foco imparcial* no(s) sintoma(s) que você mais teme. Na primeira coluna, anote a situação e os sintomas temidos ou ameaçadores que você sentiu. Depois, descreva como você praticou o foco imparcial em relação ao sintoma. Na última coluna, indique o que, por fim, aconteceu com o sintoma depois de passar algum tempo dedicando-se à atenção focada.

Ocorrência de sintomas temidos, ameaçadores ou incômodos	Qualidade da observação imparcial dos sintomas	Desfecho dos sintomas
Exemplo de Martina: Sentada em casa e pensando sobre o convite para o jantar. Sinto um frio na barriga, uma sensação de agitação como se eu pudesse estar enjoada.	Consegui focar toda a minha atenção nas sensações em meu estômago. Eu imaginei que fosse como uma panela de sopa fervendo no fogão. Mantive minha atenção focada nisso, observando o ir e vir das sensações.	Por fim, as sensações diminuíram. Cansei de pensar sobre meu estômago e me vi navegando sem pensar no celular. Qualquer ansiedade em antecipação ao jantar também desapareceu.
1.		
2.		
3.		
4.		
5.		

Exercício físico

Você já deve ter ouvido falar que o exercício físico melhora nossa capacidade de lidar com o estresse e a ansiedade, mas talvez você não saiba que essa também é uma excelente maneira de aumentar a tolerância a sintomas de ansiedade. Pesquisas indicam que o exercício aeróbico pode ser tão benéfico para reduzir a ansiedade quanto outros tratamentos estabelecidos, como medicamentos ou TCC.[23] Outros estudos sugerem que os benefícios do exercício na redução da ansiedade podem ser decorrentes de seu efeito na sensibilidade à ansiedade.[24] Em um estudo, indivíduos com alta sensibilidade à ansiedade que participaram de um programa de corrida apresentaram maior diminuição dos sintomas de ansiedade do que indivíduos com baixa sensibilidade à ansiedade.[25] Isso sugere que o envolvimento em exercício físico regular que cause um aumento nos mesmos sintomas de excitação que você tem quando está gravemente ansioso pode ajudar a reduzir o quanto esses sintomas o incomodam ou assustam.[18]

Não há consenso quanto à frequência, à intensidade ou ao tipo de exercício físico capazes de melhorar sua tolerância aos sintomas de excitação relacionados à ansiedade e aumentar seu limiar de ansiedade. Entretanto, o exercício aeróbico (caminhada acelerada, corrida, ciclismo, natação, remo, dança e similares), que aumenta sua necessidade de oxigênio e acelera sua frequência cardíaca, é melhor. Mesmo que você esteja em boa forma física ou seja atlético, o exercício regular pode melhorar sua tolerância aos sintomas de ansiedade se você prestar atenção à semelhança entre as sensações/sintomas de excitação ativados durante o exercício e as mesmas sensações/sintomas desencadeados durante a ansiedade grave. O exercício a seguir irá ajudá-lo a maximizar os efeitos ansiolíticos do exercício físico.

EXERCÍCIO DE INTERVENÇÃO   **Exercício físico focado nos sintomas**

Há várias etapas a serem seguidas ao usar exercícios físicos para melhorar sua tolerância à ansiedade.

- **Passo 1.** Antes de iniciar um programa de exercícios, consulte seu clínico geral para determinar se existem restrições médicas que desaconselhem você a aumentar sua atividade física.
- **Passo 2.** Peça a um instrutor de academia habilitado que monte um programa de exercícios que leve em consideração sua idade, estado clínico e nível de condicionamento físico.
- **Passo 3.** Escolha uma atividade física que aumente a respiração e o débito cardíaco. Certifique-se de iniciá-la em um nível compatível com seu atual nível de condicionamento físico.

- **Passo 4.** Certifique-se de que sua atividade física provoque os sintomas de excitação que você classificou como incômodos na Escala de tolerância a sintomas (Folha de trabalho 5.1).
- **Passo 5.** Ao se exercitar, preste muita atenção às suas sensações corporais, especialmente às sensações físicas temidas que você identificou nas folhas de trabalho anteriores.
- **Passo 6.** Utilize a Folha de trabalho 5.7 para registrar sua atividade física.

⮑ **Dicas para obter sucesso: aumente a motivação para o exercício físico**

A maioria das pessoas acha extremamente difícil seguir um programa de exercícios a longo prazo. Todos nós sofremos recaídas. Algumas de nossas desculpas para não fazer exercícios podem ser bastante criativas. Eis a seguir algumas estratégias que o ajudarão a permanecer fiel ao seu programa de exercícios.

- Selecione um horário regular para fazer exercícios que funcione melhor para você e cumpra sua programação. Se você se exercitar apenas quando estiver livre, nunca terá constância suficiente, especialmente com uma agenda lotada.
- Estabeleça metas realistas que levem em consideração seus compromissos diários e seu nível de condicionamento físico. Comece devagar, aumente gradualmente e não pratique mais do que é capaz de suportar a longo prazo.
- Reforce o seu compromisso exercitando-se com um amigo ou grupo organizado; isso fará com que você seja responsável perante outra pessoa. O exercício solitário é mais difícil de manter.
- Estabeleça metas que lhe proporcionem uma sensação de realização em intervalos regulares. Uma série de metas graduais de condicionamento físico é melhor do que uma meta de redução de peso.
- Use um aplicativo para monitorar seu nível de exercício diário. Dê a si mesmo pequenas recompensas ao atingir um determinado patamar de exercício. Relate suas atividades de exercício a amigos e familiares como forma de aumentar a responsabilização.

O exercício físico é uma intervenção menos assustadora do que a observação imparcial para alta sensibilidade à ansiedade. Ao se exercitar, você foi capaz de suportar melhor a excitação física do que quando esses sintomas ocorriam durante sua ansiedade problemática? Martina, por exemplo, descobriu que sentir-se tensa e alterada a incomodava quando estava ansiosa porque esses sintomas iniciais geralmente levavam a uma ansiedade mais intensa. Porém, ela notou que caminhar vigorosamente também deixava seus músculos tensos e trazia uma ligeira sensação de estar internamente estimulada. Ainda assim, esses sintomas não a assustaram quando ela se exercitou, porque ela previa se sentir assim. Exercitando-se repetidamente e prestando atenção em como se sentia fisicamente, Martina aos poucos ficou menos assustada com sentir-se tensa e nervosa em situações que não envolviam exercício.

FOLHA DE TRABALHO 5.7

Registro semanal de exercícios

Instruções: acompanhe seu exercício diário usando o registro semanal de exercícios. Indique resumidamente a atividade física na segunda coluna e sua duração na terceira coluna. Avalie quanto esforço físico você faz no exercício, entre 0 = sem esforço, bastante relaxado, e 10 = completamente exausto pelo exercício. Use a última coluna para fazer comentários sobre os sintomas/sensações físicas que você teve enquanto se exercitava.

Dia	Atividade física	Duração (minutos)	Grau de esforço (0-10)	Sintomas/sensações físicas durante o exercício
Segunda--feira				
Terça--feira				
Quarta--feira				
Quinta--feira				
Sexta--feira				
Sábado				
Domingo				

Provocação de sintomas

Esta intervenção final para fortalecer sua tolerância aos sintomas de ansiedade é a mais difícil. É como o segundo exercício, de observação imparcial, só que desta vez você deve provocar intencionalmente o sintoma temido, em vez de simplesmente observar com atenção quando ele ocorre naturalmente. Este é um exercício desafiador para pessoas com alta sensibilidade à ansiedade porque consiste em ficar ansioso intencionalmente. "Por que eu faria isso?", você poderia perguntar. É como estar deliberadamente se cutucando com agulhas só para sentir dor! O objetivo do tratamento não é reduzir a ansiedade, em vez de produzir intencionalmente momentos de ansiedade?

Acontece que a provocação de sintomas é uma intervenção poderosa para aumentar nossa tolerância aos sintomas de ansiedade porque é uma forma mais intensa de terapia de exposição. (Como mencionado anteriormente, o Capítulo 7 explica em detalhes o tratamento de exposição.) Quando assumimos o controle de um sintoma de ansiedade que nos incomoda muito e produzimos esse sintoma repetida e deliberadamente, acabamos perdendo o medo dele. Aprendemos com a experiência que podemos suportar o sintoma e que as consequências catastróficas que associamos a ele não ocorrem. O que estamos fazendo com a provocação de sintomas é *normalizar o sintoma temido*.

Por exemplo, digamos que você tenha alta sensibilidade à ansiedade em relação a palpitações cardíacas. Sempre que sua ansiedade se torna um problema, você se concentra na frequência cardíaca e no medo de estar sobrecarregando o coração, o que poderia resultar em um infarto. Embora você já tenha feito exames médicos e seu clínico geral tenha garantido que seu coração está saudável, você ainda teme sofrer um infarto quando tem palpitações. Para superar esse medo, você pode correr sem sair do lugar ou hiperventilar por dois minutos algumas vezes, diariamente. Ambos os exercícios produzem um aumento repentino na frequência cardíaca. Embora você possa facilmente explicar que seu coração está acelerado devido ao aumento da atividade física, você ainda está aprendendo:

- que você é capaz de suportar o sintoma físico;
- que nada de terrível acontece ao provocar o sintoma;
- que você pode assumir o controle do sintoma.

Cada sintoma de ansiedade requer uma técnica de provocação diferente. A Tabela 5.1. lista essas técnicas.

TABELA 5.1 Técnicas de provocação para aumentar a tolerância a sintomas

Técnica de provocação	Sintoma(s) provocado(s)
Hiperventile por um a dois minutos	Falta de ar, sensação de asfixia, coração acelerado
Prenda a respiração por 30 segundos	Falta de ar, sensação de asfixia
Coloque um abaixador de língua na parte de trás da língua por 30 segundos	Sensação de engasgo
Corra sem sair do lugar por dois minutos	Coração batendo forte e acelerado
Gire em uma cadeira por aproximadamente um minuto	Sensação de tontura e desmaio
Tensione todos os músculos do corpo por um minuto	Tremor, vibração
Respire através de um canudo estreito por dois minutos	Falta de ar, sensação de asfixia
Balance a cabeça rapidamente de um lado para o outro durante 30 segundos	Sensação de tontura e desmaio
Olhe continuamente para si mesmo no espelho por dois minutos	Sentir-se irreal, onírico; tontura ou desmaio
Sente-se em frente a um aquecedor por dois minutos	Sentir-se corado, suado, enrubescido

EXERCÍCIO DE INTERVENÇÃO   **Exposição deliberada a sintomas**

Siga os passos a seguir e planeje envolver-se na provocação de sintomas diariamente, ou pelo menos várias vezes por semana. Varie os exercícios para fazer diferentes atividades que provoquem o(s) sintoma(s) de ansiedade mais incômodo(s) ou assustador(es).

Etapas de provocação de sintomas

Passo 1. Obtenha autorização médica.

Passo 2. Identifique seu(s) sintoma(s) de ansiedade temido(s) e comente o que mais o incomoda em relação a esse sintoma, suas possíveis consequências, como você se sente, nível de perda de controle e assim por diante. Registre na Folha de trabalho 5.8 o sintoma e por que ele o incomoda.

Passo 3. Selecione uma ou duas atividades de provocação da Tabela 5.1 que aumentem o(s) sintoma(s) indesejado(s).

Passo 4. Inicie com segurança. Certifique-se de iniciar os exercícios de provocação em um ambiente seguro, calmo e confortável. Se você estiver em terapia, seu terapeuta provavelmente apresentará a técnica de provocação de sintomas em uma sessão de terapia.

Passo 5. Seja corajoso. Antes de começar, decida por quanto tempo você praticará o exercício. Não pare quando começar a se sentir ansioso – você deve se sentir ansioso. Continue até atingir o final predeterminado (por exemplo, dois minutos).

Passo 6. Faça isso gradualmente. Comece com exercícios que o deixem moderadamente ansioso. Gradualmente, aumente a duração do exercício até executá-lo por completo. Por exemplo, se alguns segundos de respiração excessiva o deixarem muito ansioso, comece com 20 segundos e depois aumente gradualmente a duração até fazer o exercício completo de dois minutos.

Passo 7. Observe os sintomas. Durante o exercício, observe a rapidez com que o(s) sintoma(s) aumenta(m) e declina(m) quando você inicia e termina o exercício de provocação. O que isso lhe diz sobre o sintoma temido?

Passo 8. Varie a situação. Depois de conseguir provocar sintomas em situações não ansiosas, pratique a produção de sensações físicas em situações ansiosas ou estressantes. Essa é a melhor maneira de superar o medo dos sintomas físicos da ansiedade.

Passo 9. Pratique diariamente e sempre que possível.

Passo 10. Registre suas sessões de provocação de sintomas na Folha de trabalho 5.8.

Você conseguiu perceber que, quanto mais você praticava provocar o sintoma temido, menos ele o incomodava ou assustava? Não foi surpreendente saber que você poderia suportar esses sintomas de ansiedade melhor do que esperava ao se expor deliberadamente a eles? Por exemplo, se a falta de ar ou a sensação de que não está recebendo ar suficiente o deixa ansioso, hiperventilar repetidamente por dois minutos várias vezes ao dia aumentará sua tolerância a esse sintoma. Você aprenderá que sentir falta de ar é desconfortável, mas a sensação desaparece rapidamente e você acaba não se asfixiando. Quando esse medo da sensação passar, você será mais capaz de suportá-la em momentos de estresse ou ansiedade.

Provocar sintomas é uma das intervenções mais poderosas para reduzir a sensibilidade à ansiedade porque se baseia na exposição repetida ao medo de um sintoma ou sensação específica. Conforme você aprende a tolerar os sintomas de ansiedade, você também aumenta seu limiar de ansiedade. A maior parte de suas experiências de ansiedade será considerada normal, restando apenas uma faixa estreita de ansiedade muito grave como problemática.

O PRÓXIMO CAPÍTULO

Você foi apresentado ao conceito de sensibilidade à ansiedade e viu como ela contribui para problemas de ansiedade. Aprender a diminuir sua sensibilidade aos sintomas de ansiedade é um elemento importante na TCC para ansiedade. Enfrentar os sintomas ou sensações específicas que mais o incomodam, ou possivelmente até o assustam, e então aprender que você consegue suportar essas sensações desconfortáveis, aumentará seu limiar de ansiedade. Mas a abordagem da TCC para a ansiedade vai muito além de reduzir sua sensibilidade à ansiedade. No próximo capítulo, você aprenderá a lidar com outro grande aliado da ansiedade problemática: a mente ansiosa.

FOLHA DE TRABALHO 5.8

Meu registro de provocação de sintomas

Instruções: esta folha de trabalho é subdividida em três partes. Indique os sintomas físicos de ansiedade que mais o incomodam (veja a Folha de trabalho 5.1) e depois explique o que o assusta nesses sintomas. Em seguida, registre a frequência diária de suas sessões de provocação de sintomas e avalie sua tolerância geral aos sintomas durante essas sessões. Na última pergunta, resuma o que você aprendeu sobre como tolerar os sintomas de ansiedade das sessões de provocação.

1.   Neste espaço, escreva o(s) sintoma(s) de ansiedade que mais o incomoda(m) e assusta(m): _____

_____

_____

2.   Explique resumidamente o que o incomoda ou assusta nesse(s) sintoma(s): _____

_____

Dias	Número de vezes que você praticou a provocação de sintomas	Avaliação da capacidade de tolerar o(s) sintoma(s) na escala de 0 a 10*
Segunda-feira		
Terça-feira		
Quarta-feira		
Quinta-feira		
Sexta-feira		
Sábado		
Domingo		

*Escala de avaliação de 10 pontos na qual 0 = baixa tolerabilidade aos sintomas, desisti rapidamente de fazer o exercício de provocação; 5 = tolerabilidade moderada aos sintomas, concluí o exercício de provocação, mas fiquei bastante ansioso ao fazê-lo; 10 = excelente tolerabilidade aos sintomas, concluí o exercício de provocação com mínima ansiedade.

3.   O que você aprendeu sobre sua capacidade de tolerar os sintomas físicos da ansiedade?

_____

_____

_____

6

Transforme sua mente ansiosa

Jamal, um universitário desempregado de 24 anos, estava preso em uma rotina e não ia a lugar algum devido a uma ansiedade implacável. Ele tinha grandes aspirações de cursar a faculdade de direito, mas as coisas não correram bem, e agora ele estava morando novamente com seus pais. Ele não tinha se saído bem no Law School Admissions Test (LSAT), o exame de aptidão, na primeira vez e agora estava achando extremamente difícil estudar para uma segunda tentativa. A pressão sobre ele era enorme, pois ele vinha de uma longa linhagem de advogados e médicos.

Jamal se sentia tenso e nervoso na maioria dos dias. Ele acordava sentindo-se desconfortável, com a sensação de que o dia não iria bem. Ele se sentia exausto porque sua ansiedade e preocupação o mantinham acordado a maior parte da noite. Durante o dia, ele tinha uma sensação de agitação no estômago e tinha dificuldade para se concentrar quando tentava estudar. Estar perto dos outros o deixava mais ansioso, então ele se retraía, preferindo a segurança e o conforto do seu quarto. Apesar da abundância de tempo livre, Jamal sentia-se muito inquieto e agitado para estudar, então ele passava a maior parte do dia navegando no celular ou assistindo a conteúdo *on-line*. A procrastinação e a esquiva tornaram-se um modo de vida.

A ansiedade de Jamal tornou-se incapacitante e ameaçava inviabilizar o seu futuro. Em vez de focar o que era necessário para melhorar sua candidatura à faculdade de direito, sua mente estava repleta de pensamentos ansiosos como "Estou perdendo o foco; não consigo me lembrar de nada. Não entendo o que estou estudando. Nunca me sairei bem no LSAT. Vou obter outra pontuação baixa, o que prejudicará minha admissão em uma faculdade de direito. Meu destino é ter uma vida de solidão, trabalhar em um subemprego e mal conseguir cuidar de mim mesmo. Serei uma grande decepção e vergonha para minha família. Jamais serei feliz, acabando como um fracassado patético que as pessoas menosprezam". Esses pensamentos negativos, com foco no iminente fracasso, eram uma força motriz para a ansiedade de Jamal, além de uma espécie de profecia autorrealizável, fazendo com que ele agisse de uma forma que poderia acabar levando ao resultado mais temido. No caso de Jamal, sua mente ansiosa tomou conta de todos os aspectos da vida diária, fazendo com que ele afundasse cada vez mais no buraco da ansiedade generalizada.

A experiência de Jamal lhe parece familiar? A ansiedade o está perseguindo desde o momento em que você acorda de manhã até tarde da noite, quando está tentando adormecer? No Capítulo 3, você se recordou dos momentos em que pensava na ansiedade como uma emoção normal e sentia-se capaz de gerenciá-la muito bem. Mas talvez você seja como Jamal, e sua experiência de ansiedade tenha mudado. Os sintomas tornaram-se mais graves e agora a ansiedade é uma força dominante em sua vida diária.

Você deve se lembrar, do Capítulo 4, que a maneira como pensamos sobre perigo, ameaça, incerteza e a nossa capacidade de lidar com isso determina se nossa ansiedade permanece controlável ou torna-se intolerável. Queremos agora voltar a esse tema e examinar mais de perto a mente ansiosa. Você aprenderá como uma mente ansiosa pode "sobrecarregar" as emoções, levando a intensidade da ansiedade a níveis tão altos que sentimos incapacidade de trabalhar produtivamente, nos conectar com outras pessoas, manter nossa saúde ou aproveitar a vida. Você descobrirá características únicas de sua mente ansiosa e conhecerá estratégias de intervenção que podem transformar sua maneira de pensar sobre ameaças, perigos e incertezas. Você pode mudar seu modo ansioso de pensar, adquirindo habilidades mentais que podem reduzir a ansiedade a níveis controláveis.

Antes de começarmos, dê uma segunda olhada na conversa interna ansiosa de Jamal. Tente responder às seguintes perguntas sobre a mentalidade ansiosa desse jovem.

QUESTIONÁRIO **A mente ansiosa de Jamal**

1. Quando Jamal pensava sobre seu atual nível de funcionamento, ele se sentia mais ansioso. O que ele achava que não conseguiria fazer porque estava se sentindo ansioso? _____

_____

2. Quando pensava ansiosamente, Jamal fazia previsões negativas sobre uma tarefa importante a enfrentar no futuro. Quais eram suas previsões negativas? _____

_____

3. Assim que começava a pensar ansiosamente, Jamal acabava diante do pior cenário possível, uma catástrofe. Qual era a catástrofe de Jamal? _____

_____

Você conseguiu identificar as principais preocupações no pensamento ansioso de Jamal? Quanto à primeira pergunta, parece que Jamal teme que haja algo de errado com sua capacidade intelectual, algo que faz com que ele não consiga se concentrar, entender ou lembrar-se do que estava estudando. Essa preocupação o levava a prever que teria um mau desempenho no LSAT e nunca teria sucesso em sua candidatura à faculdade de direito (segunda pergunta). Tudo isso culminaria em uma vida terrível de subemprego, desilusão dos pais, solidão e miséria sem fim (terceira pergunta). Você vê como o pensamento ansioso de Jamal começa com uma observação no presente ("Não entendo o que estou estudando") e depois segue em direção a um final catastrófico? Sua mente funciona de maneira semelhante quando você sente ansiedade grave? Neste capítulo, você aprenderá a sair dessa "espiral mortal" de pensamentos ansiosos e transformar sua forma de lidar com a ansiedade problemática.

O QUE ESTÁ INCOMODANDO VOCÊ?

O questionário destacou vários problemas que incomodavam Jamal quando ele estava ansioso. Você pode usar o mesmo processo para descobrir a raiz de sua ansiedade problemática. Quando a ansiedade se torna um problema, as pessoas costumam perder de vista as ameaças, perigos e incertezas que as deixam ansiosas. Redescobrir essas preocupações é importante para entender como sua mente é puxada para o poço da ansiedade. Você pode usar o próximo exercício para descobrir suas preocupações ansiosas mais importantes.

EXERCÍCIO DE AVALIAÇÃO **Capturando suas preocupações ansiosas**

À noite, encontre um local tranquilo, sem distrações. Reserve alguns minutos para pensar em tudo o que aconteceu durante o dia. Você passou por momentos de maior ansiedade, em que se sentiu nervoso, agitado, tenso ou até em pânico? Em caso afirmativo, anote essas experiências na Folha de trabalho 6.1. Depois, pense em por que sua ansiedade aumentou em cada situação. Faça a si mesmo as seguintes perguntas:

- Senti-me ameaçado, diminuído, atacado ou levado a sentir-me fraco ou inadequado? Em caso afirmativo, como?
- Fiquei preocupado com a possibilidade de algo ruim acontecer comigo? Em caso afirmativo, o que foi?
- Eu estava focado em sentir-me impotente e incapaz de lidar com a situação? Em caso afirmativo, com o que eu não saberia lidar?

Suas respostas a essas perguntas o ajudarão a descobrir as preocupações que estão fazendo com que você tenha episódios de ansiedade grave. A folha de trabalho inclui três exemplos que ilustram as preocupações de Jamal que provocam ansiedade sobre seu futuro.

> ⮕ **Dicas para obter sucesso: o que você está pensando?**
>
> Identificar o que o está deixando tão ansioso pode ser difícil, porque há uma tendência de focar a aflição e não a causa da aflição. Eis a seguir algumas estratégias adicionais que podem ajudá-lo a identificar as preocupações por trás de sua ansiedade.
>
> - Analise as situações que você classificou como causadoras de muita ansiedade na Folha de trabalho 3.1. As situações que você classificou como altamente provocadoras de ansiedade estavam mais em uma categoria do que em outras? Em caso afirmativo, isso sugere a presença de uma preocupação subjacente. Por exemplo, se muitas de suas classificações altas estavam na categoria de relacionamento social, isso pode indicar que você tem preocupações ansiosas sobre a opinião ou avaliação dos outros.
> - Considere as situações, pensamentos intrusivos ou sensações físicas que mais frequentemente desencadeiam ansiedade grave (ver Folha de trabalho 4.1). Se os mesmos gatilhos ou gatilhos semelhantes estiverem fazendo você se sentir ansioso, isso sugere uma preocupação subjacente comum. Por exemplo, se sua ansiedade é frequentemente desencadeada por pensamentos intrusivos de possivelmente irritar alguém, você pode ter um medo subjacente de confronto.
> - Procure repetições nos pensamentos ameaçadores que ocorrem em situações de ansiedade (ver Folha de trabalho 4.2). Por exemplo, se você se sente ansioso sempre que pensa na possibilidade de ter uma doença ou enfermidade, então sua preocupação ansiosa pode estar relacionada com a perda de vitalidade, com a ideia de ficar dependente de outros ou com a própria morte.
> - Finalmente, você pode pensar nas preocupações ansiosas como seus "pontos sensíveis". Existe um tópico ou questão que você tenta evitar porque o incomoda? Em caso afirmativo, é provável que o problema seja uma preocupação ansiosa.

No final da semana, revise seus registros na Folha de trabalho 6.1. Você percebe temas em comum nos incidentes que provocaram sua ansiedade? Se você observar os registros de Jamal na terceira coluna, verá que a ansiedade dele estava associada a preocupações sobre sua capacidade cognitiva (de pensamento) e à possibilidade de decepcionar os outros, e a catástrofe final, ao fato de ele estar ficando cada vez mais atrás em relação aos outros e acabar sendo um fracasso total. Identificar suas preocupações ansiosas é o primeiro passo para obter uma melhor compreensão de sua mente ansiosa. Você precisa saber *no que* está pensando antes de poder mudar *como* pensa sobre isso.

Previsões de ameaças

Quando este capítulo foi escrito, a pandemia da covid-19 estava em curso. Foi uma época sem precedentes, em que o mundo inteiro enfrentava um perigo comum: o de contrair o coronavírus e ficar gravemente doente. Quando pensávamos sobre a pandemia, estávamos automaticamente fazendo previsões sobre seu perigo em termos da probabilidade de contrairmos o vírus e do quanto fica-

FOLHA DE TRABALHO 6.1

Meu registro diário de ansiedade

Instruções: use esta folha de trabalho para registrar, pelo menos uma vez ao dia, situações em que você sentiu mais ansiedade do que acha que era apropriado. Ao registrar a experiência de ansiedade na primeira coluna, considere onde você estava, o que estava fazendo e se algo perturbador ou lamentável lhe aconteceu. Anote na terceira coluna o que você estava pensando, ou seja, o que mais o preocupava na situação ansiosa.

Dias	Descreva resumidamente os períodos de ansiedade moderada ou grave durante o dia	Em relação ao que você estava se sentindo ansioso? (Quais eram suas preocupações no momento)
Domingo (*Registros de Jamal*)	1. Depois de procrastinar durante várias horas, finalmente entrei na internet para trabalhar nos materiais de estudo do LSAT, mas tive uma onda de intensa ansiedade. 2. _____ 3. _____	Há muito material; eu nunca vou conseguir reter todas essas informações.
Segunda-feira	1. Meu pai parecia envergonhado porque um colega de trabalho lhe perguntou o que eu estava fazendo. Senti meu rosto enrubescer e tive vontade de sair correndo. 2. _____ 3. _____	Estou tão envergonhado por ainda estar morando na casa dos meus pais e ser dependente deles. Preciso sair de casa e ser mais independente.
Terça-feira	1. Vi uma postagem no Facebook de um amigo que faz faculdade de direito e entrei em pânico. 2. _____ 3. _____	Todo mundo está passando à minha frente; estou ficando muito para trás; eu nunca vou conseguir compensar todo o tempo que estou perdendo.
Quarta-feira	1. _____ 2. _____ 3. _____	
Quinta-feira	1. _____ 2. _____ 3. _____	
Sexta-feira	1. _____ 2. _____ 3. _____	
Sábado	1. _____ 2. _____ 3. _____	

ríamos doentes se fôssemos infectados. Essas previsões afetaram o grau de ansiedade que sentíamos e se iríamos tomar medidas preventivas para reduzir o risco (vacinar-se, distanciar-se socialmente, usar máscara). Se você acreditava que suas chances de contrair covid-19 eram baixas e pensava que teria apenas sintomas leves caso fosse infectado, então sua ansiedade pode ter permanecido baixa. Contudo, se você pensava que a probabilidade de contrair covid-19 era bastante alta e você tinha uma comorbidade que o fazia pensar que teria uma doença grave caso se infectasse, então sua ansiedade pode ter sido bastante alta. Você pode ter sido especialmente cauteloso, decidindo ficar em casa tanto quanto possível.

As pesquisas demonstraram que as pessoas ficam excessivamente focadas na ameaça e no perigo quando se sentem muito ansiosas.[4,26] Quando a ansiedade se torna um problema, tendemos a exagerar a probabilidade e a gravidade da ameaça prevista. Isso acontece com você quando sente ansiedade moderada ou grave? Você:

- Pensa automaticamente que é *muito provável* que algo ruim aconteça com você ou com quem você ama ("Eu *sei* que vou estragar a entrevista", "Eu *vou* me envergonhar se for à festa", "Eu *sei* que há algo errado com meu corpo, que estou doente")?
- Presume imediatamente que *o pior vai acontecer* ("Nunca conseguirei uma promoção e ficarei preso a este emprego de nível básico até me aposentar", "Todos imediatamente sentirão aversão por mim", "Não consigo respirar e vou sufocar")?

Nossa mente ansiosa pode ser tão extremada ao superestimar a probabilidade e a gravidade da ameaça que isso é chamado de *pensamento catastrófico*. Com ansiedade problemática, tendemos a catastrofizar as experiências comuns e cotidianas da vida; achamos que o pior cenário é muito mais provável de ocorrer do que realmente é. Detectar e corrigir nosso pensamento catastrófico é uma intervenção importante da TCC para reduzir a ansiedade e a preocupação. A Tabela 6.1 fornece alguns exemplos de previsões exageradas de ameaças.

Coisas ruins acontecem na vida, e por isso muitas vezes nos sentimos ansiosos. Mas você pode ver nos exemplos da Tabela 6.1 que a ansiedade se torna problemática quando prevemos que a ameaça é mais provável do que seria plausível pensar e presumimos o pior desfecho que poderia ocorrer. Ter dores inesperadas no peito pode causar à maioria de nós uma breve pontada de ansiedade. Mas, se acharmos que há uma grande probabilidade de que as dores no peito signifiquem que há algo de errado com o nosso coração e começarmos a pensar em um infarto, a intensidade da nossa ansiedade aumentará dramaticamente.

TABELA 6.1 Exemplos de pensamento ansioso catastrófico

Sentindo-se ansioso por...	Previsões exageradas da probabilidade de ameaça	Previsões exageradas da gravidade da ameaça (imaginando a pior possibilidade)
...ir ao cinema com um amigo	Vai estar lotado, teremos que sentar no centro da fileira e eu ficarei ansioso.	Vou ter um ataque de pânico no meio do filme; não vou conseguir sair e vou pirar; será o pior pânico dos últimos tempos.
...uma entrevista inesperada com meu gerente	Dirão que meu trabalho não é satisfatório; eu provavelmente estarei extremamente nervoso, com calor e desconfortável.	Vou perder meu emprego; no mínimo estarei tão ansioso e com tanto pânico que meu chefe vai ficar se perguntando o que há de errado comigo.
... enviar minha declaração de imposto de renda	Provavelmente serei auditado e então terei que pagar muito mais imposto de renda.	A auditoria resultará em uma cobrança substancial de impostos. Eu já estou no limite da minha linha de crédito e não serei capaz de pagar. Terei que declarar falência.
...pensar que eu posso morrer jovem	Ter esses pensamentos perturbadores é um mau presságio; isso significa que provavelmente morrerei jovem.	Que tragédia morrer aos 20 anos e nunca chegar a viver uma vida plena; perder todas as coisas que as outras pessoas vivenciam.
...não conseguir dormir devido à preocupação	Eu nunca vou conseguir dormir. Eu jamais serei capaz de controlar essa preocupação e voltar a dormir normalmente.	Minha vida está completamente arruinada por não conseguir dormir. Minha concentração no trabalho é tão fraca que tenho certeza de que serei demitido.
...uma dor no peito repentina, inesperada	Eu não deveria estar sentindo essas dores no peito agora. Isso significa que é muito provável que eu esteja correndo o risco de ter um infarto.	Eu posso estar tendo um infarto. Estou muito longe do hospital. Os médicos chegarão tarde demais, então morrerei devido a esse infarto.

Aprender a corrigir previsões exageradas sobre a probabilidade e a gravidade de ameaças é uma parte importante da transformação da mente ansiosa. Para fazer isso, você precisará estar mais ciente de suas previsões de ameaças e do quanto você exagera a probabilidade e a gravidade delas.

EXERCÍCIO DE AVALIAÇÃO **Capturando previsões ansiosas**

Use o exercício da Folha de trabalho 6.2 para praticar a captura de suas previsões de ameaças ao sentir-se ansioso. Pelo trabalho que você fez até agora no manual, você sabe o que está pensando quando ocorre seu problema de ansiedade. Seus pensamentos ansiosos são sobre ameaças futuras, então considere-os como previsões de coisas ruins que podem acontecer com você ou com seus entes queridos.

⮑ Dicas para resolução de problemas: melhorando a consciência de previsões ansiosas

Se você teve dificuldade para identificar suas previsões ansiosas e fazer as estimativas na Folha de trabalho 6.2, tente o seguinte:

- Analise seus registros nas Folhas de trabalho 4.2 e 4.6. Nessas folhas de trabalho, você escreveu sobre os pensamentos que lhe ocorrem quando você tem altos níveis de ansiedade. Além disso, considere os pensamentos ansiosos que você listou em seu Formulário de automonitoramento dos meus sintomas (Folha de trabalho 4.5). Você vê exemplos de previsões superestimadas de probabilidade e de gravidade nesses pensamentos ansiosos?

- Quando sua ansiedade problemática atacar, escreva qual você acha que é o pior desfecho possível para você ou seus entes queridos. Pense no que mais o assusta na situação ou no que é mais perturbador em sua experiência. Então, avalie qual grau de intensidade esse desfecho teria na escala de 10 pontos.

- Depois, enquanto ainda estiver ansioso, avalie a probabilidade de o pior desfecho acontecer na vida real. Isso se baseia no quão provável ele lhe parece quando você está ansioso, e não no seu julgamento racional e fundamentado quando você se sente seguro e confortável.

- Se você ainda tiver problemas para identificar suas estimativas de ameaça, peça ajuda ao seu parceiro, a um familiar, amigo próximo ou terapeuta.

Quando Jamal sentia ansiedade moderada a grave, seu pensamento se voltava para todas as coisas ruins que poderiam acontecer. Uma de suas previsões de ameaça referia-se a um mau desempenho em sua nova tentativa de prestar o exame LSAT. Ele tinha muita certeza de que isso aconteceria (85%), e classificou esse desfecho como muito grave (8/10). A previsão mais distante, porém devastadora, de fracasso na carreira foi considerada menos provável, mas mais grave. O que você percebe sobre suas próprias estimativas de ameaça? Elas são extremas, indicando que sua mente ansiosa está catastrofizando as circunstâncias de sua vida?

A sua mente gera essas previsões ansiosas de uma forma muito rápida (em menos de meio segundo!) e automática, e assim você não percebe que seu cérebro está preso à ameaça e ao perigo até que você esteja bem adiantado no processo. Se você sente ansiedade problemática repetidamente, seu cérebro fica tão sintonizado com a ameaça que automaticamente esquadrinha o ambiente em busca de sinais de risco e perigo. Até mesmo nosso sistema de memória e nossas

FOLHA DE TRABALHO 6.2

Minhas estimativas de ameaças

Instruções: analise os pensamentos e preocupações ansiosos que você registrou nas folhas de trabalho anteriores. Que desfecho(s) negativo(s) você pensava que eles poderiam ter? Esses desfechos são suas previsões de ameaça. Registre essas previsões na primeira coluna da folha de trabalho. (Dê uma olhada nas previsões ansiosas de Jamal como exemplos.) Na segunda coluna, forneça uma estimativa da probabilidade de a ameaça acontecer na vida real, de 0% (não poderia acontecer) a 100% (certo que acontecerá). Na terceira coluna, avalie a gravidade da ameaça prevista, sendo 1 = experiência levemente aversiva e 10 = uma catástrofe absoluta, o pior que poderia acontecer. Complete as estimativas de probabilidade e gravidade como se estivesse sentindo muita ansiedade ao fazer o exercício.

Minhas previsões ansiosas	Estimativa de probabilidade (0-100%)	Estimativa de gravidade (1-10)
As previsões de Jamal Vou me sair mal na minha segunda tentativa de prestar o exame LSAT.	85%	8/10
Jamais ingressarei na faculdade de direito e acabarei em um subemprego pelo resto da vida.	50%	10/10
1.		
2.		
3.		

habilidades de raciocínio tornam-se tendenciosos quando estamos muito ansiosos, por isso você pode se lembrar mais claramente de experiências anteriores que envolvam ansiedade ou medo. Em outras palavras, todo o sistema mental fica travado em uma mentalidade ansiosa. Anteriormente nos referimos a isso como um "modo de ameaça". Nos problemas de ansiedade, o modo de ameaça torna-se mais facilmente ativado. Um de seus subprodutos é essa tendência de antecipar uma probabilidade maior de que coisas realmente ruins aconteçam do que seria plausível. As estratégias de TCC ensinam a detectar e substituir previsões exageradas de ameaça e perigo.

Sentindo-se impotente

É difícil acreditar em si mesmo – acreditar que você pode lidar com uma situação de forma eficaz – quando você está se sentindo ansioso em relação a algo. Quando nossa mente ansiosa assume o controle, tendemos a nos ver como fracos, vulneráveis e incapazes de lidar com a situação. Portanto, juntamente com suas rápidas previsões de ameaça ou perigo, quando estiver muito ansioso, você pode se sentir impotente e incapaz de lidar com a situação. Esse pensamento de vulnerabilidade tende a ser mais lento e mais trabalhoso, então você pode ter mais consciência dos seus pensamentos sobre não conseguir lidar com a situação do que das suas previsões de ameaça.

Você pode se sentir impotente por acreditar não ter as habilidades necessárias para lidar com a situação que provoca ansiedade. A dúvida e um profundo sentimento de incerteza intensificam seu senso de vulnerabilidade. O problema com o pensamento de vulnerabilidade é que ele geralmente envolve uma distorção da realidade; você não é tão fraco e incapaz de lidar com a situação como pensa. A ansiedade se torna um problema quando nossas previsões de ameaça se aliam ao pensamento de que somos vulneráveis. Isso pode ser expresso pela seguinte equação:

Superestimar a ameaça + Subestimar o enfrentamento pessoal =
Ansiedade problemática

Você pode ver como essa equação funciona nos três exemplos apresentados no Capítulo 1. Quando se preocupava com o trabalho, Rebecca pensava que seus funcionários perderiam o respeito por ela (previsão de ameaça) e que não conseguiria confrontar seus funcionários de forma eficaz (pensamento de impotência). Todd tinha palpitações cardíacas inesperadas e imediatamente pensava que poderia ser um infarto (previsão de ameaça) e que não conseguiria ir para o hospital a tempo (pensamento de impotência). Isabella preocupava-se com a possibilidade de passar vergonha em frente a outras pessoas (previsão de ameaça) e não ser capaz de manter uma conversa coerente (pensamento de impotência). Assim como Rebecca, Todd e Isabella, você pode estar convencido de que é impotente diante da ansiedade. Mas existem diferentes maneiras de pensar sobre impotência.

EXERCÍCIO DE AVALIAÇÃO **Pensamento de impotência**

Este exercício o ajudará a perceber o quanto você se vê vulnerável durante períodos de ansiedade problemática. Use a Folha de trabalho 6.3 para registrar o que você está pensando sobre sua capacidade de lidar com um problema de ansiedade. Depois de listar várias experiências de ansiedade grave, analise o que fez você pensar que não conseguiria lidar com a situação ou que estava sobrecarregado nessas situações. O que você fez que o levou a concluir que não lidou bem com a situação? Você piorou a ansiedade em vez de melhorá-la? Você acabou se avaliando negativamente ou se depreciando por causa de suas tentativas fracassadas de lidar com a situação? Além disso, pensar em como você gostaria de reagir nessas situações de ansiedade grave ajudará você a compreender o quanto se vê como impotente na situação causadora de ansiedade.

A preocupação com a perda de controle geralmente ocorre quando sentimos ansiedade moderada ou grave. Se você acredita que tem controle limitado sobre o desfecho de uma situação, isso contribuirá para a sensação de impotência. Você se preocupa com perder o controle sobre seus pensamentos, sentimentos, sensações corporais ou comportamentos quando confrontado com uma situação que causa ansiedade? Se você pensa que não há muito que possa fazer, que tem pouco controle sobre o que está lhe acontecendo, então terá uma sensação maior de vulnerabilidade. É importante perguntar a si mesmo: "Eu realmente tenho tão pouco controle ou influência sobre essa situação quanto presumo? Como posso exercer mais influência sobre o que está acontecendo comigo?".

Um dos pensamentos de vulnerabilidade mais perturbadores de Jamal dizia respeito à sua capacidade cognitiva reduzida ao sentir ansiedade grave. Ele tentava estudar para seu exame de admissão para a faculdade de direito, mas sua ansiedade era tão grande que ele mal conseguia entender o que estava lendo. Isso o fazia pensar: "O que há de errado comigo? Perdi minha capacidade de aprender. Não consigo entender as informações mais básicas. A ansiedade destruiu minha capacidade intelectual, e não posso fazer nada a esse respeito". Sua resposta de enfrentamento desejada era voltar aos dias em que ele podia ficar ansioso com uma prova, mas ainda assim conseguia estudar bem o suficiente para obter uma boa nota.

A TCC para ansiedade se concentra em avaliar e corrigir o pensamento de vulnerabilidade, de modo que indivíduos com ansiedade problemática tenham maior confiança para lidar com preocupações ansiosas. Mas, antes de você aprender que é mais engenhoso e resiliente do que pensa, você precisa estar ciente do que faz você se ver como impotente e vulnerável.

Distorções de pensamento

Lembre-se da última vez que você sentiu ansiedade problemática. Você notou alguma mudança em seu processo de pensamento – que fez você ficar totalmente focado em sua ansiedade e sentindo que não conseguiria se concentrar em

FOLHA DE TRABALHO 6.3

Registro dos meus pensamentos de impotência

Instruções: na primeira coluna, descreva brevemente a situação que desencadeou sua ansiedade. O que fez com que você se sentisse ansioso? Depois, escreva os pensamentos que você teve sobre ser fraco ou impotente. Na coluna final, descreva brevemente o que você acha que seria uma resposta eficaz a essa situação. Como uma pessoa segura e autoconfiante lidaria com essa situação? Como você gostaria de enfrentar essa situação de ansiedade?

Preocupação ansiosa (gatilhos)	Pensando que você é impotente	Maneira desejada de lidar
1.		
2.		
3.		
4.		
5.		

qualquer outra coisa ao seu redor? A ansiedade faz isso; ela distorce o nosso pensamento de modo que nos tornamos estritamente focados na ameaça, no perigo e na impotência.

Esse pensamento restrito é extremamente importante para a nossa sobrevivência quando existe um perigo real. Se alguém que parece ameaçador se aproximar de você na rua, toda a sua atenção precisa estar em descobrir se essa pessoa vai assaltá-lo ou é inofensiva. Não há tempo para olhar vitrines, verificar seu telefone ou planejar a refeição da noite. Você precisa tomar uma decisão muito rápida e identificar uma rápida rota de fuga. Você precisa estar vigilante.

Mas o que acontece quando não há ameaça externa? Quando a ameaça é apenas antecipatória – um pensamento e não um evento real (como "E se eu ficar doente?", "E se eu tiver um ataque de pânico?" ou "E se eu cometer um erro?") –, seu pensamento ansioso, infelizmente, ainda é seletivo. Quando nos sentimos ansiosos, provavelmente não estamos conscientes desse estreitamento da nossa atenção. Nossa percepção da realidade torna-se tendenciosa ou distorcida. A Tabela 6.2 lista vários "erros" de pensamento que causam essa distorção quando as pessoas se sentem altamente ansiosas. Leia as definições e exemplos, destacando aqueles que lhe pareçam mais relevantes. Você usará essas informações posteriormente neste capítulo.

Quando esses erros de pensamento focam sua atenção exclusivamente na ameaça e no perigo, *eles impossibilitam que você considere interpretações menos ameaçadoras ou favoráveis das situações*. Essa exclusão prolonga a experiência de ansiedade, porque é mais difícil que você pense de uma forma mais realista e equilibrada.

Você já percebeu como é difícil focar os aspectos de uma situação que sugerem que ela é mais segura e menos ameaçadora do que você pensa? Sempre que Jamal começava a se preocupar com o fato de não se sair bem em sua segunda tentativa no exame LSAT, ele não conseguia pensar em outra coisa, como, por exemplo, em todas as vezes no passado nas quais ficou ansioso com as provas, mas acabou se saindo bem. Ele chegou à conclusão de que desta vez era diferente, que ele nunca conseguiria se preparar para o LSAT. A preocupação de Jamal envolvia várias distorções de pensamento, como tirar conclusões precipitadas, visão em túnel, catastrofização e raciocínio emocional.

Conhecer as distorções cognitivas (de pensamento) que você realiza quando está ansioso é um componente importante da TCC para ansiedade. A mente ansiosa tende a cometer mais erros como esses ao tentar processar ameaças e segurança. Aumentar sua sensibilidade a essas distorções o ajudará a corrigir seu pensamento ansioso e adotar uma perspectiva mais equilibrada e realista de suas preocupações ansiosas.

TABELA 6.2 Distorções de pensamento na ansiedade

Distorção de pensamento	Definição	Exemplos
Catastrofização (superestimar ameaças e perigos)	Focar o pior desfecho possível em uma situação de ansiedade	Pensar que um aperto no peito é sinal de infarto. Presumir que seus amigos acharão seu comentário idiota e o abandonarão. Pensar que será demitido por cometer um erro em um relatório.
Conclusões precipitadas	Prever que um desfecho temido é extremamente provável com base em informações mínimas	Não ter certeza sobre uma questão e presumir que será reprovado no exame. Atrapalhar-se durante um discurso e achar que vai ter um branco. Sentir-se tenso ao fazer as malas e pensar que ficará ansioso demais para fazer a viagem.
Visão em túnel	Focar apenas possíveis informações relacionadas a ameaças enquanto ignora evidências de segurança	Perceber que uma pessoa parece entediada enquanto você está falando em uma reunião. Focar exclusivamente os sintomas de ansiedade enquanto está no supermercado. Preocupar-se com um exame médico e só pensar que ele será positivo para câncer.
Miopia	Tender a presumir que existe uma ameaça iminente	Sentir-se ansioso em um ambiente social e achar que vai dizer algo estranho e constrangedor. Preocupar-se com seu desempenho no trabalho e ficar convencido de que será demitido na mesma semana. Sentir medo de vomitar; sentir o estômago enjoado e ficar convencido de que ficará doente.
Raciocínio emocional	Supor que, quanto mais intensa é a ansiedade, maior é a ameaça real	Ter medo de voar e estar convencido de que voar é perigoso por se sentir ansioso sempre que voa. Ter ataques de pânico e estar convencido de que a probabilidade de "perder o controle" é maior quando se sente muito ansioso. Estar convencido de que algo ruim vai acontecer porque se sente ansioso.
Pensamento de "tudo ou nada"	Ver ameaça e segurança em termos rígidos absolutos, como presentes ou ausentes	Ao sentir-se ansioso, supor que isso se transformará em um ataque de pânico, mas, ao sentir-se calmo, supor que não é possível ter um ataque de pânico. Ter ansiedade social e presumir que os colegas de trabalho vão achar que você é incompetente se falar, mas competente se não disser nada. Presumir que nunca encontrará um novo emprego depois de ser demitido se isso não acontecer no primeiro mês.

Mapeando sua mente ansiosa

É hora de integrar tudo o que você descobriu sobre seu pensamento ansioso para criar um mapa de sua mente ansiosa. Você usará esse "mapa da mente" para personalizar suas intervenções de TCC para que elas se concentrem nas características únicas de sua ansiedade problemática. A Figura 6.1 apresenta os principais componentes do mapa da mente ansiosa.

Como enfatizado ao longo do manual, a ansiedade é mais frequentemente desencadeada por uma situação externa, uma lembrança ou um pensamento indesejado, uma sensação física ou uma experiência com outros (ver a Folha de trabalho 4.1). Interpretamos imediatamente a experiência como ameaçadora por superestimarmos a probabilidade e a gravidade de um possível desfecho. Mas nossa mente ansiosa não para por aí. Também tendemos a nos ver como incapazes de lidar com essa potencial ameaça (isto é, impotentes). Vários erros

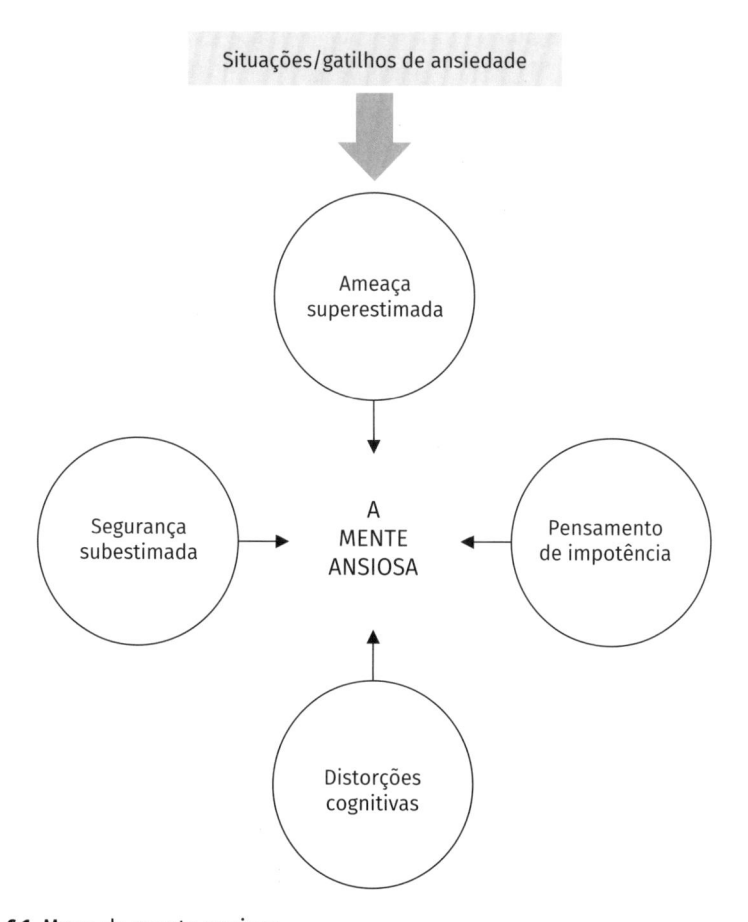

FIGURA 6.1 Mapa da mente ansiosa.

cognitivos presentes contribuem para uma distorção em nosso pensamento sobre a preocupação ansiosa. O quarto componente dessa forma ansiosa de pensar é a tendência a subestimar ou mesmo ignorar informações de segurança.

EXERCÍCIO DE AVALIAÇÃO **Mapa da mente ansiosa**

Este exercício orienta você no desenvolvimento do mapa de sua mente ansiosa. A Folha de trabalho 6.4 baseia-se nos quatro componentes da mente ansiosa. Pense sobre as experiências ansiosas problemáticas que você registrou nas folhas de trabalho anteriores. Com base nessas experiências, responda às seis afirmações desta folha de trabalho para desenvolver um perfil individualizado de sua mente ansiosa.

➲ **Dicas para resolução de problemas: construindo o mapa da mente ansiosa**

Se você estiver tendo problemas com este exercício, tente o seguinte:

- Consulte as folhas de trabalho que você preencheu nos capítulos anteriores. Três folhas de trabalho em especial (Folhas de trabalho 4.1, 4.2 e 4.5) focaram os gatilhos e o pensamento ansioso associado a períodos de ansiedade grave.
- Analise o Perfil de sintomas de ansiedade que você elaborou no Capítulo 4 (Folha de trabalho 4.6). O que você escreveu na segunda seção em "pensamentos ansiosos"?
- Analise como você pensa quando a ansiedade é leve e é uma experiência emocional bastante normal (ver Folha de trabalho 3.3) e como isso poderia se transformar em ansiedade problemática se sua forma de pensar fosse mais extrema. Você consegue ver que sua forma de pensar sobre ameaça, vulnerabilidade e segurança quando sua ansiedade é leve é diferente de quando a ansiedade se torna um problema em sua vida?

Construir o mapa de sua mente ansiosa é um passo importante para mudar sua forma de pensar sobre as coisas que o deixam muito ansioso. Ele será o seu guia, fornecendo uma abordagem passo a passo para usar as estratégias de tratamento cognitivo no restante deste capítulo. Você terá mais facilidade para construir o mapa de sua mente se tiver completado as Folhas de trabalho 6.1 a 6.3. Além disso, sugerimos que você analise nosso exemplo de mapa da mente ansiosa de uma pessoa. Ele se baseia em Ângela, uma jovem que tinha graves ataques de ansiedade em relação à saúde, que lhe causavam sofrimento pessoal significativo e interferiam em sua vida diária.

PENSAMENTO ANSIOSO CORRETO: EXAMINE AS EVIDÊNCIAS

A apreensão está no cerne da ansiedade; portanto, mudar sua forma de pensar sobre a ameaça é uma parte importante da TCC para ansiedade. Uma das mais poderosas intervenções de redução da ansiedade na TCC é a *busca de evidências*.

FOLHA DE TRABALHO 6.4

Mapa da minha mente ansiosa

Instruções: siga estas etapas para criar um mapa de sua mente ansiosa.

- **Passo 1.** Comece descrevendo uma preocupação central evidente em muitas dessas experiências.
- **Passo 2.** A seguir, descreva os diversos gatilhos dessa ansiedade no segundo item.
- **Passo 3.** O item 3 pede que você descreva resumidamente a ameaça associada à preocupação ansiosa. Certifique-se de que seu comentário inclua a probabilidade e a gravidade que você acha que tem a possível ameaça quando está se sentindo ansioso (ver Folha de trabalho 6.2).
- **Passo 4.** Use o item 4 para descrever de que forma você se sente impotente, vulnerável e incapaz de lidar com a situação caso a temida ameaça aconteça na vida real. Você também pode indicar se você se sente impotente para lidar com a ansiedade grave associada a essas experiências (ver Folha de trabalho 6.3).
- **Passo 5.** Liste todas as distorções cognitivas presentes no seu pensamento ansioso (ver Tabela 6.2).
- **Passo 6.** No item final, reflita sobre as possíveis informações de segurança que podem estar presentes, mas nas quais você tem dificuldade para pensar quando está enfrentando seu problema de ansiedade.

1. Descreva resumidamente sua principal preocupação ansiosa: _____
   _____
   _____

2. Liste situações, sensações físicas, pensamentos, lembranças que desencadeiam a
   preocupação ansiosa: _____
   _____
   _____

3. Descreva como você superestima a probabilidade e a gravidade da ameaça: _____
   _____
   _____

4. Descreva como você acha que é incapaz de lidar com essa ameaça: _____
   _____
   _____

5. Liste as distorções presentes em seu pensamento ansioso: _____
   _____
   _____

6. Descreva as informações de segurança que você está ignorando ou minimizando: _____
   _____
   _____

É aí que você adota uma abordagem investigativa de sua ansiedade. Se os problemas de ansiedade ocorrem quando exageramos a probabilidade e a gravidade das ameaças ao nosso bem-estar, então descobrir um desfecho mais realista e provável reduzirá a ansiedade. Por exemplo, se você tem ataques de pânico, quais são as evidências de que suas palpitações cardíacas podem ser um infarto? Se você tem ansiedade social, quais são as evidências de que você é uma vergonha para os outros?

Assumir a perspectiva de um detetive, questionando suas próprias crenças e pensamentos ansiosos, é extremamente difícil. A maioria das pessoas fica presa à emoção e abandona suas habilidades de raciocínio. A busca de evidências é uma intervenção importante que os terapeutas comportamentais usam para corrigir os pensamentos exagerados sobre ameaça e perigo que são responsáveis por problemas de ansiedade.

Ângela, por exemplo, tinha pensamentos ansiosos e intrusivos sobre a morte e o morrer. Sempre que tinha esses pensamentos, ela recorria a seu marido para que ele lhe assegurasse que ela estava saudável e não gravemente doente. Esses pensamentos causavam tanta ansiedade que Ângela passou a acreditar que talvez estivesse destinada a uma morte prematura, que estar tão preocupada com a morte era, de alguma forma, um mau presságio. Ela sabia que seu pensamento

Mapa da mente ansiosa de Ângela

1. Descreva resumidamente sua principal preocupação ansiosa: Que eu possa ter uma doença grave, com risco de vida, como um câncer que não foi detectado.

2. Liste situações, sensações físicas, pensamentos, lembranças que desencadeiam a preocupação ansiosa: Dores e desconfortos inexplicáveis, erupções cutâneas ou acne, aparecimento de brotoejas incomuns, cólicas abdominais.

3. Descreva como você superestima a probabilidade e a gravidade da ameaça: Penso imediatamente que pode ser câncer ou os primeiros sinais de um câncer; tenho tendência a pensar no câncer como algo bastante comum, pois conheço vários amigos tratados por câncer; também tendo a presumir que será terminal e me dirão que não tenho muito tempo de vida.

4. Descreva como você acha que é incapaz de lidar com essa ameaça: Bem, o que você pode fazer se tiver câncer? Você está totalmente indefeso; você não pode evitar, minimizar ou eliminar o câncer; você é uma vítima total da doença.

5. Liste as distorções presentes em seu pensamento ansioso: Estou catastrofizando, tirando conclusões precipitadas e tendo uma visão em túnel (só vejo doença e nenhuma outra possibilidade para os sintomas).

6. Descreva as informações de segurança que você está ignorando ou minimizando: Ignoro o fato de que todos esses sintomas são extremamente comuns e que na maioria das vezes não são sinal de nada; eles simplesmente desaparecem. Eu esqueço que há anos tenho esses sintomas e nunca recebi um diagnóstico de câncer, apesar de várias investigações médicas. Mesmo se eu tivesse câncer, provavelmente seria tratável e eu poderia ter uma vida razoavelmente normal durante anos.

era ilógico, mas isso não fazia com que se sentisse melhor. Ela ficava cada vez mais ansiosa sempre que "pensamentos de morte e morrer" lhe ocorriam.

O terapeuta de Ângela pediu-lhe que reunisse evidências a favor e contra a crença de que "pensar na morte aumenta a probabilidade de ela acontecer". Você pode usar a mesma intervenção para seus pensamentos ansiosos. Siga as instruções do próximo exercício para treinar-se na abordagem de busca de evidências. É o primeiro passo para transformar sua mente ansiosa, mudando a ênfase na ameaça e na vulnerabilidade pessoal para uma maior apreciação da segurança e de sua capacidade de lidar com suas preocupações ansiosas.

EXERCÍCIO DE INTERVENÇÃO **Iniciando uma investigação cognitiva**

A busca de evidências é uma intervenção central da TCC, portanto faça várias cópias do Formulário de busca de evidências (Folha de trabalho 6.5; acesse a página do livro em loja.grupoa.com.br e faça o *download* dela). Você deve fazer este exercício com frequência em diferentes episódios de ansiedade. Comece preenchendo a folha de trabalho quando não estiver ansioso. É mais fácil obter uma perspectiva mais equilibrada sobre a experiência de ansiedade. Se você tentar buscar evidências quando estiver gravemente ansioso, terá dificuldade para encontrar evidências contrárias a seu pensamento ansioso.

⮑ **Dicas para resolução de problemas: em busca de evidências**

Em nossa experiência clínica trabalhando com centenas de indivíduos com ansiedade, a maioria das pessoas tem dificuldade com a intervenção de busca de evidências. Elas podem ter dificuldade para pensar em evidências contrárias ao seu pensamento exagerado de ameaça. Caso consigam pensar em razões pelas quais seus pensamentos ansiosos não são realistas, elas ainda podem ter dificuldade para acreditar nelas ou podem achar o exercício como um todo muito acadêmico e improdutivo. Se a busca de evidências estiver lhe parecendo inútil, recomendamos as seguintes diretrizes.

- Certifique-se de que o pensamento ansioso que você está testando seja fundamental para suas preocupações com ansiedade. Em caso de dúvida, revise os pensamentos relacionados à ameaça listados nas Folhas de trabalho 4.2 e 6.2. Revise também os pensamentos ansiosos que você registrou no Formulário de automonitoramento dos meus sintomas (Folha de trabalho 4.5) e os pensamentos ansiosos listados no Mapa da minha mente ansiosa (Folha de trabalho 6.4).
- Evidências a favor e contra o pensamento ansioso confirmarão suas previsões sobre a probabilidade e a gravidade da ameaça relacionada ao seu problema de ansiedade. As evidências a favor respaldarão sua crença de que a probabilidade do pior desfecho possível é alta, ao passo que as evidências contrárias respaldarão a visão de que um desfecho menos grave é mais provável.
- Ao sentir ansiedade problemática, pergunte a si mesmo: "Quais são as evidências de que estou exagerando a probabilidade e a gravidade da situação e subestimando minha capacidade de lidar com ela, ou de que estou ignorando os elementos de segurança da situação?".
- Não espere ser convencido a abandonar seu pensamento ansioso de que é mais provável o pior acontecer. Em vez disso, use a busca de evidências para iniciar o processo de conduzir sua mente para longe de ameaças terríveis e rumo a uma maior valorização da segurança e de sua força interna para enfrentar as dificuldades da vida.

FOLHA DE TRABALHO 6.5

Meu formulário de busca de evidências

Instruções: existem quatro etapas para preencher esta folha de trabalho.

- **Passo 1.** Na primeira linha, escreva seu principal pensamento ansioso. Você encontrará isso nas perguntas 3 e 4 do Mapa da sua mente ansiosa.
- **Passo 2.** Durante a próxima semana, registre as evidências ou razões pelas quais você deveria estar preocupado ou com medo do que quer que esteja fazendo você sentir muita ansiedade naquele momento. Pergunte a si mesmo: "Quais são as evidências de que a ameaça tem grande probabilidade de ocorrer? Qual é a evidência de que o pior desfecho possível está acontecendo? Quais são as evidências (razões) que indicam que não consigo lidar com o desfecho negativo?". Depois de ter gerado todas as evidências em prol da ameaça, circule aquela que você considera mais convincente.
- **Passo 3.** Depois que sua ansiedade arrefecer, reserve alguns minutos para registrar as evidências (razões) pelas quais você não deve ter medo da preocupação ansiosa. Pergunte a si mesmo: "Quais são as evidências de que a ameaça não é tão provável quanto eu penso? Quais são as evidências de que o desfecho será apenas ligeiramente desagradável? Existe alguma evidência de que eu posso lidar com a situação melhor do que eu penso? Existem evidências de segurança que eu estou negligenciando?". Tente gerar o máximo possível de evidências contrárias ao pensamento ansioso. Assinale as evidências ou razões que lhe parecem mais convincentes.
- **Passo 4.** Depois de listar as evidências a favor e contra o seu pensamento ansioso central, **avalie a probabilidade e a gravidade do desfecho com base nas evidências realistas coletadas**. Lembre-se de que essas classificações são baseadas nas evidências que você buscou e não em como você se sente.

Escreva o pensamento ansioso sobre ameaça ou perigo que você está testando: _____

Evidências a favor do pensamento ansioso	Evidências contra o pensamento ansioso
1.	1.
2.	2.
3.	3.
4.	4.
5.	5.

Com base apenas nas evidências coletadas (e não em como você se sente), avalie a probabilidade de a ameaça ocorrer de 0% (não acontecerá) a 100% (com certeza): ____%

Com base apenas nas evidências coletadas (e não em como você se sente), avalie a gravidade do desfecho mais provável de 0% (nada grave) a 100% (o mais grave que posso imaginar): ____%

A busca de evidências é uma intervenção eficaz para a maioria dos problemas de ansiedade, mas é preciso considerável prática antes que você seja capaz de usá-la para corrigir seu pensamento ansioso, especialmente quando você está passando por ansiedade grave. A maioria das pessoas não acha que as evidências contra seu pensamento ansioso sejam convincentes. Caso você ainda esteja se sentindo ansioso depois de fazer a busca de evidências, não desista. Reflita sobre a abordagem de Jamal para a busca de evidências.

Se tomarmos o exemplo de Jamal, veremos que as evidências contra seu pensamento ansioso eram baseadas em sua experiência da vida real, não em pensamentos fantasiosos ou argumentos abstratos. Além disso, as evidências "contrárias" não invalidaram o pensamento ansioso. Jamal estava sem dúvida com dificuldades em seus esforços de estudo. Mas as evidências indicavam que ele estava exagerando a ameaça; ele estava pensando que sua capacidade de estudo era muito pior do que realmente era. Isso aumentava sua ansiedade, o que, por sua vez, causava um declínio ainda maior na concentração e na memória. A busca de evidências propicia duas coisas:

- Elucida de que forma você está exagerando a ameaça. Você notará que, através da busca de evidências, Jamal recalibrou a probabilidade de não se lembrar de nada como baixa (25%). Ele percebeu que o desfecho mais realista seria "não se lembrar tanto quanto gostaria". Isso foi muito menos grave (20%) do que não se lembrar de nada.
- Inicia o processo de descoberta de uma maneira alternativa e menos ansiosa de encarar sua preocupação ansiosa.

PENSAMENTO ANSIOSO CORRETO: CONSIDERE AS CONSEQUÊNCIAS

As pessoas que lutam contra a ansiedade muitas vezes desenvolvem formas de reagir que pioram a sua ansiedade a longo prazo. Elas passam a acreditar que a preocupação, a esquiva, a busca por reasseguramento e coisas do gênero são a única maneira de lidar com a ansiedade. Ou elas aceitam suas crenças exageradas na ameaça e no perigo como a única forma de ver uma situação. Uma pessoa pensa automaticamente em infartos sempre que tem uma dor inesperada no peito; outra se preocupa incessantemente com as finanças. Esse investimento na "mente ansiosa" pode ser avaliado usando outra estratégia de TCC, chamada *análise de custo-benefício*. Essa intervenção se concentra nas consequências do pensamento ansioso. Se pelo exercício de busca de evidências você não está convencido de que seu pensamento ansioso sobre a ameaça é distorcido, você ainda tem a possibilidade de concluir que esse tipo de pensamento simplesmente não vale a pena, que o custo é maior que o benefício.

Formulário de busca de evidências de Jamal

Escreva o pensamento ansioso sobre ameaça ou perigo que você está testando: <u>Não posso estudar para o LSAT porque não consigo me concentrar nem me lembrar de nada.</u>

Evidências a favor do pensamento ansioso	Evidências contra o pensamento ansioso
1. Não estudei nas últimas semanas. (evidência do pior desfecho)	1. Quando finalmente pego os livros e só leio algumas páginas do material de estudo, fico surpreso com o fato de conseguir ler algumas páginas quando não tento memorizar o material. (evidência contra o pior desfecho)
2. Quando me esforço muito para estudar, fico muito ansioso. (evidência do pior desfecho)	2. Quando penso nos períodos de estudo anteriores, acerto mais perguntas do que erro quando faço um teste comigo mesmo. Isso significa que estou me lembrando de mais informações do que me dou conta. (evidência contra o pior desfecho)
3. Consigo estudar apenas 20 minutos por vez, mesmo quando estou menos ansioso. (evidência de não lidar com o problema)	3. Lembro-me de minha época de graduação, quando eu conseguia estudar para as provas e reter uma grande quantidade de material em um curto período de tempo. (evidência de capacidade de lidar com o problema)
4. Toda vez que faço um teste comigo mesmo depois de estudar, mesmo que seja pouco conteúdo, erro muitas respostas. (evidência da alta probabilidade de não se lembrar)	4. Posso estudar melhor para o LSAT se limitar meu tempo de estudo a períodos de 20 minutos com muitos intervalos entre os períodos. (evidência de segurança, capacidade de lidar com o problema)
5. Toda vez que abro o caderno de prática do LSAT, sou tomado pela ansiedade. (evidência de não conseguir lidar com o problema)	5. Mesmo quando estou muito ansioso enquanto estudo, não é verdade que não me lembro de absolutamente nada. (evidências contra a probabilidade e a gravidade do pior desfecho)

Com base apenas nas evidências coletadas (e não em como você se sente), avalie a probabilidade de a ameaça ocorrer de 0% (não acontecerá) a 100% (com certeza): <u>25%</u>

Com base apenas nas evidências coletadas (e não em como você se sente), avalie a gravidade do desfecho mais provável (em que eu lembrarei menos da matéria do que gostaria) de 0% (nada grave) a 100% (o mais grave que posso imaginar): <u>20%</u>

Se você convive com a ansiedade há muito tempo, sua maneira ansiosa de ver a si próprio e ao seu mundo pode ter se tornado uma parte arraigada de sua vida, e você pode ter se esquecido do custo que isso representa. Fazer uma análise de custo-benefício é uma maneira poderosa de aumentar sua determinação para corrigir esse pensamento distorcido. Lembrar a si mesmo do alto preço que você está pagando por continuar ouvindo suas crenças e pensamentos exagerados sobre ameaça e perigo ajudará a enfraquecer o seu investimento em "pressupor o pior".

EXERCÍCIO DE INTERVENÇÃO   **Realizando uma análise mental**

Este exercício fornece instruções sobre como fazer uma análise de custo-benefício de sua mente ansiosa. Use a Folha de trabalho 6.6, Meu formulário de custo-benefício, para listar as vantagens (benefícios) e desvantagens (custos) de continuar aceitando sua forma de pensar sobre ameaças quando você tem um problema com ansiedade. Siga as instruções para preencher a folha de trabalho. Depois de listar várias vantagens/desvantagens do pensamento ansioso, pense profundamente sobre os custos que você listou, de forma que eles lhe ocorram prontamente quando você sentir a ansiedade aumentar.

⮑ **Dicas para obter sucesso: mais sobre consequências**

Se a análise de custo-benefício não o ajudou a reduzir o pensamento ansioso, experimente integrá-la ao exercício de busca de evidências. É importante não tratar a análise de custo-benefício como um exercício intelectual, mas sim como uma forma de refletir profundamente sobre as desvantagens de exagerar as ameaças. É importante sentir essas desvantagens emocionalmente, não apenas intelectualmente. Para atingir esse nível de efeito, você deve dedicar algum tempo ao seu Formulário de custo-benefício. Acrescente novas desvantagens do seu pensamento ansioso à medida que elas lhe ocorrerem e revise a folha de trabalho com frequência. Mantenha-a bem à mão e a leia sempre que sentir ansiedade. Lembre a si mesmo: "Posso escolher pensar na possibilidade de ameaça futura, no pior desfecho, ou posso optar por pensar na alternativa menos ameaçadora. Minha tendência de focar sempre a pior possibilidade está funcionando bem para mim, ou está associada a muitos efeitos negativos? Qual é o custo de sempre presumir o pior, o mais ameaçador ou perigoso?".

Consideremos o caso de Emma, uma funcionária pública de 43 anos que sofria há muito tempo de um problema com ansiedade generalizada. Emma tinha muitas preocupações, mas uma das que mais lhe causavam ansiedade era a financeira. Várias questões sobre dinheiro a deixavam ansiosa, mas uma de suas maiores preocupações era não conseguir economizar o suficiente para uma emergência imprevista. Mais especificamente, muitas vezes ela pensava: "Não estou poupando o suficiente para me proteger de algum futuro desastre financeiro". Releia o Formulário de custo-benefício para ver as vantagens e desvantagens associadas a seu pensamento ansioso sobre economizar. Embora a preocupação com a poupança não fosse totalmente inútil, é óbvio, pela análise de custo-benefício de Emma, que seu pensamento ansioso estava gerando um enorme

FOLHA DE TRABALHO 6.6

Meu formulário de custo-benefício

Instruções: existem várias etapas para preencher esta folha de trabalho.

- **Passo 1.** Comece descrevendo um pensamento ou crença ansiosa específica. Você pode usar o(s) pensamento(s) ansioso(s) que você registrou no exercício anterior.
- **Passo 2.** Logo depois, pense bem sobre as vantagens ou benefícios diretos e indiretos e as desvantagens ou custos do pensamento ansioso quando você não está se sentindo ansioso. Assegure-se de encontrar prós e contras. Evite razões gerais ou vagas, que não serão úteis quando você estiver ansioso.
- **Passo 3.** Inclua as consequências de curto e longo prazo de presumir que o pensamento ansioso é uma previsão precisa do que poderia acontecer.
- **Passo 4.** Assinale os custos e benefícios que são mais importantes para você.
- **Passo 5.** Tente revisar este formulário imediatamente após vivenciar um episódio de ansiedade problemática, dedicando vários dias a este exercício para corrigir, adicionar e excluir vários benefícios/custos do seu pensamento. Pode haver algumas razões que você não considerou ao preencher o formulário quando não se sentia ansioso.

Descreva resumidamente o pensamento ou crença ansiosa: _____

_____

Benefícios imediatos e de longo prazo	Custos imediatos e de longo prazo
1.	1.
2.	2.
3.	3.
4.	4.
5.	5.
6.	6.
7.	7.

Observação. Circule as vantagens e desvantagens que são mais importantes para você.

Análise de custo-benefício de Emma

Descreva resumidamente o pensamento ou crença ansiosa: <u>Não estou economizando dinheiro</u>
<u>suficiente para me proteger de algum futuro desastre financeiro.</u>

Benefícios imediatos e de longo prazo	Custos imediatos e de longo prazo
1. Isso está me forçando a economizar todos os meses e, portanto, meus investimentos estão crescendo lentamente.	1. Quanto mais penso em não economizar o suficiente, mais ansiosa e tensa me sinto. Isso pode praticamente arruinar o meu dia.
2. Como me preocupo em economizar, estou observando minhas despesas mais atentamente.	2. Quando começo a me preocupar em economizar o suficiente, não consigo parar. Isso me consome.
3. Agora estou mais bem preparada para absorver uma perda financeira.	3. Não durmo bem por causa da preocupação com meus investimentos.
4. É menos provável que eu perca a casa ou vá à falência se perder meu emprego.	4. Há pouco prazer em minha vida porque estou constantemente preocupada com as finanças.
5. Sinto-me melhor comigo mesma quando estou economizando.	5. Frequentemente me privo dos pequenos prazeres da vida por medo de gastar dinheiro.
	6. Discuto muito com minha parceira sobre economizar e gastar dinheiro. Ela ameaçou ir embora.
	7. Sinto-me distante e não me envolvo com meus filhos porque estou muito preocupada com as finanças.
	8. Passo longas e frustrantes horas todas as noites monitorando meus investimentos

Observação. Circule as vantagens e desvantagens que são mais importantes para você.

Extraído de *Cognitive Therapy of Anxiety Disorders* (p. 229), de David A. Clark e Aaron T. Beck. Copyright © 2010 The Guilford Press. Adaptado com permissão.

custo em sua qualidade de vida. As desvantagens que ela assinalou – mais ansiedade, menos sono, conflito com a parceira e distração em relação à criação dos filhos – estavam roubando-lhe a felicidade e a realização. A análise mostrou a Emma que ela precisava mudar sua forma de pensar sobre economizar.

PENSAMENTO ANSIOSO CORRETO: ESTEJA CONSCIENTE DAS DISTORÇÕES COGNITIVAS

Você foi apresentado às distorções cognitivas (de pensamento) na Tabela 6.2. Essas distorções são particularmente importantes para sustentar uma mente ansiosa e aumentar a intensidade dos problemas de ansiedade. Mas você não precisa ser escravo das distorções cognitivas! Com certeza, você se pega tendo essas distorções ao pensar em outras questões de sua vida. Você já percebeu o que faz quando se pega *tirando conclusões precipitadas*, por exemplo? Você corrige automaticamente seu pensamento, talvez dizendo a si mesmo para ser paciente e esperar para ver o que realmente acontece. Na TCC para ansiedade, os terapeutas trabalham ajudando as pessoas a se tornarem mais conscientes de suas distorções cognitivas. Essa é outra intervenção que os terapeutas cognitivo-comportamentais usam para corrigir os pensamentos e crenças ansiosas responsáveis por problemas de ansiedade.

EXERCÍCIO DE INTERVENÇÃO **Consciência da distorção cognitiva**

Este exercício está focado em aumentar sua consciência sobre as distorções cognitivas que se infiltraram na sua forma de pensar sobre ameaça, impotência e segurança em momentos de grave ansiedade. Com base na Tabela 6.2, Distorções de pensamento na ansiedade, revise os pensamentos ansiosos que você registrou e anote as distorções cognitivas que são evidentes em cada pensamento ansioso. Então, durante as próximas semanas, procure estar mais consciente de suas distorções de pensamento ansioso. Sempre que se sentir ansioso, pare e se pergunte: "O que estou pensando agora?", "Existe alguma distorção ou equívoco no modo como estou pensando neste momento?", "Estou catastrofizando, tirando conclusões precipitadas, tendo uma visão em túnel ou miopia, raciocínio emocional ou pensamento de tudo ou nada?". Em uma folha de papel em branco, escreva alguns exemplos de distorções de pensamento que ocorreram durante cada episódio de ansiedade. Dentro de alguns dias, você deverá ter reunido muitos exemplos de distorções de pensamento ansioso. Você pode então ficar atento a essas distorções sempre que se sentir ansioso.

➲ **Dicas para obter sucesso: aumentando sua sensibilidade a distorções de pensamento**

É muito mais fácil identificar distorções no pensamento de outras pessoas do que no nosso. Isso é verdade até mesmo para terapeutas cognitivo-comportamentais! *Uma boa maneira de aumentar a consciência de distorções cognitivas é começar identificando as distorções no pensamento de seus amigos e familiares.* Depois de fazer isso algumas vezes, tente tomar consciência de suas distorções com preocupações não ansiosas e, por fim, volte a identificar distorções cognitivas durante seus episódios de ansiedade. Você pode pedir ao seu parceiro ou a um amigo que sabe sobre sua ansiedade que o ajude a identificar as distorções em seu pensamento ansioso. E, claro, se você estiver em terapia, você trabalhará nessa habilidade com seu terapeuta.

Jamal percebeu que as evidências que reuniu para seu pensamento ansioso "Estou perdendo foco quando estudo; não entendo nada" estavam repletas de distorções cognitivas. *Visão em túnel* (ele focava apenas o que não sabia e ignorava o que realmente entendia), *raciocínio emocional* (por se sentir ansioso, ele presumia que não estava focado) e *pensamento de tudo ou nada* ("Se não consigo me lembrar de tudo quando estudo, então devo estar perdendo o foco") corriam soltos quando ele ficava ansioso em relação a estudar.

PENSAMENTO ANSIOSO CORRETO: ENCONTRE A ALTERNATIVA

Nos exercícios anteriores, você entendeu como as previsões exageradas sobre a probabilidade e a gravidade das ameaças a você ou a outras pessoas importantes criam um problema com ansiedade. Apesar das evidências em contrário, das muitas desvantagens e das várias distorções cognitivas, sua mente ansiosa entra em ação antes que você perceba. Talvez isso venha acontecendo há tanto tempo que você nem saiba mais ao certo como poderia pensar de outra forma sobre sua preocupação ansiosa.

Veja a dificuldade de Alexis com compromisso. Cada vez que ela começava a se envolver seriamente, ela sentia a ansiedade aumentar a um nível insuportável. A única solução era romper o relacionamento, o que ela acabou fazendo repetidamente. Vários pensamentos ansiosos estavam gerando ansiedade no relacionamento, incluindo "E se essa pessoa não for certa para mim, e se houver alguém melhor, e se eu ficar presa em um relacionamento que arruíne a minha vida, como posso saber se estou realmente apaixonada?". Alexis percebia que a maioria das pessoas assume compromissos de longo prazo, então presumia que elas entendiam isso de forma diferente. O que ela descobriu na terapia é que as pessoas aceitam o risco do compromisso porque é impossível eliminá-lo inteiramente. Seu pensamento alternativo é mais ou menos assim:

> Não podemos saber o futuro e, com 7,8 bilhões de pessoas neste planeta, há uma boa chance de que existam várias pessoas que seriam um parceiro melhor. Como podemos saber? Apaixonar-se é arriscado porque posso me machucar. Tenho certeza de que meu parceiro me ama, mas tenho meus momentos de dúvida. Se eu não arriscar me comprometer, isso significa viver sozinha e alienada dos outros, o que para mim parece verdadeiramente deprimente.

Ao considerar o dilema de Alexis, que outra forma de pensar sobre compromisso causaria menos ansiedade? Seria pensar que o compromisso é arriscado, pode arruinar a sua vida, e você precisa ter certeza de que está tomando a decisão certa? Ou, alternativamente, seria pensar que todo compromisso de relacionamento é, até certo ponto, arriscado, que não podemos prever o futuro, e que só podemos tomar o que parece ser uma boa decisão no presente? Se surgirem problemas de relacionamento no futuro, existem opções disponíveis para nós.

Certamente, você concordará que a segunda forma de pensar está associada a menos ansiedade. Mas observe que ela não é uma visão de compromisso isenta de ansiedade. Com a alternativa, você ainda pode sentir alguma ansiedade em se comprometer com outra pessoa, porque há muita coisa em jogo. Porém, a ansiedade é menos intensa, mais tolerável. Não é assim que acontece com a maioria das pessoas que iniciam um relacionamento íntimo de longo prazo? Nosso modo de pensar determina a intensidade da nossa ansiedade e como lidamos com ela.

Um problema ao tentar ver as coisas de maneira diferente é não ser capaz de pensar em uma explicação alternativa. Se você tiver dificuldade para encontrar alternativas diferentes, considere as seguintes perguntas:

- Como as pessoas que se sentem menos ansiosas entendem sua preocupação ansiosa quando a sentem? O que elas dizem a si mesmas sobre a preocupação?
- Qual seria uma forma alternativa de pensar, mais plausível, mais próxima da realidade do que o seu pensamento mais extremo e catastrófico?
- A alternativa está em algum lugar entre o desfecho ideal e o pior cenário catastrófico possível?
- Se a alternativa acontecesse, você conseguiria lidar melhor com ela do que se o desfecho ansioso catastrófico acontecesse?

Outro problema é acreditar na alternativa. Talvez você consiga pensar em uma perspectiva mais saudável, mas não consegue acreditar nela, especialmente quando está muito ansioso. Antes de adentrarmos em questões de crença, vamos trabalhar na descoberta de uma maneira alternativa menos ansiosa de pensar sobre as preocupações envolvidas em seu problema de ansiedade.

EXERCÍCIO DE INTERVENÇÃO   **Criando uma perspectiva alternativa**

Passo 1. *O que eu penso*

Comece a Folha de trabalho 6.7 identificando um pensamento ameaçador que surge automaticamente em sua mente quando você sente a aflição associada ao seu problema de ansiedade. Pode ser um pensamento ansioso que você registrou nas folhas de trabalho anteriores. Depois, pense criativamente sobre uma forma alternativa e menos ansiosa de refletir sobre a situação ou problema que está fazendo você se sentir ansioso. Faça a si mesmo as seguintes perguntas enquanto trabalha na construção de uma forma alternativa menos ansiosa de pensar.

- Antes de ter problemas com ansiedade, como eu entendia a preocupação ansiosa ou interpretava as situações que desencadeiam a ansiedade?
- Como outras pessoas que não têm ansiedade grave pensam sobre a preocupação ansiosa ou as coisas que desencadeiam meu problema de ansiedade?
- Com base apenas nas evidências, qual é a interpretação ou desfecho mais provável da situação relacionada à ansiedade?
- Quando me sinto calmo e razoável, como vejo a preocupação ansiosa ou seus gatilhos?

Passo 2. *Acreditar na alternativa*

A segunda parte deste exercício visa a determinar se a alternativa é crível. Primeiro, considere as evidências de sua experiência ou as razões que for capaz de imaginar para considerar a alternativa uma forma aceitável de compreender sua preocupação ansiosa. A seguir, identifique razões ou evidências que o façam duvidar da credibilidade da alternativa. Depois de gerar uma explicação alternativa para sua preocupação ansiosa, tente aplicar a explicação mais realista sempre que começar a se sentir ansioso. Continue a reunir evidências de suas experiências diárias que fortaleçam sua crença na alternativa.

> ⊃ **Dicas para resolução de problemas: sugestões adicionais para gerar alternativas**
>
> Segundo nossa experiência, a maioria das pessoas tem grande dificuldade para produzir uma perspectiva diferente e menos ameaçadora de sua preocupação ansiosa. Muitas vezes, é necessário haver uma contribuição considerável do terapeuta. Portanto, se esta intervenção está lhe parecendo difícil, não se desespere. Isso acontece com mais frequência nas primeiras sessões de TCC. Mas, com a prática, constatamos que as pessoas podem aprender a pensar de uma forma menos ameaçadora. Listamos algumas táticas adicionais que você pode usar para aprimorar sua capacidade de descobrir uma visão alternativa e plausível de sua ansiedade.
>
> • Tente adotar uma perspectiva objetiva e científica de sua preocupação ansiosa. Não tente criar uma perspectiva na qual você já acredita ou que já aceita. Em vez disso, adote a atitude de um observador imparcial, como um terapeuta, que interpreta a situação de uma forma mais provável, menos emocional e mais realista.
>
> • Imagine que a preocupação ou situação ansiosa seja de um amigo ou colega. Como você aconselharia esse amigo a pensar sobre sua preocupação ansiosa?
>
> • Você também pode perguntar a amigos próximos, a um membro da família ou ao seu parceiro como ele vê as situações que o deixam ansioso. Adote a maneira não ansiosa de pensar deles como sua alternativa e procure coletar evidências/razões para ela.
>
> • Se você estiver em terapia, aprender a aceitar uma visão alternativa será um foco importante do seu terapeuta cognitivo-comportamental.

Descobrir uma forma alternativa e menos ameaçadora de pensar sobre sua preocupação ansiosa é complicado porque, quando começamos a pensar em ameaças e perigos, é difícil ver a situação de qualquer outra maneira. Se isso está acontecendo com você, considere o exemplo de alternativas de pensamento de Jody. Ela desenvolveu um tipo de ansiedade agorafóbica, na qual evitava lugares públicos por medo de ser machucada ou ferida por outras pessoas. Sua mente ansiosa pressupunha que lugares públicos devem ser evitados porque as pessoas são perigosas e não se deve confiar nelas. Ela acreditava que estaria se colocando em grande risco caso se aventurasse nesses lugares. Alternativamente, sua ansiedade não era causada por pessoas perigosas em lugares públicos, como um *shopping* lotado, mas por ela pensar erroneamente que algo relativamente seguro era perigoso. Você pode ver na lista de Jody que as evidências eram mais favoráveis à visão alternativa do que à perspectiva ansiosa.

FOLHA DE TRABALHO 6.7

Meu formulário de perspectiva alternativa

Instruções: registre um pensamento ansioso ameaçador que lhe ocorre automaticamente durante períodos de ansiedade grave. A seguir, descreva uma forma alternativa de pensar que seja mais realista e menos catastrófica. Depois de registrar suas formas opostas de pensar, use a tabela de duas colunas para listar razões para acreditar na alternativa ou duvidar dela.

Pensamento ansioso

Escreva um pensamento, previsão ou interpretação ameaçadora associada ao seu problema de ansiedade. Esse pensamento ansioso é uma previsão mais extrema, até mesmo catastrófica, do pior caso possível, que faz você se sentir altamente ansioso quando pensa sobre ela.

_____

_____

Pensamento alternativo

Descreva resumidamente uma previsão alternativa relacionada ao desfecho enunciado acima. Será uma forma de pensar sobre possíveis desfechos menos extremos, mais realistas e mais administráveis, caso ocorram. A alternativa ainda será indesejável, mas causará menos ansiedade. _____

_____

Evidências/razões para acreditar na alternativa	Evidências/razões para duvidar da alternativa
1.	1.
2.	2.
3.	3.
4.	4.
5.	5.
6.	6.

Formulário de perspectiva alternativa de Jody

Pensamento ansioso

Escreva um pensamento, previsão ou interpretação ameaçadora associada ao seu problema de ansiedade. Esse pensamento ansioso é uma previsão mais extrema, até mesmo catastrófica, do pior caso possível, que faz você se sentir altamente ansioso quando pensa sobre ela. As pessoas não são confiáveis; elas são ameaçadoras e capazes de causar danos, então é melhor ir embora antes que eu perca o controle.

Pensamento alternativo

Descreva resumidamente uma previsão alternativa relacionada ao desfecho enunciado acima. Será uma forma de pensar sobre possíveis desfechos menos extremos, mais realistas e mais administráveis, caso ocorram. A alternativa ainda será indesejável, mas causará menos ansiedade. Para nos darmos bem neste mundo, não há muito o que fazer a não ser presumir que as pessoas não são violentas, salvo prova em contrário. Minha ansiedade com multidões se deve à minha incansável procura por ameaças e à minha incapacidade de reconhecer a existência de sinais de segurança. Posso simplesmente deixar a ansiedade diminuir sozinha.

Evidências/razões para acreditar na alternativa	Evidências/razões para duvidar da alternativa
1. Nunca fui vítima de atos aleatórios de violência em locais públicos. Portanto, minha ansiedade deve vir do fato de pensar que é perigoso, e não da presença real de perigo.	1. Sempre que estou em locais públicos, fico ansiosa, então deve haver algo errado. Esse é o meu corpo me dizendo para ir embora, que não é seguro aqui.
2. Faz apenas alguns anos que me sinto ansiosa perto de outras pessoas. No passado eu devo ter confiado nas pessoas e presumido que elas não eram uma ameaça. Quando eu não via as pessoas como ameaças, eu não ficava ansiosa perto delas.	2. Depois de sair de um local público, a ansiedade diminui imediatamente. Isso quer dizer que estou fazendo a coisa certa.
3. Meus amigos, familiares e colegas de trabalho não ficam ansiosos em locais públicos lotados, pois eles presumem que locais públicos são mais seguros do que perigosos. Porque presumo o contrário, estou sempre ansiosa perto de outras pessoas.	3. Coisas ruins acontecem às pessoas quando elas menos esperam. Estamos sempre ouvindo falar de atos aleatórios de violência.
4. Tenho mais autocontrole do que imagino. Mesmo quando estive muito ansiosa, nunca perdi o controle ou chamei atenção para mim.	4. Quando estou muito ansiosa, sinto-me fora de controle. Fico preocupada que as pessoas percebam que há algo errado comigo e então se sintam ameaçadas por mim.
5. Percebi que o grau de minha ansiedade em lugares públicos depende do que penso sobre o lugar e não de sinais objetivos de perigo.	5.
6. Quando fico em um lugar público e deixo a ansiedade diminuir naturalmente, dá tudo certo. Eu não estou me colocando em maior risco por me sentir ansiosa em um lugar público.	6.

Aprender a combater seu pensamento ansioso com uma alternativa mais realista e menos ansiosa requer prática. Isso não tem nada a ver com inteligência ou criatividade. Todo mundo acha difícil "anular" sua mente ansiosa e pensar sobre suas preocupações de um ponto de vista diferente. Portanto, reserve um tempo e pratique repetidamente a produção de alternativas. Toda vez que você enfrentar seu problema de ansiedade, pergunte a si mesmo:

- De que forma estou pensando nesta situação que faz com que eu fique mais ansioso?
- De que forma eu poderia pensar sobre esta situação que me faria sentir menos ansioso?

Continue produzindo essas alternativas mesmo que isso pareça um exercício intelectual. A princípio, será difícil acreditar nelas, mas sua aceitação se tornará mais consistente quanto mais você trabalhar para reunir evidências/razões que respaldem a alternativa.

O PRÓXIMO CAPÍTULO

A mente ansiosa tem uma contribuição importante na criação de problemas de ansiedade. Ela amplia os sintomas de ansiedade, fazendo-nos interpretar erroneamente a ameaça, acreditar que somos impotentes e incapazes de lidar com a situação, cometer distorções cognitivas e subestimar a presença de segurança e proteção. Essa forma ansiosa de pensar pode ser descrita em um "mapa da mente" que orienta sua abordagem de tratamento. Neste capítulo, você também aprendeu sobre as intervenções cognitivas mais eficazes da TCC para redução da ansiedade – busca de evidências, análise de custo-benefício, identificação de distorções cognitivas e geração de alternativas. Com a prática, você vai adquirir proficiência nessas habilidades cognitivas e começará a ver mudanças em sua forma de vivenciar sua ansiedade problemática.

Mas a mudança cognitiva não é suficiente para efetuar o grau de redução da ansiedade que você provavelmente deseja. A mudança comportamental também é um componente-chave do tratamento na TCC para ansiedade e, por isso, ela é o assunto do nosso próximo capítulo.

7

Reduza o comportamento ansioso

Quando a ansiedade domina sua vida, pode parecer que a coragem está em falta. Mas nada poderia estar mais longe da verdade. Coragem é a determinação para enfrentar o perigo, o medo e as dificuldades. Sem dúvida você é capaz de lembrar de familiares, amigos ou vizinhos que demonstraram coragem ao enfrentar grandes dificuldades, como uma doença potencialmente fatal, a perda de um emprego, a morte de um ente querido, uma perda financeira inesperada ou o rompimento de um relacionamento. É preciso coragem para sobreviver neste mundo desafiador e incerto. Mas coragem não é algo evidente apenas quando enfrentamos problemas externos. É preciso coragem para enfrentar os problemas internamente e fazer mudanças pessoais que aumentem a satisfação com a vida.

Você também pode agir com força e coragem. A única diferença entre você e as pessoas que você considera corajosas é que a ansiedade dificulta o reconhecimento de sua coragem ou a lembrança de como você enfrentou bem os problemas e desafios no passado. A coragem que você já teve parece inexplicavelmente perdida. Mas a verdade é que você ainda tem coragem. Este capítulo irá ajudá-lo a redescobrir sua coragem e usá-la em seu trabalho contra problemas de ansiedade.

Mesmo aqueles cujos atos de coragem parecem muito mais heroicos que os seus podem sofrer uma aparente "perda de coragem" e depois recuperá-la, conforme ilustra a história a seguir. Gerard, um soldado de guerra de 32 anos, com 1,88 m e 100 kg, em excelente condição física, tinha acabado de retornar de uma segunda viagem ao sul do Afeganistão, onde era constantemente designado para patrulhas a pé em aldeias perigosas; lá, ele participou de comboios sob fogo inimigo e enfrentou vários tiroteios contra o Talibã. Por várias vezes ele se colocou em perigo e, em uma ocasião, puxou um soldado ferido para um local seguro sob fogo intenso. Quando voltou para casa, porém, a dureza e a resiliência de Gerard pareceram abandoná-lo. Em alguns meses, ele se tornou tão irritadiço, irascível e ansioso que sua vida começou a desmoronar. Ele passava a maior parte dos dias com uma sensação de enjoo e um sentimento avassalador de que algo ruim estava prestes a acontecer. Sua ansiedade parecia particularmente grave perto de outras pessoas, então ele começou a evitar se socializar. Como as multidões eram particularmente difíceis, ele optava por ficar em casa. Quando se aventurava em locais públicos, temia perder o controle sobre seus sentimentos e ações. Tornou-se muito dependente de sua parceira, não querendo tomar decisões nem iniciativa sobre as questões domésticas. Com o tempo, ele foi ficando mais deprimido, cético e sem esperança em relação à vida e ao seu futuro. Passou de um soldado corajoso e resiliente para um pai solitário e assustado, escondido em seu porão para evitar os outros – a queda não poderia ter sido mais drástica!

Foram necessários alguns meses de persuasão por parte de sua família para que Gerard concordasse que ele havia sido dominado pela ansiedade e pela depressão e que precisava de ajuda. Inicialmente, ele não se deu conta de que procurar ajuda foi um ato de coragem, e foi só depois de usar um programa sistemático de mudança comportamental, como o deste capítulo, que ele descobriu que poderia enfrentar o medo e a ansiedade mais uma vez. Como Gerard, talvez você tenha esquecido que já foi corajoso, capaz de enfrentar as dificuldades e incertezas da vida. Mas a boa notícia é que você pode recuperar a coragem para enfrentar o que está causando seu sofrimento emocional. A ansiedade não é capaz de eliminar a coragem; ela pode camuflá-la ou substituí-la, mas não pode eliminá-la.

Você foi apresentado ao modelo básico de ansiedade da TCC no Capítulo 4 (ver Folha de trabalho 4.6). Ele tem três componentes: gatilhos, pensamento ansioso e sintomas comportamentais. O Capítulo 6 concentrou-se no segundo componente, o pensamento ansioso, e apresentou estratégias de tratamento que podem transformar sua mente ansiosa. Neste capítulo, consideramos o terceiro componente do modelo, os sintomas comportamentais. Você aprenderá sobre várias maneiras de agir que aumentam a ansiedade e intervenções que mudam sua forma de lidar com seu problema de ansiedade. É importante lembrar que os Capítulos 6 e 7 se complementam. Você precisa de mudanças cognitivas (do pensamento) e comportamentais para efetuar uma redução genuína do medo, da ansiedade e da preocupação. À medida que executar o trabalho neste capítulo, revise de vez em quando o que você fez no Capítulo 6. As estratégias nos dois capítulos devem ser usadas em conjunto para todos os tipos de problemas de ansiedade. Vamos começar com a coragem porque é disso que você vai precisar para fazer as mudanças descritas neste capítulo.

ATOS DE CORAGEM

Talvez você esteja lutando contra uma ansiedade insuportável há tanto tempo que há anos não pensa em coragem. Só porque você não se vê como alguém que tem coragem não significa que ela desapareceu da sua vida. A ansiedade, por outro lado, pode parecer uma névoa densa. Talvez você não consiga ver o chão por causa dessa névoa, mas ele ainda está sob seus pés. Ficar ansioso com coisas triviais não significa que você não tem coragem. Quando foi a última vez que você perseverou em algo ou tomou uma atitude que exigia força, determinação e aceitação de algum risco? Talvez você tenha enfrentado alguém em relação a alguma questão que você sabia que seria difícil, tenha tomado uma decisão consciente que você sabia que traria algumas dificuldades e incertezas, ou tenha enfrentado uma situação difícil que parecia intransponível. A vida costuma nos apresentar desafios que não prevíamos, seja mudar-se para uma cidade desconhecida, começar um novo emprego ou formação escolar, lidar com uma doença grave, perder o emprego, terminar um relacionamento íntimo, ser pai ou mãe de uma criança difícil ou rebelde, ou viver com um parceiro que abusa de drogas ou álcool.

> EXERCÍCIO DE AVALIAÇÃO **Lembrando-se da coragem**
>
> Redescobrir a coragem começa com a lembrança de momentos no passado em que você demonstrou algum grau de força e coragem. Comece anotando algumas experiências recentes que envolveram uma situação ou circunstância difícil e incerta em sua vida. Algumas podem ser eventos de vida importantes, como a perda de um ente querido, outras podem ser mais insignificantes, como falar em uma reunião quando você estava se sentindo especialmente ansioso. Depois, considere como você mostrou força e determinação para lidar com essas dificuldades. Preencha a Folha de trabalho 7.1 considerando o que você fez para lidar com a circunstância. Como você conseguiu "manter a cabeça fora da água" durante esses tempos difíceis? Nessas ocasiões, você agiu com coragem.
>
> ➲ **Dicas para resolução de problemas: reconhecendo a coragem**
>
> > Se você se sente desconfortável ao escrever exemplos de sua própria coragem, lembre-se de que ninguém precisa ver esta lista além de você. Se você realmente não consegue pensar em si mesmo como alguém que já foi corajoso, tente perguntar a um amigo próximo, parceiro, um dos pais ou membro da família se ele consegue se lembrar de alguma experiência em que você demonstrou força de caráter e desenvoltura.

As respostas que você listou na Folha de trabalho 7.1 representam uma expressão do *modo adaptativo*, que apresentamos no Capítulo 1. Isso se refere às maneiras como pensamos, agimos e sentimos que enriquecem nossas vidas e aumentam a autoestima. Na CT-R, chamamos isso de *momentos de nossa melhor forma*, e agir com coragem é um excelente exemplo de funcionamento no modo adaptativo. Se tomarmos o exemplo da Folha de trabalho 7.1, aceitar um diagnóstico de câncer, obter conhecimento sobre tratamento e prognóstico do câncer de mama e focar mais o presente foram estratégias de enfrentamento baseadas na coragem. Revendo seus registros na Folha de trabalho 7.1, será que você usou estratégias baseadas na coragem que poderiam ser úteis para lidar com situações

FOLHA DE TRABALHO 7.1

Meus atos de coragem

Instruções: liste diversas situações passadas ou atuais nas quais você demonstrou algum grau de força e coragem. Na segunda coluna, indique o que você fez ou como lidou com aquela situação, destacando de que forma você demonstrou alguma perseverança, força e determinação. Um exemplo é fornecido na primeira linha.

Situações angustiantes, difíceis ou incertas	Como você mostrou força e coragem (De que forma você lidou com esta situação que indica que você teve força, determinação e coragem para superar o medo ou a ansiedade?)
Exemplo de Ruth: Há 10 anos, fui diagnosticada com câncer de mama em estágio I e fiz tratamento.	Chorei muito no começo, mas depois comecei a ler sobre opções de tratamento e prognóstico. Passei a aceitar meu câncer em vez de desejar que ele desaparecesse. Trabalhei para desenvolver uma atitude positiva, mas realista, e aceitar que meu futuro era mais incerto. Eu precisava aproveitar ao máximo cada dia, em vez de considerá-los garantidos.
1.	1.
2.	2.
3.	3.
4.	4.
5.	5.

que desencadeiam seu problema de ansiedade? Enquanto estiver trabalhando neste capítulo, mantenha a Folha de trabalho 7.1 à mão como um lembrete de que a coragem faz parte do seu modo adaptativo. *Nosso objetivo é ajudá-lo a aproveitar seu modo adaptativo e enfrentar seus problemas de ansiedade corajosamente.*

AUTOPROTEÇÃO: A MANEIRA ANSIOSA DE ENFRENTAMENTO

O modo de autoproteção evoluiu como um sistema de alerta precoce para o perigo.[27] Detectar perigo ou ameaça mobiliza respostas para eliminar a ameaça. Essas respostas são as bases da ansiedade, do medo e da preocupação, e tornam-se problemáticas quando exageram a ameaça e a impotência e dependem de estratégias de enfrentamento inúteis (não adaptativas). A Figura 7.1 ilustra como o modo autoprotetor pode levar a um aumento da ansiedade. No Capítulo 6, explicamos como funciona a mente ansiosa (lado esquerdo da Figura 7.1). Neste capítulo, nos aprofundamos nos aspectos do comportamento ansioso que contribuem para um problema com ansiedade (lado direito da Figura 7.1).

Observe como o modo autoprotetor explica o problema de ansiedade de Gerard. Um de seus gatilhos é estar em locais públicos, como *shoppings* ou cinemas. Quando ele é exposto a um local público, primeiro sua mente ansiosa entra em

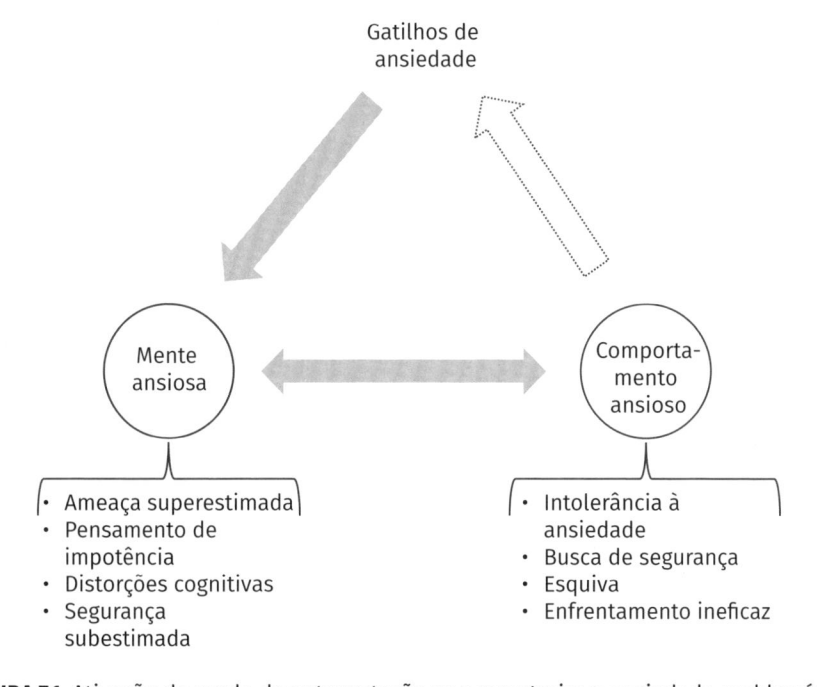

FIGURA 7.1 Ativação do modo de autoproteção que caracteriza a ansiedade problemática.

ação. Ele superestima a ameaça, pensando que as pessoas ao seu redor representam uma ameaça ao seu bem-estar físico. Ele se considera fraco e incapaz de lidar com seus sentimentos quando está em público. Seu processo de pensamento está repleto de distorções cognitivas, como conclusões precipitadas, raciocínio emocional e catastrofização. Ele é incapaz de avaliar melhor o ambiente público, de uma forma mais realista, porque não está atento aos vários sinais de segurança ao seu redor. Com sua mente ansiosa totalmente ativada, Gerard rapidamente decide deixar o ambiente público. Ele está convencido de que é ansiedade demais para suportar. Ele pode tentar certas estratégias de enfrentamento, como praticar respiração controlada, analisar seus sentimentos ou distrair-se, mas nada funciona, então ele vai embora. Esse tipo de comportamento ansioso reforçará sua mente ansiosa (por exemplo, "Ainda bem que fui embora; eu estava perdendo o controle; não consigo lidar com multidões") e o tornará ainda mais sensível a seus gatilhos.

> EXERCÍCIO DE AVALIAÇÃO   **Como você se autoprotege**
>
> Sem dúvida, a autoproteção desempenha um papel importante em seus problemas de ansiedade. O exercício na Folha de trabalho 7.2 concentra-se em como você reage quando seu problema de ansiedade é desencadeado. Abandonar uma situação ou evitá-la por completo pode ser a sua resposta de autoproteção mais óbvia, mas tente pensar de forma mais ampla sobre todas as maneiras pelas quais você tenta lidar com a ameaça que está fazendo você se sentir ansioso. Comece anotando situações que desencadeiam sua ansiedade problemática, revisando seus registros nas folhas de trabalho anteriores. A seguir, descreva como você normalmente reage nessas situações que provocam ansiedade. Use suas avaliações da *Checklist* de enfrentamento ineficaz (Folha de trabalho 4.3) como guia para a sua estratégia típica de enfrentamento ao sentir ansiedade severa. As respostas de ansiedade de Gerard são apresentadas como exemplo na primeira linha da folha de trabalho.

O que você observou em suas respostas de autoproteção? Será que você, como Gerard, está inicialmente tentando suportar a ansiedade, mas depois desiste e foge para um lugar mais seguro? Você tem repetidamente as mesmas respostas de autoproteção em diferentes situações com as quais você se depara? Mantenha a Folha de trabalho 7.2 à mão enquanto analisamos as quatro características do modo de autoproteção. Você deve fazer alterações em seus registros à medida que for aprendendo mais sobre a maneira autoprotetora de responder à ansiedade grave.

Intolerância: "Não suporto esse sentimento"

Se você teve repetidas experiências de ansiedade durante muitos meses, é compreensível que você esteja se sentindo frustrado e chateado por estar ansioso.

FOLHA DE TRABALHO 7.2

Minha resposta de autoproteção

Instruções: liste diversas situações que desencadeiam sua ansiedade problemática na primeira coluna. Na segunda coluna, descreva como você reage em cada situação para administrar a ameaça percebida e reduzir seus sentimentos de ansiedade.

Gatilhos de ansiedade	Respostas de redução da ansiedade
Exemplo de Gerard: Ir fazer compras com Susan e o supermercado estar lotado; fico imediatamente ansioso.	Agarro o carrinho de compras e tento não olhar para as pessoas; digo a mim mesmo para ficar calmo e respiro lenta e profundamente; tento focar a lista de compras e pensar sobre o que estamos colocando no carrinho; por fim, é ansiedade demais para suportar, então eu saio e espero Susan na caminhonete.
1.	1.
2.	2.
3.	3.
4.	4.
5.	5.

Muitas vezes ouvimos pessoas com ansiedade exclamarem: "Eu simplesmente odeio esse sentimento. Eu faria qualquer coisa para me livrar disso. Se ao menos eu pudesse me sentir normal novamente". Com o tempo, os indivíduos desenvolvem certas ideias ou crenças sobre a experiência de ansiedade. Eles tendem a catastrofizar o fato de estarem ansiosos, desenvolvendo uma *intolerância à própria ansiedade*. A própria experiência de ansiedade torna-se uma ameaça ou perigo que a pessoa tenta evitar a todo custo. Isso é mais provável de acontecer se você tiver alta sensibilidade à ansiedade, discutida no Capítulo 5. Eis a seguir algumas crenças típicas que as pessoas mantêm quando são intolerantes à ansiedade:

- Não suporto me sentir ansioso.
- Se eu não controlar a ansiedade, ela levará a algo muito pior (causará um infarto, perda de sanidade, perda total de controle e assim por diante).
- A ansiedade continuará até que eu a interrompa.
- Ansiedade é pior do que dor física, decepção ou perda.
- A ansiedade persistente pode prejudicar a sua saúde.
- A ansiedade é um sinal de que você está perdendo o controle.
- É importante manter a calma e não ficar tão tenso e agitado fisicamente.

A *intolerância à incerteza* é outro conjunto importante de crenças sobre a ansiedade. Trata-se da tendência de reagir negativamente a situações e eventos imprevisíveis ou incontroláveis.[28] Essa intolerância é especialmente tóxica para a ansiedade porque a incerteza está no cerne do que nos deixa ansiosos. Nós nos preocupamos e ficamos ansiosos com coisas ruins que podem acontecer no futuro, não tendo certeza se acontecerão ou não. A ansiedade sobre a sua saúde é um bom exemplo para mostrar como a intolerância à incerteza acelera a ansiedade. Você não pode ter certeza de que não ficará doente; portanto, se tiver dificuldade em tolerar a incerteza, você pode ficar muito ansioso com sua saúde. Você quer ter certeza de que não terá câncer, não terá um infarto ou algo parecido. Jade, por exemplo, tinha um medo persistente e excessivo de câncer. Apesar de ter feito vários exames de saúde e de ser informada de que sua saúde era excelente, ela continuou consultando *sites* médicos na internet sempre que tinha um sintoma físico inexplicável. Jade queria saber com certeza se teria câncer. Sua ansiedade era motivada por sua intolerância à incerteza e por sua crença de que era importante reduzir a incerteza a um nível mínimo absoluto.

Um terceiro conjunto de crenças é o *desconforto com a novidade, com o desconhecido*. Pessoas com problemas de ansiedade muitas vezes odeiam situações novas, inesperadas ou desconhecidas. A novidade é vista como ameaçadora. Elas podem acreditar que sua ansiedade é pior em situações desconhecidas, que não conseguem lidar com a novidade. Elas podem procurar ficar com o que lhes é familiar porque acreditam que é mais previsível e controlável. Estar em situações imprevisíveis e incontroláveis é especialmente difícil para a pessoa com ansiedade.

Se você é relativamente intolerante à ansiedade, à incerteza e ao desconhecido, então você se sentirá motivado a se proteger. É mais provável que você tente fugir ou evitar experiências ansiosas. Na verdade, você pode se descobrir em uma busca para se livrar da ansiedade. Mas e se a intolerância à ansiedade for parte do motivo pelo qual ela se tornou um problema em sua vida? Ela muda sua perspectiva para o modo de autoproteção, no qual a fuga e a esquiva se tornam o *modus operandi* preferido. Se você estiver se perguntando se a intolerância à ansiedade é um problema para você, preencha a Escala de crenças sobre ansiedade.

EXERCÍCIO DE AVALIAÇÃO **Crenças sobre ansiedade**

Use este exercício para avaliar suas crenças sobre ansiedade. A Folha de trabalho 7.3 apresenta 17 declarações de crenças sobre ansiedade, incerteza, sua controlabilidade e suas consequências. Com base em suas experiências com ansiedade grave, avalie o quanto você concorda com cada declaração. Anote as declarações de crença que lhe parecem particularmente relevantes. Se estiver fazendo terapia, você pode discutir essas crenças com seu terapeuta.

A Escala de crenças sobre ansiedade foi desenvolvida para este manual, portanto o ponto de corte não está disponível. Contudo, se você marcou na faixa de "Concordo" até "Concordo plenamente" em 10 ou mais declarações, é possível que você tenha um problema de intolerância à ansiedade. Além disso, circule os itens que você marcou como "Concordo fortemente" ou "Concordo plenamente". Você deve trabalhar nessas crenças à medida que fizer mudanças em sua resposta à ansiedade.

Em busca de segurança

Quando a ansiedade invade continuamente a vida de uma pessoa, causando grande sofrimento pessoal, é natural desejar o estado emocional oposto – sentir-se calmo, relaxado e no controle. Durante o tratamento, muitas vezes ouvimos indivíduos ansiosos exclamarem: "Se ao menos eu pudesse me acalmar, relaxar ou simplesmente aceitar as coisas como elas acontecem". Esse desejo de calma e conforto faz com que nos envolvamos em *comportamentos de busca de segurança*.

A capacidade de nos sentirmos calmos, relaxados, seguros e confortáveis é vital para nossa saúde física e mental. Mas, no contexto da ansiedade problemática, existem quatro desvantagens da busca de segurança:

O **comportamento de busca de segurança** é qualquer forma de pensar ou agir para minimizar ou evitar um resultado temido. É também uma tentativa de restabelecer um sentimento de conforto ou calma e uma sensação de estar seguro.[29,30]

1. Sinais de segurança são mais difíceis de identificar do que sinais de ameaça ou perigo.

Escala de crenças sobre ansiedade

Instruções: utilize a escala de 5 pontos no topo da tabela para indicar seu nível de concordância com cada declaração. Baseie suas respostas no que você acredita sobre sua ansiedade, e não no que você acha que deveria acreditar.

Declarações de crença	Discordo totalmente	Discordo um pouco	Concordo um pouco	Concordo fortemente	Concordo plenamente
1. Acho muito difícil tolerar a sensação de ansiedade.					
2. É importante controlar a ansiedade tanto quanto possível.					
3. Tento encurtar meus episódios de ansiedade o máximo possível.					
4. Frequentemente evito situações para prevenir a ansiedade.					
5. Estou preocupado com os efeitos de longo prazo da ansiedade persistente na saúde.					
6. Meus episódios de ansiedade são mais angustiantes do que qualquer outra coisa que já vivi.					
7. É importante que eu desenvolva um melhor controle sobre pensamentos e sentimentos ansiosos.					
8. É importante que eu não me mostre ansioso ou nervoso na frente de outras pessoas.					

(Continua)

FOLHA DE TRABALHO 7.3 *(Continuação)*

Declarações de crença	Discordo totalmente	Discordo um pouco	Concordo um pouco	Concordo fortemente	Concordo plenamente
9. Os sintomas físicos da ansiedade me assustam.					
10. Estou preocupado que os sintomas físicos de ansiedade possam estar relacionados com um problema sério de saúde.					
11. Se eu não conseguir controlar melhor minha ansiedade e preocupação, posso sofrer um colapso mental completo.					
12. Fico mais vulnerável quando estou me sentindo inseguro.					
13. Não consigo funcionar muito bem quando estou tendo dúvidas e incertezas.					
14. Para mim, o sentimento de dúvida e incerteza é perturbador e causa ansiedade.					
15. Tento lidar com minhas incertezas o mais rápido possível.					
16. É importante evitar o desconhecido e o inesperado porque eles me deixam mais ansioso.					
17. É importante antecipar o futuro tanto quanto possível e estar preparado para circunstâncias imprevistas.					

2. Como o foco é alcançar uma rápida redução da ansiedade, as pessoas fazem a primeira coisa que lhes ocorre, que geralmente é uma resposta contraproducente de busca de segurança.
3. Ela impede que as pessoas percebam que estão exagerando as ameaças e perigos.
4. Ela reforça a crença pouco saudável de que o risco deve ser eliminado a todo custo.

Uma das estratégias de busca de segurança mais comuns é sair de uma situação o mais rápido possível ao sentir alguma ansiedade. Normalmente, os indivíduos fogem para um lugar de conforto, como a sua casa, onde obtêm alívio rápido e uma sensação de calma e segurança. Um dos motivos para sair de uma situação em que você se sente ansioso é que é mais fácil detectar possíveis sinais de ameaça e mais difícil identificar sinais de segurança. Assim, você acaba exagerando as ameaças e deixa de perceber as evidências de segurança.[29]

Tomemos como exemplo a participação em uma reunião social. Pode lhe parecer bastante fácil perceber rapidamente sinais de que as outras pessoas não o aceitam – talvez alguém franza a testa ou lhe olhe de relance e imediatamente continue conversando com outra pessoa. É muito mais difícil reconhecer sinais que indicam que as pessoas o aceitam. Você deixa de reconhecer que um sorriso é para você ou que alguém o está olhando para incluí-lo em uma conversa. Como é mais difícil processar informações que o fariam se sentir confortável e seguro, você pode tender a confiar em estratégias que reduzam rapidamente sua ansiedade. Nesse caso, você não assimilará que a situação é muito menos ameaçadora do que você pensa. Esse pensamento tendencioso significa que você continuará tentando minimizar o risco percebido o mais rápido possível. Inadvertidamente, seus esforços em busca de segurança contribuem para a persistência do problema de ansiedade.

> EXERCÍCIO DE AVALIAÇÃO **Seu perfil de busca de segurança**
>
> Fuga e esquiva são os comportamentos de busca de segurança mais comuns, mas não são os únicos que usamos quando nos sentimos inseguros. Este exercício irá ajudá-lo a identificar uma gama mais ampla de estratégias que você pode usar para se sentir mais seguro e confortável. A Folha de trabalho 7.4 lista várias estratégias cognitivas e comportamentais frequentemente utilizadas para restabelecer uma sensação de calma e segurança. Avalie se, quando sente ansiedade grave, você nunca, às vezes ou frequentemente recorre a essas estratégias.

Analise os itens para os quais você assinalou "Frequentemente usada". Essas são as respostas de enfrentamento que você usa com mais frequência para restabelecer um estado de calma e segurança. Você sabe que se sentir seguro e confortável é o oposto de sentir-se ameaçado e ansioso. Se você puder se sentir mais

FOLHA DE TRABALHO 7.4

Meu formulário de respostas de busca de segurança

Instruções: use a escala de classificação de 3 pontos para indicar com que frequência você usa cada uma das respostas de busca de segurança quando sente ansiedade problemática. Baseie as classificações no fato de você normalmente usar uma resposta quando se sente muito ansioso.

Respostas de busca de segurança	Nunca usada	Às vezes usada	Frequente-mente usada
Respostas comportamentais			
Ir embora (fugir) quando nota os primeiros sintomas de ansiedade	0	1	2
Levar consigo medicamentos ansiolíticos	0	1	2
Levar o celular para pedir ajuda quando estiver ansioso	0	1	2
Estar acompanhado por amigo ou familiar em situações em que você se sente ansioso	0	1	2
Ter água ou outros líquidos prontamente disponíveis	0	1	2
Ouvir música quando está ansioso	0	1	2
Fazer relaxamento ou respiração controlada quando está ansioso	0	1	2
Deitar-se, descansar quando está ansioso	0	1	2
Assobiar, cantar para si mesmo quando está ansioso	0	1	2
Ficar tenso ou agarrar-se a objetos quando está ansioso	0	1	2
Distrair-se desviando o olhar do que provoca medo	0	1	2
Buscar conforto em outras pessoas	0	1	2
Respostas cognitivas			
Pensar em algo mais positivo ou calmante	0	1	2
Tentar se imaginar em uma situação segura ou pacífica	0	1	2
Tentar se assegurar de que tudo ficará bem	0	1	2
Tentar se convencer de que não está realmente ansioso	0	1	2
Tentar focar a tarefa que está executando, como trabalhar ou dirigir, para evitar se preocupar com a ansiedade	0	1	2
Rezar, buscar proteção divina	0	1	2
Criticar-se por se sentir ansioso	0	1	2

seguro, você sabe que se sentirá menos ansioso. Mas a procura de segurança é muitas vezes contraproducente. Reveja os itens que você avaliou como "Frequentemente" ou "Sempre" na *Checklist* de enfrentamento ineficaz (Folha de trabalho 4.3) e verifique se há uma sobreposição com as respostas de busca de segurança que você assinalou na Folha de trabalho 7.4. Muitas vezes, nossos esforços em busca de segurança são ineficazes. Eles também substituem o foco de aprender a tolerar a ansiedade pelo de fugir dela. Em última análise, a busca de segurança é contraproducente porque você não consegue viver sem ansiedade. É melhor fortalecer sua tolerância à ansiedade do que reforçar um desejo inatingível de evitá-la. Na TCC, isso é realizado eliminando comportamentos de busca de segurança ineficazes e aperfeiçoando sua capacidade de reconhecer verdadeiramente as reais características de segurança em situações que fazem você se sentir ansioso.

Fuga e esquiva

O desejo de *fugir* do que você acha que está causando sua ansiedade e depois *evitar* qualquer outro contato com aquilo é uma reação natural ao sentimento de ansiedade. Fuga e esquiva são as duas estratégias mais comumente utilizadas para controlar a ansiedade, e estamos todos muito familiarizados com elas. Elas são uma resposta defensiva automática ao medo e à ansiedade e, aparentemente, parecem ser muito eficazes para acabar com a ansiedade de imediato. Recorde-se do número de vezes que você se sentiu ansioso e afastou-se da situação imediatamente. Você está em uma festa, em um supermercado lotado, em uma reunião, dirigindo por um caminho desconhecido e você começa a se sentir ansioso. O que acontece se você sai imediatamente da situação? É bem provável que sua ansiedade diminua quase que imediatamente. Os psicólogos chamam isso de *resposta de luta ou fuga*. Vemos isso em todos os animais, inclusive nos seres humanos, quando eles estão com medo. Nossas respostas naturais são fugir ou defender nossa posição e lutar.

Louise sofria de agorafobia, que envolvia medo de espaços abertos. Durante anos ela evitou atravessar a maioria das pontes em sua cidade, o que restringia bastante sua capacidade de viajar em sua comunidade. Nós nos encontramos perto de uma das pontes que Louise evitava, com o objetivo de nos aproximarmos gradual e sistematicamente da ponte a pé. Quando chegamos a uma distância de 8 metros da ponte, percebi que Louise estava entrando em pânico. Sua respiração tornou-se fraca, todo o seu corpo enrijeceu e ela ficou paralisada, com o medo estampado em seu rosto. Pedi que ela descrevesse o que estava sentindo. Ela disse: "É como se eu não pudesse respirar. Minhas pernas ficaram fracas e estou apavorada. Estou fazendo tudo ao meu alcance para não fugir!".

A fuga parece ser a opção mais segura quando somos dominados pela ansiedade. Aprendemos rapidamente quais objetos, situações ou circunstâncias disparam nossa ansiedade e então evitamos ao máximo o contato futuro com esses gatilhos. Mas o fato de fuga e esquiva serem respostas naturais não faz delas as melhores estratégias de redução da ansiedade. Na verdade, pesquisadores clínicos e profissionais de saúde mental há muito sabem que fuga e esquiva contribuem significativamente para a persistência da ansiedade a longo prazo. Existem três problemas principais com a fuga e a esquiva:

- Elas impedem que a ansiedade diminua naturalmente.
- Elas reforçam a falsa crença de que a temida catástrofe que está provocando a ansiedade foi superada.
- Elas têm um grande custo pessoal ao limitar o que você pode fazer, aonde pode ir e com quem pode se relacionar. Quando você depende da esquiva, você acaba acreditando que é fraco, dependente ou inadequado – que você "deixou de viver".

Durante muitos anos, os psicólogos focaram a esquiva a objetos e situações externas ao tratar a ansiedade. Mais recentemente, porém, descobrimos que evitar pensamentos, sentimentos e sensações físicas que se acredita desencadearem episódios de ansiedade também contribui para a persistência da ansiedade. Algumas pessoas tentam evitar certos pensamentos ou imagens que consideram causadores de ansiedade, como pensamentos de morte ou de morrer, de dizer algo rude ou constrangedor para os outros, de imaginar algum mal terrível acontecendo com um ente querido, ou de uma perda ou fracasso profissional terrível. Outros podem evitar estados emocionais intensos como excitação, raiva ou frustração, acreditando que são sinais de perda de controle, que eles temem que possam levar a um episódio de ansiedade. Outros ainda podem tentar evitar qualquer coisa que provoque aumento da frequência cardíaca, vertigem, tontura, enjoo, falta de ar ou suor, porque essas sensações também estão ligadas à ansiedade.

A esquiva é uma das principais razões pelas quais a ansiedade problemática pode causar tanta interferência na vida diária. Você provavelmente tem uma boa ideia de muitas coisas que evita porque elas o deixam ansioso. Entretanto, a esquiva muitas vezes se alastra de maneira sutil, e por isso você pode não perceber o quanto está se esquivando por causa da ansiedade. O próximo exercício irá ajudá-lo a descobrir a extensão do seu perfil de esquiva.

EXERCÍCIO DE AVALIAÇÃO **O que você está evitando?**

A Folha de trabalho 7.5 categoriza a esquiva em gatilhos externos, pensamentos/imagens/lembranças e sintomas/sensações físicas. A primeira coluna lista situações, objetos, pessoas ou outros sinais externos que você pode estar evitando regularmente por causa da ansiedade. Você provavelmente está bastante familiarizado com seus gatilhos externos. A segunda coluna pode ser a mais difícil de preencher porque muitas vezes não temos consciência de que certos pensamentos ou imagens podem desencadear ansiedade. Você precisará ler esta lista com atenção e relembrar algumas de suas experiências recentes de ansiedade grave. Houve um pensamento inicial que lhe ocorreu e que despertou uma nova onda de ansiedade? Esses pensamentos iniciais se enquadram em um dos temas cognitivos listados na segunda coluna? A terceira coluna lista sensações físicas que são comuns ao sentir-se estressado ou ansioso. As pessoas costumam estar mais conscientes de sua excitação física quando estão ansiosas. Você tende a evitar alguma dessas sensações por ela piorar sua ansiedade?

➲ Dicas para obter sucesso: detectando esquivas sutis

A esquiva costuma ser fácil de detectar. Pessoas com agorafobia, por exemplo, estão bem conscientes de que evitam lojas ou *shoppings* lotados porque temem sentir ansiedade grave ou ter um ataque de pânico. Em outros casos, a esquiva pode ser sutil, como evitar exercícios físicos porque não gosta da sensação de falta de ar. Para ajudá-lo a identificar a esquiva sutil de pensamentos, imagens ou sensações físicas, considere todas as atividades e experiências que você tenta evitar. Pergunte a si mesmo: "Por que odeio fazer esta atividade?" ou "Por que estou tão empenhado em expulsar este pensamento da minha mente ou bloquear esta sensação física?". Questione seus motivos. Você pode querer acreditar que está evitando alguma coisa simplesmente porque não gosta de fazer aquilo ou porque é melhor não fazer. Mas, se você for honesto, reconhecerá que não o faz porque isso o deixa ansioso. Você pode descobrir vários exemplos dessa "esquiva sutil". Eles devem ser incluídos em sua lista de esquivas. Se você estiver em tratamento por ansiedade, seu terapeuta poderá ajudá-lo a identificar a esquiva sutil.

O que você aprendeu sobre seu padrão de fuga e esquiva? Embora existam amplas semelhanças entre o que as pessoas com o mesmo problema de ansiedade evitam, os gatilhos específicos variam entre os indivíduos. Para algumas pessoas, trata-se principalmente de situações sociais ou interpessoais, para outras pode ser qualquer coisa que elas achem que pode desencadear um ataque de pânico, enquanto para um terceiro grupo podem ser pensamentos ou imagens perturbadores que surgem espontaneamente em sua mente. Seja o que for que você evita por causa da ansiedade, é importante descobrir o seu perfil de esquiva específico, pois ele contribui de maneira considerável para problemas de ansiedade. A fuga e a esquiva repetidas confirmam nossa crença de que pensamentos ansiosos representam ameaças reais e de que somos fracos e vulneráveis demais para enfrentar nossos medos. Portanto, reduzir a sua dependência da fuga e da esquiva é um objetivo importante na TCC para ansiedade.

Enfrentamento ineficaz

O Capítulo 4 explicou como o enfrentamento ineficaz contribui para os problemas de ansiedade. Você preencheu a *Checklist* de enfrentamento ineficaz (Folha de trabalho 4.3), que listou 26 respostas que as pessoas costumam dar quando se sentem muito ansiosas. Todas essas "formas de enfrentamento" são

FOLHA DE TRABALHO 7.5

Descobrindo meu perfil de esquiva

Instruções: assinale os gatilhos externos que você costuma evitar. A lista é seletiva, por isso há espaços adicionais marcados como "outros", nos quais você pode listar os gatilhos externos específicos de seu problema de ansiedade. Na segunda coluna, assinale os pensamentos, imagens e lembranças indesejadas nos quais você tenta não pensar porque provocam ansiedade. Faça o mesmo na coluna final, que lista sensações corporais, experiências ou sintomas específicos que podem ser assustadores para você.

Gatilhos externos evitados	Pensamentos, imagens ou lembranças evitados	Sintomas físicos e sensações evitados
☐ Dirigir em rotas desconhecidas ☐ Ficar sozinho em casa ☐ Locais fechados (elevadores, túneis) ☐ Consultas com médico, dentista ☐ Multidões ☐ Fazer um discurso ☐ Iniciar uma conversa com pessoas desconhecidas ☐ Atender o telefone ☐ Participar de uma reunião ☐ Andar na frente de um grupo de pessoas ☐ Lojas, *shoppings* ☐ Viagem aérea ☐ Espaços abertos ☐ Restaurantes ☐ Pontes ☐ Outro: _____ ☐ Outro: _____ ☐ Outro: _____	☐ Pensamentos ou imagens relacionadas a constranger-se na frente de outros ☐ Pensamentos sobre causar danos, lesão ou morte ☐ Pensamentos sobre coisas ruins ou eventos catastróficos acontecendo com amigos ou entes queridos ☐ Imagens repugnantes, como corpos mutilados ☐ Pensamentos ou imagens de um trauma pessoal passado ☐ Pensamentos sexuais repugnantes ☐ Pensamentos sobre doenças e contaminação ☐ Pensamentos sobre castigo de Deus ou o fim do mundo ☐ Pensamentos sobre gênero/orientação sexual ☐ Pensamentos sobre morrer ☐ Pensamentos sobre se os outros gostam de você ☐ Outro: _____ ☐ Outro: _____ ☐ Outro: _____	☐ Palpitações cardíacas ☐ Falta de ar ☐ Vertigem ou tontura ☐ Suar ☐ Enjoo ou náusea ☐ Visão embaçada ☐ Sentir calor ☐ Enrubescer ☐ Sentir-se doente ☐ Vômitos ☐ Outro: _____ ☐ Outro: _____ ☐ Outro: _____

ineficazes porque proporcionam apenas alívio temporário da ansiedade. Quando essas estratégias são usadas com frequência, podem contribuir para a persistência de problemas de ansiedade. Você notará alguma sobreposição entre o Formulário de respostas de busca de segurança (Folha de trabalho 7.4) e a *Checklist* de enfrentamento ineficaz. A folha de trabalho de busca de segurança concentra-se em um conjunto menor de respostas cujo objetivo é trazer calma e uma sensação de segurança. A folha de trabalho de enfrentamento ineficaz cobre uma gama mais ampla de respostas que se concentram em reduzir a sensação de medo e ansiedade. Algumas estratégias de enfrentamento têm essa dupla função, de reduzir sentimentos de ansiedade e incutir uma sensação de calma e segurança.

Os terapeutas cognitivo-comportamentais focam ambos os tipos de resposta de enfrentamento, bem como fuga/esquiva, para ajudar os indivíduos a alcançarem uma redução genuína da ansiedade. Em breve apresentaremos várias intervenções comportamentais que você pode usar para substituir um enfrentamento ineficaz por maneiras mais eficazes de controlar sua ansiedade. Enquanto isso, use a próxima folha de trabalho para resumir suas respostas à ansiedade grave que contribuem para seu problema de ansiedade.

EXERCÍCIO DE AVALIAÇÃO **Comportamentos a serem mudados**

A Folha de trabalho 7.6 serve para sintetizar respostas problemáticas de fuga/esquiva, busca de segurança e enfrentamento ineficaz. Ela será o seu roteiro para realizar mudanças de comportamento significativas. Você precisará revisar o trabalho que realizou anteriormente sobre identificação de fuga/esquiva, busca de segurança e enfrentamento ineficaz.

A Folha de trabalho 7.6 é uma das folhas de trabalho mais importantes a serem preenchidas neste capítulo. Ela é o seu guia pessoal para os comportamentos que você precisa mudar para obter um progresso significativo em seu problema de ansiedade. Se você não tiver certeza de como categorizar algumas de suas respostas comportamentais, considere a Lista de mudanças de comportamento de Gerard. Não se preocupe muito em colocar seus comportamentos na categoria certa. É mais importante que os comportamentos-chave que contribuem para o seu problema de ansiedade apareçam em algum lugar da folha de trabalho, para que você saiba quais comportamentos precisa mudar. Você aprenderá quatro estratégias de tratamento que são eficazes na redução da ansiedade quando combinadas com as intervenções cognitivas do último capítulo.

FOLHA DE TRABALHO 7.6

Lista de mudanças de comportamento

Instruções: na primeira seção, liste as situações, pensamentos ou sintomas físicos mais comuns que você evita por causa da ansiedade, conforme observado na Folha de trabalho 7.5. Logo depois, anote as respostas de busca de segurança avaliadas como 2 ("Frequentemente usada") na Folha de trabalho 7.4. Por fim, liste várias estratégias de enfrentamento ineficazes que você destacou como 2 ("Frequentemente") ou 3 ("Sempre") na Folha de trabalho 4.3.

A. Padrão de fuga/esquiva a ser mudado

1. _____

   _____

2. _____

   _____

3. _____

   _____

4. _____

   _____

5. _____

   _____

B. Comportamento de busca de segurança a ser mudado

1. _____

   _____

2. _____

   _____

3. _____

   _____

4. _____

   _____

5. _____

   _____

(Continua)

FOLHA DE TRABALHO 7.6 *(Continuação)*

C.   Comportamento de enfrentamento ineficaz a ser mudado

1. _____

_____

2. _____

_____

3. _____

_____

4. _____

_____

5. _____

_____

EXPOSIÇÃO: CONFRONTANDO AMEAÇAS

Décadas de pesquisa revelaram que a *exposição sistemática* e repetida a desfechos temidos é um dos tratamentos mais poderosos para medo e ansiedade.[4,31] Ela pode levar à redução mais rápida e duradoura do seu problema de ansiedade, é adaptável e fácil de entender. Mas ela tem uma grande desvantagem: as pessoas muitas vezes recusam o tratamento de exposição porque o consideram muito assustador, arriscado e perturbador. Por isso, elas podem escolher um tratamento mais fraco e menos eficaz, que é apenas levemente angustiante. Esse foi o caso de Gerard. Ele era assíduo no uso da medicação, comparecia às consultas, controlava os exercícios e a dieta e participava de várias intervenções de controle do estresse, como meditação e ioga. Mas, em se tratando de confrontar sua ansiedade diretamente pela exposição, ele tinha sérias reservas e receios.

Não há dúvida de que a exposição desafia nossa convicção e determinação, mesmo no caso dos mais corajosos. Mas, se você se comprometer a fazer o tratamento de exposição, as recompensas podem ser enormes. A exposição sistemática não precisa ser um "remédio amargo". Mostraremos como planejar exposições eficazes que sejam toleráveis e possam ser combinadas com as estratégias cognitivas que você aprendeu no último capítulo. Você pode obter melhoras significa-

Lista de mudanças de comportamento de Gerard

A. Padrão de fuga/esquiva a ser mudado

1. Lugares barulhentos com muitas pessoas desconhecidas.

2. Notícias ou outras informações que tratam de conflitos ou problemas mundiais.

3. Dirigir no trânsito da cidade.

4. Eventos sociais que exigem que eu tenha uma conversa prolongada.

B. Comportamento de busca de segurança a ser mudado

1. Sempre me asseguro de que minha esposa ou um amigo próximo me acompanhe em situações em que me sinto ansioso, para o caso de eu ter ansiedade grave e precisar ir ao hospital.

2. Vou embora quando meu estômago começa a ficar enjoado porque sei que a ansiedade está começando e preciso ir ao meu lugar de conforto.

3. Foco a respiração para me manter calmo e não deixar as coisas saírem do controle.

4. Transporto-me mentalmente para um lugar seguro; imagino-me diante de uma praia quente e ensolarada.

5. Quando começo a me sentir desconfortável, tento me convencer de que não estou ansioso, de que estou calmo e no controle.

C. Comportamento de enfrentamento ineficaz a ser mudado

1. Tomo frequentemente um calmante quando sei que estou enfrentando uma situação difícil.

2. Posso passar dias preocupado com a ansiedade, tentando descobrir como vou lidar com ela quando ela surgir.

3. Fico frustrado, impaciente e irritado com as pessoas quando começo a ficar ansioso.

tivas em seus problemas de ansiedade se seguir nossas diretrizes de exposição. Assim, vamos começar com uma definição prática de *exposição*.

Exposição não é se jogar no fundo da piscina para ver se você afunda ou nada.

Alguns exemplos de exposição são enfrentar repetidamente uma situação desconhecida que o deixa ansioso, agir de forma mais assertiva ou fazer-se ouvir em uma reunião, ou viajar para novos lugares. Você pode pensar na exposição como uma forma *de reunir coragem e sair de sua zona de conforto*. Repetidas vezes, com literalmente centenas de indivíduos

> **Exposição** é a apresentação sistemática, repetida e prolongada a objetos, situações ou estímulos externos, ou pensamentos, imagens ou lembranças gerados internamente, que são evitados porque provocam ansiedade.

com ansiedade, descobrimos que a exposição sistemática, repetida e prolongada a seus gatilhos de ansiedade levou a uma redução rápida e sustentada da ansiedade. A exposição é uma forma de "dessensibilização" em que se expor repetidamente aos gatilhos do medo e à ansiedade que o acompanha torna-se uma ferramenta poderosa que reforça uma visão mais realista das situações de ansiedade e melhora a tolerância a ela. Para Gerard, a exposição consistiu em aumentar de forma gradual e sistemática o seu contato com outras pessoas, especialmente em locais públicos como supermercados, cinemas e *shopping centers*.

Reserve um momento para analisar os padrões de fuga/esquiva que você anotou na seção Lista de mudanças de comportamento (Folha de trabalho 7.6). A exposição visa a ajudá-lo a enfrentar os comportamentos de fuga/esquiva que você registrou na folha de trabalho. Selecione um item de fuga/esquiva e use o seguinte programa de cinco etapas para desenvolver um plano de tratamento de exposição para esse item.

Passo 1. Avalie sua prontidão

O momento certo é fundamental quando se trata de mudança pessoal. Você está disposto a se comprometer com um pouco de exposição? É importante avaliar o seu nível de comprometimento, quer esteja fazendo a exposição por conta própria ou com a ajuda de um terapeuta. Se você tem reservas sobre exposição sistemática, isso pode ser devido a certas crenças que você tem sobre essa forma de tratamento para ansiedade. Essas crenças podem ser decorrentes de sua experiência anterior com TCC para ansiedade ou de informações que você leu sobre intervenções que envolvem exposição.

EXERCÍCIO DE INTERVENÇÃO   **Crenças negativas sobre exposição**

Este exercício oferece uma oportunidade para avaliar sua prontidão para adicionar intervenções de exposição ao seu tratamento da ansiedade. A Folha de trabalho 7.7 lista 12 das crenças negativas mais comuns associadas à rejeição à exposição. Você pode usar o seu nível de concordância/discordância em relação a essas declarações de crenças para avaliar o quanto você está pronto para se expor.

Depois de preencher a lista de verificação, concentre-se nas declarações que você assinalou. Para cada item, pense por que você mantém essa crença sobre exposição. Gerard acreditava que a ansiedade seria muito intensa e que ele não a aguentaria (declaração 1), e que precisava reduzir sua ansiedade a um nível gerenciável antes de fazer a exposição (declaração 5). A primeira crença era decorrente de uma experiência terapêutica ruim, na qual ele entrou em pânico quando o terapeuta pediu que ele fosse ao *shopping* e "ficasse com sua ansiedade". A segunda crença se baseava no que ele considerava bom senso. "Só faz sentido que a exposição será mais eficaz se eu esperar até conseguir controlar minha ansiedade."

A seguir, teste suas crenças negativas usando as habilidades de intervenção cognitiva que você desenvolveu no Capítulo 6. Quais são as evidências a favor e contra o motivo (use a Folha de trabalho 6.5)? Há alguma distorção cognitiva no

FOLHA DE TRABALHO 7.7

Crenças negativas sobre exposição

Instruções: abaixo estão 12 motivos comuns pelos quais as pessoas hesitam em se envolver em um programa de exposição. Indique se cada declaração se aplica a você, marcando "Sim" ou "Não".

Motivos	Sim	Não
1. A ansiedade será muito intensa e não conseguirei aguentar.		
2. A ansiedade continuará aumentando e permanecerá elevada por horas ou até dias a fio.		
3. Tenho me sentido menos ansioso ultimamente; a exposição só vai perturbar essa relativa calma.		
4. Já me expus a situações de medo e isso não funciona; eu ainda me sinto ansioso.		
5. Preciso reduzir minha ansiedade a um nível gerenciável antes de começar a fazer exposições.		
6. Preciso adquirir melhores estratégias de controle da ansiedade antes de começar a fazer exposições.		
7. Estou ansioso há tanto tempo que não vejo como a exposição pode me ajudar.		
8. Só não entendo como ficar mais ansioso acabará fazendo eu me sentir menos ansioso.		
9. Minha ansiedade é desencadeada por coisas internas como certos pensamentos, imagens, lembranças ou preocupações. Não vejo como a exposição pode me ajudar.		
10. A exposição pode ser eficaz para outras pessoas, mas minha ansiedade é incomparável; eu não consigo ver como isso poderia me ajudar.		
11. Estou muito ansioso agora para me expor. Vou esperar a medicação "bater" antes de fazer a exposição.		
12. Não tenho coragem, "força de vontade" para fazer a exposição.		

seu pensamento (ver Tabela 6.2)? Será que você está "catastrofizando" a exposição, pensando que ela será muito pior do que é provável? Existem custos pessoais para manter essas crenças de exposição (use a Folha de trabalho 6.6)? Qual seria uma maneira alternativa e mais equilibrada de pensar sobre exposição (use a Folha de trabalho 6.7)?

Quando Gerard usou suas habilidades cognitivas para lidar com sua crença de que não seria capaz de suportar a ansiedade associada à exposição, ele percebeu que muitas vezes enfrentou uma situação em que se sentia ansioso e conseguiu tolerar o desconforto. Ele identificou várias distorções cognitivas na crença, incluindo catastrofização e pensamento de tudo ou nada. Ele estava ciente de que a crença custava caro, impedindo-o de fazer um poderoso tratamento para redução da ansiedade. Assim, ele produziu uma declaração de crença alternativa: "Ficarei ansioso quando fizer exposição, mas posso ajustar o nível das exposições para que não excedam o que posso tolerar".

Ao corrigir suas crenças negativas sobre exposição, você está assumindo uma atitude mais positiva em relação ao tratamento. Isso aumentará sua prontidão para prosseguir com os próximos passos na intervenção de exposição, para que você possa ver por si mesmo que a exposição pode inicialmente causar alta ansiedade, mas essa ansiedade será suportável e diminuirá naturalmente se você não fugir à situação ou evitá-la.

Passo 2. Construa uma hierarquia de exposição

Chloe tinha intensa ansiedade social. Uma de suas tarefas de exposição envolvia ligar para uma amiga e convidá-la para ir ao cinema. Ela adiou a tarefa até um dia antes de sua próxima sessão de terapia. A essa altura, a ansiedade antecipatória havia se tornado tão intensa que ela estava quase em pânico. Por fim, ela fez a ligação, mas imediatamente sentiu uma onda de alívio quando sua amiga não atendeu. Essa experiência de montanha-russa, de intensa ansiedade antecipatória seguida por uma revigorante sensação de alívio, convenceu Chloe de que ela jamais faria outro exercício de exposição. Infelizmente, Chloe nunca conseguiu superar esse impasse com seu terapeuta e, por isso, acabou interrompendo o tratamento sem conseguir nenhum progresso com sua ansiedade social.

Chloe cometeu um dos erros mais comuns que impedem as pessoas de usarem a exposição de forma eficaz: ela se aventurou na exposição e então se sentiu muito pior em vez de melhor. Essas experiências desmoralizantes podem ser muito prejudiciais no tratamento da ansiedade. Para evitar essas experiências negativas, é importante dedicar tempo à cuidadosa elaboração de um plano de exposição sistemática por escrito. Isso também fará com que sua exposição seja uma intervenção mais eficaz.

EXERCÍCIO DE INTERVENÇÃO **Como construir uma hierarquia de exposição**

Existem várias etapas para construir uma hierarquia de exposição. Comece com uma folha de papel em branco e anote de 10 a 15 situações, pessoas, lugares, pensamentos ou sensações físicas que você evita ou que lhe causam grande ansiedade se não os abandona. Para gerar sua lista, consulte os padrões de fuga/esquiva da sua Lista de mudanças de comportamento (Folha de trabalho 7.6), bem como outros gatilhos de ansiedade que você identificou nas folhas de trabalho anteriores. Selecione experiências que se enquadram em todo o espectro, desde aquelas que desencadeiam apenas uma ligeira ansiedade e esquiva até experiências que provocam ansiedade e esquiva moderadas e depois graves. Usando a Minha hierarquia de exposição, a Folha de trabalho 7.8, classifique essas experiências da menos para a mais ansiosa ou que você mais evita. Lembre-se de que *o objetivo da exposição aos gatilhos de ansiedade é sentir-se ansioso*. Se você fizer um exercício sem se sentir ansioso, a exposição não será terapêutica.

⮑ **Dicas para obter sucesso: mais informações sobre hierarquias de exposição**

É mais fácil falar do que criar uma hierarquia de exposição eficaz. A exposição eficaz depende de uma hierarquia de experiências bem planejada e criteriosa que o guie por uma série de tarefas de exposição. Eis a seguir algumas sugestões adicionais para construir uma hierarquia de exposição.

- Certifique-se de que sua hierarquia tenha muitas experiências evitadas (7 a 10) na faixa de dificuldade moderada (com pontuação na faixa de 3 a 7). Se a maioria dos seus itens de hierarquia forem fáceis demais, a exposição não ajudará a reduzir a ansiedade. Se a maioria dos itens estiver na faixa de alta dificuldade, as exposições causarão muita ansiedade e você desistirá.
- A maioria dos itens da hierarquia devem ser experiências pertinentes aos padrões de fuga/esquiva listados em sua Lista de mudanças de comportamento (Folha de trabalho 7.6).
- Evite grandes diferenças de dificuldade entre os itens de exposição. Não deve haver mais do que dois pontos entre a dificuldade de um item e do item seguinte na hierarquia.
- Se tiver dúvidas sobre seu plano de exposição, revise-o com um amigo, familiar ou terapeuta/orientador que esteja familiarizado com seu problema de ansiedade.

Você terá dificuldade para criar uma hierarquia de exposição se não tiver feito os exercícios anteriores sobre gatilhos de ansiedade e esquiva. A hierarquia de exposição é tão importante para a intervenção de exposição que você deve voltar e preencher essas folhas de trabalho para obter uma melhor compreensão do componente de fuga/esquiva do seu problema de ansiedade. Se precisar de um exemplo, consulte o plano de exposição de Gerard mais adiante neste capítulo.

Passo 3. Crie cognições de enfrentamento

A preparação mental é fundamental para uma exposição bem-sucedida. É por isso que iniciamos com a prontidão para a exposição. Mas há duas outras questões a considerar antes de iniciar a exposição.

FOLHA DE TRABALHO 7.8

Minha hierarquia de exposição

Instruções: comece listando uma variedade de situações ou outros gatilhos de ansiedade grave na segunda coluna. Certifique-se de incluir detalhes suficientes sobre o que você deve fazer em cada situação para gerar ansiedade. Comece com situações ou experiências menos difíceis e progrida para situações mais difíceis. Na primeira coluna, avalie em uma escala de 11 pontos o grau de dificuldade ao se envolver nessa experiência sem fugir ou evitá-la. Na terceira coluna, escreva o pensamento ansioso central associado a cada situação, se você souber qual é.

Nível de dificuldade esperado* (0-10)	Gatilho de ansiedade (Descreva resumidamente a situação, objeto, sensação ou pensamento/imagem intrusiva que provoca ansiedade/que você evita)	Pensamento ansioso (O que há de tão ameaçador e perturbador nessa situação que o deixa ansioso ou faz você querer evitá-la?)
Menos		
Mais		

*Escala de dificuldade: 0 = sem dificuldade; 5 = dificuldade moderada, ansiedade considerável e provavelmente fugiria/evitaria; 10 = dificuldade extrema, ansiedade grave e definitivamente evitaria.

- Identifique os pensamentos ansiosos que podem comprometer seus esforços de exposição.
- Crie formas alternativas de pensar que ajudem a lidar com a exposição.

Você registrou o pensamento central associado a cada situação causadora de ansiedade/evitada na Hierarquia de exposição (Folha de trabalho 7.8). É importante estar plenamente consciente dos pensamentos sobre ameaça, perigo e desamparo que você pode ter durante a exposição e confrontar criticamente esses pensamentos antes, durante e depois da sua experiência de exposição. Você deve lembrar, dos capítulos anteriores, que são os pensamentos que fazem você se sentir ansioso. Lide com os pensamentos exagerados de ameaça e desamparo e você reduzirá sua ansiedade durante a exposição. Você pode usar todas as habilidades cognitivas que aprendeu no Capítulo 6 para avaliar e corrigir pensamentos ansiosos contraproducentes.

EXERCÍCIO DE INTERVENÇÃO **Desenvolva uma perspectiva de enfrentamento**

Você sentirá uma ansiedade significativa ao se envolver em uma tarefa de exposição. Pensar sobre ameaça, risco, desamparo, incerteza e intolerância irá piorar a ansiedade e o convencer de que a fuga/esquiva oferece as melhores opções. A maneira oposta de pensar, a mentalidade de enfrentamento, o ajudará a tolerar a ansiedade e concluir a tarefa de exposição. Você pode cultivar essa perspectiva de enfrentamento da exposição compondo uma narrativa de cognição de enfrentamento. Ela deve incluir os seguintes elementos:

- Uma previsão ou expectativa de que você sentirá uma ansiedade significativa.
- Uma estimativa mais realista e equilibrada das ameaças e da segurança na situação de exposição.
- Instruções específicas sobre o que você fará durante a tarefa de exposição.
- Maneiras de controlar a experiência de exposição e não ficar indefeso.
- Um lembrete de que a ansiedade diminuirá, tornando-se mais suportável quanto mais tempo você ficar exposto.

Utilize o espaço abaixo para compor uma narrativa de cognição de enfrentamento. Você pode escrever várias narrativas alternativas, reconhecendo que pode precisar de diferentes cognições de enfrentamento para diferentes tarefas de exposição. Quando concluída, transfira a narrativa para seu *smartphone* para que você possa refletir sobre ela enquanto realiza a tarefa de exposição.

Minha narrativa de cognição de enfrentamento: _____

_____

_____

_____

_____

_____

Quando a ansiedade se torna um problema, pode ser difícil pensar de forma diferente sobre uma situação evitada que agora você está tentando enfrentar através da exposição. Se você não tiver certeza sobre a perspectiva de enfrentamento que você compôs, considere os exemplos a seguir.

Cynthia sofria de intensa ansiedade social há muitos anos. Ela desenvolveu um plano de exposição de 20 passos que envolvia uma série de situações sociais que provocavam ansiedade leve a grave. Eis suas narrativas de cognição de enfrentamento para situações de fuga/esquiva de baixa, moderada e alta dificuldade:

Situação 1: Atender o telefone (nível de dificuldade 2/10)

Narrativa de cognição de enfrentamento: Quando o telefone toca, fico um pouco ansiosa porque não sei o que esperar. Não há problema em me sentir um pouco desconfortável. Posso dizer "Alô" mesmo quando estou apreensiva, e vou descobrir num instante quem está ligando. Se for um amigo, minha ansiedade desaparecerá rapidamente; se for uma chamada de *spam*, posso simplesmente dizer "Não, obrigada" e desligar imediatamente. Se for uma ligação importante, como a do consultório médico sobre uma consulta, é melhor aceitá-la do que perdê-la. Quem está ligando não se importa se eu pareço ansiosa ou não.

Situação 2: Participar de uma reunião de equipe no trabalho (nível de dificuldade 6/10)

Narrativa de cognição de enfrentamento: Vou me sentir bastante ansiosa nesta reunião de equipe. Vou pensar que todos estão olhando para mim e percebendo que estou desconfortável. Mas será que isso é realmente verdade? Olhe as pessoas ao seu redor. Será que elas estão realmente interessadas em mim? Será que não têm coisas mais importantes para pensar do que sobre mim? Percebo que outras pessoas na sala também parecem desconfortáveis. Algumas parecem entediadas e uma ou duas estão caindo no sono. Cair no sono provavelmente é mais embaraçoso. É mais provável que as pessoas deem atenção a coisas mais interessantes do que a mim, como a pessoa que está falando ou aquela que está adormecendo. Não há evidências de que eu seja o centro das atenções. No máximo, algumas pessoas podem perceber que estou quieta e pareço desconfortável. Sou perfeitamente capaz de responder a qualquer um que fale comigo. Tenho colegas de trabalho que têm muito a dizer, e é sobre eles que as pessoas tendem a fofocar depois.

Situação 3: Denunciar uma colega de trabalho que está me tratando injustamente (nível de dificuldade 9/10)

Narrativa de cognição de enfrentamento: Isso vai causar muita ansiedade. Nem para a pessoa mais confiante e assertiva é fácil denunciar abuso no local de trabalho. Contudo, eu não aguento mais essa situação. Embora eu vá sentir muita ansiedade durante a reunião com minha supervisora, no final sentirei menos estresse no trabalho se conseguirmos tratar desse problema. Vou escrever os principais pontos que quero discutir com minha supervisora. Vou admitir para ela que me sinto muito desconfortável reclamando de uma colega de trabalho, e depois vou contar exatamente o que aconteceu e como isso me afetou. Mesmo que eu fique ansiosa, posso consultar minhas anotações e vou saber se minha supervisora entende ou não minha reclamação pela forma como ela reagir. A maioria das pessoas ficaria apreensiva nesta situação, mas elas simplesmente seguem em frente e fazem o que tem que ser feito. Eu posso fazer o mesmo. Se isso acabar com o abuso, minha vida será muito melhor.

Passo 4. Defina um plano de exposição

Seu plano de exposição vai precisar de mais do que declarações de enfrentamento cognitivo para lidar com a ansiedade. Abaixo estão listadas outras estratégias que você pode usar para ajudá-lo a passar por uma tarefa de exposição. Mas lembre-se: o objetivo da exposição é sentir-se ansioso e então deixar a ansiedade diminuir naturalmente. Assim como as narrativas de enfrentamento que você acabou de criar, as estratégias de mitigação de ansiedade têm como objetivo tornar a ansiedade mais suportável para que você conclua a exposição.

- **Pratique isolar os sintomas:** foque toda a sua concentração em sintomas físicos específicos de ansiedade, como sensação de tensão muscular, palpitações cardíacas, náusea ou falta de ar. Em vez de negar esses sintomas, aceite-os. Em vez de rotulá-los como sinais de ansiedade, refira-se a eles como sensações específicas, por exemplo, *meus ombros estão tensos, meu coração está batendo mais rápido do que o normal, meu estômago está estranho*.
- **Procure evidências de segurança:** observe consciente e deliberadamente seu ambiente de exposição e escolha evidências de que o ambiente é mais seguro do que você pensa. Como as outras pessoas estão reagindo nesta situação? Quais características da situação indicam que ela é segura e não perigosa? Você está superestimando a ameaça?
- **Controle sua respiração:** algumas pessoas acham útil se concentrar na respiração quando estão ansiosas. Mantenha uma frequência respiratória de 8 a 12 respirações por minuto. Assegure-se de não respirar demais (hiperventilar) ou respirar superficialmente.
- **Inicie o relaxamento:** algumas pessoas acham que o relaxamento físico ou a meditação as acalma quando estão ansiosas. Outras, no entanto, acham que tentar relaxar fisicamente quando estão ansiosas é frustrante e ineficaz. *Você pode experimentar essa estratégia de enfrentamento, mas nunca faça uso dela para evitar sentir-se ansioso*.
- **Visualize o domínio:** você pode visualizar-se dominando a tarefa de exposição de forma lenta e bem-sucedida antes de entrar na situação ou logo depois de começar. Imaginar-se fazendo a exposição com sucesso pode aumentar suas expectativas positivas e a confiança de que você pode triunfar com um exercício de exposição.
- **Aumente a atividade física:** algumas pessoas acham útil estar fisicamente ativas durante a exposição. Em vez de ficar de pé ou sentado, você pode se movimentar na situação de exposição para ajudar a canalizar um pouco da agitação física que você sente.

A exposição oferece oportunidades para que você aproveite seu modo adaptativo para melhorar sua ansiedade problemática. Você deve se lembrar, do Capítulo 3, que o modo adaptativo envolve formas de pensar e agir que aumentam nossa autoestima e a realização de objetivos e aspirações almejados. Assim, o objetivo do seu plano de exposição não é apenas reduzir a ansiedade, mas construir resiliência pessoal para que você alcance objetivos de vida que foram sufocados pela ansiedade. Isso é compatível com a abordagem da CT-R para problemas emocionais, na qual a perseguição de objetivos é um aspecto fundamental da recuperação.

EXERCÍCIO DE INTERVENÇÃO   **Um plano de exposição orientado para a recuperação**

Este exercício é uma parte vital da intervenção de exposição, porque ele fornece instruções que você pode seguir ao realizar tarefas de exposição. A Folha de trabalho 7.9 está organizada a partir de uma perspectiva da CT-R sobre a ansiedade. Ela começa pedindo que você liste novamente seus objetivos de tratamento. Ser capaz de ver a conexão entre fazer exercícios de exposição e alcançar seus objetivos pessoais melhorará sua motivação para se envolver na intervenção. Na segunda parte da folha de trabalho, você deve listar estratégias de enfrentamento eficazes que podem ser usadas para tolerar níveis elevados de ansiedade durante a exposição. Na última seção, liste as respostas de busca de segurança e enfrentamento que não são saudáveis e apenas contribuem para a manutenção do problema de ansiedade. Você deve detectar e eliminar essas respostas prejudiciais durante a exposição.

Ter um plano de exposição orientado para a recuperação é fundamental para o sucesso dessa intervenção. Se você tentar fazer uma tarefa de exposição sem um plano, será difícil levá-la até o fim. É mais provável que você desista, pensando que você não aguenta a ansiedade. Dispor de um plano de exposição orientado para a recuperação lhe fornece instruções específicas sobre como lidar com a ansiedade durante a exposição. Se você não tiver certeza sobre seu plano de exposição, dê uma olhada no plano de Gerard.

Passo 5. Executando tarefas de exposição

Agora você tem todas as peças no lugar para iniciar seu tratamento de exposição. Você deve começar com as tarefas de exposição que estão na base de sua hierarquia de exposição, avançando na hierarquia até chegar ao topo. Use sua Narrativa de cognição de enfrentamento e seu Plano de exposição orientado para a recuperação para orientá-lo em cada sessão de prática de exposição. Existem duas regras a serem lembradas ao fazer a exposição.

FOLHA DE TRABALHO 7.9

Meu plano de exposição orientado para a recuperação

Instruções: na seção A, liste vários objetivos que você gostaria de alcançar reduzindo sua ansiedade e sua preocupação. Na seção B, liste algumas estratégias de enfrentamento para tolerar a ansiedade que podem ajudar no controle da ansiedade durante a exposição. Na seção C, liste as principais respostas de enfrentamento ineficazes e de busca de segurança que devem ser refreadas durante as sessões de exposição.

A. Objetivos de recuperação da ansiedade

Com base na Folha de trabalho 1.3, liste o que você gostaria de fazer, mas não pode por causa da ansiedade.

1. _____

2. _____

3. _____

4. _____

5. _____

B. Respostas saudáveis à ansiedade tolerada

Com base na Folha de trabalho 3.5, liste formas úteis de pensar e agir que melhoram a tolerância à ansiedade.

1. _____

2. _____

3. _____

4. _____

5. _____

C. Comportamentos de busca de segurança e enfrentamento ineficaz a serem desencorajados

Com base nas Folhas de trabalho 4.3, 7.4 e 7.6, liste as respostas a serem evitadas devido aos seus efeitos negativos na ansiedade.

1. _____

2. _____

3. _____

4. _____

5. _____

Plano de exposição orientado para a recuperação de Gerard

A. Objetivos de recuperação da ansiedade

Com base na Folha de trabalho 1.3, liste o que você gostaria de fazer, mas não pode por causa da ansiedade.

1. _Acompanhar minha esposa e filhos a restaurantes sem ir embora devido à ansiedade._
2. _Dirigir na cidade com paciência e não sucumbir à raiva no trânsito._
3. _Levar a família para umas férias de inverno no Caribe._
4. _Ver postagens no Facebook de meus amigos ex-militares sem me sentir irritado ou chateado._
5. _Fazer compras de supermercado e outras tarefas com minha esposa para me envolver mais em nossa vida diária._

B. Respostas saudáveis à ansiedade tolerada

Com base na Folha de trabalho 3.5, liste formas úteis de pensar e agir que melhoram a tolerância à ansiedade.

1. _Lembro a mim mesmo que enfrentei medo e ansiedade muito mais intensos quando estava no exterior, então certamente posso lidar com a ansiedade que sinto agora._
2. _Concentro-me na tarefa que tenho em mãos e adoto uma abordagem gradativa, independentemente do que sinto._
3. _Concentro-me na respiração e imagino que os sentimentos de ansiedade são ondas que fluem pelo meu corpo. Imagino a ansiedade aumentando à medida que inspiro e diminuindo à medida que expiro, repetidamente com o ritmo da minha respiração._
4. _Lembro-me de momentos específicos em que a ansiedade aumentou e por fim diminuiu._

C. Comportamentos de busca de segurança e enfrentamento ineficaz a serem desencorajados

Com base nas Folhas de trabalho 4.3, 7.4 e 7.6, liste as respostas a serem evitadas devido aos seus efeitos negativos na ansiedade.

1. _Asseguro-me de fazer a maior parte das exposições sozinho; preciso reduzir minha dependência de minha esposa._
2. _É de esperar que meu estômago fique embrulhado quando eu fizer essas exposições. Devo permanecer na situação mesmo que não me sinta bem._
3. _Paro de me transportar mentalmente para o meu lugar seguro ao primeiro sinal de ansiedade. Eu preciso me firmar no presente e aceitar o que estou sentindo._
4. _Vou devagar, não me apresso quando estou em situações sociais. Olho as pessoas nos olhos e não fico impaciente com elas._
5. _Não vou tomar ansiolíticos antes de iniciar a exposição. Posso levar comigo e usar se necessário, mas o objetivo é fazer a exposição sem tomar medicação. Ao praticar uma nova tarefa de exposição, posso tomar a medicação logo depois de iniciar a exposição, mas vou trabalhar para prolongar esse tempo até finalmente fazer a tarefa de exposição sem medicação._

Regra 1. Controle o ritmo

No passado, o tratamento de exposição era feito de forma gradual. Os indivíduos iniciavam a exposição no terço inferior de sua hierarquia, com a ansiedade moderada, e depois avançavam na hierarquia de maneira sistemática. Nos últimos anos, essa abordagem foi questionada, sugerindo-se que poderia ser mais benéfico se os indivíduos saltassem na hierarquia.[32] Seja como for, é importante controlar o ritmo de suas exposições para que você sinta uma ansiedade que seja apenas um pouco maior do que normalmente você é capaz de tolerar. A exposição tem como objetivo fortalecer sua tolerância à ansiedade e lhe dar oportunidades de aprender que a situação não é tão ameaçadora quanto você pensa, e que você não é tão indefeso e vulnerável quanto imagina.

Considere três exemplos de exposição ritmada. Cynthia começou sua exposição com "participar de reuniões de equipe pessoalmente" porque isso lhe causava ansiedade moderada. Ela decidiu comparecer ao maior número possível de reuniões de pessoal do escritório e, aos poucos, foi se aproximando de um lugar de destaque na sala. José tinha um medo intenso de cometer erros. Sua exposição começou com ele escrevendo *e-mails* sem importância rapidamente, sem relê-los; depois, José passou para *e-mails* mais significativos, dos quais se permitiu fazer apenas uma releitura. Sanya tinha ataques de pânico e por isso evitava multidões ou locais públicos. Sua exposição começou pelo ingresso em uma loja de roupas de médio porte, onde apenas algumas pessoas estariam presentes, e depois foi aumentando gradualmente o tamanho e a densidade do público na loja. Cada um desses indivíduos controlou o ritmo de suas exposições para que não ficasse sobrecarregado pela tarefa em questão. A exposição é como correr uma maratona: o ritmo é tudo! Se você começar com uma tarefa que provoque ansiedade moderada e ainda assim achar que a exposição está além do suportável, volte para uma tarefa menos intensa e trabalhe nela. Se a exposição for muito fácil, avance na hierarquia até realizar uma tarefa que desafie sua tolerabilidade.

Regra 2. Pratique diariamente

A exposição bem-sucedida é como um exercício físico: a prática é fundamental! Quanto mais exposição você fizer, melhor será o resultado. Você deve tentar fazer alguma exposição todos os dias, especialmente no início. Certifique-se também de fazer pelo menos 30 minutos de exposição a cada vez. O principal motivo pelo qual o tratamento de exposição para ansiedade falha é o fato de as pessoas fazerem muito pouca exposição. O problema com a exposição breve e ocasional é que ela pode ter um efeito inverso; ela, na verdade, pode *intensificar* sua ansiedade. É mais provável que você se sinta sobrecarregado com uma exposição breve

(5-15 minutos). Isso reforçará crenças ansiosas de que a situação é altamente ameaçadora e de que você fica impotente diante da ansiedade grave. Você acabará desconsiderando o que escreveu em sua narrativa de cognição de enfrentamento e concluindo que a melhor estratégia é fugir e evitar. O sucesso da exposição depende da sua "dosagem". Faça repetidamente a mesma tarefa de exposição, por pelo menos 30 minutos a cada vez, até que você possa realizar a tarefa com apenas um leve sentimento de apreensão. Quando isso acontecer, você estará pronto para passar para a próxima tarefa em sua hierarquia.

O próximo exemplo destaca a importância da frequência e da duração ao fazer a exposição. Caleb tinha medo de atravessar pontes. Ele havia se exposto a pontes várias vezes, e agora estava enfrentando uma tarefa de exposição que envolvia ansiedade grave. Um de nós (DAC) acompanhou Caleb até uma ponte, e o plano era pisar na calçada da ponte. A ansiedade de Caleb aumentou rapidamente enquanto caminhávamos em direção à ponte. Contudo, a cada poucos metros parávamos e esperávamos até que sua ansiedade caísse a um nível que ele considerasse suportável. Então avançávamos mais alguns metros, parávamos e deixávamos que a ansiedade se estabilizasse. Ao mesmo tempo, Caleb desafiava seus pensamentos ansiosos a respeito do perigo da situação e de que ele não suportava a ansiedade. Por fim, chegamos à ponte, todo o exercício levando de 45 a 60 minutos. Esperamos ali por um bom tempo até Caleb sentir a ansiedade diminuir significativamente. Essa exposição revelou-se fundamental na terapia de Caleb porque forneceu evidências objetivas de que ele poderia enfrentar pontes. Desse momento em diante, Caleb começou a dirigir sobre pontes e, em duas semanas, estava relatando um mínimo de ansiedade.

> EXERCÍCIO DE INTERVENÇÃO **Pratique a exposição**
>
> Comece a praticar a exposição diariamente, iniciando com uma situação moderadamente ansiosa da sua hierarquia de exposição. Use Meu formulário de prática de exposição (Folha de trabalho 7.10) para registrar o resultado de cada sessão de prática de exposição. Para que o registro seja mais preciso, você deve preencher a folha de trabalho enquanto estiver fazendo o exercício de exposição.
>
> Se você fez uma tarefa de exposição específica três ou quatro vezes e agora é capaz de tolerar a ansiedade razoavelmente bem, então você teve sucesso e está pronto para avançar para a próxima tarefa em sua hierarquia de exposição (Folha de trabalho 7.8). Se você ainda estiver com dificuldade para tolerar a ansiedade depois de três ou quatro tentativas, passe para uma tarefa de exposição mais fácil. Pratique a tarefa mais fácil novamente até estar pronto para retornar à tarefa de exposição mais difícil.

Se você estiver trabalhando com um terapeuta, revise seu Formulário de prática de exposição no início de cada sessão de terapia. Caso contrário, mostre a um amigo ou familiar de confiança seu formulário de prática para que haja alguém que possa mantê-lo responsável pelo cumprimento de seu plano de exposição. Se

FOLHA DE TRABALHO 7.10

Meu formulário de prática de exposição

Instruções: registre a data e a hora da sua sessão de exposição na primeira coluna. Na segunda coluna, descreva resumidamente a tarefa de exposição realizada e por quanto tempo você esteve exposto. Em uma escala de 11 pontos, avalie sua capacidade de suportar a sensação de ansiedade ao iniciar a exposição e novamente ao terminar a sessão de exposição. Consulte a descrição da escala na parte inferior do formulário.

Data e hora	Tarefa de exposição	Duração (minutos)	Tolerabilidade inicial* (0-10)	Tolerabilidade final* (0-10)

*Escala de tolerabilidade: 0 = nenhuma tolerância, precisa sair imediatamente; 5 = tolerância moderada, sente ansiedade intensa, mas consegue suportar; 10 = facilmente tolerado, sente ansiedade mínima. Essa é uma escala com ponderação positiva, em que pontuações altas indicam uma exposição mais bem-sucedida.

As exposições de Gerard ao medo e à esquiva de locais públicos

Nível de dificuldade esperado* (0-10)	Gatilho de ansiedade (Descreva resumidamente a situação, objeto, sensação ou pensamento/ imagem intrusiva que provoca ansiedade/que você evita)	Pensamento ansioso (O que há de tão ameaçador e perturbador nessa situação que o deixa ansioso ou faz você querer evitá-la?)
2	Atender o telefone	Não sei quem está ligando ou o que querem. Eu poderia ficar aflito.
3	Ir ao mercado da esquina comprar uma caixa de leite	Fico trêmulo ao interagir com operadoras de caixa. Ela vai notar e achar que há algo de errado comigo.
3	Esperar na fila do banco	As pessoas vão notar que estou constrangido. Isso me deixa inseguro e nervoso.
4	Ir às compras com minha esposa	Vou perder o controle e sentir muita ansiedade. As pessoas vão perceber que há algo de errado comigo e vão se perguntar se estou ficando louco, e eu vou ter *flashbacks* dos mercados lotados no Afeganistão.
6	Ir às compras sozinho	Os mesmos pensamentos do registro anterior, além do pensamento de que vou ter um ataque de pânico e causar uma cena. Será muito embaraçoso.
6	Andar por um *shopping* lotado sozinho enquanto minha esposa faz compras	E se eu começar a entrar em pânico? Vou querer ir embora e não vou poder porque ela está em outro lugar do *shopping*.
7	Comer em uma mesa lateral em um restaurante com garçom	Vou me sentir preso porque não posso simplesmente sair quando começar a me sentir desconfortável.
7,5	Comer em uma mesa central em um restaurante com garçom	Estou encurralado e as pessoas poderão ver que estou ansioso e perdendo o controle de minhas emoções.

Menos → (seta descendente) →

(Continua)

As exposições de Gerard ao medo e à esquiva de locais públicos (*Continuação*)

Nível de dificuldade esperado* (0-10)	Gatilho de ansiedade (Descreva resumidamente a situação, objeto, sensação ou pensamento/imagem intrusiva que provoca ansiedade/que você evita)	Pensamento ansioso (O que há de tão ameaçador e perturbador nessa situação que o deixa ansioso ou faz você querer evitá-la?)
9	Ir a uma festa na casa de alguém e não poder sair por duas horas	Sou péssimo em conversas informais. Eu nunca sei o que dizer. Fico tão nervoso que não consigo acompanhar o que as pessoas estão dizendo. Isso me faz parecer burro. Sou um constrangimento para minha esposa.
10	Assistir a um filme em uma sala de cinema lotada e ter que me sentar no meio da fila	Essa é a pior situação em que me sinto preso. Terei um ataque de pânico e precisarei sair. Vou ter que abrir caminho por uma fileira de pessoas que ficarão com raiva de mim por interromper o filme.

Mais

Baseado em *Cognitive Therapy of Anxiety Disorders* (Guilford Press, 2010, p. 229), de David A. Clark e Aaron T. Beck.

você ainda tiver dúvidas sobre como implementar a exposição, examine o esquema de exposição de Gerard e como ele o colocou em prática.

Gerard iniciou sua exposição indo ao supermercado com sua esposa. Ele esperava sentir alguma ansiedade e cogitar ir embora, então ele classificou a tarefa no grau de dificuldade 4/10. Seus pensamentos ansiosos mais destacados eram "Vou perder o controle e sentir ansiedade grave", "As pessoas perceberão que há algo errado comigo e ficarão imaginando se estou enlouquecendo" e "Terei *flashbacks* dos mercados lotados no Afeganistão". Gerard notou que sua ansiedade aumentava quando ele começava a pensar assim, o que o fazia fugir da situação, convencido de que precisava escapar antes que a ansiedade se tornasse insuportável. Então era importante que Gerard mantivesse o foco em sua narrativa de cognição de enfrentamento ("Ainda estou no controle, mesmo que me sinta ansioso; ninguém está olhando para mim ou está sequer interessado em mim; mesmo que eu esteja pensando sobre o Afeganistão, isso não muda a realidade de que estou em segurança em casa, em um supermercado"). Além disso, ele ancorou-se no momento presente de estar no supermercado e deixou que a ansiedade se dissipasse naturalmente através da exposição contínua. Ele continuou voltando ao supermercado com sua esposa tanto quanto possível e percebeu que isso ficou muito mais fácil depois de algumas semanas. Ele decidiu que era hora de trabalhar na próxima tarefa em sua hierarquia: ir sozinho ao supermercado.

Grande parte da eficácia da TCC na redução da ansiedade depende da exposição. É uma intervenção poderosa, então não a protele. Comece a trabalhar em seu plano de exposição hoje mesmo. A maioria das pessoas com ansiedade acha que a expectativa causa mais ansiedade do que a própria exposição. Provavelmente será menos difícil do que você imagina. Na verdade, você pode aumentar a eficácia da exposição seguindo duas estratégias discutidas na próxima seção.

"TURBINE" SEUS EXERCÍCIOS DE EXPOSIÇÃO

Experimento comportamental – uma tarefa de exposição estruturada e planejada com foco na busca de evidências a favor e contra uma crença ansiosa sobre ameaça e impotência.

Exposição à expectativa – testar uma previsão feita sobre o resultado que você espera ao realizar uma tarefa de exposição.

Existem duas maneiras de aumentar a eficácia de suas experiências de exposição. Você pode modificar seu plano para que ele se torne um experimento comportamental ou um exercício de exposição à expectativa.

Experimento comportamental

Em nossa versão da TCC, usamos experimentos comportamentais baseados em exposição para ajudar as pessoas a avaliarem e corrigirem suas crenças prejudiciais sobre ameaças e reaprenderem que as situações de ansiedade são, na verdade, mais seguras do que elas pensam.[31] As tarefas de exposição são estruturadas de modo que atinjam mais diretamente pensamentos e crenças ansiosas. Isso significa que você usa o trabalho que fez no Capítulo 6 sobre sua mente ansiosa para desenvolver tarefas de exposição que funcionem como um experimento comportamental.

Podemos tomar como exemplo a ansiedade de Gerard em relação a supermercados lotados. A crença ansiosa dele era "Vou ficar sobrecarregado com a ansiedade e perder o controle". Depois de gerar evidências a favor e contra essa crença, o terapeuta de Gerard observou que a melhor forma de avaliá-la seria entrar em um supermercado lotado, ficar lá por pelo menos 30 minutos e registrar o que aconteceu com sua ansiedade. Você verá como Gerard conduziu seu "experimento do supermercado" e o que aprendeu com o exemplo de experimento comportamental apresentado a seguir.

EXERCÍCIO DE INTERVENÇÃO **Experimento comportamental baseado em exposição**

Este exercício mostra como transformar sua exposição em um experimento comportamental com o potencial de mudar seu pensamento ansioso. O Formulário de experimento comportamental (Folha de trabalho 7.11) é útil para planejar e depois registrar o que você sentiu ao fazer a tarefa de exposição. Comece anotando o pensamento ou crença ansiosa que você planeja testar com o experimento comportamental. Pode-se ver no exemplo de Gerard que ele testou sua crença de que não seria capaz de suportar a ansiedade e que por isso teria que sair do supermercado. Descreva como você irá conduzir a tarefa de exposição e registre evidências a favor e contra o pensamento/crença ansiosa com base na sua experiência de exposição. Certamente parte de sua experiência confirmará sua crença ansiosa, mas algumas coisas serão incompatíveis com a crença. Depois de listar as evidências favoráveis e contrárias, escreva uma interpretação alternativa com base no que você aprendeu com a exposição. Você irá notar que Gerard concluiu que era capaz de suportar a ansiedade melhor do que havia previsto e não perdeu totalmente o controle.

➲ Dicas para obter sucesso: refinando seu experimento comportamental

Transformar um exercício de exposição em um experimento comportamental é uma das intervenções mais difíceis na TCC. Mesmo terapeutas cognitivo-comportamentais experientes podem ter dificuldade para criar um experimento comportamental que teste com precisão a validade de um pensamento ou crença negativa. Trata-se de uma intervenção mais desafiadora do que o protocolo de exposição convencional descrito anteriormente. Aqui estão algumas dicas adicionais para aumentar a eficácia dos seus experimentos comportamentais.

- Certifique-se de que a tarefa de exposição seja um teste direto do pensamento ou crença ansiosa que você deseja avaliar com seu experimento. Ao realizar a tarefa de exposição, ela deve fazer com que você tenha o pensamento/crença ansiosa que você registrou em Meu experimento comportamental.
- Escreva uma descrição completa da tarefa de exposição para saber exatamente o que fazer, quando, com quem e onde.
- Certifique-se de que a tarefa de exposição seja moderadamente difícil para que você tenha uma oportunidade de aprender com a experiência.
- Anote suas observações sobre as evidências a favor e contra o pensamento/crença ansiosa imediatamente após a tarefa de exposição. Você pode incluir observações de qualquer pessoa que o tenha acompanhado durante a exposição. É importante ser honesto consigo mesmo sobre o que realmente aconteceu.
- Se você estiver com dificuldade para encontrar uma visão alternativa da sua experiência, consulte seu terapeuta, parceiro ou um amigo próximo. Talvez eles vejam algo em sua experiência de exposição que você não vê.

O que você aprendeu com seu experimento comportamental? Fazemos experimentos comportamentais baseados em exposição para obter uma experiência prática que teste se nossos pensamentos e crenças sobre ameaças, desamparo e segurança estão equivocados e para descobrir uma forma alternativa de pensar, mais realista e útil, sobre nossa preocupação ansiosa. Experimentos comportamentais são eficazes para mudar a mente ansiosa e enfraquecer a associação entre nossos gatilhos e maior sofrimento emocional. Isso é o que torna a intervenção tão eficaz. Seus exercícios de exposição serão agentes de mudança mais poderosos se você puder transformá-los em experimentos comportamentais.

FOLHA DE TRABALHO 7.11

Meu experimento comportamental

Instruções: comece escrevendo um pensamento ou crença ansiosa que você pretende testar com sua tarefa de exposição. A seguir, descreva como você conduzirá o exercício de exposição. Use a tabela de duas colunas para registrar o que aconteceu quando você fez a exposição. Na coluna da esquerda, liste qualquer experiência durante a exposição que confirmou ou validou o pensamento/crença ansiosa. Na coluna da direita, registre as eventuais experiências durante a exposição que contradisseram ou refutaram o pensamento/crença ansiosa. A partir de sua experiência de exposição, escreva uma forma alternativa de pensar que seja mais equilibrada, realista e útil do que o pensamento/crença ansiosa.

1. Pensamento/crença ansiosa relacionada à tarefa de exposição: _____

   _____

2. Descrição da tarefa de exposição: _____

   _____

Evidências a favor do pensamento/crença ansiosa (O que aconteceu durante a exposição que confirmou seu pensamento/crença ansiosa?)	Evidências contra o pensamento/crença ansiosa (O que aconteceu durante a exposição que refutou seu pensamento/crença ansiosa?)
1.	1.
2.	2.
3.	3.
4.	4.
5.	5.
6.	6.
7.	7.

3. Qual seria uma forma alternativa de pensar mais coerente com sua experiência de exposição? _____

   _____

Experimento comportamental de Gerard

1. Pensamento/crença ansiosa relacionada à tarefa de exposição: Se eu entrar em um super-mercado lotado, minha ansiedade será tão intensa que eu não vou aguentar. Ficarei frustrado, irritado e perderei o controle. Vou assustar as pessoas no supermercado.

2. Descrição da tarefa de exposição: Entrarei em um supermercado grande às 16h de uma sexta-fei-ra à tarde. Irei com minha esposa, e pretendo ficar 30 minutos, até terminarmos de fazer as compras. Vou empurrar o carrinho de compras enquanto ela coloca os produtos nele. Acabaremos passando pela fila do caixa juntos.

Evidências a favor do pensamento/crença ansiosa (O que aconteceu durante a exposição que confirmou seu pensamento/crença ansiosa?)	Evidências contra o pensamento/crença ansiosa (O que aconteceu durante a exposição que refutou seu pensamento/crença ansiosa?)
1. Como esperado, minha ansiedade estava muito alta quando entrei na loja e permaneceu assim até eu sair.	1. Não tive um ataque de pânico, o que me surpreendeu.
2. Fiquei muito frustrado e com raiva porque as pessoas eram muito agressivas com seus carrinhos.	2. Não bati no carrinho de compras de ninguém, e mais tarde perguntei à minha esposa e ela disse que não fui rude com ninguém.
3. A fila do caixa era bastante longa e eu estava ficando impaciente. Fui bastante incisivo com a operadora de caixa quando chegamos até ela.	3. Consegui passar por toda a sessão de compras, portanto resisti à ansiedade melhor do que esperava.
4. Minha esposa percebeu que eu estava muito desconfortável e ficou perguntando "Você está bem?".	4. Por pior que eu me sentisse, ninguém reparou em mim. Todos pareciam muito preocupados com suas compras ou olhando seus celulares.
5. Eu me senti muito ansioso e "arisco"; era quase tão ruim quanto os momentos em que eu fazia patrulhas a pé no Afeganistão.	5. Sinceramente, senti muito mais medo no Afeganistão do que no supermercado. A diferença é que minha ansiedade no supermercado não faz sentido.
6.	6. A narrativa de enfrentamento cognitivo, a respiração focada e a permanência no presente me ajudaram a suportar a ansiedade.
7.	7. A ansiedade diminuiu um pouco no final das compras no supermercado, mas não chegou a desaparecer completamente.

3. Qual seria uma forma alternativa de pensar mais coerente com sua experiência de ex-posição? Não há dúvida de que eu consigo suportar a ansiedade melhor do que penso e que estou mais controlado do que sinto. Por dentro, me sinto fora de controle, mas está claro que não estou perdendo o controle das minhas ações e ninguém parece notar o que está acontecendo dentro de mim.

Exposição à expectativa

Um processo conhecido como *aprendizagem associativa aversiva* é fundamental no desenvolvimento do medo e da ansiedade.[33] Essa expressão pode parecer um pouco complicada, mas ela apenas significa que os problemas de ansiedade se desenvolvem quando aprendemos, por meio de experiências repetidas, que certos estímulos (situações, o desconhecido, sensações corporais ou pensamentos inesperados) provocam certos sentimentos (como agitação física) e comportamentos (como esquiva). A aprendizagem associativa aversiva fica evidente no exemplo a seguir.

O problema de ansiedade de Brigitte era um medo paralisante de ficar doente. Ela repetidamente se olhava no espelho para ver se estava corada ou perguntava aos colegas de trabalho se eles achavam que ela não parecia bem. Os pais de Brigitte também se preocupavam com doenças, então, na infância, fazia-se um grande alvoroço sempre que ela se sentia mal. Experiências repetidas de dores de estômago, febre baixa e coisas semelhantes resultaram em transtornos emocionais na família. Através da repetição, Brigitte aprendeu que qualquer dor inesperada era ameaçadora, e por isso ela desenvolveu uma intensa resposta de medo a qualquer mínima sensação de mal-estar. Mas Brigitte aprendeu outra coisa através desse processo. Ela começou a fazer previsões como "Se meu estômago estiver embrulhado, isso significa que estou gripada e passarei a próxima semana de cama". Chamamos isso de *expectativa*. Brigitte desenvolveu a expectativa de que mesmo sensações físicas mínimas podem resultar em uma doença assustadora. Mas sua expectativa era claramente exagerada e causava muita ansiedade em sua vida.

Nos últimos anos, surgiu uma versão mais recente da teoria da aprendizagem, chamada *aprendizagem inibitória*.[32] Um aspecto dessa nova teoria é especialmente relevante aqui. Chama-se *quebra de expectativa*. Funciona assim: Brigitte desenvolveu a expectativa de que se sentir mal pode ser um sintoma de uma doença mais grave. Isso elevava seu nível de ansiedade. Se pensasse mais profundamente sobre suas experiências de ansiedade, Brigitte descobriria que, na maioria das vezes, seus sintomas físicos leves não antecediam uma doença grave. Eles simplesmente desapareciam quando ela se ocupava com seu dia, comia alguma coisa ou descansava. Essas experiências seriam contrárias à sua expectativa de que "sintomas leves significam que estou ficando gravemente doente". Ou seja, as experiências "quebram" a expectativa catastrófica de doença de Brigitte. O próximo exercício mostra como incluir a *violação de expectativa* em seu plano de exposição.

EXERCÍCIO DE INTERVENÇÃO **Exposição à quebra de expectativa**

Este exercício se baseia no que você aprendeu sobre exposição nos exercícios anteriores. Desta vez, porém, você modificará o protocolo de exposição para que ele teste uma expectativa ou previsão específica associada a uma experiência de ansiedade. Use a Folha de trabalho 7.12, Meu formulário de exposição à expectativa, para fazer com que a quebra de expectativa seja parte de seu plano de exposição. Comece descrevendo a tarefa de exposição que você planeja executar. A seguir, descreva o que você espera que aconteça quando você fizer a exposição. Provavelmente você espera que a exposição não corra bem, e é por isso que você evitou fazê-la até agora. Sua expectativa negativa incluirá como você espera se sentir e se comportar durante a exposição. O terceiro item pede que você registre exatamente o que aconteceu durante a tarefa de exposição. A pergunta final se concentra no que você aprendeu com a exposição e se ela confirmou ou refutou sua expectativa negativa. Que nova percepção ou entendimento você pode tirar da exposição?

Poderíamos facilmente transformar o experimento comportamental de Gerard em uma tarefa de exposição à expectativa. A tarefa de exposição permaneceria a mesma (ver item 2 do exemplo de experimento comportamental de Gerard). A expectativa negativa de Gerard era "Eu ficarei sobrecarregado pela ansiedade e terei que sair do supermercado em 5 ou 10 minutos, antes que eu perca o controle". Ele então descreveria o que realmente aconteceu durante sua exposição de 30 minutos ao supermercado. Para a terceira pergunta do Formulário de exposição à expectativa, ele poderia escrever: "Estou surpreso por ter ficado 30 minutos completos. A ansiedade foi intensa no início, mas melhorou um pouco no final. Não perdi o controle, não tive um ataque de pânico e ninguém prestou atenção em mim". Em resposta à pergunta final, Gerard poderia concluir: "A ansiedade era grande, mas eu a suportei melhor do que esperava. Talvez o problema seja que eu sinta que estou perdendo o controle por dentro, mesmo que por fora pareça que estou conseguindo me controlar. Aposto que, com a prática, posso chegar ao ponto de fazer compras sozinho e me sentir apenas desconfortável, mas não em pânico".

ENFRENTAMENTO MAIS SAUDÁVEL

Habilidades cognitivas que transformam seu pensamento ansioso (Capítulo 6) e intervenções baseadas em exposição (este capítulo) são os principais tratamentos da TCC para ansiedade. Mas há outras estratégias que podem ser úteis ao trabalhar no seu problema de ansiedade. Infelizmente, as limitações de espaço não nos permitem pormenorizar essas intervenções, mas listamos algumas delas para sua informação. Você deve usar essas estratégias apenas para ajudá-lo a lidar com a ansiedade grave despertada durante a exposição. Elas podem minar a

FOLHA DE TRABALHO 7.12

Meu formulário de exposição à expectativa

Instruções: comece descrevendo uma tarefa de exposição específica retirada de sua hierarquia de exposição. A seguir, escreva uma previsão com base no que você imagina que acontecerá quando começar a se envolver na tarefa de exposição. A terceira pergunta pede que você registre o que realmente aconteceu durante a exposição. Use a última pergunta para escrever o que você aprendeu com a experiência de exposição.

1. Descrição da tarefa de exposição: _____

    _____

    _____

    _____

    _____

2. O que você teme que aconteça se você fizer a tarefa de exposição? Qual é o desfecho ruim ou a pior experiência que você imagina que poderia acontecer durante a exposição? _____

    _____

    _____

    _____

    _____

3. Descreva resumidamente o que aconteceu durante a sua tarefa de exposição, como você se sentiu, o que você fez e como os outros o trataram. _____

    _____

    _____

    _____

    _____

4. O que você aprendeu ao fazer a exposição? Foi tão ruim quanto você esperava (ver item 2)? A experiência foi menos difícil do que você esperava? Em caso afirmativo, de que forma? Você conseguiu lidar melhor com a ansiedade do que você esperava? ____

    _____

    _____

    _____

    _____

eficácia da exposição se forem usadas para evitar sentir-se ansioso. Além disso, todas essas estratégias de enfrentamento são habilidades aprendidas que requerem considerável prática antes que possam ser usadas durante um período de ansiedade aguda.

1. **Relaxamento:** conforme observado anteriormente, a excitação física é um dos principais componentes da ansiedade grave. Com frequência, os terapeutas de TCC ensinam técnicas de relaxamento para que os indivíduos que estejam altamente ansiosos possam aprender a atenuar os sintomas físicos da ansiedade. Uma dessas abordagens, chamada *relaxamento muscular progressivo*, envolve intencionalmente retesar e depois liberar grupos musculares específicos.[4] Após a prática repetida, o número de grupos musculares é reduzido para que o indivíduo possa, por fim, retesar e relaxar todo o corpo em alguns segundos. Uma segunda técnica envolve perceber a tensão em partes específicas do corpo e depois aliviá-la.[34]

2. **Respiração controlada:** há uma tendência automática de respirar de forma rápida e superficial ao sentir ansiedade grave. Às vezes isso pode ser tão extremo que a pessoa hiperventila, o que geralmente acontece durante um ataque de pânico. A *respiração diafragmática* é uma técnica usada para combater os efeitos negativos da respiração rápida e superficial. Ela envolve respirar normalmente pelo nariz em um ritmo de quatro segundos de inspiração (contando 1-2-3-4) e expiração (contando 1-2-3-4).[35]

3. **Meditação:** há evidências de que a meditação pode ser eficaz no tratamento de problemas de ansiedade.[36] O treinamento da atenção é considerado um processo importante para que a meditação possa reduzir a ansiedade. Por essa razão, há uma sobreposição considerável entre meditação e *mindfulness*, de modo que a *meditação mindfulness* é o tipo mais comum de meditação usada no tratamento de problemas de ansiedade. Outra variação é a *meditação da bondade amorosa*, que envolve atenção focada em uma imagem escolhida de uma pessoa compassiva que expressa aconchego, carinho, amor e aceitação em relação a você durante a meditação.

4. *Mindfulness:* envolve adotar uma abordagem passiva e isenta de julgamento, na qual você se torna um observador atento de seus pensamentos e sentimentos no momento, sem qualquer tentativa de mudar sua experiência interior.[37] *Mindfulness* é uma habilidade com a qual os indivíduos aprendem a se distanciar de seus pensamentos ansiosos, independentemente da gravidade dos seus sintomas. É semelhante a observar os pensamentos de ameaça e vulnerabilidade que passam por sua mente como alguém que está assistindo a um desfile.

5. **Atividade física:** no Capítulo 5, você aprendeu que um programa de exercícios físicos regulares é eficaz para reduzir a ansiedade e melhorar a tolerância aos seus sintomas. Isso significa que manter a aptidão física pode ser uma estratégia de enfrentamento útil para ansiedade. Além disso, muitas pessoas ficam agitadas, impacientes e facilmente frustradas quando sentem ansiedade grave. Aprender a desacelerar, moderar seu ritmo e focar a tarefa em questão é uma forma eficaz de combater os efeitos crescentes da ansiedade grave.

O PRÓXIMO CAPÍTULO

A maneira como agimos tem um grande impacto em nossos problemas de ansiedade. Se formos intolerantes à ansiedade, optarmos pela fuga/esquiva, buscarmos segurança e confiarmos em estratégias de enfrentamento prejudiciais, nosso problema de ansiedade se agravará. Mas isso não precisa acontecer. No início deste capítulo, você foi lembrado de ocasiões em que exerceu coragem. Você não perdeu essa coragem. Talvez ela esteja adormecida há algum tempo, mas é hora de ressuscitá-la mais uma vez. Com coragem, você pode usar intervenções baseadas em exposição para aumentar sua tolerância à ansiedade. E, com a tolerância renovada, você sentirá uma melhora significativa em sua ansiedade problemática.

As formas como pensamos (Capítulo 6) e como lidamos com as situações (Capítulo 7) não são os únicos fatores que contribuem para os problemas de ansiedade. A preocupação, tema de nosso próximo capítulo, é um terceiro fator que amplifica os problemas de ansiedade. No Capítulo 8, você conhecerá os efeitos tóxicos da preocupação excessiva e entenderá como ela contribui para todos os tipos de ansiedade problemática. A preocupação é um hábito difícil de abandonar, mas, assim como para fuga/esquiva, existem habilidades específicas de TCC que podem melhorar o autocontrole sobre a mente preocupada.

8

Assuma o controle de sua mente preocupada

Makayla é uma "bolha de preocupações", ou ao menos essa é a reputação que ela tem entre seus amigos, familiares e colegas de trabalho. Desde o ensino médio, ela se preocupa com a possibilidade de uma iminente desgraça. Atualmente, ela se preocupa com tudo e qualquer coisa – sua própria saúde e a de seu marido, a volatilidade em seus investimentos financeiros e a ameaçadora perspectiva de aposentadoria, seu desempenho profissional, a gravidez de sua nora, a busca de seu caçula por um novo emprego, os planos de reformar um banheiro. Mesmo tarefas rotineiras como os afazeres domésticos podem desencadear uma nova onda de preocupações. Ela tentou uma série de intervenções ao longo dos anos, desde antidepressivos e tranquilizantes até sessões repetidas com diversos profissionais de saúde mental, mas nada resolveu o problema da preocupação. Com o passar dos anos, sua preocupação também aumentou, e agora Makayla se sente presa, com a preocupação lhe roubando o que prometiam ser "os melhores anos da minha vida".

A preocupação é a característica central do transtorno de ansiedade generalizada (TAG), mas ela também está presente na maioria dos outros problemas de ansiedade. Se você tem ansiedade grave em situações sociais, você provavelmente se preocupa com o que as outras pessoas pensam de você. Se você tem ataques de pânico, você provavelmente se preocupa em ter outro ataque. E se você tem ansiedade em relação à saúde, você se preocupa com a possibilidade de ter uma doença potencialmente fatal que não foi detectada. A preocupação é uma parte tão importante de muitos tipos de ansiedade que a chamamos de *processo transdiagnóstico*. É por isso que reservamos à preocupação um capítulo próprio. Seja qual for o seu problema de ansiedade, se você se preocupa, você deve dedicar algum tempo a este capítulo.

Todos nós nos preocupamos com uma decisão importante, o gerenciamento de um problema ou alguma calamidade que poderia acontecer no futuro. É bastante normal se preocupar. A vida está repleta de possibilidades ruins ou ameaçadoras, portanto faz sentido estar preparado para o pior. O provérbio "Prepare-se para o pior, mas espere o melhor" capta a essência da preocupação. A preocupação consiste em pensar em possibilidades sérias e ameaçadoras no futuro e depois elaborar um plano para lidar com elas.

Infelizmente, às vezes a preocupação sai do controle. Quando ela se estende por horas, ocorre na maioria dos dias e se espalha por quase todos os aspectos de sua vida, ela se torna problemática. Às vezes, mesmo se esforçando ao máximo, você não consegue controlá-la, e a preocupação se fixa em sua mente. Você pode se sentir em uma espiral descendente de ansiedade e desespero graves. Logo você percebe que a preocupação se torna um hábito mental, um modo de pensar que torna impossível levar uma vida saudável e gratificante. Trata-se de preocupação excessiva, o tópico deste capítulo. Quando a preocupação se torna excessiva, apresentamos outros sintomas de ansiedade problemática, tais como:

> A **preocupação** é uma cadeia de pensamentos persistentes, repetitivos e difíceis de controlar que volta para possibilidades negativas ou ameaçadoras. Ela envolve ensaiar várias formas de resolver problemas na tentativa de reduzir um elevado senso de incerteza a respeito de uma possível ameaça.

- Dificuldade de concentração
- Aumento da irritabilidade
- Fadiga durante o dia
- Tensão muscular aumentada
- Problemas frequentes com o sono
- Agitação, inquietação e sensação de estar no limite

Nas últimas três décadas, os pesquisadores em saúde mental aprenderam muito sobre preocupação. Com base em seus *insights*, oferecemos um tipo especial de TCC que tem como alvo os processos cognitivos e comportamentais responsáveis pela preocupação descontrolada.

PREOCUPAÇÃO ÚTIL *VERSUS* PREJUDICIAL

Vamos iniciar examinando o que torna a preocupação útil ou prejudicial para que você possa descobrir o que chamamos de "ponto ideal" da preocupação. Você aprenderá a avaliar sua preocupação e usar cinco intervenções personalizadas de TCC que proporcionam melhor controle sobre sua mente preocupada.

Preocupação útil

Quando a preocupação é útil, você pode até pensar muito sobre um problema significativo e tudo que pode dar errado em relação a ele, mas você é capaz de aceitar que não pode ter certeza do futuro. Seu pensamento sobre o problema leva à crença de que você será capaz de enfrentá-lo caso ele ocorra. Na CT-R, a preocupação útil é considerada adaptativa: uma expressão da sua forma mais positiva de pensar. Ela aumenta a autoconfiança ao focar sua atenção no que pode ser controlado na busca de seus objetivos mais estimados, ao mesmo tempo que aceita as incertezas do futuro.

O marido de Makayla, Richard, tinha quase 60 anos, sofria de hipertensão, estava acima do peso e tinha histórico familiar de doença cardíaca. Se Makayla se preocupasse com a saúde de Richard de uma forma útil, ela poderia pensar em todas as maneiras de encorajar e apoiar os esforços dele para desenvolver um estilo de vida mais saudável. Ao mesmo tempo, ela reconheceria a incerteza da vida, percebendo que uma vida mais saudável reduz o risco de morte prematura, mas não pode garantir longevidade a ninguém. Ela não conseguiria imaginar a vida sem Richard, mas também saberia que, como a maioria das mulheres, algum dia provavelmente precisará lidar com a viuvez. Preocupar-se com a saúde de Richard dessa forma permitiria que Makayla desviasse sua atenção dos "e se" do futuro para o que está acontecendo hoje.

Preocupação prejudicial

A preocupação prejudicial, ou problemática, envolve processos que levam a um desfecho diferente se comparado com o da preocupação útil. No caso da preocupação prejudicial, o indivíduo pensa repetidamente sobre o pior desfecho possível para um problema percebido, ensaiando reações que possam diminuir a probabilidade ou o impacto desse pior cenário possível. Todas essas respostas são rejeitadas como inadequadas, e a pessoa fica com uma sensação incômoda de incerteza quanto ao futuro. Para uma pessoa com problema de ansiedade, esse tipo de preocupação pode parecer tão natural quanto respirar. É um produto da mente preocupada e uma expressão do modo autoprotetor. Isso significa que a preocupação prejudicial está inteiramente focada em minimizar a possibilidade de ameaça e perigo, sem aceitar as incertezas do futuro. Ela não aumenta a autoestima, pois não dá à pessoa uma noção do que pode ser controlado para alcançar objetivos importantes. Ela contribui significativamente para a ansiedade grave ao:

· Garantir atenção seletiva a pensamentos de ameaça e perigo.
· Reforçar uma sensação de impotência pessoal.
· Aumentar a sensação de incerteza devido à preocupação com o futuro.
· Funcionar como uma estratégia para evitar o medo central subjacente aos problemas de ansiedade.

Em vez de usar sua preocupação para planejar como poderia promover a saúde de Richard, ao longo do dia Makayla se lembrava muitas vezes de seu estilo de vida pouco saudável e de seu risco de infarto, ficando obcecada com a ideia de ele sofrer um infarto e ela não conseguir chegar ao hospital a tempo de salvá-lo. Ela imaginava o recebimento da notícia de sua morte, seu funeral e depois a vida sem Richard. Ela pensava em todas as formas pelas quais tentara fazê-lo mudar seus hábitos, perder peso e fazer exercícios, mas ele não lhe dera ouvidos. Makayla sentia como se estivesse vivendo com uma bomba-relógio armada para explodir a qualquer momento. A constante torrente de pensamentos hipotéticos ("e se") estava se tornando maior do que Makayla era capaz de suportar.

A preocupação prejudicial de Makayla parece familiar? Nesse caso, saiba que não precisa ser assim – você pode substituir as formas de preocupação prejudiciais por outras mais úteis.

CONTEÚDO DA PREOCUPAÇÃO

Os pensamentos, ideias e lembranças que compõem nossa experiência mental de preocupação são exclusivos de cada pessoa. Chamamos isso de *conteúdo da preocupação*, e aquilo com que você se preocupa depende muito da sua personalidade e das circunstâncias de sua vida. Não há duas pessoas que tenham exatamente o mesmo conteúdo de preocupação, mas existem alguns temas comuns que permeiam todas as preocupações. Esses temas podem variar de tarefas diárias mais triviais (como chegar a um salão de beleza na hora marcada) e tragédias pessoais muito significativas (ter uma doença terminal) até os principais assuntos mundiais (não conseguir lidar com as alterações climáticas). Quer você tenha preocupações úteis ou prejudiciais, reserve um momento para considerar qual dos seguintes temas de preocupação são mais relevantes para você.

> EXERCÍCIO DE AVALIAÇÃO **Temas de preocupação**
>
> A Folha de trabalho 8.1 apresenta uma lista de preocupações comuns. Leia essa lista e considere se cada preocupação tem alguma relevância ou significado pessoal. Para as preocupações que são pessoalmente relevantes, determine se você pensa repetidamente sobre elas de uma forma útil, que leve a alguma decisão ou ação construtiva. As preocupações relevantes restantes podem causar mais ansiedade porque você tem dificuldade em pensar nelas de uma forma construtiva. Essas são as preocupações que serão o foco do seu trabalho neste capítulo.

Você constatou uma mescla de preocupações úteis e prejudiciais? Esse foi o caso de Makayla. Várias das categorias foram associadas a preocupações prejudiciais, como saúde e segurança de familiares e amigos, finanças, desempenho no trabalho e responsabilidades menores. Entretanto, Makayla também descobriu que havia problemas que a preocupavam de uma forma mais útil, como sua

FOLHA DE TRABALHO 8.1

Avaliando temas de preocupação comuns

Instruções: ao lado de cada preocupação, escreva *útil* se ela for uma questão sobre a qual você pensa de uma forma útil ou produtiva. Ou seja, você costuma pensar sobre essa questão, mas ela não lhe causa muita ansiedade. Escreva *prejudicial* ao lado das questões sobre as quais você pensa de maneira inútil. Esse tipo de preocupação é incontrolável e está associada a considerável ansiedade. Se você raramente pensa sobre uma questão específica, deixe em branco.

_____ Relacionamento íntimo (amoroso)

_____ Aparência física

_____ Relacionamentos familiares (filhos, pais, irmãos)

_____ Envelhecimento (ficar mais velho)

_____ Trabalho/escola (desempenho, segurança no emprego, encontrar um emprego, questões de carreira)

_____ Seu futuro

_____ Finanças

_____ Viagens (dirigir, voar, trens, férias)

_____ Sua saúde física (enfermidade, doença, lesão, condicionamento físico, peso)

_____ Saúde do animal de estimação

_____ Sua saúde mental (emoções indesejadas, comportamento)

_____ Espiritualidade/religião (questões de fé, moralidade e consciência)

_____ Saúde e segurança da família, dos amigos

_____ Responsabilidades menores (ser pontual, reparos/limpeza da casa, marcar compromissos)

De *The Anxiety and Worry Workbook, Second Edition* (Guilford Press, 2023). Acesse a página do livro em loja.grupoa.com.br e faça o *download* desta folha de trabalho.

aparência física, envelhecimento e viagens. Embora ela pensasse nessas coisas com frequência, geralmente o fazia de uma maneira que a levava a algumas decisões ou ações construtivas, bem como a uma aceitação do que poderia ou não poderia ser alterado. Você ficou surpreso ao constatar que não se preocupa excessivamente com tudo? Houve questões que você associou a preocupação excessiva, mas outras que você deixou em branco por não lhe causarem nenhuma preocupação? Você constatou que se preocupa de uma forma útil em relação a vários interesses pessoais?

SUA PREOCUPAÇÃO É PREJUDICIAL OU ÚTIL?

Uma melhor compreensão da sua preocupação começa por saber se você tende a se preocupar de maneira útil ou prejudicial. A Tabela 8.1 apresenta as características que definem a preocupação prejudicial e a útil.

TABELA 8.1 Características da preocupação prejudicial e da útil

Preocupação prejudicial	Preocupação útil
Foco em cenários hipotéticos distantes e imaginados	Foco em problemas mais imediatos e realistas
Foco em problemas imaginários sobre os quais você tem pouco controle ou influência	Foco em problemas iminentes sobre os quais você tem algum controle ou influência
Tendência de focar no quanto você se sentiria chateado se aquilo que o preocupa realmente acontecesse	Maior foco na resolução da questão que o preocupa
Falha em aceitar qualquer solução para a preocupação porque ela não pode garantir êxito	Capacidade de experimentar e avaliar soluções menos que perfeitas para a preocupação
Busca incansável por uma sensação de segurança e certeza sobre o desfecho imaginado	Disposição para tolerar riscos e incertezas razoáveis
Foco muito estreito e exagerado na ameaça imaginada ou no pior cenário possível (ou seja, catastrofização)	Foco mais amplo e equilibrado em todos os aspectos da preocupação; capacidade de reconhecer os aspectos positivos, negativos e benignos da situação
Sentimento de impotência para lidar com a situação de inquietação	Maior grau de autoconfiança em sua capacidade de lidar com a situação de preocupação
Altos níveis de ansiedade ou angústia	Baixa ansiedade ou angústia

Baseado em *Cognitive Therapy of Anxiety Disorders* (Guilford Press, 2010, p. 427), de David A. Clark e Aaron T. Beck.

Toda preocupação é com o futuro e com o que pode acontecer. A preocupação pode ser entendida como pensamento do tipo "e se", em que há uma tentativa de encontrar uma resposta que proporcione uma sensação de certeza ou conforto sobre possibilidades imaginadas. Mas é aí que terminam as semelhanças entre a preocupação prejudicial e a útil. Como observado anteriormente, a preocupação prejudicial é excessivamente focada na autoproteção, enquanto a preocupação útil está focada na autoexpansão, ou seja, adaptação e planejamento para atingir objetivos. Você pode ver essas diferenças nas características listadas na Tabela 8.1. A preocupação prejudicial concentra-se em possibilidades exageradas de ameaça e se empenha em obter um nível inatingível de segurança e certeza sobre o futuro. A preocupação útil tende a considerar problemas enraizados no presente, com menos foco nos piores desfechos possíveis e na necessidade de saber com certeza se a catástrofe acontecerá ou não.

Vejamos a maneira de Makayla pensar sobre a reforma de um banheiro como um exemplo dos dois tipos de preocupação. A experiência de preocupação prejudicial de Makayla envolveu longos períodos de fixação em possibilidades altamente negativas: "E se os empreiteiros que contratamos forem incompetentes e não fizerem um bom trabalho?", "E se eles não entenderem o que queremos e acabarmos odiando a reforma?", "E se eles iniciarem e depois se ausentarem por semanas a fio para fazer outros trabalhos?", "E se ultrapassarmos nosso orçamento?". Ela tentou combater seu pensamento catastrófico ensaiando mentalmente várias estratégias para lidar com os empreiteiros, de forma a garantir que eles cumpririam seu cronograma, fariam o trabalho de maneira satisfatória e não estourariam o orçamento. Mas nada parecia adiantar, e ela acabou com uma sensação desagradável na barriga sugerindo que todo o projeto seria um desastre. Ela tentou parar de se preocupar lembrando a si mesma de que era apenas uma reforma no banheiro e tudo ficaria bem, porém não conseguiu se convencer. Ela começou a achar que sua preocupação descontrolada com assuntos tão corriqueiros estava afetando sua saúde e que ela acabaria tendo um "colapso nervoso" ou, pior, um infarto devido a todo o estresse.

Se Makayla conseguisse lembrar a si mesma de que reformas quase nunca saem como planejado e que devemos "contar com imprevistos", ela estaria a caminho de uma preocupação útil. Caso tivesse dúvidas sobre o empreiteiro, ela poderia reler uma *checklist* para se lembrar do que tinha feito para contratar a pessoa mais competente (conferiu referências, obteve um orçamento detalhado do trabalho, assinou um contrato e assim por diante). Ela poderia conversar com amigos que tivessem feito reformas semelhantes e aprender a aceitar o risco e a incerteza da contratação de empreiteiros. Ela poderia lembrar a si mesma de que havia muitas coisas em sua casa que ela gostaria de mudar, mas com as quais tinha sido capaz de conviver. Caso não ficasse 100% satisfeita com a reforma do banheiro, ela também poderia conviver com isso. Ela poderia focar o fato de que qualquer benfeitoria seria melhor do que o banheiro atual, com o qual ela havia convivido durante anos. Se os empreiteiros violassem o contrato, ela tinha vias legais para lidar com esse problema. Finalmente, ela poderia reformular o problema e lembrar a si mesma de que um novo banheiro teria pouco impacto em sua satisfação com a vida e seu significado pessoal. Mesmo que ela se sentisse um pouco apreensiva em lançar-se em uma reforma no banheiro neste momento, ela poderia normalizar esses sentimentos e aceitá-los, percebendo que a maioria das pessoas se sente desconfortável quando gasta uma quantia significativa de dinheiro.

Quando se trata de preocupação com um assunto específico, pode ser difícil saber se você está se preocupando de uma forma útil ou prejudicial. Muitas vezes é mais fácil ver essa diferença em relação a outras pessoas do que em relação a você mesmo. O teste a seguir lhe dá a oportunidade de praticar distinguir preocupações úteis e prejudiciais.

Teste: preocupação com o desemprego

A Folha de trabalho 8.2 apresenta duas pessoas que tinham formas diferentes de se preocupar com o desemprego. Ambas enfrentaram a possibilidade de perder o emprego devido à redução de pessoal. Você vai encontrar uma breve descrição indicando como cada pessoa se preocupava com o fato de estar desempregada. Usando as características listadas na Tabela 8.1, defina qual pessoa demonstrou preocupação prejudicial ou preocupação útil. Quais são os fundamentos de sua escolha?

Você achou que a preocupação de Jin com o desemprego era prejudicial e a de Katya era mais útil? Observe que, quando Jin se preocupava com seu emprego, tinha muitos pensamentos do tipo "e se" sobre os piores desfechos possíveis. Ele ficou pensando em ficar desempregado por meses, em como se sentiria mal durante esse período sem trabalho e como suas buscas por trabalho seriam inúteis devido a uma realidade econômica que estava além do seu controle. Você pode ver sua ansiedade e sua preocupação aumentarem nesse cenário devido à sua dificuldade de tolerar a incerteza da sua situação profissional.

A preocupação de Katya teve uma abordagem mais prática e de resolução de problemas para o possível desemprego. Observe que ela estava muito mais focada no presente do que no futuro. Ela imaginava o que poderia fazer no momento para se preparar para uma possível perda de emprego no futuro próximo. Ela não focou em suas emoções, ou seja, em como se sentiria mal sem emprego. Em vez de pensar o pior (ficar em casa entediada, infeliz e desanimada), ela pensou nas várias opções que lhe seriam oferecidas se logo perdesse o emprego. Katya foi melhor em abraçar o desconhecido, a incerteza do futuro. Como desfecho, sua preocupação resultou na resolução de problemas e na preparação, e não em um sentimento avassalador de ameaça e derrota.

Ao pensar em seus momentos de preocupação, você é um Jin ou uma Katya? A preocupação se concentra em situações, problemas e questões que são importantes para nós. Por causa disso, nossas preocupações concentram-se em algumas áreas ou domínios da vida, como saúde, família, relacionamentos, trabalho/escola, segurança, comunidade e questões espirituais/morais. Você tem preocupações em relação a um ou mais desses domínios da vida?

EXERCÍCIO DE AVALIAÇÃO   **O que me preocupa**

O exercício da Folha de trabalho 8.3 pede que você pense sobre 10 aspectos do viver chamados *domínios da vida* e considere se você tem uma preocupação específica em cada um deles. Em caso afirmativo, indique se a preocupação é útil ou prejudicial.

FOLHA DE TRABALHO 8.2

Teste sobre preocupações prejudiciais/úteis

Instruções: leia cada cenário de preocupação e defina se a preocupação da pessoa é útil ou prejudicial. Explique por que você acha que a preocupação é prejudicial ou útil no espaço fornecido.

A preocupação de Jin

Jin trabalha há vários anos em uma loja de varejo no *shopping*. Ele ouviu um boato de que a matriz poderia fechar a loja em que ele trabalha. Isso foi há um mês, e desde então ele não consegue parar de pensar nisso. Ele fica pensando em perder o emprego e em ficar desempregado por meses. Ele imagina muitas horas de tentativas vãs de encontrar trabalho, mas, com uma economia fraca, os empregos no varejo estão escassos. Ele pensa no quanto é horrível estar desempregado. Ele fica perguntando aos colegas de trabalho se há alguma notícia da matriz, mas não há nenhuma. Ele está mais consciente da queda no número de clientes e sente sua ansiedade aumentar em dias de pouco movimento. Jin quase não consegue pensar em mais nada além de seu iminente desemprego e como sua vida está prestes a ficar ruim.

A preocupação de Jin é útil ou prejudicial? Por quê? _____

_____

_____

A preocupação de Katya

Katya recém começou a trabalhar em uma loja de varejo no *shopping*. Um dia, um colega de trabalho contou-lhe um boato de que a matriz poderia fechar a loja. A princípio Katya ficou ansiosa com a possibilidade de ter que procurar trabalho novamente. Ela já havia ficado desempregada antes e certamente foi um momento difícil em sua vida. A economia atual não andava bem e os empregos no varejo estavam escassos. Mas daí ela começou a pensar nas estratégias que usou no passado para encontrar trabalho. Ela conseguiu lembrar que sempre encontrou emprego, embora às vezes tivesse demorado bem mais do que ela gostaria. Ela decidiu que, em vez de esperar a loja fechar, começaria a procurar emprego desde já. Sabe-se lá. Talvez ela encontrasse um emprego ainda melhor ou alguma coisa que a segurasse até que algo melhor aparecesse. Ou talvez fosse hora de voltar a estudar. Katya passou muito tempo pensando em seu futuro e considerando se aquele era um bom momento para dar um passo significativo em sua trajetória profissional.

A preocupação de Katya é útil ou prejudicial? Por quê? _____

_____

_____

FOLHA DE TRABALHO 8.3

Minha preocupação nos domínios da vida

Instruções: anote suas preocupações atuais em cada domínio. Se você tiver mais de uma preocupação em um domínio, liste todas elas. Se você não tiver nenhuma preocupação em um determinado domínio, deixe-o em branco. Depois de cada preocupação, escreva entre parênteses se a preocupação é "útil" ou "prejudicial". Baseie essa distinção nos critérios da Tabela 8.1. Faça várias cópias da folha de trabalho se precisar de mais espaço.

Preocupação	Rótulo de útil ou prejudicial
1. Saúde (própria):	
2. Saúde (família, amigos):	
3. Preocupações com segurança (própria, dos filhos, da família):	
4. Trabalho ou escola:	
5. Finanças:	
6. Relacionamentos íntimos:	
7. Outros relacionamentos (família, amizades, colegas de trabalho, etc.):	
8. Assuntos menores (marcar compromissos, realizar tarefas diárias, etc.):	
9. Comunidade, assuntos mundiais (aquecimento global, ataques terroristas, etc.):	
10. Assuntos espirituais:	

O que você aprendeu sobre sua preocupação? Você está focado em apenas uma ou duas áreas da sua vida, como saúde ou relacionamento íntimo? Ou você se preocupa com a maioria das coisas na vida? Quando você avaliou sua preocupação em relação aos critérios da Tabela 8.1, você constatou que toda a sua preocupação é útil, prejudicial ou uma mistura das duas coisas? Este capítulo é sobre preocupações prejudiciais. Portanto, se várias das suas preocupações listadas na Folha de trabalho 8.3 são problemáticas e fazem com que você se sinta ansioso, não se desespere! O restante deste capítulo foi escrito para você. Ele mostra como abandonar suas preocupações prejudiciais e adotar maneiras mais eficazes de lidar com um futuro incerto.

O QUE TORNA A PREOCUPAÇÃO PREJUDICIAL

Assim como Makayla, muitas pessoas se preocupam muito com muitas coisas diferentes. Se você está entre elas, você deve estar se perguntando por que sua preocupação se tornou incontrolável e faz com que você se sinta tão ansioso.

As pessoas são mais propensas a sentir preocupação e ansiedade generalizada quando há mais estresse em sua vida diária ou quando estão passando por dificuldades significativas na vida.[4] Mas, ainda mais do que as circunstâncias da nossa vida, a forma como processamos os nossos pensamentos de preocupação influenciam o fato de eles serem ou não do tipo prejudicial. A Tabela 8.2 apresenta vários processos de pensamento críticos, que transformam a preocupação que tem uma abordagem útil de solução de problemas em um modo de pensar extremo, incontrolável e prejudicial, que pode promover um estado insuportável de incerteza.

> EXERCÍCIO DE AVALIAÇÃO **Descubra seus processos de preocupação prejudiciais à saúde**
>
> Você consegue ver como as formas de pensar da Tabela 8.2 poderiam transformar as preocupações listadas em Minha preocupação nos domínios da vida (Folha de trabalho 8.3) em um modo de pensar prejudicial e ansioso? A Folha de trabalho 8.4 lhe dá a oportunidade de identificar o papel que esses processos cognitivos desempenham na criação de preocupações prejudiciais.

Você conseguiu descobrir como sua maneira de pensar sobre as questões da sua vida piorou sua ansiedade e preocupação? Os processos de pensamento que você identificou são responsáveis por fazer com que a preocupação deixe de ser um processo útil e passe a ser prejudicial. Retornaremos a esses processos de pensamento mais adiante neste capítulo, quando apresentarmos as estratégias de TCC que reduzem a preocupação. Essas estratégias têm como alvo muitos dos

TABELA 8.2 Principais características cognitivas da preocupação prejudicial

Processo cognitivo	Explicação	Exemplo
Catastrofização	Foco exclusivo na possibilidade de um desfecho futuro altamente perturbador ou ameaçador (pior cenário possível)	"E se meu filho de 5 anos machucar a cabeça enquanto brinca na escola?"
Maior ansiedade	Sentir sintomas físicos de ansiedade enquanto se preocupa (tensão, inquietação, sensação de nervosismo, náusea)	Quando Makayla pensava na gravidez de sua nora, ela sentia uma crescente tensão em seu corpo e um nó no estômago.
Intolerância à incerteza	Dificuldade em aceitar a incerteza de eventos futuros e, assim, esforçar-se para se tranquilizar de que uma possibilidade temida não vai acontecer	"Não suporto esperar para saber se esta erupção cutânea é um melanoma maligno."
Busca de segurança	Esforçar-se para alcançar uma sensação de segurança, conforto ou alívio de possíveis ameaças ou perigos para si próprio ou para entes queridos	Pedir repetidamente garantias de seu supervisor de que você está desempenhando bem sua função em seu novo emprego.
Falha na resolução de problemas	Tentativas repetidas de preparar uma resposta eficaz a uma possível catástrofe, mas insatisfação com cada possível solução	Você se preocupa com seu filho adolescente, que é rebelde e está se metendo em encrencas, mas tudo o que você pensa em fazer a respeito do problema parece não dar certo.
Busca pela perfeição	Tentativas de encontrar uma solução perfeita para a possível ameaça que trará alívio e uma sensação de segurança ou proteção pessoal	"E se meu cônjuge estiver tendo um caso? Eu preciso abordar isso perfeitamente para que a verdade venha à tona e não destrua o nosso casamento."
Maior esforço de controle	Esforços repetidos para parar de se preocupar que paradoxalmente aumentam a tendência a se preocupar	Ficar dizendo a si mesmo para não ser tão burro e se esforçar mais para parar de se preocupar.
Crenças sobre preocupação prejudiciais à saúde	Ter crenças positivas de que a preocupação é útil, mas também crenças negativas de que ela é prejudicial à sua saúde e bem-estar	"Preocupar-me com a segurança de meu filho é um sinal de que sou uma mãe atenciosa" (crença positiva). "Se eu não parar de me preocupar, vou ter um infarto" (crença negativa).

FOLHA DE TRABALHO 8.4

Minhas características cognitivas de preocupação prejudicial

Instruções: registre três exemplos de preocupações prejudiciais da folha de trabalho anterior. Então, na tabela seguinte, redija uma breve declaração na segunda coluna descrevendo como o processo cognitivo na primeira coluna se expressa em um ou mais desses exemplos de preocupação prejudicial. Se um processo não for relevante, deixe-o em branco.

1. Exemplo de preocupação prejudicial: _____

2. Exemplo de preocupação prejudicial: _____

3. Exemplo de preocupação prejudicial: _____

Nota: as preocupações prejudiciais de Makayla eram em relação à saúde do marido, à procura de emprego do filho e à falta de trabalho doméstico feito em tempo hábil.

Processo cognitivo	Sua experiência do processo cognitivo
Catastrofização	1. _____ 2. _____ 3. _____ *Exemplo de Makayla:* Quando me preocupo com a saúde de Richard, imagino-o tendo um infarto fulminante e morrendo, e minha vida como viúva.
Maior ansiedade	1. _____ 2. _____ 3. _____ *Exemplo de Makayla:* Ao pensar no meu filho procurando trabalho, sinto a tensão em meu corpo aumentar, meu estômago se revira e eu fico nervosa. Ele está tendo tanta dificuldade para encontrar trabalho.

(Continua)

FOLHA DE TRABALHO 8.4 *(Continuação)*

Processo cognitivo	Sua experiência do processo cognitivo
Intolerância à incerteza	1. _____ _____ 2. _____ _____ 3. _____ _____ *Exemplo de Makayla:* Continuo tentando me assegurar de que Richard ficará bem. Eu odeio a incerteza da vida, não saber quando a saúde dele vai acabar, se ele está realmente vivendo "com os dias contados".
Busca de segurança	1. _____ _____ 2. _____ _____ 3. _____ _____ *Exemplo de Makayla:* Continuo dizendo a mim mesma que não há problema em ter uma casa bagunçada; não é nada demais. Então eu saio e assisto a um filme, vou às compras, visito amigos, mas não consigo parar de pensar na bagunça em casa.
Falha na resolução de problemas	1. _____ _____ 2. _____ _____ 3. _____ _____ *Exemplo de Makayla:* Fico pensando em que conselho dar ao meu filho sobre procurar trabalho, mas nada que consigo pensar é satisfatório, e por isso continuo me preocupando que ele nunca vai encontrar um bom emprego.

(Continua)

FOLHA DE TRABALHO 8.4 *(Continuação)*

Processo cognitivo	Sua experiência do processo cognitivo
Busca pela perfeição	1. _____ _____ 2. _____ _____ 3. _____ _____ *Exemplo de Makayla:* Não consigo parar de me preocupar com a casa a menos que esteja perfeitamente limpa e não haja absolutamente nenhuma bagunça. Mas isso dura apenas um momento, porque tenho um marido e um filho bagunceiros morando na mesma casa. Antes que eu perceba, a casa está uma bagunça e eu estou me preocupando em deixá-la mais organizada novamente.
Maior esforço de controle	1. _____ _____ 2. _____ _____ 3. _____ _____ *Exemplo de Makayla:* Continuo dizendo a mim mesma para parar de me preocupar. Eu tento tirar a preocupação da minha cabeça, distraindo-me ou dizendo a mim mesma que tudo ficará bem. Mas, quanto mais eu faço isso, mais me preocupo.
Crenças sobre preocupação prejudiciais à saúde	1. _____ _____ 2. _____ _____ 3. _____ _____ *Exemplo de Makayla:* Se eu me preocupar com a saúde do Richard, ficarei motivada a mantê-lo fiel à dieta e aos exercícios. Mas a preocupação está me deixando tão ansiosa que isso não pode ser bom para mim. Se eu não parar de me preocupar, posso acabar tendo um "colapso nervoso".

processos de pensamento da Tabela 8.2. Antes de discutirmos a avaliação e o tratamento da preocupação, vamos parar um momento para considerar o que mais você precisa saber sobre a mente preocupada.

A MENTE PREOCUPADA

Até agora, fizemos uma distinção entre preocupação útil e preocupação prejudicial. É a preocupação prejudicial que aumenta a ansiedade e nos faz sentir apreensivos quanto ao futuro. Também identificamos oito processos de pensamento que intensificam as preocupações prejudiciais. Vamos reunir todas essas informações e observar como funciona a mente preocupada. Chamamos isso de *modelo de preocupação da TCC*, ilustrado na Figura 8.1.

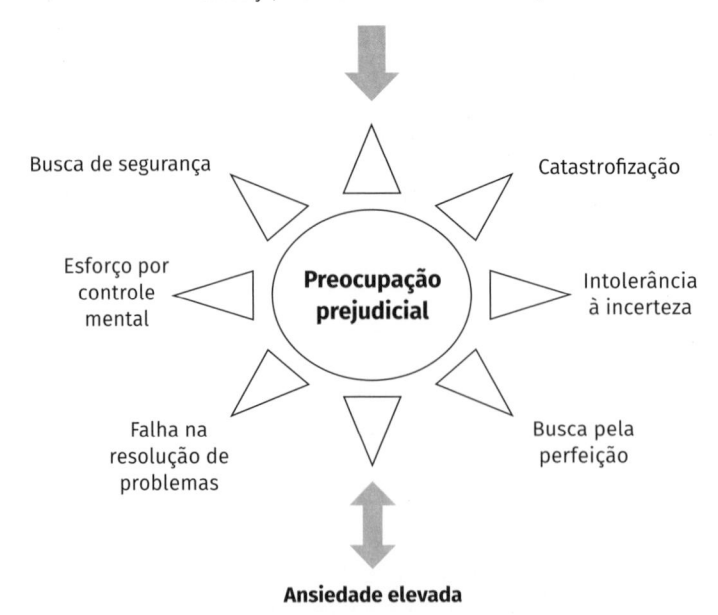

FIGURA 8.1 Modelo de preocupação da TCC.

Como você pode ver, existem quatro elementos principais para a mente preocupada: (1) exposição a gatilhos ou a um estímulo que seja relevante para suas preocupações; (2) ativação de crenças positivas e negativas relacionadas à preocupação; (3) experiência de preocupação prejudicial; e (4) elevação da ansiedade associada. A mente preocupada funciona como um ciclo de retroalimentação em que a preocupação causa um aumento na ansiedade, a qual, por sua vez, aumenta a frequência, a intensidade e o descontrole da preocupação. *Estou ansioso porque me preocupo, mas também estou preocupado porque estou ansioso.*

1. Gatilhos e intrusões

A preocupação sempre tem um gatilho, raramente ocorre sem motivo. Pode ser uma situação, uma pessoa, algo que lhe disseram ou a exposição a alguma informação. Geralmente há algo que dá o pontapé inicial no processo de preocupação. Muitas vezes, ele começa quando um pensamento, imagem ou lembrança surge em sua mente – o que chamamos de *pensamentos intrusivos indesejados*. Temos centenas, provavelmente até milhares de pensamentos intrusivos diariamente, mas apenas alguns deles desencadeiam preocupação. Os que causam preocupação são pensamentos intrusivos do tipo "e se" envolvendo a possibilidade de alguma ameaça, perigo ou resultado negativo no futuro. Alguns exemplos de intrusões relacionadas à preocupação são:

- Pensar em ir à reunião na próxima semana sem estar com o relatório pronto.
- Lembrar de uma amiga lhe dizendo que viu seu marido com outra mulher em um restaurante.
- Ser lembrado de que o banco está executando sua hipoteca.
- Imaginar que seu filho se machuca na creche.
- Lembrar-se do médico lhe contando sobre um teste positivo para câncer de mama.

A mente humana é altamente criativa, e nosso ambiente externo está constantemente mudando, então há um número infinito de intrusões mentais que podem desencadear preocupação. Ignoramos ou mal temos consciência da maioria delas. Então, para um pensamento intrusivo capturar nossa atenção e causar preocupação, ele deve ser:

- **Pessoalmente relevante:** pensamentos intrusivos relacionados aos nossos objetivos, valores e preocupações têm um maior potencial para preocupação. Por exemplo, apenas pessoas altamente religiosas prestariam atenção a um pensamento intrusivo sobre elas terem sido sérias e sinceras em suas orações diárias.

- **Uma superestimação da ameaça:** pensamentos intrusivos sobre um pior desfecho possível catastrófico são mais propensos a provocar preocupação. Na verdade, é o pensamento de alguma catástrofe iminente consigo mesmo ou com nossos entes queridos que realmente captura nossa atenção.

- **Estimulado externamente:** muitas vezes, as intrusões relacionadas à preocupação são desencadeadas pelas circunstâncias ou informações que encontramos durante nossas atividades diárias. Um comercial de televisão, um comentário no escritório, algo observado no caminho do trabalho para casa... processamos milhões de sinais que podem desencadear um pensamento intrusivo. Makayla ouvia um bebê chorar, tinha um pensamento intrusivo sobre a gravidez da nora e depois começava a se preocupar com a saúde do feto.

2. Ativação de crenças

Nossas crenças sobre a preocupação e suas consequências têm um impacto significativo no processo de preocupação. Crenças negativas sobre a necessidade de controlar a preocupação e minimizar o seu impacto na saúde emocional podem nos levar em direção a situações incontroláveis e prejudiciais. Da mesma forma, crenças positivas de que a preocupação é útil podem contribuir para o descontrole da preocupação. Qual é a sua crença sobre preocupação?

> EXERCÍCIO DE AVALIAÇÃO **Suas crenças sobre preocupação**
>
> Use este exercício para descobrir se você tem crenças prejudiciais sobre preocupação. A folha de trabalho consiste em 20 declarações de crenças baseadas nas seis características da preocupação prejudicial representadas na Figura 8.1. A *Checklist* de crenças sobre preocupação (Folha de trabalho 8.5) destina-se a fornecer-lhe uma ideia aproximada do papel que as crenças de preocupação positivas e negativas desempenham na sua experiência de preocupação prejudicial.

Makayla tinha uma série de crenças sobre preocupação problemática. Quando se preocupava com a aposentadoria, ela ficava convencida de que eles não teriam dinheiro suficiente para sobreviver mesmo que ela e Richard tivessem economias suficientes para se aposentar. Ela só conseguia pensar sobre ter que vender a casa e mudar-se para um apartamento minúsculo. Na sua idade, ela não conseguiu encontrar outra solução além de trabalhar até depois dos 70 anos. Ela repetidamente procurava aconselhamento financeiro e conversava sem parar com o marido sobre como poderiam pagar a aposentadoria, mas, na ausência de uma "bola de cristal" que a mostrasse feliz e segura, nada aliviava sua preocupação com o futuro. Makayla acreditava que sua preocupação com a aposentadoria significava que ela estava levando a questão a sério e que isso a impedia de cometer um erro

FOLHA DE TRABALHO 8.5

Checklist de crenças sobre preocupação

Instruções: assinale "Concordo" ou "Não concordo" para indicar se você tende a concordar ou não com cada declaração de crença. Caso não consiga decidir, force-se a fazer uma escolha, considerando se você está *mais* de acordo ou *mais* em desacordo com a afirmação.

Declarações sobre crenças	Concordo	Não concordo
1. Meu problema é que tenho pouco controle mental.		
2. Deve-se continuar tentando até encontrar a melhor solução.		
3. Tenho azar. Se algo ruim acontecer comigo no futuro, provavelmente será a pior possibilidade.		
4. Não suporto cometer erros.		
5. É importante minimizar ao máximo a incerteza.		
6. Vou me sentir menos ansioso se tiver mais certeza do futuro.		
7. É importante obter alívio ao sentir-se ameaçado ou ansioso.		
8. A perfeição não é possível, mas devemos lutar por ela mesmo assim.		
9. Você deve continuar tentando até sentir que está certo.		
10. É mais provável que me aconteçam coisas ruins do que coisas boas.		
11. Se você não conseguir chegar perto da solução perfeita, não deve fazer nada.		
12. Qualquer coisa que não seja o seu melhor é inaceitável.		
13. Se você se esforçar o suficiente, poderá parar de se preocupar.		
14. Devemos nos esforçar tanto quanto possível para nos sentirmos seguros.		
15. Não suporto não saber o quanto as coisas serão importantes na minha vida.		
16. Esteja sempre preparado para o pior.		
17. Se você tiver um mau pressentimento sobre uma decisão ou forma de agir, não a execute.		
18. Você não deve fazer nada que o deixe desconfortável.		
19. Se você não consegue controlar sua preocupação, é sinal de que está perdendo o controle.		
20. É importante pensar em todas as possibilidades, especialmente as mais extremas ou catastróficas.		

De *The Anxiety and Worry Workbook, Second Edition* (Guilford Press, 2023). Acesse a página do livro em loja. grupoa.com.br e faça o *download* desta folha de trabalho.

e se aposentar do trabalho muito cedo. Por outro lado, a preocupação era uma "força irrefreável" que estava lhe roubando a alegria do momento. As eventuais vantagens da preocupação eram suplantadas por uma montanha de infelicidade e ansiedade. Você pode ver que Makayla concordaria com muitas das declarações sobre preocupação da Folha de trabalho 8.5.

3. O processo de preocupação

A Figura 8.1 inclui seis processos de pensamento centrais (definidos na Tabela 8.2) que fazem a preocupação tornar-se incontrolável e causar ansiedade.

Catastrofização

Nossa preocupação torna-se prejudicial quando focamos o pior resultado possível de uma situação e temos dificuldade para considerar possibilidades menos extremas. Passamos tanto tempo debruçados sobre a catástrofe que nos convencemos de que esse é o resultado mais provável. Resultados negativos que podem ser mais prováveis e menos graves fogem da atenção. Nós os rejeitamos imediatamente, convencidos de que estamos apenas fazendo uma "lavagem cerebral" em nós mesmos para que pensemos que talvez não seja tão ruim, afinal.

Imagine que você tem uma filha de 17 anos que saiu com os amigos e já passaram duas horas do horário que ela deveria ter voltado. Ela não atende o telefone celular e bloqueou sua localização. Seria natural pensar no pior – que ela foi agredida, está drogada, está em alguma festa da pesada ou se envolveu em um acidente de carro fatal. Seria difícil pensar em possibilidades menos terríveis, como o telefone celular ter descarregado ou ela estar se divertindo e ter perdido a noção do tempo. Você pode até esquecer que ela já fez isso antes e não estava em perigo. Você ficaria "doente de preocupação" porque ficaria constantemente pensando no pior – que ela estaria com problemas e desamparada.

EXERCÍCIO DE AVALIAÇÃO   **Sua preocupação catastrófica**

Reveja a preocupação prejudicial que você registrou em Minha preocupação nos domínios da vida (Folha de trabalho 8.3). Selecione algumas de suas preocupações e escreva-as no espaço fornecido. A seguir, descreva o pior cenário ou catástrofe em que você pensa quando está preocupado com esse tema.

1.   Preocupação prejudicial: _____

    Pensamento catastrófico: _____

2.   Preocupação prejudicial: _____

    Pensamento catastrófico: _____

A preocupação prejudicial de Makayla: Meus investimentos não estão indo muito bem.

O pensamento catastrófico de Makayla: Jamais poderei me aposentar. Vou ficar trabalhando neste emprego miserável até minha saúde se acabar. Ficarei presa em um apartamento sozinha, incapaz de ir a parte alguma até ser obrigada a ir para uma casa de repouso.

Intolerância à incerteza

Sentimo-nos mais inseguros quando enfrentamos situações imprevisíveis, novas ou ambíguas.[38] Caso você tenha uma baixa tolerância à incerteza, será especialmente difícil lidar com situações novas e imprevisíveis. A reação natural é se preocupar. Na verdade, a baixa tolerância à incerteza é um fator crítico na geração de preocupações prejudiciais. Ela desencadeia as perguntas do tipo "e se" que são uma característica central da preocupação prejudicial.[39] Todo o processo de preocupação pode ser visto como uma tentativa de recuperar um senso de certeza sobre o que o futuro reserva. Mas é uma tentativa vã, porque não podemos saber o futuro. Podemos fazer previsões, imaginar possibilidades, mas no final não podemos saber ao certo o que acontecerá. Não temos escolha a não ser viver na incerteza até que o futuro aconteça.

Em nosso exemplo anterior, não ter certeza sobre o paradeiro de sua filha pode parecer insuportável à medida que os minutos excedem o horário de recolher. Você pode tentar se convencer desta ou daquela possibilidade, mas nada satisfaz a incômoda sensação de incerteza. Quando a preocupação se torna um problema, não é apenas um incidente ocasional que desencadeia a incerteza intolerável. Os indivíduos que têm preocupações prejudiciais frequentes estão buscando um nível mais alto de certeza sobre o futuro.[39] Essa intolerância à incerteza torna-se um catalisador para o processo de preocupação. Posteriormente, você conhecerá intervenções de TCC que podem aumentar sua tolerância à incerteza e estancar o fluxo implacável de perguntas do tipo "e se".

Busca pela perfeição

Algumas pessoas não conseguem parar de se preocupar porque estão procurando uma solução perfeita para um problema. Elas rejeitam uma possibilidade atrás da outra porque exigem um padrão irrealista de aceitabilidade. Falhas, erros ou deficiências não podem ser tolerados. O perfeccionismo não contribui para toda preocupação prejudicial, mas quando está presente pode ser um fator significativo na sua persistência.

Latoya é uma jovem que teme não encontrar o amor e passar o resto de sua vida sozinha e infeliz. Ela teve vários namoros, mas todos os homens estavam aquém de seus padrões irrealistas. Seus amigos próximos dizem a ela o tempo todo: "Você nunca encontrará o Sr. Perfeito", mas Latoya não tolera a menor falha quando se trata de atenção a ela. Você pode ver como o perfeccionismo de Latoya em relação aos relacionamentos contribuiu para sua preocupação com o seu *status* de relacionamento. Se você está se perguntando se o perfeccionismo pode desempenhar um papel na sua preocupação, considere dois manuais sobre o assunto: *When perfection isn't good enough*[40] e *Overcoming perfectionism.*[41]

Falha na resolução de problemas

A preocupação prejudicial envolve uma busca incessante por soluções – alguma maneira de lidar com a catástrofe prevista e interromper o processo de preocupação. Em seu livro *Livre de ansiedade*, Robert Leahy observou que precisar de uma resposta imediatamente é um fator importante que contribui para a preocupação.[42] As pessoas que têm preocupações prejudiciais são capazes de resolver problemas, mas existem várias fraquezas em sua abordagem. Elas:

- carecem de confiança em sua capacidade de resolução de problemas;
- estão excessivamente focadas em ameaças futuras;
- têm uma expectativa negativa em relação ao desfecho da resolução de problemas;
- buscam a solução perfeita;
- tendem a focar informações irrelevantes ou a conferir compulsivamente para reduzir a incerteza.[42]

O resultado é que os indivíduos apanhados em um ciclo de preocupações prejudiciais gastam muito tempo "girando no próprio eixo". Eles pensam em inúmeras respostas possíveis a um desfecho temido, mas acabam por rejeitar cada solução como inaceitável. Isso os deixa com um sentimento de desamparo, incapazes de lidar com um mundo de ameaças iminentes, perigo e incerteza.

Derrick, um estudante universitário, preocupava-se com a possibilidade de ficar envergonhado em situações sociais por conta de zombaria e rejeição. Se o convidavam para uma festa, ele passava os dias que antecediam o evento ensaiando mentalmente como poderia lidar com vários encontros sociais incômodos. Ele pesquisava recursos na internet que fornecessem orientação sobre como ser amigável e evitar gafes sociais embaraçosas. Mas tudo o que lia ou ensaiava mentalmente não funcionava muito bem para ele. Ele não conseguia se imaginar socialmente confiante e competente. Ele estava convencido de que pareceria estranho e falso, o que suscitaria ainda mais desaprovação e a possibilidade de constrangimento. Por isso ele acabava aflito, com a preocupação de como poderia superar sua ansiedade e medo do constrangimento.

Esforço por controle mental

Quantas vezes você já ouviu as pessoas dizerem "Ah, não se preocupe com isso" ou "Pare de se preocupar"? Você quer responder: "É claro que eu sei que deveria parar de me preocupar, mas não consigo!". Quando preso em um ciclo de preocupações prejudiciais, pode parecer que você perdeu o controle de sua mente. Mas no exato momento em que você pensa "Será que eu estou enlouquecendo?", você acaba se esforçando ainda mais para parar a preocupação. Isso se baseia na crença de que "Não consigo parar de me preocupar porque não estou me esforçando o suficiente". Mas há um problema com esse raciocínio. O controle mental é um processo paradoxal em que, **quanto mais você tenta não se preocupar, mais você se preocupa**.

O psicólogo de Harvard Daniel Wegner descobriu um fenômeno conhecido como *efeitos irônicos do controle mental*.[43] Em sua pesquisa, ele fez com que indivíduos tentassem não pensar sobre algo como um urso branco por vários minutos. Depois que as pessoas pararam de tentar suprimir pensamentos sobre um urso branco, ele descobriu que elas tinham mais pensamentos sobre urso branco invadindo suas mentes do que o grupo de pessoas que não tentou suprimir seus pensamentos. Em outras palavras, tentar não pensar em ursos brancos fez com que as pessoas pensassem em ursos brancos ainda mais do que se elas tivessem simplesmente deixado esse pensamento de lado. Se você está em dúvida, tente a experiência do urso branco.

EXERCÍCIO DE AVALIAÇÃO **Experiência do urso branco**

A experiência é feita em duas etapas. Tenha uma caneta e uma folha de papel à mão. Acione o cronômetro do seu telefone celular, feche os olhos e pense em um urso branco. Tente ao máximo manter o urso branco em sua mente. Caso sua mente divague para outros pensamentos, anote a interrupção mental fazendo uma marca no papel (talvez seja necessário olhar para a folha por um segundo) e então volte a se concentrar no urso branco. Após dois minutos, encerre a experiência e conte o número de interrupções que você teve enquanto pensava no urso branco. Registre o número de interrupções mentais e avalie sua experiência usando a escala de 3 pontos abaixo.

Pensar no urso branco

Número de interrupções mentais: _____

1. Êxito em manter o foco no pensamento sobre o urso branco:

   0 = sem êxito; 1 = pouco êxito; 2 = muito êxito

2. Esforço mental necessário para *manter o foco* no pensamento do urso branco:

   0 = nenhum esforço; 1 = leve esforço; 2 = muito esforço

Para a segunda etapa, feche novamente os olhos e, durante os dois minutos seguintes, tente não pensar em um urso branco. Você deve tentar ao máximo manter sua mente focada em qualquer coisa menos no urso branco. Se o pensamento do urso branco se intrometer em sua mente, faça uma marca de contagem indicando que a intrusão ocorreu (talvez seja necessário espiar a folha novamente) e, em seguida, leve suavemente sua atenção de volta para outros pensamentos. Use as seguintes escalas para registrar sua experiência de não pensar no urso branco.

Não pensar no urso branco

1.   Número de intrusões do urso branco: _____

2.   Êxito na supressão do pensamento sobre o urso branco:

> 0 = sem êxito; 1 = pouco êxito; 2 = muito êxito

3.   Esforço mental necessário para não pensar no urso branco:

> 0 = nenhum esforço; 1 = leve esforço; 2 = muito esforço

O que você observou sobre essa experiência? Você se saiu melhor em manter o pensamento sobre o urso branco em sua mente ou em impedir-se de pensar no urso branco? Foi preciso mais esforço mental para suprimir o urso branco do que para pensar intencionalmente sobre ele? Se você é como a maioria das pessoas, sem dúvida você achou muito mais difícil suprimir o pensamento – não pensar no urso branco – do que pensar no urso.

➲ Dicas para obter sucesso: controle mental da preocupação

Você pode aumentar a relevância da experiência do urso branco repetindo-a com uma das preocupações prejudiciais que você registrou em Minha preocupação nos domínios da vida (Folha de trabalho 8.3). Siga as mesmas instruções, mas, em vez de pensar ou não em ursos brancos, substitua isso por pensar em um foco de preocupação. Registre o número de interrupções em cada etapa e preencha as escalas de avaliação. Então, compare seus resultados com os da primeira vez que você fez a experiência com o urso branco. O que você descobriu? Você provavelmente achou ainda mais difícil *não pensar* na sua preocupação do que não pensar no urso branco. Isso acontece porque a preocupação é muito mais importante para você, por isso é ainda mais difícil desviar sua atenção dela.

Como dissemos, a mensagem da experiência do urso branco é esta: *quanto mais você tenta não se preocupar, mais você se preocupa.* Como você descobrirá na segunda metade deste capítulo, muitas das intervenções da TCC para preocupação focam abandonar nossos esforços para controlar diretamente a preocupação. Você descobrirá que, quando você para de tentar controlar a preocupação, ela se torna menos dominante e causa menos ansiedade.

Busca de segurança

Quando a preocupação se torna prejudicial, fazemos de tudo para obter algum alívio, uma sensação de segurança e conforto. É comum buscar alívio por meio da busca de garantias. Se você está preocupado com alguma possibilidade terrível, é natural buscar reconfortar-se com amigos e entes queridos – "Você acha que tudo vai ficar bem?" – ou tentar se convencer de que "tudo ficará bem". Você pode inventar argumentos inteligentes para convencer-se de que está preparado para o pior. Mas a preocupação é sempre sobre o futuro, e então você fica com essa sensação incômoda de incerteza. Você busca segurança e proteção, mas elas continuam sendo difíceis de alcançar. Na verdade, a própria busca paradoxalmente intensifica a experiência de preocupação.

Existem dois fatores que aumentam o impulso de buscar segurança. O primeiro se chama *raciocínio emocional*. A preocupação nos deixa ansiosos. Consideramos a ansiedade um sinal de que a ameaça de preocupação deve ser real e mais provável de acontecer. Portanto, o fato de nos sentirmos ansiosos prova que devemos nos preocupar. Ironicamente, assumimos então que o inverso é verdadeiro: "Se eu não me sinto ansioso, não tenho nada com que me preocupar". Mesmo que possamos reduzir a ansiedade tomando um tranquilizante, isso não pode mudar o futuro nem garantir que o que nos preocupa não ocorrerá. Assim como sentir-se calmo não significa que não há necessidade de preocupar-se, sentir-se ansioso não significa que devemos nos preocupar. O que sentimos não muda a possibilidade de uma ameaça futura.

A *preocupação com a preocupação* é outro forte motivador para buscar segurança e alívio da preocupação. O psicólogo britânico Adrian Wells observou que as pessoas que têm preocupações persistentes que são fonte de ansiedade ficam preocupadas com a preocupação.[44] Isso envolve um conjunto de crenças sobre preocupação, como "Vou enlouquecer se não parar de me preocupar", "Perdi todo o controle da preocupação" ou "Não posso fazer nada produtivo enquanto estiver preocupado". Quando ficamos preocupados com os efeitos negativos da preocupação, ficamos ainda mais desesperados para encontrar alívio ou algum tipo de resolução para nossas preocupações. Além disso, esse "medo da preocupação" nos motiva a nos esforçarmos ainda mais para pararmos de nos preocupar, o que coloca em ação os efeitos paradoxais do controle mental.

A esquiva e a busca de segurança assumem, então, um renovado senso de urgência, porque estamos convencidos de que devemos fazer o que for preciso para acabar com as preocupações e reduzir nossa ansiedade. Depois de anos de preocupação, Makayla estava convencida de que sua vida estava arruinada por sua preocupação patológica. Ela passou a temer os episódios de preocupação e tentava descobrir os gatilhos de sua preocupação para poder evitar essas situações ou experiências. Evidentemente, isso acabou sendo inútil, e só a deixou se sentindo presa e derrotada.

AVALIAÇÃO DA PREOCUPAÇÃO

O que você aprendeu sobre preocupação lhe permite construir um Perfil de preocupação que orientará suas intervenções para preocupação na TCC. Vamos iniciar com outra ferramenta de avaliação para ajudá-lo a determinar se a preocupação é um problema para você.

> EXERCÍCIO DE AVALIAÇÃO **O problema da preocupação**
>
> A maioria de nós pode ficar presa em preocupações prejudiciais quando algo incomum acontece em nossas vidas. Então você pode estar se perguntando se sente preocupação prejudicial o suficiente para considerá-la um problema em sua vida. A *Checklist* da bolha de preocupações (Folha de trabalho 8.6) pode ajudá-lo a fazer essa avaliação. Ela consiste em 10 afirmações sobre experiências de preocupação. Se você marcou "sim" na maioria dos itens, então é provável que a preocupação prejudicial seja um problema para você.

Acompanhe sua preocupação

Até este ponto, você confiou na sua memória para completar os vários exercícios e folhas de trabalho sobre preocupação. Para realmente entender sua preocupação, é importante coletar alguns dados em tempo real. O próximo exercício apresenta outra importante ferramenta de avaliação, o Diário de preocupações.

> EXERCÍCIO DE AVALIAÇÃO **Automonitoramento de preocupações**
>
> Você pode usar este formulário para registrar suas experiências diárias de preocupação. Isso lhe dará informações valiosas sobre como usar as intervenções de TCC para reduzir a preocupação. O Diário de preocupações (Folha de trabalho 8.7) desempenha um papel central na TCC para preocupação. Você deve manter o diário à mão e preenchê-lo o quanto antes possível após o episódio de preocupação. Registre no diário cada vez que você tiver um surto significativo de preocupação.

Você pode aprender muito sobre sua preocupação mantendo um diário. Existem gatilhos comuns entre seus episódios de preocupação? Você se pega fazendo repetidamente as mesmas perguntas do tipo "e se"? Você está focado em certas catástrofes? Você está tentando encontrar soluções em sua mente? Você deve continuar usando o Diário de preocupações para registrar suas experiências de preocupação ao usar as intervenções para preocupação deste capítulo.

FOLHA DE TRABALHO 8.6

Checklist da bolha de preocupações

Instruções: abaixo estão 10 afirmações sobre preocupação. Marque *Sim* se a afirmação caracteriza como você tende a se preocupar ou *Não* se a afirmação não se aplica.

Afirmação	Sim	Não
1. Quando me preocupo, fico preso na possibilidade mais negativa ("e se") da situação.		
2. Quando me preocupo, tendo a pensar em como me sentiria chateado se aquela situação realmente acontecesse.		
3. Quando me preocupo, continuo tentando descobrir o que posso fazer para evitar o pior cenário possível.		
4. Quando me preocupo, continuo tentando me convencer de que o pior cenário possível não vai acontecer, mas nunca me sinto seguro ou convencido de que tudo ficará bem.		
5. Quando me preocupo, encontro diversas respostas ou soluções para o problema, mas acabo rejeitando todas porque não parecem suficientemente adequadas para lidar com a situação.		
6. Quando me preocupo, "não saber" sobre o futuro é o que mais me incomoda.		
7. Durante os episódios de preocupação, sinto-me muito impotente e despreparado para lidar com as dificuldades da vida.		
8. Apesar dos meus esforços, acabo me sentindo frustrado e desanimado com minha incapacidade de parar de me preocupar.		
9. Quando me preocupo, continuo tentando descobrir qual é o resultado mais provável daquela situação, mas sempre fico com a sensação de incerteza.		
10. Muitas vezes penso em como minha vida será infeliz se eu não conseguir controlar essa preocupação.		

FOLHA DE TRABALHO 8.7

Diário de preocupações

Instruções: na primeira coluna, registre a data em que cada episódio de preocupação aconteceu. Use a segunda coluna para registrar o que desencadeou o episódio. Pode ser uma situação, uma circunstância, um lembrete, algo que lhe disseram, um pensamento intrusivo ou alguma combinação de gatilhos. Na terceira coluna, descreva brevemente o que você estava pensando enquanto se preocupava. Por fim, avalie em uma escala de 0 a 10 o quanto você se sentiu ansioso enquanto se preocupava, em que 0 = sem ansiedade, 5 = moderadamente ansioso e 10 = extremamente ansioso. A primeira linha fornece um exemplo da jovem Cara, que sofria de frequentes ataques de ansiedade e preocupação em relação a seu desempenho no trabalho.

Data	Gatilho (O que fez você se preocupar?)	Pensamentos de preocupação (No que você está pensando? Em que possibilidades negativas ou ameaças você está focado? Liste suas perguntas do tipo "e se".)	Ansiedade (0-10)
24 de março	*Exemplo de Cara:* No trabalho, enviei um grande projeto pela manhã. Naquela tarde, recebi uma ligação de meu gerente dizendo que ele gostaria de me ver em duas horas. Ele parecia irritado. Tive um pensamento intrusivo de que meu relatório devia estar horrível.	Passei as duas horas seguintes pensando no que podia haver de errado com meu relatório. E se ele achar que o relatório precisa ser reescrito? Eu não tenho tempo de refazer. E se ele achar que foi mal pesquisado ou discordar das minhas conclusões? E se estiver tão ruim que ele queira passar a tarefa para outra pessoa e eu receba um comentário negativo na avaliação de meu trabalho? Eu sei que ele não gosta de mim, então isso poderia servir de desculpa para se livrar de mim. Não posso me dar ao luxo de perder este emprego.	Fiquei muito ansiosa 8/10

Seu Perfil de preocupação

Dispor de um plano que oriente seu tratamento tornará suas intervenções para preocupação mais eficazes. Você pode criar um plano, ou perfil de preocupação, a partir de todos os exercícios de avaliação que você fez até agora. O Perfil de preocupações destaca o conteúdo específico do pensamento, o pensamento catastrófico, as crenças sobre preocupação e as respostas de controle que você terá como alvo em nossas intervenções para preocupação.

EXERCÍCIO DE AVALIAÇÃO **Crie um Perfil de preocupações**

Existem cinco seções no Perfil de preocupações (Folha de trabalho 8.8): suas três preocupações mais frequentes, prejudiciais e angustiantes; os gatilhos mais comuns para cada uma, incluindo tanto gatilhos externos (situações, pessoas, informações) como internos (pensamentos intrusivos, lembranças, sentimentos); o pior cenário possível (as perguntas do tipo "e se") para cada preocupação; crenças positivas e negativas que você tem sobre preocupação; e maneiras pelas quais você tenta lidar com a preocupação.

⊃ Dicas para resolução de problemas: ajuda com o Perfil de preocupações

Revise o trabalho que você fez nas várias folhas de trabalho deste capítulo. Isso irá ajudá-lo a preencher o perfil. Se você pulou essas folhas de trabalho, pode ser necessário voltar e preenchê-las antes de fazer o perfil. Aqui estão algumas outras sugestões específicas:

- Se você tiver apenas alguns registros no Diário de preocupações (Folha de trabalho 8.7), talvez você precise passar mais tempo monitorando seus episódios de preocupação. O Diário de preocupações fornece informações valiosas e necessárias para completar a maioria das seções do perfil.
- Se você não tiver episódios de preocupação persistente, descontrolada e que provoque ansiedade, então o perfil não é relevante para você. Consulte Minha preocupação nos domínios da vida (Folha de trabalho 8.3) e Minhas características cognitivas de preocupação prejudicial (Folha de trabalho 8.4) ao preencher a seção A do perfil.
- Para possibilidades catastróficas, faça uma lista de todos os resultados ruins que lhe ocorrem ao se preocupar com um problema ou questão. Foque todas as perguntas do tipo "e se" que você faz a si mesmo. Então, selecione a possibilidade que é o pior desfecho que você cogita quando se preocupa. Suas respostas para Minhas características cognitivas de preocupação prejudicial (Folha de trabalho 8.4) serão úteis para completar esta seção.
- Revise as declarações de crenças que você endossou na *Checklist* de crenças sobre preocupação (Folha de trabalho 8.5). Selecione duas ou três declarações que figuram em suas experiências de preocupação e anote-as na seção D do perfil.
- Há muitas formas de tentar parar de se preocupar. Isso inclui criticar a si mesmo por se preocupar, buscar o apoio de outras pessoas, tranquilizar-se, dizer a si mesmo para parar de se preocupar, realizar verificações repetidas, distrair-se, buscar soluções e assim por diante.

FOLHA DE TRABALHO 8.8

Perfil de preocupações

Instruções: consulte as folhas de trabalho anteriores para se recordar das respostas que o ajudarão a preencher esta folha de trabalho. (A) Preencha os espaços em branco com as suas preocupações prejudiciais mais frequentes e angustiantes. (B) Liste os gatilhos externos e internos mais comuns para cada preocupação. (C) Indique os piores cenários possíveis que lhe ocorrem para cada preocupação. (D) Forneça três a quatro crenças, tanto positivas quanto negativas, que você tem sobre preocupação. (E) Liste três a quatro maneiras de tentar lidar com a preocupação controlando-a.

A.   Pensamentos de preocupação

   1.   Preocupação prejudicial: _____

   2.   Preocupação prejudicial: _____

   3.   Preocupação prejudicial: _____

B.   Gatilhos de preocupação

   1.   Gatilhos para a primeira preocupação: _____

   2.   Gatilhos para a segunda preocupação: _____

   3.   Gatilhos para a terceira preocupação: _____

C.   Possibilidades catastróficas (pior desfecho possível)

   1.   Pensamento catastrófico associado à primeira preocupação: _____

   _____

   2.   Pensamento catastrófico associado à segunda preocupação: _____

   _____

   3.   Pensamento catastrófico associado à terceira preocupação: _____

   _____

D.   Crenças sobre preocupação (positivas e negativas)

   _____

   _____

E.   Controle de preocupações

   _____

   _____

- Você pode preencher o Perfil de preocupações em colaboração com seu terapeuta ou com alguém que saiba de suas dificuldades com preocupação, como um parceiro, um familiar ou um amigo.

O Perfil de preocupações é uma das folhas de trabalho mais importantes que você usará neste capítulo. Você precisa saber o que está tratando antes de começar a usar intervenções para preocupação. Se você não tiver certeza do seu Perfil de preocupações, dê uma olhada no exemplo de Makayla na página 226.

A ABORDAGEM DE RESOLUÇÃO DE PROBLEMAS PARA PREOCUPAÇÃO

Anteriormente neste capítulo, discutimos as diferenças entre preocupações úteis e prejudiciais. Tal distinção se baseava em como você sentia a preocupação, se ela o ajudava a resolver problemas em sua vida ou se você ficava travado em preocupações persistentes, incontroláveis e que causavam ansiedade. Mas há uma outra forma de pensar sobre a preocupação, que se baseia *no que nos preocupa*. Às vezes nos preocupamos com questões ou problemas que surgem em nossa vida cotidiana, e outras vezes nos preocupamos com problemas que poderiam surgir no futuro, mas não fazem parte da nossa vida atual. A primeira chamamos de *preocupação baseada na realidade*, e a segunda podemos chamar de *preocupação imaginativa*. Qualquer uma das preocupações listadas na Folha de trabalho 8.1 pode envolver qualquer um desses tipos de preocupação.

Dois tipos de preocupação

A vida pode ser difícil, com uma lista interminável de problemas, dificuldades e incertezas potenciais e inesperadas que criam um sofrimento pessoal significativo. Você pode ter dificuldade para se separar de um parceiro, cuidar de um filho problemático ou doente, estar desempregado, ter perdas financeiras, ser diagnosticado com uma doença grave, ficar ferido em um acidente ou não ter ideia do seu futuro. A preocupação sobre como lidar com isso se chama *preocupação baseada na realidade*.

Por outro lado, a mente humana é altamente imaginativa. Podemos imaginar qualquer possibilidade, desde as mais mirabolantes, como elefantes voadores, até as mais triviais, como preparar uma refeição. Isso significa que nosso cérebro criativo pode imaginar possibilidades verdadeiramente assustadoras que podem nunca acontecer ou podem acontecer décadas adiante. Exemplos seriam imaginar que seu parceiro o está traindo, que seu filho adolescente se tornará um adulto preguiçoso e sem objetivos, que você será demitido ou que morrerá

Perfil de preocupações de Makayla

A. Pensamentos de preocupação

1. Preocupação prejudicial: Ficar aflita com a saúde precária e os péssimos hábitos de saúde de Richard.

2. Preocupação prejudicial: Medo de não ter um bom desempenho no trabalho e ser considerada incompetente.

3. Preocupação prejudicial: Gastaremos muito na reforma do banheiro e mesmo assim não iremos gostar.

B. Gatilhos de preocupação

1. Gatilhos para a primeira preocupação: Informações sobre saúde, ver a dieta pobre de Richard, pensamento sobre envelhecimento.

2. Gatilhos para a segunda preocupação: Escrever relatórios, fazer apresentações, qualquer feedback ou crítica.

3. Gatilhos para a terceira preocupação: Pensamento intrusivo repentino sobre a reforma, ligação do empreiteiro.

C. Possibilidades catastróficas (pior desfecho possível)

1. Pensamento catastrófico associado à primeira preocupação: Que Richard terá um infarto fulminante; ele estará com a saúde tão debilitada que morrerá jovem, deixando-me sozinha e infeliz.

2. Pensamento catastrófico associado à segunda preocupação: Que os gestores ficarão profundamente insatisfeitos com meu trabalho; eles me verão como incompetente e serei convidada a sair.

3. Pensamento catastrófico associado à terceira preocupação: Haverá enormes excedentes de custos, o trabalho será de má qualidade, ficarei tão chateada com a reforma que venderemos a casa com prejuízo.

D. Crenças sobre preocupação (positivas e negativas)

Preciso me esforçar mais para não me preocupar. Do contrário, a preocupação destruirá minha saúde física e mental. Às vezes a preocupação me ajuda a encontrar soluções. Preciso estar preparada para o pior.

E. Controle de preocupações

Tentar pensar em soluções para o problema; gritar comigo mesma para "parar de me preocupar"; tentar renovar minha confiança de que vai dar tudo certo.

de câncer. Podemos nos preocupar com essas possibilidades mesmo quando não há evidências no presente de que esses eventos acontecerão em um futuro próximo. Chamamos isso de *preocupação imaginativa*, não porque você está preocupado com coisas que não poderiam acontecer, mas porque você está preocupado com possibilidades terríveis que não têm base na realidade presente. Essa distinção entre preocupação baseada na realidade e preocupação imaginativa é importante porque usamos intervenções diferentes para cada tipo de preocupação.

> EXERCÍCIO DE AVALIAÇÃO **Preocupação baseada na realidade *versus* imaginativa**
>
> Use este exercício para descobrir se a natureza de sua preocupação prejudicial é mais baseada na realidade ou imaginativa. A Folha de trabalho 8.9 lista cinco características principais de ambos os tipos de preocupação. Se a maioria das suas marcas de seleção estiver na coluna da esquerda, sua preocupação é principalmente baseada na realidade; se estiver na coluna da direita, ela é principalmente imaginativa.

As preocupações que você considera mais angustiantes e incontroláveis são principalmente baseadas na realidade ou imaginativas? As preocupações de Makayla eram, em sua maioria, do tipo imaginativo. É verdade que Richard tinha vários indicadores de saúde que aumentavam o risco de infarto. Mas, em sua preocupação, Makayla ficava imaginando que ele morreria e a tornaria uma jovem viúva. Essa possibilidade extrema poderia acontecer, mas era muito menos provável do que uma alternativa como sobreviver a um leve infarto e depois mudar seu estilo de vida. Da mesma forma, sua nora poderia ter uma gravidez difícil, até mesmo trágica, mas o desfecho muito mais provável seria uma gravidez normal e um parto sem complicações. Assim, a preocupação imaginativa não envolve pensar em catástrofes impossíveis, mas pensar em catástrofes altamente improváveis ou que poderão ocorrer num futuro distante.

Se você está enfrentando uma circunstância de vida difícil e esse é o foco da sua preocupação, então a melhor intervenção da TCC é a abordagem de resolução de problemas. Se a sua preocupação for mais como a de Makayla e estiver focada em possibilidades imaginativas, então a intervenção de descatastrofização é melhor para você. As demais intervenções neste capítulo são úteis para ambos os tipos de preocupação.

Intervenção comportamental: resolução de problemas para preocupações baseadas na realidade

Há décadas os psicólogos usam uma abordagem sistemática de resolução de problemas para ajudar as pessoas a superarem problemas da vida nas áreas de saúde, trabalho, família, condições de vida, relacionamentos sociais, lazer,

FOLHA DE TRABALHO 8.9

Checklist dos tipos de preocupação

Instruções: comece listando três preocupações prejudiciais. Depois, marque com um "x" as afirmações que melhor caracterizam sua experiência com essas preocupações prejudiciais.

1. Preocupação prejudicial: _____

2. Preocupação prejudicial: _____

3. Preocupação prejudicial: _____

Preocupação baseada na realidade	Preocupação imaginativa
☐ Focada principalmente nas dificuldades atuais.	☐ Focada principalmente no que poderia acontecer num futuro distante.
☐ A principal preocupação é lidar com o problema ou dificuldade atual.	☐ A principal preocupação é reduzir a ansiedade ou angústia causada pela preocupação com o futuro.
☐ A preocupação envolve a busca de soluções.	☐ Há menos inquietação para encontrar soluções, porque a preocupação está focada em uma possibilidade.
☐ A pessoa que se preocupa tem alguma influência e controle sobre o desfecho do problema.	☐ A pessoa que se preocupa tem pouca influência sobre o desfecho, porque a preocupação está focada em uma possibilidade futura.
☐ A preocupação é mais plausível e realista porque é centrada em um problema da vida real.	☐ A preocupação pode ser implausível, até bizarra, porque se origina na imaginação da pessoa preocupada.

De *The Anxiety and Worry Workbook, Second Edition* (Guilford Press, 2023). Acesse a página do livro em loja. grupoa.com.br e faça o *download* desta folha de trabalho.

recreação, finanças e assim por diante.[45] Isso a torna uma intervenção ideal para preocupações baseadas na realidade. Nossa versão da resolução de problemas é composta de seis etapas.

Etapa 1. *Avaliação do controle pessoal*

O primeiro passo na resolução de problemas é descobrir quanto controle você tem sobre o desfecho de sua preocupação. Você terá quase 100% de controle sobre alguns problemas, como estar com pouco combustível ou chegar sempre atrasado ao trabalho. Sobre outros problemas, você pode ter controle apenas parcial, como ser promovido no trabalho, lidar com conflitos conjugais, reduzir o risco de infarto ou melhorar o retorno de seus investimentos. Você pode ter pouco ou nenhum controle sobre outros problemas, como os resultados de um teste de câncer, a doença médica crônica do seu parceiro ou a morte recente de um ente querido.

Você não conseguirá usar a solução de problemas de forma eficaz se avaliar mal seu nível de controle. Se você superestima quanto controle você tem sobre uma dificuldade, seus esforços de resolução de problemas serão inúteis. Se você subestimar seu nível de controle, você desistirá antes mesmo de começar. O próximo exercício oferece uma abordagem sistemática que o ajudará a chegar a uma compreensão mais clara do seu nível de controle sobre preocupações.

EXERCÍCIO DE INTERVENÇÃO   **O que eu posso controlar?**

Este exercício começa selecionando uma preocupação prejudicial baseada na realidade, registrada na *Checklist* dos tipos de preocupação (Folha de trabalho 8.9). A seguir, pense em todos os fatores que podem influenciar o desfecho do problema de preocupação, como as ações de outras pessoas, suas ações passadas, o ambiente, a situação e até coisas que aconteceram por acaso. Na Folha de trabalho 8.10, liste cada fator e faça uma estimativa da porcentagem de influência ou controle que ele pode ter sobre o desfecho do seu problema de preocupação. Essas estimativas são altamente subjetivas e refletem simplesmente se você acha que um fator tem mais ou menos influência sobre o desfecho. Você precisará ir alterando as porcentagens à medida que desenvolve sua lista, porque elas devem somar 100%. Certifique-se de não preencher a porcentagem de controle para "meu controle atual" até ter feito uma estimativa para todos os outros fatores. Use o gráfico de *pizza* para desenhar a porcentagem de controle de cada fator (veja o exemplo de Joanne). Isso o ajudará a visualizar seu nível de controle sobre o problema da preocupação.

⊃ **Dica para resolução de problemas: você está preso no controle?**

Você está tendo dificuldade com este exercício? Você está tendo dificuldade para listar todos os fatores que influenciam seu problema de preocupação? É possível que você não tenha avaliado toda a complexidade do problema por estar muito focado no que pode fazer para controlar um desfecho? Fornecemos 10 espaços na lista de fatores, mas você não precisa preencher todos esses espaços. Talvez existam apenas dois ou três fatores relevantes para o problema com o qual você está preocupado, ou você pode pensar em obter ajuda de um terapeuta ou familiar que possa ver o problema de uma perspectiva diferente. Além disso, não fique muito preocupado com a precisão de suas estimativas. Essas porcentagens servem apenas para ajudá-lo a avaliar a contribuição relativa de cada fator para um desfecho. Alguns fatores têm uma grande influência sobre o resultado (porcentagens na faixa de 40-60), alguns têm influência moderada (15-39%) e alguns têm pouca influência (5-14%).

Você ficou surpreso com a quantidade de fatores que influenciam o resultado do desfecho de seu problema de preocupação? Antes desse exercício, você presumia que tinha mais controle sobre o desfecho da preocupação porque não estava pensando em todos os fatores que influenciam o desfecho? Se você não tiver

FOLHA DE TRABALHO 8.10

Gráfico de *pizza* de controle

Instruções: na seção A, selecione uma de suas preocupações prejudiciais baseadas na realidade e registre-a no espaço fornecido. A seguir, liste na seção B todos os fatores que poderiam influenciar o desfecho do problema de preocupação e faça uma estimativa da porcentagem de influência que cada um deles pode ter sobre o desfecho do seu problema de preocupação. Depois de registrar uma "porcentagem de influência" para todos os outros fatores, anote a porcentagem restante para "O que eu posso controlar agora". A soma das porcentagens deve ser 100. Use o gráfico de *pizza* para desenhar o controle percentual de cada fator.

A.   Meu problema de preocupação baseado na realidade: _____

_____

B.   Liste todos os fatores que têm alguma influência/controle sobre como esse problema termina. Faça uma estimativa de sua porcentagem de contribuição para o desfecho do problema.

Fator de contribuição	Porcentagem	Fator de contribuição	Porcentagem
1.	%	6.	%
2.	%	7.	%
3.	%	8.	%
4.	%	9.	%
5.	%	10. O que posso controlar agora:	%

Total = 100%

C.   Gráfico de *pizza*

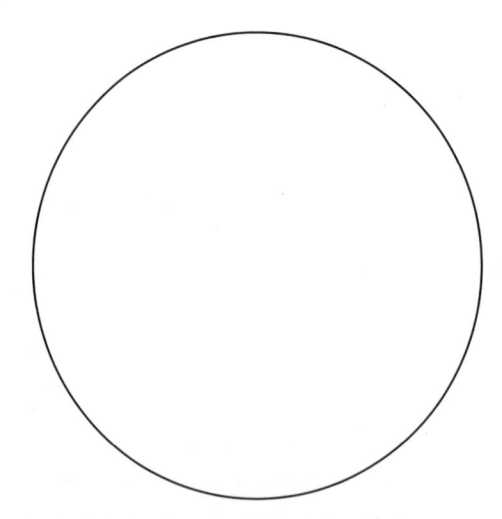

Gráfico de *pizza* de controle de Joanne

A.   O problema de preocupação baseado na realidade de Joanne: <u>Que não conseguirei a promo-</u>
<u>ção para a qual me inscrevi no trabalho.</u>

B.   Liste todos os fatores que têm alguma influência/controle sobre como esse problema
termina. Faça uma estimativa de sua porcentagem de contribuição para o desfecho do
problema.

Fator de contribuição	Porcentagem	Fator de contribuição	Porcentagem
1. Recomendação do meu gerente	10%	6.	%
2. Carta de apoio do diretor	5%	7.	%
3. Concorrência dos colegas de trabalho que se inscreveram	10%	8.	%
4. O que está na minha ficha de funcionária	30%	9.	%
5.	%	10. O que eu posso controlar agora:	45%

Total = 100%

C.   Gráfico de *pizza*

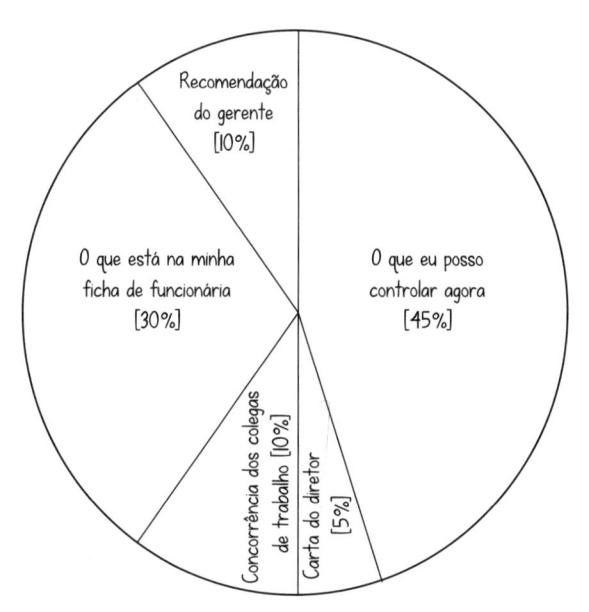

certeza sobre seu trabalho com o Gráfico de *pizza* de controle, analise o exemplo de Joanne. Observe que ela estimou em 45% sua influência atual sobre a possibilidade de conseguir uma promoção no emprego. Ela acreditava que a qualidade de sua carta de apresentação e seu desempenho na entrevista teriam uma influência considerável na indicação a um novo cargo. O exercício do Gráfico de *pizza* de controle indicou que a abordagem de resolução de problemas poderia ser útil para lidar com sua preocupação com a promoção. Ele também fez com que Joanne percebesse que o foco atual de sua preocupação estava equivocado. Em vez disso, ela precisava focar novamente os problemas específicos que tinha, escrevendo uma boa carta de apresentação e aprimorando suas habilidades de entrevista.

Usar repetidamente o Gráfico de *pizza* de controle sempre que estiver preocupado pode ajudá-lo a aprender a importante diferença entre o que pode e o que não pode ser controlado – uma linha que muitas vezes se torna indistinta com as preocupações que provocam ansiedade. Você pode decidir que tem tão pouca influência sobre um desfecho que a abordagem de resolução de problemas não é útil para a sua preocupação. Ou o exercício do Gráfico de *pizza* de controle pode ajudá-lo a restringir o foco dos seus esforços de resolução de problemas a um problema específico, como aconteceu com a preocupação de Joanne com a promoção. Isso nos leva à próxima etapa da abordagem de resolução de problemas.

Etapa 2. Definição do problema

Para encontrar uma resposta, é preciso fazer a pergunta certa. Na resolução de problemas, isso significa identificar uma parte específica da preocupação que está sob seu controle. Seus objetivos ou desfechos desejados devem ser realistas e viáveis. Embora Joanne se preocupasse com conseguir a promoção, não conseguia focar sua resolução de problemas nessa questão porque ela não estava inteiramente sob seu controle. Em vez disso, ela precisava definir o problema nestes termos: "Comportar-me na entrevista de promoção de modo a demonstrar meu conhecimento e confiança para fazer o trabalho". A seguir estão dois outros exemplos de definição de problema.

Exemplo 1. Preocupação baseada na realidade sobre o rompimento de um relacionamento romântico:

Definição inadequada do problema: Garantir que permaneçamos juntos e evitar um rompimento.

Definição apropriada do problema: Ter uma comunicação honesta e aberta sobre nosso compromisso com o relacionamento.

Exemplo 2. Preocupação baseada na realidade sobre a execução hipotecária:

Definição inadequada do problema: <u>Certificar-se de manter a casa.</u>

Definição apropriada do problema: <u>Examinar nossa situação financeira e desenvolver um plano</u>
<u>que considere nossas necessidades de habitação.</u>

EXERCÍCIO DE INTERVENÇÃO **Qual é o problema?**

No espaço fornecido, escreva um problema específico relacionado à sua preocupação.
Pense sobre o desfecho que você deseja e o que você pode fazer para que ele aconteça.
Seja específico em sua declaração do problema, focando ações que estejam sob seu controle. Esse será o foco de seus esforços de resolução de problemas.

Minha definição do problema: _____

Etapa 3. Chuva de ideias

É difícil pensar fora da caixa! Há uma tendência natural para rejeitar ideias que
não se encaixam em nossas crenças preconcebidas de certo ou errado. Isso dificulta o envolvimento em uma chuva de ideias (*brainstorming*) eficaz, que exige
que listemos o maior número possível de respostas ou opções viáveis para um
problema, sem julgar o que funcionará ou não. Mas a chuva de ideias é o cerne da resolução de problemas. Sua abordagem de resolução de problemas para
a preocupação não será eficaz se você prejulgar as respostas que lhe ocorrerem.
A chuva de ideias requer uma "criatividade sem limites", na qual você inclui até as
ideias mais ridículas em sua lista de possibilidades. Considere a chuva de ideias
de Joanne sobre como se preparar para sua entrevista de promoção:

- Escrever uma exposição curta e clara de minhas experiências anteriores, de
  minhas habilidades e do que eu faria no novo cargo se fosse promovida.
- Conversar com alguns colegas que foram recentemente promovidos por meio
  de um processo de entrevista.
- Fazer uma lista de possíveis perguntas da entrevista e preparar possíveis respostas.
- Fazer "entrevistas simuladas" com um colega de trabalho.
- Falar sobre a entrevista de promoção com meu supervisor.
- Conversar com meu marido sobre minha ansiedade em relação à entrevista
  de seleção.
- Solicitar tranquilizantes ao meu médico de família.

EXERCÍCIO DE INTERVENÇÃO **Lista da chuva de ideias**

Use o espaço abaixo para listar todas as respostas (opções) possíveis para lidar com o problema que você indicou na Etapa 2. Assim como Joanne, liste tudo o que você puder imaginar, inclusive algumas opções ridículas ou que até poderiam piorar o problema.

1. _____   6. _____

2. _____   7. _____

3. _____   8. _____

4. _____   9. _____

5. _____   10. _____

Etapa 4. Avaliação

Depois de produzir sua lista de opções, é hora de avaliar cada resposta. Existem duas questões a serem consideradas em sua avaliação.

- Esta resposta provavelmente resolverá o problema? Quanto ela contribuirá para o desfecho desejado?
- Sou capaz de implementar esta resposta? Ela está sob meu controle e eu tenho as habilidades para colocar esta resposta em ação?

Quando Joanne avaliou suas respostas da chuva de ideias, ela decidiu que as primeiras quatro opções eram as soluções mais construtivas e serviriam melhor para prepará-la para a entrevista. Ela tinha o conhecimento e as habilidades para executar cada opção e decidiu que cada uma seria útil para prepará-la para uma entrevista de promoção bem-sucedida. As últimas três opções contribuiriam pouco para sua preparação para a entrevista, e ela percebeu que elas poderiam gerar sérias complicações.

EXERCÍCIO DE INTERVENÇÃO **Avalie suas opções**

Revise sua lista da chuva de ideias e considere os prós e contras de cada opção. Você pode escrevê-los em uma folha de papel em branco. Avalie cada resposta em termos de sua possível contribuição para resolver o problema e da capacidade que você tem de executar a opção. Elimine as respostas da chuva de ideias que são insustentáveis e, em seguida, liste as duas ou três melhores opções abaixo.

1. Boa opção possível: _____

2. Boa opção possível: _____

3. Boa opção possível: _____

Etapa 5. Ação

A eficácia da intervenção de resolução de problemas depende de colocar o seu trabalho prévio em ação. Isso envolve selecionar uma ou mais de suas boas opções e desenvolver um *plano de ação*, que consiste em uma descrição passo a passo que você seguirá para lidar com a preocupação. O plano deve especificar onde, quando e como você conduzirá cada etapa. Joanne desenvolveu o seguinte plano de ação:

"Vou reservar 30 minutos todas as noites (de segunda a sexta) durante as próximas duas semanas e trabalhar na preparação para a entrevista de promoção. Vou começar escrevendo uma explicação de cinco páginas de minhas experiências anteriores, habilidades e visão para o novo cargo. Vou ler isso várias vezes para me familiarizar com minha explicação. Criarei uma lista de possíveis perguntas da entrevista, incluindo algumas possíveis perguntas que possam focar as 'lacunas' em meu currículo. Vou perguntar a Larry e Meredith sobre o processo de entrevista, pois recentemente eles foram promovidos. Vou procurar Ariana, minha amiga mais próxima no trabalho, para fazer duas entrevistas simuladas, ao menos três dias antes da entrevista real. Receberei o *feedback* dela sobre meu desempenho e farei ajustes no que for necessário."

EXERCÍCIO DE INTERVENÇÃO **Plano de ação**

Use o espaço fornecido para escrever seu plano de ação. Certifique-se de que seu plano seja específico, detalhando cada passo que você dará para colocá-lo em ação.

Meu plano de ação: _____

_____

_____

_____

_____

Etapa 6. Avaliação e revisão

Em um primeiro momento, Joanne pensou que a melhor forma de avaliar o êxito do seu plano de ação seria o fato de ela conseguir a promoção. Mas então ela percebeu que esse não era o desfecho apropriado, porque apenas 45% do resultado estava sob sua influência ou controle. Ela conseguir a promoção dependia das qualificações dos outros candidatos e da tomada de decisão do comitê de seleção. Ela então decidiu avaliar o êxito do plano de ação conforme ele tivesse reduzido seus sentimentos de ansiedade e sua preocupação com a entrevista. Ela monitorou seu nível de ansiedade e preocupação usando o Diário de preocupações (Folha de trabalho 8.7). Joanne registrou menos episódios de preocupação com a promoção e sua ansiedade foi menos intensa após a implementação do plano de ação.

Ao avaliar o êxito do seu plano de ação, considere o seguinte:

- Se você seguiu todas as etapas do plano.
- Se algumas partes do plano foram mais difíceis do que outras.
- Sua consistência ou esquiva em seguir o plano.
- Se você sentiu uma diminuição da preocupação e da ansiedade.
- O que precisa ser alterado para tornar o plano mais eficaz para preocupações.

EXERCÍCIO DE INTERVENÇÃO **Seu plano de ação revisado**

Após concluir sua avaliação, escreva um plano de ação revisado no espaço fornecido. Destaque as alterações que você fez no plano para que ele seja mais eficaz para alcançar o desfecho desejado que reduzirá sua preocupação. Se você sentiu procrastinação e esquiva ao implementar o plano de ação pela primeira vez, inclua mudanças que possam melhorar sua dedicação a ele.

Meu plano de ação revisado: _____

_____

_____

_____

_____

_____

⊃ **Dicas para resolução de problemas: aproveitando ao máximo a resolução de problemas**

Se você experimentou a abordagem de resolução de problemas e ela não ajudou com sua ansiedade e preocupação baseadas na realidade, verifique se um ou mais dos itens a seguir não prejudicaram seus esforços.

- **Busca por soluções perfeitas:** rejeitar todas as respostas a um problema porque elas não forneciam uma solução perfeita.
- **Superestimação de seu controle:** pensar que você pode garantir o desfecho desejado quando tem apenas controle ou influência parcial sobre o desfecho.
- **Expectativas irrealistas:** a resolução de problemas apenas reduzirá a preocupação e a ansiedade; ela não vai eliminá-las completamente.
- **Plano de ação vago:** você deve ser muito específico sobre seu plano de ação – o que fazer, como fazer e quando fazer.
- **Chuva de ideias inadequada:** é importante produzir uma lista de diversas opções para um problema antes de começar a eliminá-las como inadequadas.

- **Ameaça altamente "imaginária":** a resolução de problemas não pode lidar com questões vagas, remotas e ameaças altamente imaginárias ou hipotéticas que têm apenas uma conexão limitada com a realidade ("E se eu morrer jovem?" ou "E se ninguém gostar de mim?" ou "E se eu nunca tiver sucesso na vida?").

INTERVENÇÃO COGNITIVA: DESCATASTROFIZANDO

Todos os tipos de preocupação, quer sejam baseadas na realidade ou imaginativas, envolvem algum grau de catastrofização. Isso se aplica especialmente à preocupação imaginativa, na qual o pior desfecho possível tem muito pouca conexão com suas circunstâncias atuais, envolvendo resultados que na maioria das vezes nunca ocorrem ou que podem ocorrer só num futuro distante. A base da catastrofização é a ativação de crenças exageradas sobre ameaça e desamparo. A preocupação se alimenta de pensamentos catastróficos! Se você parar de catastrofizar, você cortará a fonte de alimentação da preocupação. Isso é mais fácil na teoria do que na prática, pois catastrofizar é algo instintivo nas preocupações prejudiciais. Porém, constatamos que ensinar preocupados crônicos "a abandonarem o hábito de catastrofizar" pode proporcionar alívio da preocupação ansiosa e incontrolável.

É fácil ser "ludibriado" por pensamentos catastróficos. Quando Makayla se preocupava com a saúde de Richard, era muito mais fácil para ela imaginá-lo tendo um infarto com risco de vida do que pensar em algo menos terrível, como a necessidade de uma cirurgia de *bypass* coronariano em uma única artéria. Descatastrofizar é o processo de despojar o pior cenário possível de sua forte credibilidade para que você possa pensar de forma mais ampla sobre uma série de desfechos menos terríveis e mais prováveis. A descatastrofização não o convencerá de que a catástrofe não pode acontecer. Isso seria impossível, porque o futuro é incerto e coisas verdadeiramente terríveis de fato acontecem com as pessoas. Em vez disso, o objetivo da descatastrofização é restaurar o equilíbrio na forma como você pensa sobre o futuro, adotando uma abordagem mais imparcial e baseada em evidências do que poderia acontecer. O tratamento de descatastrofização da preocupação se divide em quatro partes.

EXERCÍCIO DE INTERVENÇÃO   **Lista de possibilidades temidas**

Comece com uma revisão das preocupações prejudiciais e das possibilidades catastróficas que você listou no Perfil de preocupações (Folha de trabalho 8.8). Liste essas possibilidades catastróficas no espaço fornecido, juntamente com outros desfechos negativos menos sérios nos quais você tende a pensar quando se preocupa. Coloque um asterisco ao lado da possibilidade mais catastrófica e que lhe causa a preocupação mais descontrolada quando você pensa nela. Vamos focar essa possibilidade no restante da intervenção de descatastrofização.

1. Possível desfecho negativo: _____
2. Possível desfecho negativo: _____
3. Possível desfecho negativo: _____
4. Possível desfecho negativo: _____
5. Possível desfecho negativo: _____

A segunda parte da descatastrofização envolve escrever um relato mais deta-lhado do cenário catastrófico que está motivando sua preocupação. Não embele-ze sua descrição tornando-a equilibrada ou razoável. O relato precisa descrever o pensamento catastrófico em toda a sua natureza extrema e exagerada. Ele precisa ser uma descrição de como você pensa quando está no auge da preocupação des-controlada. Inclua em seu relato o que você imagina que aumenta a probabilida-de de que esse pior cenário aconteça, como ele o afetará, as consequências para sua vida e a de seus entes queridos, e sua dificuldade para lidar com isso.

EXERCÍCIO DE INTERVENÇÃO **Seu relato de uma possibilidade catastrófica**

No espaço fornecido, escreva sua descrição da possibilidade catastrófica que você indi-cou que era o pior cenário possível. A descrição de Makayla de seu pensamento catastró-fico sobre o estado de saúde de Richard é fornecida como exemplo.

Descrição do meu pior cenário possível:_____

_____

_____

_____

_____

O pior cenário possível de Makayla: Tenho tentado fazer com que Richard perca peso, faça mais exer-cícios e coma alimentos mais saudáveis, mas ele não está me ouvindo. Ele só fica com raiva e diz que estou incomodando. Uma noite, estamos sentados juntos, assistindo a um filme, quando de repente Richard agarra o peito e grita de dor. Instantaneamente ele cai no chão. Eu me levanto e ligo para o número de emergência. Parece uma eternidade, mas provavelmente em 15 minutos os paramédicos chegam. Eles procuram sinais vitais e começam a trabalhar rapidamente. Eles pegam o desfibrilador e induzem a cardioversão, mas é tarde demais. Vejo que ele está morto. Estou transtornada pelo choque, tristeza e descrença. Richard se foi e estou completamente sozinha. Eu deveria ter feito mais para evitar que esse dia terrível acontecesse.

A terceira parte da descatastrofização envolve as intervenções cognitivas que você praticou no Capítulo 6. Quais são as evidências de que você está superestimando a provável ocorrência do pior cenário possível? Você também está exagerando a gravidade do desfecho e seus efeitos em você? Os pesquisadores descobriram que 85% das nossas preocupações acabam não sendo tão ruins quanto pensamos e que a maioria das pessoas é melhor do que pensa em lidar com um desfecho preocupante que ocorreu.[46] Você acha que estará mais preparado para enfrentar o que o preocupa se focar o pior cenário possível?

> EXERCÍCIO DE INTERVENÇÃO **Avalie o cenário catastrófico**
>
> Use as folhas de trabalho em branco do Capítulo 6 para avaliar seu pensamento catastrófico. O Formulário de busca de evidências (Folha de trabalho 6.5) pode ser usado para determinar se você está exagerando a probabilidade de ocorrer o pior resultado possível. Considere os custos e benefícios associados ao seu pensamento catastrófico (ver Folha de trabalho 6.6). Quais erros de pensamento estão presentes em sua catastrofização (ver Tabela 6.2)? Você precisará dessas folhas de trabalho para ajudá-lo a desenvolver uma possibilidade alternativa que seja mais provável e menos extrema do que o pior cenário possível.

A última parte da descatastrofização envolve a criação de uma narrativa alternativa que seja mais provável e menos grave do que o pior cenário no qual você automaticamente pensa quando está enfrentando preocupações prejudiciais. O pensamento catastrófico é uma previsão sobre o que pode acontecer, mas isso significa gastar tempo em uma previsão que talvez nunca aconteça e só faz você se sentir mais ansioso e preocupado. Para descatastrofizar sua preocupação, você precisará imaginar uma possibilidade alternativa que seja um desfecho mais provável e realista. O desfecho ainda será negativo e pode destoar muito do desfecho que você mais deseja. Você vai querer pensar em uma alternativa que se situe em algum ponto entre o desfecho mais desejado e o desfecho catastrófico.

> EXERCÍCIO DE INTERVENÇÃO **Alternativa à catástrofe**
>
> Use o espaço abaixo para escrever uma possibilidade alternativa que seja mais realista e provável do que o seu pior cenário possível. Inclua em sua descrição a sequência de eventos que levaria ao resultado alternativo, seu impacto em você e em quem você ama, como você lidou com ele e como você aceitou sua ocorrência repentina e inesperada. O Formulário de perspectiva alternativa (Folha de trabalho 6.7) pode ser útil para redigir sua narrativa alternativa.
>
> Meu cenário alternativo: _____
>
> _____
>
> _____
>
> _____
>
> _____

> ### ⊃ Dicas para resolução de problemas: ajuda na descatastrofização
>
> Se a descatastrofização não reduzir sua preocupação, você pode estar usando-a incorretamente para tranquilizar-se de que o pior não vai acontecer. Assegure-se de usar essa intervenção para corrigir sua tendência de focar o pior desfecho possível. Lembre-se de que você não pode prever o futuro, e coisas ruins podem acontecer (Richard poderia ter um infarto fulminante). Você não deixará de se preocupar automaticamente por lembrar a si próprio das evidências contra a catástrofe. Em vez disso, você precisará praticar a substituição do cenário catastrófico pela narrativa alternativa mais realista e pensar sobre os motivos pelos quais a alternativa é um desfecho mais provável. Se você fizer isso repetidamente, será mais fácil desviar sua atenção da catástrofe. Quando isso acontecer, você sentirá uma redução gradual da ansiedade e da preocupação. Analise, a seguir, a forma alternativa de Makayla pensar sobre o elevado risco de Richard sofrer um incidente cardiovascular.

Cenário alternativo de Makayla: Richard tem uma condição médica crônica que o coloca em maior risco de infarto fulminante. Milhões de americanos com essa condição vivem vidas longas e produtivas. Embora Richard tenha um alto risco de infarto, suas chances de sobrevivência superam em muito as chances de morte. Existem muitas intervenções médicas, medicamentos e mudanças no estilo de vida que podem reduzir (mas não eliminar) o risco de Richard ter um infarto. Mesmo que Richard mude seu estilo de vida, não há garantia de que seu coração permanecerá saudável até os 90 anos. Não tenho escolha a não ser viver com a incerteza da vida e da morte. Quem sabe? Um de nós poderia facilmente morrer de alguma outra tragédia desconhecida, como um acidente de carro. Portanto, minha alternativa é aceitar que estou vivendo com um marido com elevado risco de doença coronariana, que pode sofrer vários problemas cardíacos que exigirão algum tipo de intervenção médica.

INTERVENÇÃO COMPORTAMENTAL: EXPOSIÇÃO DIRIGIDA À PREOCUPAÇÃO

O pensamento catastrófico tem dois lados. Somos levados a imaginar possibilidades exageradas de ameaça e perigo quando nos preocupamos, e ainda assim há um desejo de evitar o enfrentamento de nossos piores medos. Thomas Borkovec, um pioneiro da pesquisa sobre preocupações, argumentou que nos preocupamos para evitar alguma ameaça ou perigo futuro temido.[47] Por exemplo, um pai pode se preocupar com o motivo pelo qual seu filho adolescente chega atrasado em casa em uma noite de fim de semana em vez de imaginar que ele sofreu um trágico acidente de carro. Uma pessoa pode se preocupar com os desfechos de um exame médico diagnóstico em vez de pensar em viver com câncer. Ou um indivíduo pode se preocupar com a possibilidade de ter ofendido um amigo próximo em vez de pensar em perder essa amizade. Em outras palavras, a preocupação é muitas vezes uma tentativa de evitar pensar sobre o que mais tememos, como a morte, não ser amado, a falta de sentido, a inutilidade, o abandono e assim por diante. O problema é que a preocupação não é uma estratégia de esquiva eficaz e é uma das razões para a persistência de preocupações prejudiciais. Fazer o oposto da esquiva, enfrentar o seu pior medo, tornou-se um ingrediente importante da TCC para preocupação.

Para fazer o próximo exercício, você precisará acessar o pior cenário possível que você elaborou na intervenção descatastrofizante. Revise seu cenário e anote no espaço fornecido o que você mais teme em relação a esse desfecho catastrófico. Geralmente, esses medos concentram-se em um aspecto básico da vida, como morte, significado, valor ou respeito, ser amado, abandono, falta de liberdade ou controle e assim por diante.

O que mais temo: _____

O medo de Makayla: Abandono – que Richard morra, deixando-me sozinha e infeliz pelo resto da vida.

EXERCÍCIO DE INTERVENÇÃO **Exposição intencional à preocupação**

Este exercício envolve assumir o controle da preocupação programando sessões de preocupação sistemáticas e planejadas. Comece por ter disponível a sua descrição de um cenário catastrófico ou do pior cenário possível. Agende uma sessão diária de preocupação imaginal de 30 minutos em um lugar tranquilo, onde você não seja interrompido. Durante esse período, mentalize o cenário catastrófico, pensando profundamente em todos os aspectos do cenário, mas especialmente no que você mais teme em relação a essa possibilidade. Use as seguintes diretrizes para estruturar sua sessão de exposição.

1. Inicie com cinco minutos de respiração controlada e relaxada.

2. Mentalize o cenário catastrófico, focando cada detalhe, como o que causou a catástrofe, qual foi o papel que você desempenhou e quais foram as consequências para você e seus entes queridos.

3. Ao imaginar o desfecho catastrófico, foque tanto quanto possível aquilo que você mais teme em relação a esse cenário catastrófico, seja a morte, a perda do amor ou a falta de propósito ou valor.

4. Esteja especialmente atento a quaisquer sentimentos de ansiedade ou angústia durante a exposição à preocupação. Observe como você está ficando mais ansioso à medida que continua imaginando o cenário catastrófico.

5. Substitua o cenário catastrófico por sua *alternativa ao cenário catastrófico*. Pense profundamente sobre esse cenário alternativo, incluindo o efeito sobre você, como você pode lidar com ele e por que ele é mais provável do que o cenário catastrófico.

6. Passe cinco minutos pensando na catástrofe e depois cinco minutos pensando na alternativa. Faça isso várias vezes durante o resto da sessão de preocupação.

7. Você pode se surpreender ao saber que sua mente ficará divagando durante a sessão. Quando isso acontecer, reconduza gentilmente sua atenção para o cenário catastrófico ou sua alternativa.

8. Após 30 minutos, interrompa a sessão de preocupação. Encerre com mais cinco minutos de respiração controlada. Registre sua experiência no Formulário de exposição à preocupação (Folha de trabalho 8.11). Depois disso, pratique uma atividade diária normal que exija alguma concentração e ação física.

⊃ Dicas para resolução de problemas: quando a exposição à preocupação causa mais sofrimento

Se você estiver se sentindo mais ansioso após várias sessões de exposição à preocupação ou se seu pensamento catastrófico tiver se tornado mais verossímil, interrompa imediatamente essa intervenção. Existem vários motivos pelos quais a exposição à preocupação pode não estar funcionando para você.

- Você pode estar usando uma possibilidade negativa que não é o seu pior medo. Você precisa imaginar seu "pior desfecho possível" para alcançar reduções significativas na preocupação.

- O desfecho catastrófico que você imagina deve ser extremo. A intervenção não será útil se você suavizar o desfecho imaginado, tornando-o menos assustador ou causador de ansiedade.

- É fundamental anotar suas preocupações, o pior cenário possível e sua alternativa. Você não pode confiar apenas na sua memória. Além disso, você precisa ler a descrição dos dois cenários em voz alta várias vezes durante as sessões de exposição.

- A exposição à preocupação deve ser feita repetidas vezes de maneira sistemática. A repetição é imprescindível! Muitas pessoas tentam isso uma ou duas vezes e depois concluem que não funciona. A exposição à preocupação não será eficaz se você a fizer algumas vezes; é preciso fazê-la várias vezes, até que você comece a se sentir entediado e desinteressado.

- Se algum desses pontos for relevante, modifique suas sessões de exposição e reinicie a intervenção. Por outro lado, pare de praticar a exposição imaginal à preocupação se você estiver acreditando mais no cenário catastrófico do que na alternativa. Isso fará com que você se sinta pior. Existem outras intervenções neste capítulo que você pode usar para tratar sua preocupação prejudicial.

Você praticou exposição intencional à preocupação diariamente por pelo menos duas semanas? O que você percebeu sobre seu nível de ansiedade durante essas sessões? Há evidências de pesquisa que indicam que sessões repetidas de exposição à preocupação por si só podem reduzir a ansiedade.[48] Espera-se que a frequência e a intensidade da sua preocupação diminuam e que a ansiedade associada reduza com a exposição repetida à preocupação. Você pode até começar a se sentir entediado com a sessão de preocupação. Isso ocorre porque você está assumindo o controle de sua preocupação e substituindo a possibilidade que você mais teme por uma alternativa mais realista e menos angustiante.

FOLHA DE TRABALHO 8.11

Formulário de exposição à preocupação

Instruções: após cada sessão de preocupação intencional, descreva brevemente o que o preocupou e o quanto você se sentiu ansioso durante a sessão de exposição. No nível de ansiedade, avalie de 0, para nenhuma, a 10, para extrema ansiedade.

Data	Conteúdo imaginário durante a sessão de exposição (*Nota:* você pensou na possibilidade catastrófica? Você imaginou seu pior medo? Liste outras possibilidades em que você pensou.)	Nível de ansiedade (0-10)
Domingo		
Segunda-feira		
Terça-feira		
Quarta-feira		
Quinta-feira		
Sexta-feira		
Sábado		

De *The Anxiety and Worry Workbook, Second Edition* (Guilford Press, 2023). Acesse a página do livro em loja.grupoa.com.br e faça o *download* desta folha de trabalho.

INTERVENÇÃO COMPORTAMENTAL: ADIAMENTO DA PREOCUPAÇÃO

Esta intervenção é usada junto com a exposição à preocupação. Quando você começar suas sessões de exposição à preocupação, sua preocupação ainda será acionada ao longo do dia. Você continuará tendo preocupação prejudicial. Então, em vez de se deixar levar pela preocupação, você reconhecerá a presença de pensamentos de preocupação em sua mente, mas depois dirá a si mesmo que vai adiar a preocupação por enquanto e guardá-la para sua sessão programada de exposição à preocupação. Se alguma nova ideia ou perspectiva sobre sua preo-cupação lhe ocorrer, tome nota e incorpore esse novo pensamento na descrição catastrófica que você criou para a exposição à preocupação.

Imagine que você é um gerente intermediário de 55 anos e ouve falar que a empresa está reduzindo seu tamanho. Considerando sua idade e seu cargo, você corre um alto risco de perder o emprego. À medida que os dias se transformam em semanas, a incerteza aumenta. Pensamentos sobre desemprego inundam sua mente e você constantemente cai em preocupações prejudiciais. Sua produtivi-dade no trabalho despenca e você fica irritado e nervoso em casa. Você decide que "estar desempregado aos 55 anos e perder todo o respeito da família e dos ami-gos" é a narrativa catastrófica de sua exposição à preocupação. Mas você continua tendo pensamentos intrusivos preocupantes de perda de emprego durante todo o dia de trabalho. Você decide usar estratégia de adiamento da preocupação no tra-balho. Quando a ideia de perder o emprego surge em sua mente, você reconhece a intrusão mental. Você diz a si mesmo que não há problema em ter esse tipo de pensamento, dadas as circunstâncias. Você fica lembrando a si mesmo de passar um tempo à noite pensando mais profundamente em perder seu emprego. Se um novo ângulo ou ideia sobre desemprego se insinua em sua mente, você o anota em um caderno ou no aplicativo de anotações do seu telefone. Dessa forma, você se lembrará de adicioná-lo à sua narrativa catastrófica para que você possa pen-sar profundamente sobre isso durante a sessão programada de exposição à preo-cupação. Uma vez feita a anotação, você volta para uma tarefa de trabalho. Se o pensamento de preocupação retorna repetidamente, você reafirma sua intenção de pensar sobre isso mais tarde.

INTERVENÇÃO COGNITIVA: CONSTRUINDO TOLERÂNCIA À INCERTEZA

Anteriormente, observamos que a intolerância à incerteza é um processo central na preocupação prejudicial. É um sentimento negativo, ou medo, em relação a situações novas, ambíguas ou imprevisíveis.[49] A incerteza é sentida como estres-sante e ameaçadora para os indivíduos que se preocupam, e por isso eles procu-ram se *sentir seguros* quanto a um desfecho, obtendo garantias de si mesmos ou de outras pessoas. Como não podemos saber o que o futuro nos reserva, ele é o foco da nossa incerteza. Esperamos que o amanhã se desenrole de forma previsível, mas não podemos ter certeza. A pessoa com baixa tolerância à incerteza prefere saber que algo ruim vai acontecer do que ficar tentando adivinhar o futuro.

Luís, por exemplo, estava preocupado com sua prova final de química orgâ-nica. Ele ficava pensando na probabilidade de reprovação em um esforço para se convencer de que isso não aconteceria. Katrina estava preocupada em vender sua casa e ficava pensando constantemente se encontraria um comprador. Samantha estava preocupada com a possibilidade de seu marido estar tendo um caso e passava muitas horas tentando se convencer de que ele era fiel e não a deixaria. Em cada um desses casos, o processo de preocupação foi motivado por um desejo de "saber o futuro", a fim de reduzir a incerteza.

O problema com a "necessidade de saber" é que nunca se pode saber o futuro com certeza absoluta. O que você está procurando é um sentimento de saber, um sentimento de certeza sobre algo, em vez de "saber sabendo".[50] A preocupação é uma tentativa de nos assegurarmos do futuro – uma tentativa de reduzir as incertezas da vida, de eliminar os pensamentos do tipo "e se" de nossa vida. Mas essa busca por um sentimento de saber, um alívio da incerteza, tem o efeito oposto: ela nos deixa mais ansiosos e preocupados com o futuro. Aprender a aceitar o risco e a incerteza reduzirá a preocupação e a ansiedade generalizada.[49] Nesta seção, apresentamos duas intervenções que podem ajudá-lo a desenvolver tolerância à incerteza.

> EXERCÍCIO DE INTERVENÇÃO **Tolerância à incerteza na vida cotidiana**
>
> A vida diária exige tolerância a riscos e incertezas consideráveis. Quando se trata de situações que não causam ansiedade, sua tolerância à incerteza é maior do que você imagina. Este exercício tem como objetivo conscientizá-lo de quanta incerteza você já tolera no seu dia a dia. Use o Registro diário de incerteza (Folha de trabalho 8.12) para anotar experiências nas quais você age ou toma uma decisão sem saber com certeza o seu desfecho. A folha de trabalho começa com dois exemplos de incerteza retirados da experiência diária de Makayla.

Você conseguiu registrar diferentes experiências de incerteza? O que você registrou é como uma fração das muitas ações ou decisões que você toma todos os dias e que envolvem algum grau de incerteza. Quando se trata de situações que não envolvem suas preocupações relacionadas à ansiedade, você aceita a incerteza. Na verdade, você está tolerando a incerteza com frequência ao longo do dia. Uma das incertezas mais assustadoras é a reprodução. Se você pensasse em todos os problemas que podem ocorrer no útero, no parto, nos primeiros meses de um recém-nascido, e depois durante a infância e a adolescência, por que teria filhos? As incertezas que toleramos ao ter filhos são verdadeiramente notáveis. Provavelmente nada poderia ser mais incerto do que trazer uma criança para este mundo. E ainda assim fazemos isso. Se você é capaz de tolerar essa incerteza, você já tem o "poder" para aceitar a incerteza da preocupação.

Não é curioso que você consiga tolerar a incerteza nessas situações, mas não quando se trata da questão que o preocupa? Dê uma olhada no que você escreveu na segunda coluna. Isso lhe dará uma pista sobre como você tolerou a incerteza. Se você é como Makayla, a tolerância à incerteza envolve dois temas principais:

FOLHA DE TRABALHO 8.12

Meu registro diário de incerteza

Instruções: esteja ciente dos momentos em que você não tinha certeza sobre o desfecho das ações ou decisões que tomou ao longo do dia. Registre-os na primeira coluna. Na segunda coluna, explique como você conseguiu tolerar não saber como seria a experiência. Use a terceira coluna para registrar o que eventualmente aconteceu.

Experiência de incerteza	Como consegui tolerar o sentimento de não saber	O que aconteceu
Exemplo de Makayla: Decidi experimentar um novo cabeleireiro de mais prestígio.	Disse a mim mesma que posso arrumar o cabelo sozinha caso eu não goste, ou posso ir a outro salão de beleza e pedir que eles arrumem. Se o cabelo ficar muito curto, ele sempre vai crescer. Eu estou cansada do visual antigo, por isso preciso me arriscar em um novo estilo.	O novo estilo não ficou tão ruim. O corte ficou bom e eu mesma o ajeitei quando lavei novamente o cabelo.
Exemplo de Makayla: Estava na metade do caminho para o trabalho quando fiquei na dúvida se tinha trancado a porta da frente. Eu já tinha ido longe demais para voltar e conferir.	Disse a mim mesma que nunca deixei de trancar a porta ao sair de casa e, portanto, ela provavelmente estaria trancada. Não posso me atrasar para o trabalho hoje porque temos uma reunião importante com um cliente. Quem quiser invadir pode entrar pela janela do quintal.	Cheguei em casa naquela noite e a porta da frente estava trancada.
1.		
2.		
3.		
4.		
5.		
6.		

- Você acredita que é capaz de administrar a situação mesmo que algo dê errado.
- Você está convencido de que o desfecho não será terrível; não será uma catástrofe.

No primeiro exemplo, Makayla tolerou a incerteza quanto ao seu novo cabeleireiro pensando que ela mesma poderia resolver o problema se ele ocorresse. No segundo exemplo, ela acreditava que uma porta destrancada não seria uma catástrofe. Você usou a mesma maneira de pensar em relação à sua tolerância à incerteza?

O que você aprendeu com o desfecho real na coluna final? Provavelmente, você descobriu que, na maioria das vezes, não havia custo ou desvantagem em aceitar a incerteza. Nossas decisões ou ações nem sempre são as melhores, mas o desfecho que tememos e que impulsiona nossa preocupação e intolerância à incerteza geralmente nunca se materializa. Esse exercício revela sua tolerância básica à incerteza. As mesmas estratégias de tolerância que você usa em situações sem preocupação podem ser aplicadas às suas preocupações. Ou seja, foque a maneira como você pode lidar com a situação de preocupação e como o desfecho pode não ser o ideal, mas também não será o pior. Passamos agora para uma segunda intervenção, que é usada para fortalecer a tolerância à incerteza.

EXERCÍCIO DE INTERVENÇÃO **Desenvolvendo tolerância à incerteza**

Você pode pensar nesta atividade como um exercício de treinamento da tolerância à incerteza. A ideia é pegar-se tentando reduzir a incerteza em relação a uma preocupação e então praticar fazer exatamente o oposto, ou seja, agir de forma a aceitar o sentimento de incerteza associado à preocupação. Comece registrando uma experiência de preocupação na qual você tenha um sentimento distinto de incerteza. Use o Formulário de aptidão para tolerância (Folha de trabalho 8.13) para registrar essa experiência. A seguir, pense no melhor desfecho que você gostaria que acontecesse e nas maneiras pelas quais você tenta se convencer de que isso vai acontecer. Certamente você tenta se tranquilizar ou argumentar consigo mesmo que tudo o que o preocupa vai ficar bem. Depois de identificar seus esforços para reduzir a incerteza, considere uma resposta que seria completamente oposta; uma resposta que aceita ou coexiste com a incerteza de que um desfecho mais negativo pode acontecer. A seguir, pratique essa resposta oposta de enfrentamento sempre que começar a se preocupar com a questão que você registrou em sua folha de trabalho. Depois de várias experiências de prática de tolerância à incerteza, registre o que aconteceu com o problema que o preocupava. Se você não tiver certeza sobre como fazer este exercício, veja alguns exemplos nas duas primeiras linhas da folha de trabalho.

⮑ **Dicas para obter sucesso: mais sobre como melhorar a tolerância à incerteza**

Aumentar a tolerância à incerteza pode ser difícil porque isso pode parecer um conceito abstrato. A seguir estão algumas sugestões adicionais para melhorar seu aperfeiçoamento dessa habilidade.

- Quando nos preocupamos, há não apenas uma catástrofe temida, mas também um desfecho desejado. Por exemplo, se você estiver preocupado com os resultados de um exame de saúde, o seu desfecho é um resultado negativo. Ao preencher a segunda coluna do Meu formulário de aptidão para tolerância, comece listando vários desfechos "melhores" associados à preocupação. Em seguida, selecione o desfecho que você considera o melhor.
- A seguir, pense em todas as maneiras pelas quais você tenta se convencer de que o "melhor desfecho" tem mais probabilidade de acontecer do que o pior. Escreva essas estratégias na segunda coluna. Essas também são as táticas utilizadas para reduzir o sentimento de incerteza.
- A terceira coluna exige algum pensamento criativo. Qual seria a forma oposta de agir ou pensar, considerando o que você escreveu na segunda coluna? Essas respostas opostas envolveriam deixar o sentimento de incerteza ocupar sua mente. Você não está tentando reduzir ou evitar a incerteza. Você a está reconhecendo e depois prosseguindo com sua atividade diária.
- É importante praticar o que você escreveu na terceira coluna. Toda vez que você se preocupar, você deve praticar as respostas opostas da terceira coluna. Essa é a única forma de fortalecer seu "poder de tolerância à incerteza".

Esse é um exercício que você deve fazer repetidamente para fortalecer sua aceitação da incerteza. Ele exige que você evite se envolver nas respostas de busca de segurança que você usa para se convencer de um desfecho desejado. Respostas de busca de segurança, como buscar renovação da confiança ou tentar se convencer de que o desfecho temido não acontecerá, visam a reduzir o sentimento de incerteza. É a resposta oposta, como a que você descreveu na terceira coluna, que aumenta a sua capacidade de tolerar a incerteza. Mas é importante que você não se limite a escrever sobre isso. Você precisa praticar a terceira coluna repetidamente cada vez que se preocupar. Com o tempo, você se sentirá mais capaz de tolerar a incerteza associada às suas preocupações. Quando isso acontecer, você não precisará mais se preocupar. Em vez disso, você aceitará a incerteza dessas questões de "preocupação" assim como aceita a incerteza em muitos outros aspectos da vida cotidiana (veja seus registros na Folha de trabalho 8.12, Meu registro diário de incerteza).

INTERVENÇÃO COGNITIVA: PREOCUPAÇÃO DESAPEGADA

No Capítulo 7, apresentamos a *mindfulness* como uma estratégia saudável para lidar com a ansiedade. Essa abordagem é especialmente útil ao lidar com preocupações. A preocupação desapegada é baseada em *mindfulness*. Ela envolve adotar uma perspectiva distante, de observador de seus pensamentos de preocupação. Você percebe o pensamento de preocupação em sua mente, mas o trata como um pensamento que não requer avaliação, nem resposta, nem esforço

FOLHA DE TRABALHO 8.13

Meu formulário de aptidão para tolerância

Instruções: liste vários problemas cujos possíveis desfechos o deixam preocupado. A seguir, pense no possível desfecho na primeira coluna. Na segunda coluna, pense no desfecho que você deseja para essa preocupação e em como você tenta se convencer de que o desfecho desejado é o mais provável. Na terceira coluna, proponha uma resposta contrária àquela que você escreveu na segunda coluna. Isso envolve listar alguns passos concretos que você poderia dar que envolvem aceitar ou conviver com a incerteza. Na última coluna, registre o desfecho real da questão de preocupação.

Incerteza relacionada à preocupação	Resposta desejada de busca de segurança para reduzir a incerteza	Resposta oposta que aceita a incerteza	Desfecho da questão de preocupação
Exemplo de Luís: Continuo questionando como vou me sair na prova final de química; há uma boa chance de eu reprovar.	Eu quero buscar me reconfortar com meus pais de que vou me sair bem; também quero testar meus conhecimentos com meus colegas de classe para ver se consigo responder às perguntas que eles não conseguem responder.	Vou continuar com meu plano de estudo e não buscar tranquilização. Além disso, vou abster-me de fazer perguntas a outros alunos. Continuarei lembrando a mim mesmo de que o que posso fazer é dar o meu melhor. Exames são sempre incertos.	A prova de química orgânica foi brutal. Acabei com um B– e esperava um B+. Não fui reprovado, e minha nota no curso é respeitável.
Exemplo de Katrina: Fico questionando se vamos conseguir vender a casa, e se teremos que continuar baixando o preço.	Quero ficar ligando para o corretor de imóveis para perguntar se houve algum interesse na casa, o que as pessoas gostaram ou não gostaram nela.	Não ligar para o corretor de imóveis ou conferir as listas de imóveis. Viver cada dia como se eu não tivesse a intenção de vender a casa.	Demorou muito mais para vender do que o esperado, mas a casa acabou sendo vendida. Tivemos que nos contentar com 5% a menos do que queríamos.
1.			
2.			
3.			
4.			
5.			

para ser controlado. Você observa o pensamento de preocupação passivamente e sem julgar, deixando-o desaparecer de sua mente naturalmente e sem esforço. Na preocupação desapegada, você é o observador de seus pensamentos e nada mais.

É relativamente fácil desapegar-se de pensamentos que não são emocionais. É muito mais difícil se desligar de pensamentos altamente emocionais que você considera pessoalmente significativos. Se você pensa "Minha casa está pegando fogo", esse não é o momento para consciência desapegada. Mas preocupar-se é imaginar o pior, como "E se minha casa pegar fogo?"; portanto, o desapego consciente é muito apropriado nesse caso.

A visualização é uma estratégia que usamos para ajudar as pessoas a assumirem uma postura impessoal e distante frente a pensamentos emocionais, como a preocupação. A ideia é imaginar que seus pensamentos de preocupação são como objetos que se movem em seu campo de visão. Você, o observador, fica parado e vê esses "objetos de pensamento" passarem em sua imaginação. Você não persegue o pensamento de preocupação, nem tenta pegá-lo e mantê-lo perto. Em vez disso, você observa o pensamento de preocupação passar por você. Existem diversos cenários imagéticos que podem ser usados:[34]

- Você pode imaginar que seus pensamentos de preocupação são carros alegóricos em um desfile. Você fica à margem, observando seus pensamentos flutuarem em seu campo de visão. Você pode olhar para o começo da rua para ver os novos pensamentos que em breve passarão por você, e você pode olhar na outra direção e ver os velhos pensamentos que já passaram pelo seu campo de visão. Alguns dos carros alegóricos têm seus pensamentos de preocupação, mas outros não têm conteúdo de preocupação.
- Você pode imaginar seus pensamentos de preocupação como nuvens no céu que passam no alto. Cada nuvem é um pensamento diferente, com algumas nuvens carregando seus pensamentos de preocupação.
- Você pode imaginar seus pensamentos como folhas flutuando à deriva em um riacho. Coloque seu pensamento em uma folha e observe-a flutuar enquanto segue rio abaixo até desaparecer. A seguir, coloque outro pensamento em uma folha e observe-a flutuar.[51]
- Stefan Hofmann, em *Lidando com a ansiedade*,[34] ofereceu um interessante roteiro de imagens para a preocupação desapegada. Imagine que você está parado na plataforma de uma estação de trem e seus pensamentos são trens passando pela estação sem parar. Alguns de seus pensamentos são positivos e úteis, e por isso você pode querer embarcar nesses trens. Outros pensamentos, como a preocupação, são negativos e perturbadores, e por isso você fica na plataforma e observa esses trens passarem.

EXERCÍCIO DE INTERVENÇÃO **Pratique a preocupação desapegada**

Escreva sua versão de um roteiro de preocupação desapegada no espaço fornecido. Você pode usar um dos cenários de visualização descritos neste capítulo ou criar sua própria versão. Ele deve incluir uma declaração de seus pensamentos de preocupação e instruções sobre como você visualizará esses pensamentos passando por sua mente de maneira desapegada.

Meu roteiro de preocupação desapegada: _____

_____

_____

A preocupação desapegada é mais eficaz quando se torna uma estratégia que você usa sempre que começa a se preocupar. Mas ela não é uma resposta natural à preocupação. Primeiro, você precisará praticar a preocupação desapegada. Sugerimos que você programe sessões práticas nas quais você se preocupa intencionalmente e, então, reage com seu roteiro de preocupação desapegada. Isso é como uma exposição direcionada à preocupação, exceto que você está trabalhando para se tornar mais proficiente com uma abordagem de *mindfulness* à preocupação.

O PRÓXIMO CAPÍTULO

A preocupação amplifica a ansiedade. Isso significa que intervenções para preocupação excessiva devem ser incluídas em qualquer plano de TCC para ansiedade. Mas a preocupação é um processo normal que usamos para lidar com os problemas da vida. Portanto, uma das primeiras tarefas é distinguir entre sua experiência de preocupação normal e sua experiência de preocupação excessiva. Este capítulo forneceu orientação e ferramentas de avaliação para determinar quando a preocupação se torna prejudicial ou problemática. Foi oferecida uma formulação de TCC que pode orientar seu plano de tratamento para preocupação. Foram apresentadas seis intervenções de TCC que tratam diretamente a preocupação excessiva. Você deve incorporar essas intervenções a seu plano de tratamento cognitivo-comportamental, independentemente de seu problema de ansiedade.

A preocupação é a face cognitiva da ansiedade. Os sintomas físicos desempenham um papel menor quando a preocupação excessiva é proeminente. Mas muitas pessoas sentem ansiedade de uma forma completamente diferente. Para elas, os sintomas físicos da ansiedade são muito perturbadores. Os ataques de pânico, a expressão mais extrema da ansiedade física, são o tema do nosso próximo capítulo. E, assim como a preocupação, os ataques de pânico podem ocorrer em qualquer tipo de ansiedade problemática.

9

Derrote o medo do pânico

Lucia teve seu primeiro ataque de pânico seis meses depois que seu pai se recuperou de um grave infarto. O infarto pegou toda a família de surpresa – seu pai não tinha fatores de risco cardíaco, gozava de excelente saúde e praticava exercícios religiosamente. Lucia tirou uma folga do trabalho e de cuidar dos três filhos para ajudar o pai a se reerguer. Ela estava no trabalho quando ocorreu o que posteriormente descreveu como "o pior dia da minha vida". Foi um dia particularmente estressante, cheio de prazos urgentes e de inúmeras interrupções que a deixaram cada vez mais atrasada.

De repente, do nada, Lucia sentiu uma dor lancinante no peito, seu coração disparou, ela sentiu calor e rubor e parecia não conseguir respirar o suficiente. Ela afrouxou a parte de cima da blusa e percebeu que sua mão tremia. Tentou se levantar da cadeira, mas sentiu uma fraqueza em todo o corpo. Seus joelhos começaram a ceder e ela teve que se apoiar na mesa para não cair. Sentiu-se tonta e um tanto desorientada. Ela só conseguia pensar no infarto do pai. Será que agora ela estava passando pela mesma coisa? Ela pensou: "É assim que a gente se sente quando sofre um infarto?". Embora tenha demorado apenas alguns minutos para os sintomas começarem a diminuir, o tempo pareceu se arrastar.

Lucia, por fim, conseguiu chegar ao banheiro, onde lavou o rosto com água fria. Ainda assim, havia um peso persistente em seu peito, e ela parecia ter dificuldade para conseguir ar suficiente. Ela voltou para sua mesa, mas estava preocupada e atordoada demais para trabalhar. Ela disse ao seu supervisor que não estava bem e saiu mais cedo do escritório. Em vez de dirigir direto para casa, Lucia parou no pronto-socorro do hospital local, onde uma bateria de exames não revelou nada que pudesse explicar seus sintomas. O médico do pronto-socorro concluiu que Lucia havia sofrido um ataque de pânico. Ele lhe deu uma medicação ansiolítica e lhe disse para consultar o médico de família.

Isso tinha ocorrido há três anos. Desde então, o mundo de Lucia virou de cabeça para baixo. Ela agora sente uma ansiedade quase constante. Ela se preocupa com a possibilidade de ter outro ataque de pânico. A outrora enérgica mãe competente e funcionária desembaraçada reduziu tanto suas atividades que agora praticamente se limita ao trabalho e ao lar. Ela se recusa a viajar para outras cidades, evita locais públicos, não consegue atravessar pontes e tem medo de ficar sozinha à noite. Ela se preocupa com sua condição física e agora teme desenvolver uma doença mental grave. Ela já tentou vários medicamentos, mas a única coisa que parece funcionar é um tranquilizante, e mesmo isso só a acalma por algumas horas. Já faz muito tempo que ela não tem uma boa noite de sono.

Lucia percebeu que precisava de ajuda, por isso procurou um terapeuta de TCC. Durante três anos, ela sentiu como se o medo dos ataques de pânico a mantivesse como refém. Ela estava pronta para ser libertada. Talvez você sinta o mesmo, especialmente se tiver feito os exercícios dos capítulos anteriores, mas, ainda assim, evita viver plenamente a sua vida por medo de ter outro ataque de pânico. Neste capítulo, mostraremos como personalizar as intervenções que você aprendeu anteriormente neste livro para lidar com o pânico e com o medo do pânico. Assim como você criou um perfil de preocupação no capítulo anterior, você criará um perfil de pânico aqui. Você aprenderá sobre cinco intervenções de TCC para pânico: reavaliação, reformulação, indução, exposição e eliminação da resposta.

O QUE É UM ATAQUE DE PÂNICO?

Certamente já houve momentos em que você exclamou "Estou em pânico". Nessas ocasiões, você sente que o tempo está acabando e não consegue atender a todas as demandas do momento. Você está estressado e sobrecarregado e quer fugir. Mas não é isso que queremos dizer com pânico. A expressão "ataque de pânico" tem um significado mais técnico. Se você já sofreu um verdadeiro ataque de pânico, sabe que ele é inesquecível; ele não se compara com nenhuma outra experiência de estresse ou ansiedade.

Às vezes as pessoas recebem um aviso de um ataque de pânico iminente, como se estivessem um pouco nervosas ou menos calmas, e de repente são atingidas por uma onda de intensa ansiedade. Em outros casos, o pânico pode surgir completamente do nada, quando você menos espera. Chamamos isso de *ataques de pânico espontâneos*, e eles parecem ser uma perda repentina e assustadora de controle, na qual a ansiedade domina cada fibra do seu corpo. Possivelmente, seus surtos de ansiedade são menos intensos, o que chamamos de *ataques de ansiedade* ou *ataques de pânico com sintomas limitados*. Um ataque de pânico completo tem uma definição específica (veja o quadro na próxima página).

Um ataque de pânico completo é uma manifestação física intensa de ansiedade. Sua principal característica é uma hiperexcitação repentina de múltiplas sensações físicas, como aumento da frequência cardíaca, respiração rápida, sudorese, desconforto abdominal, tremores, fraqueza, vertigens ou tonturas, ondas de calor e/ou sensações de formigamento. Cognições assustadoras também podem estar presentes, como o medo da incontrolabilidade ou de morrer, ou a sensação de estar desligado da realidade. Esse súbito aumento de hiperexcitação fisiológica está associado a um medo central do indivíduo de estar sofrendo um infarto, sufo-

Um **ataque de pânico** é um período ou episódio distinto de medo ou desconforto intenso que se configura repentinamente, atinge sua intensidade máxima por um breve período e é caracterizado por pelo menos quatro sensações físicas indesejadas e inexplicáveis e cognições assustadoras. Normalmente, os ataques de pânico duram entre 5 e 20 minutos.

cando, tendo uma convulsão ou um tumor cerebral, ou enlouquecendo.

Após repetidos ataques de pânico, o medo central pode cristalizar-se como medo de ter outro ataque de pânico. O medo ou preocupação de ter um ataque de pânico persiste durante semanas ou meses e muitas vezes leva a mudanças comportamentais que envolvem evitar locais ou atividades que se acredita aumentarem o risco de ataques de pânico. Os exemplos incluem locais públicos como grandes lojas ou *shopping centers*, multidões, grandes reuniões ou ambientes sociais, lugares desconhecidos, viagens, locais de trabalho. Certas atividades, como exercício físico, podem ser evitadas devido ao aumento da excitação fisiológica, e os indivíduos com pânico frequentemente se asseguram de estarem perto das saídas por medo de ficarem presos. Estar sozinho ou muito longe de hospitais pode aumentar a ansiedade das pessoas com pânico, porque elas acreditam que podem precisar de auxílio médico caso aconteça alguma coisa. O medo do pânico pode causar uma redução drástica na qualidade de vida, o que foi denominado *esquiva agorafóbica*. Em casos extremos, os indivíduos podem ficar presos em casa, com medo de se aventurar além dos limites da sua moradia, pelo risco de sofrer um ataque de pânico.

EXERCÍCIO DE AVALIAÇÃO   **Seu pior ataque de pânico**

Recorde-se de seu ataque de ansiedade mais grave. Seria um aumento repentino da ansiedade, atingindo a intensidade máxima em 5 a 10 minutos, mesmo podendo levar várias horas para a ansiedade desaparecer completamente. No espaço abaixo, indique onde ocorreu o ataque de ansiedade, os sintomas físicos que se intensificaram e o que você mais temia nesse ataque (como ter um infarto, morrer, que o ataque não tivesse fim, ter outro ataque de pânico). (Para obter uma lista de sintomas típicos de ansiedade, consulte a Folha de trabalho 5.1.)

Situação: _____

_____

Sintomas físicos: _____

_____

Medo central: _____

_____

O pior ataque de pânico de Lucia:

Situação: Eu estava comprando mantimentos. O supermercado estava excepcionalmente lotado. Eu recém tinha começado minhas compras quando de repente senti como se estivesse presa e não conseguisse respirar.

Sintomas físicos: Falta de ar, sensação de asfixia, palpitações cardíacas, tremores, sensação de desmaio e tontura; comecei a suar devido às ondas de calor, os joelhos pareciam fracos, como se pudessem ceder.

Medo central: Estou perdendo o controle e vou desmaiar. Isso será muito embaraçoso, porque chamarão os paramédicos e eu farei uma grande cena. Todos vão se perguntar o que há de errado comigo. Serei levada ao pronto-socorro e meu marido será chamado para vir me buscar. Será outro exemplo do meu estado fraco e patético.

ANATOMIA DO MEDO DO PÂNICO

Os ataques de pânico são mais comuns do que você imagina. Entre 13 e 33% da população em geral relata ter sofrido pelo menos um ataque de pânico no último ano.[52,53] Se os ataques de pânico são tão comuns, por que algumas pessoas desenvolvem um problema de pânico e outras não? A resposta está no medo do pânico. Quando desenvolvemos o medo de ter ataques de pânico, isso nos prepara para sentir pânico com mais frequência, porque a experiência do pânico e seus gatilhos tornam-se a ameaça que procuramos evitar. Conforme discutido anteriormente, uma vez que a nossa mente ansiosa se fixa em uma ameaça específica, como a preocupação de ter um ataque de pânico, tornamo-nos hipersensíveis a quaisquer sinais associados à ameaça. Como a nossa mente ansiosa está atenta a quaisquer sinais de possível pânico, ela paradoxalmente aumenta a probabilidade de que o pânico ocorra.

Da mesma forma, carregamos conosco esse medo do pânico sempre que saímos da nossa "zona de segurança". Isso significa que as nossas respostas de fuga e esquiva estão mais ligadas ao medo do pânico do que ao próprio pânico. A maioria das pessoas com histórico de ataques de pânico abandonará a situação ao primeiro sinal de ansiedade crescente, porque teme um ataque iminente. Como o medo do pânico desempenha um papel central no pânico problemático, esse é o processo que enfocamos na TCC para o pânico. Existem quatro fenômenos que levam ao medo do pânico.

Gatilhos do pânico

Na maioria das vezes, um problema de pânico começa com um ou dois ataques inesperados que ocorrem do nada, em situações nas quais você não esperaria ter um ataque de pânico. Após esses primeiros ataques, a maioria das pessoas entende o que desencadeia o pânico e evita essas situações por medo de ter outro ataque. Lucia rapidamente aprendeu que situações desconhecidas aumentavam sua ansiedade e o risco de um ataque de pânico, por isso restringiu-se cada vez mais ao lar e ao trabalho.

EXERCÍCIO DE AVALIAÇÃO   **O que desencadeia o seu pânico?**

Quais são as situações que você teme que desencadeiem um ataque de pânico? Com que frequência você evita essas situações por medo de entrar em pânico? No espaço em branco abaixo, liste as situações que você teme que possam desencadear um ataque de pânico. Ao lado de cada uma, observe se você sempre evita essa situação ou apenas às vezes.

1. _____

2. _____

3. _____

4. _____

5. _____

⮩ **Dicas para obter sucesso: descobrindo seus gatilhos de pânico**

Você já trabalhou bastante com a identificação dos gatilhos de ansiedade nos capítulos anteriores. Muitas dessas situações, pensamentos e sentimentos também podem ser relevantes para o pânico. Revise o trabalho que você fez nessas folhas de trabalho. Algum desses gatilhos também causa pânico?

Sintoma de hipersensibilidade

O medo do pânico pode deixar você excessivamente sensível ao que está acontecendo com seu corpo. Você pode começar um rastreio corporal, em busca de qualquer sensação física inexplicável. Por causa do medo de infartos, Lucia ficou preocupada com dores, aperto e pressão no peito. Ela até começou a medir o pulso periodicamente para garantir que não estava tendo palpitações cardíacas. Era como se ela tivesse perdido toda a confiança em seu sistema cardiovascular, receando que ele funcionasse mal e seu coração batesse de forma irregular.

EXERCÍCIO DE AVALIAÇÃO   **Conheça seus sintomas de pânico**

Quais sintomas físicos mais assustam você? Existem certas sensações corporais que você tende a monitorar por medo de que elas sejam sinais da iminência de um ataque de pânico? Anote duas ou três sensações corporais que você tende a procurar porque sinalizam a possibilidade de um ataque de pânico. Considere os sintomas físicos listados no primeiro exercício deste capítulo.

1. _____

2. _____

3. _____

Pensamento catastrófico sobre pânico

Ao longo dos anos, tratamos muitas pessoas com pânico problemático. Repetidamente, as pessoas nos relatam o quanto o pânico passou a dominar suas vidas. Elas passam muito tempo pensando no pânico e preocupadas com a possibilidade de que outro ataque esteja chegando. Em vários momentos, sua vida tornou-se tão limitada por conta da esquiva que até mesmo os aspectos mais básicos da vida cotidiana lhes parecem assustadores. Quando o pânico toma conta da vida dessa maneira, ele torna-se verdadeiramente uma catástrofe. Os pensamentos catastróficos mais comuns no pânico são:

- Medo de morrer de infarto, asfixia, de um tumor cerebral ou algo semelhante.
- Medo de perder o controle, "enlouquecer" ou causar constrangimento extremo.
- Medo de ter ataques de pânico mais frequentes, intensos e descontrolados.

Não é que você necessariamente acredite que está tendo um infarto ou enlouquecendo. O pensamento catastrófico ocorre automaticamente, como uma pergunta do tipo "E se essa sensação de não conseguir ar suficiente piorar e eu não conseguir respirar?". Além disso, o pensamento catastrófico está normalmente ligado a sensações corporais específicas, como aperto no peito e infartos, náuseas e vômitos incontroláveis, ou tontura/vertigem e perda de controle ou enlouquecimento. A forma como os indivíduos interpretam suas sensações corporais determina o desenvolvimento ou não do medo do pânico.

No cerne do tratamento cognitivo-comportamental do pânico está a afirmação de que *a interpretação errônea catastrófica das sensações corporais é o problema central nos repetidos ataques de pânico.*[4,54,55]

Lucia relacionava o aperto no peito e as palpitações cardíacas aos seus ataques de pânico. Sempre que sentia alguma pressão inexplicável no peito, ela automaticamente pensava: "O que há de errado com meu peito? Ele não me parece bem. Estou ficando ansiosa ou estressada? Isso está sobrecarregando meu coração? Como posso saber se estou tendo um infarto? E se isso me levar a um ataque de pânico completo aqui mesmo, na frente de todas essas pessoas?".

EXERCÍCIO DE AVALIAÇÃO   **Sua interpretação errônea catastrófica**

Sempre que você experimenta sensações corporais indesejadas relacionadas ao pânico, qual é o pior resultado possível (catástrofe) que você teme? Anote a interpretação errônea catastrófica mais frequente (o pior resultado possível) que permanece em sua mente quando você entra em pânico. Analise se sua interpretação errada envolve vários medos, como "Terei o ataque de pânico mais intenso de todos os tempos, vou me constranger em público e vou enfraquecer meu coração por causa da sobrecarga que estou colocando nele".

Minha interpretação errônea catastrófica: _____
_____
_____
_____

A interpretação errônea catastrófica de Lucia: Quando meu peito se aperta e percebo um aumento em minha frequência cardíaca, fico imaginando se isso é causado por estresse e ansiedade. E se eu estiver sobrecarregando meu coração e isso aumentar a chance de eu sofrer um infarto? Eu sei que esses são os primeiros sintomas de um ataque de pânico, por isso tenho pavor de estar tendo outro ataque, mas o medo de um infarto permanece no meu íntimo.

Quais são os sintomas físicos que você interpreta erroneamente? Sua catástrofe é outro ataque de pânico ou é algo pior, como infarto, asfixia ou até morte? Qualquer que seja a natureza exata de sua interpretação errônea catastrófica, a TCC para pânico se concentra em descatastrofizar sua percepção dessas sensações físicas e reduzir a escalada do medo e da experiência com o pânico.

Estratégias para prevenção do pânico prejudiciais à saúde

Os ataques de pânico são tão temidos que as pessoas passam a contar com uma gama restrita de estratégias de enfrentamento para acalmar seu medo do pânico e reduzir o risco de novos ataques. Elas se esforçam para se sentirem seguras e confortáveis porque acreditam que essa é a melhor defesa contra o pânico. As principais respostas de enfrentamento são fuga, esquiva e busca de segurança. Infelizmente, essas estratégias têm uma consequência inesperada. Elas podem proporcionar algum alívio do medo do pânico a curto prazo, mas também garantem a persistência do problema do pânico.

Lucia evita lugares que a deixem mais ansiosa. Quando realiza uma atividade de "alto risco", ela sempre tem medicamentos por perto, caso sejam necessários, e só vai a determinados lugares se o marido estiver com ela. Várias folhas de trabalho do Capítulo 7 avaliaram medidas típicas de busca de segurança cognitiva e comportamental. Muitas dessas estratégias serão relevantes para lidar com o pânico e com o medo do pânico. Se você não se recorda de como você normalmente faz para tentar evitar os gatilhos do pânico, revise alguns dos trabalhos que você fez anteriormente (como as Folhas de trabalho 7.2 e 7.4).

EXERCÍCIO DE AVALIAÇÃO **Buscando segurança contra o pânico**

Quando você tem medo de ter um ataque de pânico, o que você faz para manter uma sensação de segurança e conforto? Veja como você preencheu as Folhas de trabalho 7.5 e 7.6, sobre enfrentamento prejudicial e respostas de busca de segurança à ansiedade.

Algumas dessas estratégias podem ser relevantes para sua forma de lidar com o medo do pânico. Escreva as três principais respostas que você usa com mais frequência no espaço abaixo.

1. _____

2. _____

3. _____

A MENTE DOMINADA PELO PÂNICO

Lucia sabia que não estava tendo um infarto quando sentiu uma pressão e um aperto no peito. Ela percebeu que provavelmente era apenas ansiedade ou estresse. Mas ela não conseguia parar de pensar: "E se desta vez o aperto no peito for devido a problemas no meu coração?", "E se os sintomas persistirem e evoluírem para um ataque de pânico completo?", "E se eu perder o controle total e os sintomas não desaparecerem?". Embora Lucia já tivesse tido sintomas físicos de ansiedade dezenas de vezes e a pior coisa que tinha acontecido houvesse sido o aumento da ansiedade, ela não conseguia deixar de pensar nesses piores cenários. Devido aos repetidos episódios de ansiedade e pânico, Lucia desenvolveu uma preocupação crescente com o funcionamento do seu coração, o que fez com que lhe ocorressem automaticamente explicações ameaçadoras para sensações cardíacas inesperadas. Esses pensamentos do tipo "e se" eram os primeiros pensamentos que lhe ocorriam, os quais ela tentava combater com lembretes de que era apenas ansiedade ou estresse. Mas esses primeiros pensamentos apreensivos eram poderosos e sempre focavam alguma catástrofe mental, emocional ou médica. Lucia desenvolveu uma mente dominada pelo pânico, e foi essa forma de pensar a responsável pelo seu problema contínuo com ataques de pânico.

A interpretação errônea catastrófica dos sintomas de ansiedade é fundamental para o desenvolvimento e a persistência dos ataques de pânico. A TCC se concentra em modificar a mente em pânico para eliminar o medo de sentimentos de ansiedade (sensibilidade à ansiedade) e, assim, reduzir a frequência e a intensidade dos episódios de pânico. O diagrama da Figura 9.1 ilustra o modelo de ataques de pânico da TCC. Quatro componentes desse modelo orientam o tratamento.

Hipervigilância

Como mostra o diagrama, quando você tem ataques de pânico frequentes, você pode ficar preocupado com seu estado físico, monitorando frequentemente suas funções corporais em busca de sensações físicas indesejadas e inexplicáveis. Ou seja, você desenvolve um estado de *hipervigilância focada nos sintomas*. Se um sin-

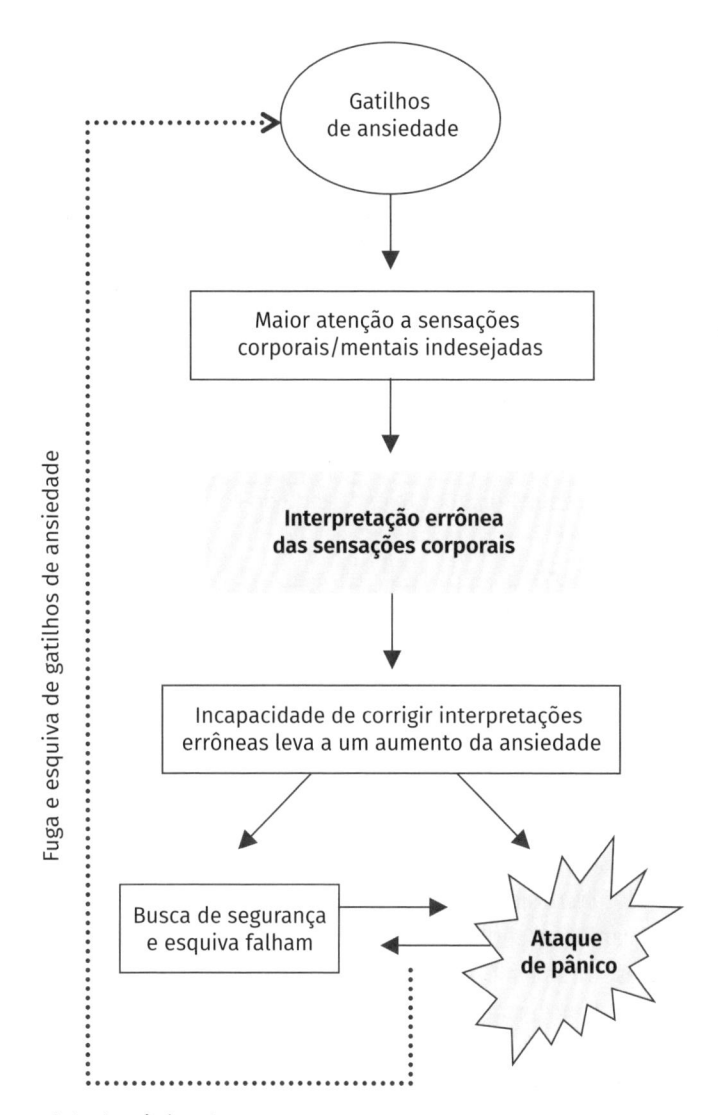

FIGURA 9.1 Modelo de pânico da TCC.

toma físico, como aperto no peito, dificuldade para respirar, tontura ou náusea, pode ser explicado ou é esperado (por exemplo, "Acabei de subir um lance de escadas, claro que é por isso que estou sem fôlego"), você se sente um pouco melhor, embora a possibilidade remota do pior cenário ainda possa estar presente em seu subconsciente. Se a sensação física for inesperada e inexplicável (como "Estou sentado à minha mesa, eu não deveria estar sentindo falta de ar"), a apreensão se instala imediatamente e você começa a pensar em possibilidades catastróficas. Você pensa: "Isso não é normal", "Por que estou me sentindo assim?" ou "Tem alguma coisa errada comigo". Além disso, você fica excessivamente focado na sensação física perturbadora, o que, por sua vez, aumenta a experiência de ansiedade. Essa tendência de monitorar excessivamente seu estado físico e ficar excessivamente atento aos sintomas físicos que ocorrem é alvo da TCC para pânico, porque esses processos intensificam a ansiedade relacionada ao pânico.

Lucia, por exemplo, tornou-se hipersensível ao funcionamento do coração e dos pulmões. Ela ficava preocupada com qualquer sensação no peito, com a frequência cardíaca e com a manutenção da respiração correta. Ela chegou ao ponto de medir frequentemente o pulso ao longo do dia para ver se a frequência cardíaca estava elevada. Sempre que percebia uma sensação física indesejada, ela imediatamente ficava apreensiva, se perguntando "O que há de errado comigo?". Pessoas que têm ataques de pânico frequentes costumam desenvolver hipersensibilidade aos primeiros sinais físicos de ansiedade, o que as faz sentirem-se perpetuamente ansiosas em relação ao seu estado físico. A TCC para pânico se concentra em "diminuir" esse automonitoramento excessivo do corpo.

Interpretações errôneas catastróficas

Anteriormente, dissemos que a interpretação errônea catastrófica de sensações físicas inexplicáveis está no cerne dos ataques de pânico, motivo pelo qual esse elemento é destacado no centro do diagrama: é o processo fundamental na criação do pânico. A hipervigilância pode produzir um pensamento imediato e automático do pior cenário possível: "E se eu estiver tendo um infarto? E se eu perder o controle e isso evoluir para um pânico total? E se eu estiver enlouquecendo?". No pânico, o pensamento catastrófico envolve tanto exagerar a probabilidade e a gravidade do pior resultado possível quanto superestimar a probabilidade de que as palpitações cardíacas reflitam um problema cardíaco subjacente.

Quando questionada sobre o aperto no peito, Lucia superestimava completamente o número de vezes que ele estava ligado a disfunção cardíaca. Certas sensações físicas estão associadas a interpretações errôneas específicas. Exemplos de interpretações errôneas catastróficas de sensações corporais são apresentados na Tabela 9.1. Você apresenta alguma dessas maneiras de pensar sobre suas sensações físicas quando está se sentindo ansioso?

Frequentemente, a interpretação errônea catastrófica suaviza-se com repetidos ataques de pânico. Você pode perceber que os sintomas físicos não significam algo tão grave como um infarto, uma asfixia ou um tumor cerebral. Contudo, você ainda interpreta mal os sintomas, tomando-os como uma ameaça. Agora o medo é de que os sintomas físicos possam evoluir para outro ataque de pânico, ou mesmo para ansiedade grave. Essa forma "mais leve" de interpretação errônea é suficiente para desencadear a esquiva e a persistência do problema de pânico. A TCC o ensina a combater essa interpretação errônea das sensações físicas, para que os sentimentos de ansiedade não se transformem em pânico.

TABELA 9.1 Exemplos de interpretações errôneas catastróficas de sensações corporais

Sensação interna	Interpretação errônea catastrófica
Aperto no peito, dor, palpitações cardíacas	• Há algo errado com meu coração. • Posso estar tendo um infarto? • Estou sobrecarregando meu coração?
Falta de ar, sensação de sufocamento, respiração irregular	• Não estou recebendo ar suficiente. • E se eu começar a sufocar? • Não consigo respirar profundamente o suficiente.
Tonturas, vertigens, desmaios	• Estou perdendo o controle. • Estou enlouquecendo? • Isso poderia ser um sintoma de um tumor cerebral?
Náuseas, cólicas abdominais	• E se eu ficar muito mal e começar a vomitar?
Dormência, formigamento nas extremidades	• Estou tendo um AVC? • Estou perdendo o controle e enlouquecendo?
Inquietação, tensão, agitação	• Este é o início de um ataque de pânico completo? • Estou perdendo o controle total das minhas emoções? • Estou excessivamente estressado.
Sensação de instabilidade, tremor	• [Mesma interpretação dos sintomas anteriores.]
Esquecimento, desatenção, perda de concentração	• Estou perdendo o controle do meu funcionamento mental. • Algo está terrivelmente errado comigo. • E se eu tiver uma perda grave de capacidade intelectual?
Sentimentos de irrealidade, despersonalização	• Isso pode evoluir para uma convulsão? • Isso é um sinal de que estou enlouquecendo, de que estou tendo um colapso nervoso?

Baseado em *Understanding and Treating Panic Disorder* (Wiley, 2000), de Stephen Taylor. Uso autorizado.

Falha na correção

Todos nós já tivemos sensações físicas inesperadas e espontâneas, e possivelmente até uma interpretação catastrófica em algumas ocasiões ("Será que isso pode ser algo sério?"). Mas, enquanto a maioria das pessoas tende a corrigir esse pensamento ansioso inicial – reavaliar a sensação corporal como uma ocorrência aleatória, inofensiva e inconsequente –, a capacidade de fazer isso se torna muito difícil se você tiver ataques de pânico frequentes. É como se o seu primeiro pensamento ansioso automático ("Pode haver algo muito errado comigo") partisse sozinho, como um trem de carga desgovernado, sem ser controlado por um pensamento mais racional. Uma das principais razões pelas quais o pensamento an-

sioso automático é tão crível é que todos nós tendemos a nos envolver em racio-
cínios emocionais quando estamos ansiosos. É mais ou menos assim: "Estou me
sentindo ansioso; portanto, algo terrível deve estar prestes a acontecer". Assim,
Lucia sentia pressão ou aperto no peito, ficava ansiosa e, no próprio processo de
ficar ansiosa, a ideia de que algo ruim estava para acontecer tornava-se muito
mais plausível. Ela tentava dizer a si mesma: "Ah, não é nada; provavelmente é só
uma indigestão" ou "É só uma sensação física aleatória", mas ela tinha dificuldade
para acreditar plenamente nessas alternativas.

Todos nós experimentamos oscilações diárias na respiração e na frequência cardíaca, sensações gastrointestinais e neurológicas, dores musculares e desconfortos
provenientes das mudanças nas demandas do nosso corpo. Seria irrealista esperar que o nosso corpo funcionasse perfeitamente diante do estresse e das tensões
da vida. Você tende a ser muito afobado, a tirar conclusões precipitadas (distorção
cognitiva) sobre o que pode estar causando uma sensação física específica? Abaixo,
estão listadas algumas causas alternativas mais inofensivas de sensações físicas que
são comuns e esperadas em pessoas saudáveis. Compare essas causas com as interpretações errôneas catastróficas da Tabela 9.1 e pergunte-se quais você acha mais
confiáveis para as sensações corporais que você tem experienciado repetidamente.

- Ter praticado atividade física, exercício.
- Ter tido uma noite de sono ruim, resultando em fadiga ou perda de energia.
- Ter consumido ou reduzido a ingestão de um estimulante, como a cafeína.
- Ter consumido ou reduzido a ingestão de álcool ou medicamentos prescritos.
- Sentir-se estressado por pressões de tempo, carga de trabalho excessiva, exi-
  gências irrealistas e coisas do gênero.
- Sofrer uma perda repentina de equilíbrio.
- Ter passado por uma mudança na iluminação, temperatura, umidade ou
  outro aspecto do seu ambiente imediato.
- Estar preocupado ou monitorar excessivamente seu estado físico.
- Observar ou ouvir sobre sintomas físicos de outras pessoas.
- Ter indigestão, refluxo ácido ou outras reações digestivas aos alimentos.
- Apresentar irregularidade intestinal, motilidade ou contrações intestinais.
- Ter uma reação alérgica.
- Sentir-se frustrado, irritado ou zangado.
- Apresentar sintomas pré-menstruais.
- Aderir a uma dieta rigorosa, sentir fome.
- Ter oscilações aleatórias nas funções corporais.
- Tornar-se excessivamente focado em uma sensação física específica.

As intervenções da TCC deste capítulo fortalecerão suas capacidades de reavaliação para que você possa corrigir sua tendência a catastrofizar.

Busca de segurança

Uma consequência natural de "pensar no pior" é sentir como se estivesse perdendo o controle. À medida que os sintomas físicos se intensificam e você fica cada vez mais ansioso, pode parecer que está perdendo totalmente o controle da mente e do corpo. Você se convence de que a situação é insuportável – algo precisa ser feito. Então, naturalmente, você busca recuperar o controle, fugir da situação, acalmar-se e buscar um lugar seguro.

Conforme discutido no Capítulo 7, a fuga, a esquiva e a busca de segurança tornam-se o *modus operandi* da mente ansiosa. No pânico, isso inclui qualquer estratégia que o ajude a relaxar, reduzindo a temida sensação física – por exemplo, consumir álcool, tomar medicação, meditar. Situações consideradas desencadeadoras de ansiedade são evitadas e normalmente você aprende a fugir aos primeiros sinais de ansiedade. É por isso que a agorafobia costuma ser uma complicação quando os ataques de pânico se tornam frequentes e graves. Lucia percebeu que locais públicos como supermercados, *shoppings* e cinemas acentuavam o seu nível de ansiedade e aumentavam o risco de ataques de pânico, por isso ela começou a evitar esses locais. Em poucos meses, ela se viu praticamente presa em casa.

A busca de segurança, a fuga e a esquiva são os principais responsáveis pela persistência da ansiedade e do pânico, razão pela qual a eliminação da esquiva e da busca de segurança é um componente tão importante da TCC para pânico. Você já trabalhou bastante com as respostas de esquiva e busca de segurança à ansiedade nos capítulos anteriores. O próximo exercício lhe dá a oportunidade de coletar todas essas informações e aplicá-las em suas respostas de esquiva e de busca de segurança no pânico.

> EXERCÍCIO DE AVALIAÇÃO **Esquiva e busca de segurança no pânico**
>
> Este exercício concentra-se especificamente nas respostas de fuga, esquiva e enfrentamento usadas para reduzir o medo do pânico. Comece revisando as folhas já preenchidas do Meu perfil de esquiva (Folha de trabalho 7.5) e da Lista de mudanças de comportamento (Folha de trabalho 7.6). Selecione os gatilhos que você evita principalmente por ter medo de que eles causem um ataque de pânico e liste-os na Folha de trabalho 9.1. Da mesma forma, selecione as respostas de enfrentamento e as estratégias de busca de segurança que você emprega para controlar ou minimizar as sensações físicas temidas.

Talvez as informações sobre esquiva e busca de segurança que você coletou em relação à ansiedade não cubram totalmente as suas respostas ao medo do pânico. Em breve, você usará o Registro semanal de pânico para monitorar seus ataques de pânico. Você pode adicionar mais informações sobre prevenção e busca de segurança à Folha de trabalho 9.1 a partir das novas informações coletadas em seu Registro semanal de pânico. A TCC ensina a abandonar esforços inúteis

FOLHA DE TRABALHO 9.1

Meu registro de esquiva do pânico e busca de segurança

Instruções: na coluna da esquerda, liste tudo o que você evita porque pode desencadear um ataque de pânico. Na coluna da direita, registre as estratégias de enfrentamento que você usa para reduzir o medo do pânico ou a ansiedade associada e para restabelecer uma sensação de tranquilidade ou calma.

Situações evitadas (gatilhos) (Liste situações, pensamentos e sensações físicas que você evita porque teme um ataque de pânico.)	Estratégias de busca de segurança (Liste as estratégias usadas para minimizar o medo do pânico, para se manter calmo e confortável.)
1.	1.
2.	2.
3.	3.
4.	4.
5.	5.
6.	6.
7.	7.
8.	8.
9.	9.
10.	10.
11.	11.
12.	12.

De *The Anxiety and Worry Workbook, Second Edition*, de David A. Clark e Aaron T. Beck. Copyright © 2023 The Guilford Press. Acesse a página do livro em loja.grupoa.com.br e faça o *download* desta folha de trabalho.

de controle e busca de segurança, adotando uma abordagem mais positiva das manifestações físicas de ansiedade e pânico.

AVALIAÇÃO DO PÂNICO

A maioria das pessoas com ansiedade problemática já sofreu ataques de pânico. Se você tem ansiedade social, você já teve ataques de pânico em situações sociais. Se o seu problema é ansiedade generalizada, você pode ter passado por um período tão intenso de preocupação descontrolada que isso provocou pânico. Se o problema for ansiedade em relação à saúde, você pode entrar em pânico com o aparecimento de uma anomalia física inexplicável. Como o pânico e o medo do pânico são tão comuns em diferentes tipos de problemas de ansiedade, você pode estar se perguntando se o seu pânico não se tornou um problema por si só e exige intervenções específicas para pânico.

Se você recebeu um diagnóstico de transtorno do pânico, você deve dedicar muito tempo a este capítulo, bem como ao Capítulo 5, sobre tolerância aos sintomas. No entanto, você ainda deve fazer o trabalho destes capítulos se o medo de ataques de pânico desempenha um papel dominante em qualquer problema de ansiedade que você tenha. No mínimo, sugerimos que você faça os exercícios de avaliação desta seção para determinar a relevância das intervenções da TCC para pânico.

> EXERCÍCIO DE AVALIAÇÃO **Pânico problemático**
>
> Vamos começar a avaliação com uma lista de verificação de afirmações que indicam se os ataques de pânico se tornaram um problema para você de tal forma que você poderia beneficiar-se de intervenções específicas para pânico. Essa não é uma *checklist* para diagnosticar o transtorno do pânico, mas pode ajudá-lo a avaliar a gravidade do seu pânico e decidir se é hora de tomar outras medidas. Leia cada afirmação da Folha de trabalho 9.2 e defina se ela se aplica a você. Se você respondeu "sim" à maioria dessas afirmações, é provável que os ataques de pânico sejam um problema clínico sério para você.

Os ataques de pânico se apresentam de diferentes formas e também com vários níveis de gravidade. Muitas pessoas com pânico problemático acordam de madrugada com um ataque de pânico (chamados *ataques de pânico noturnos*). Além disso, a maioria das pessoas com pânico apresenta pânico frequente com sintomas limitados (miniataques), que envolvem apenas um a três sintomas físicos, mas com apreensão e esquiva significativas. As intervenções especializadas deste capítulo podem ser úteis para todas essas formas de pânico. Seu objetivo é normalizar a experiência de pânico – reduzir sua frequência, gravidade e duração, para que os ataques de pânico não desempenhem um papel mais importante na sua vida do que desempenham para os milhões de pessoas que têm apenas pânico "não clínico" ocasional.

FOLHA DE TRABALHO 9.2

Checklist de autodiagnóstico de pânico

Instruções: as 15 declarações a seguir representam maneiras pelas quais os ataques de pânico podem ser problemáticos. Indique se cada afirmação descreve ou não a sua experiência de pânico.

Declarações	Sim	Não
1. Tenho ataques de pânico intensos várias vezes por semana.		
2. Meus ataques de pânico normalmente envolvem diversas sensações internas listadas na página 263.		
3. Passei a ter medo de ter ataques de pânico.		
4. Tenho a tendência de evitar uma série de situações comuns do cotidiano por medo de entrar em pânico.		
5. Sempre que me sinto um pouco ansioso, tenho medo de que isso possa evoluir para um ataque de pânico.		
6. Vejo-me preocupado em monitorar meu corpo em busca de sensações e sintomas físicos inesperados.		
7. Sou cada vez mais dependente da companhia de outras pessoas para me sentir menos ansioso.		
8. Sempre que tenho uma sensação corporal ou sintoma físico inexplicável, minha reação inicial é presumir o pior desfecho possível.		
9. Acho muito difícil pensar de forma mais racional quando estou em pânico.		
10. Tento ao máximo me manter calmo para não ficar muito estressado e ansioso.		
11. Passei a tolerar muito menos os sentimentos de ansiedade.		
12. Pareço menos capaz de corrigir minha interpretação catastrófica inicial de sensações físicas inexplicáveis.		
13. Sinto que fiquei muito emotivo e preocupado em perder o controle.		
14. O medo do pânico está interferindo significativamente no meu trabalho, na escola, no lazer e na qualidade de vida.		
15. Minha família e meus amigos estão perdendo a paciência com minha luta contra o pânico e com minha esquiva das situações cotidianas.		

O registro de pânico

O Registro semanal de pânico é uma ferramenta importante na TCC para ataques de pânico. Constatamos que indivíduos com pânico frequente podem conseguir reduções significativas na sua frequência simplesmente mantendo um registro do pânico. Monitorar seus ataques de pânico pode ser terapêutico por vários motivos.

- Você aprende a desacelerar e a identificar as interpretações errôneas automáticas dos sintomas físicos que causam ataques de pânico.
- Sua ansiedade se torna menos surpreendente e inesperada à medida que você aprende mais sobre ela.
- Você terá uma maior sensação de controle pessoal sobre sua ansiedade quanto mais compreender os processos que provocam pânico e medo do pânico.
- O monitoramento oferece oportunidades para que você documente evidências contrárias às suas falsas interpretações catastróficas automáticas.

EXERCÍCIO DE AVALIAÇÃO   **Usando o Registro semanal de pânico**

A Folha de trabalho 9.3 apresenta uma cópia do Registro semanal de pânico. Você deve incluir ataques de pânico completos, ataques com sintomas limitados ou parciais, e momentos em que você teve medo de ter um ataque de pânico, mas isso não aconteceu. Preencha o registro de pânico com a maior precisão possível e o quanto antes possível após o episódio. Faça isso até ter registrado alguns episódios de pânico com informações suficientes para preencher seu Perfil de pânico. Quanto mais informações você reunir sobre seus ataques de pânico e registrar em seu registro de pânico, maior será o efeito terapêutico. Aconselhamos as pessoas a manterem o seu registro de pânico durante todo o tratamento.

⮌ **Dicas para resolução de problemas: sintomas de pânico com automonitoramento**

Às vezes, as pessoas têm dificuldade para identificar sua interpretação errônea catastrófica das sensações físicas quando começam a usar registros de pânico. Se isso acontecer, pode ser útil revisar seu trabalho sobre a mente ansiosa no Capítulo 6. A Tabela 6.1, sobre pensamento ansioso catastrófico, e o Mapa da minha mente ansiosa (Folha de trabalho 6.4) lhe darão alguns *insights* sobre as interpretações errôneas relevantes para o pânico. Algumas pessoas relutam em preencher registros de pânico porque acham que isso chamará a atenção para o pânico e piorará a situação. Em nossa experiência, acontece o oposto: preencher registros de pânico ajuda as pessoas a compreenderem seu processo de pânico e, assim, reduz os sintomas de pânico. Lembre-se de que "conhecimento é poder" quando se trata de vencer o pânico, então não desista de preencher seu registro de pânico.

Meu registro semanal de pânico

Instruções: use este formulário para registrar todos os ataques de pânico completos e com sintomas limitados que ocorreram na última semana. Eles se caracterizam como ataques súbitos de ansiedade aguda envolvendo pelo menos um sintoma físico ou mental perturbador. Na terceira coluna, "Classificação do medo do pânico", avalie de 0 = nenhum a 10 = extremo. Faça várias cópias do registro para manter um histórico contínuo dos ataques de pânico durante várias semanas.

Data	Gatilhos de pânico (Situações, pensamentos, sensações)	Classificação do medo do pânico (0-10)	Sintomas físicos/ mentais	Interpretação errônea catastrófica (Interpretação ansiosa e temerosa dos sintomas físicos)	Respostas em busca de segurança (Esquiva e outras estratégias para se sentir calmo, com menos medo)

Seu perfil de pânico

Depois de registrar vários episódios de pânico em seu Registro semanal de pânico, você estará pronto para mapear seu perfil de pânico. Os exercícios concluídos anteriormente neste capítulo, bem como o Registro de esquiva do pânico e busca de segurança (Folha de trabalho 9.1), podem ser úteis ao completar seu perfil.

> EXERCÍCIO DE AVALIAÇÃO **Perfil de pânico**
>
> Preencha cada uma das seções deste fluxograma (Folha de trabalho 9.4). Anote todas as situações que o deixam ansioso, as sensações físicas indesejadas que o deixam desconfortável, o pior desfecho que você teme, suas respostas de busca de segurança e outras estratégias usadas para evitar ou minimizar o risco de pânico. Este perfil também é relevante para a persistência do seu medo do pânico.

Você tinha informações suficientes para completar seu Perfil de pânico? O Perfil de pânico é uma parte imprescindível da TCC para pânico. Ele orienta as estratégias de tratamento utilizadas contra o pânico, destacando os principais processos responsáveis pelo seu medo do pânico. Com o Perfil de pânico, você poderá adaptar sua TCC para abordar características exclusivas de sua experiência de pânico. Fornecemos um exemplo de Perfil do pânico com base na experiência de Lucia com a ansiedade.

INTERVENÇÃO COGNITIVA: REAVALIAÇÃO DO PÂNICO

Ao analisar seu Registro semanal de pânico e seu Perfil de pânico, você pode estar pensando: "Por que eu me precipito tão facilmente na interpretação errônea catastrófica desses sintomas físicos?". Essa foi a reação de Lucia depois de passar algumas semanas monitorando sua ansiedade e seus ataques de pânico. Depois que se acalmou, ela percebeu facilmente que o aperto no peito era uma sensação inofensiva, um sinal de estresse ou um evento físico aleatório. Mas, no momento de pânico, ela não conseguiu afastar o pensamento catastrófico inicial: "E se eu estiver tendo um infarto?". Aprender a corrigir sua interpretação errônea inicial foi uma parte importante da abordagem de tratamento do pânico de Lucia.

Uma das melhores maneiras de corrigir essa tendência de tirar conclusões precipitadas é desenvolver uma explicação alternativa mais realista para sensações e reações corporais indesejadas. Chamamos isso de *reavaliação do pânico*, porque isso envolve a reavaliação dos sintomas físicos de ansiedade de uma maneira mais equilibrada e realista. No modelo da TCC, é a interpretação errônea catastrófica que transforma a ansiedade em pânico. Portanto, reinterpretar seus sintomas físicos de uma maneira menos catastrófica é uma intervenção poderosa para evitar que sua ansiedade se transforme em pânico.

FOLHA DE TRABALHO 9.4

Perfil de pânico

Instruções: complete cada uma das seções abaixo consultando seu Registro semanal de pânico (Folha de trabalho 9.3).

Principais gatilhos de ansiedade relacionados ao pânico
(Situações, pensamentos, sensações, expectativas)

1. _____

2. _____

3. _____

4. _____

5. _____

⬇

Sensações físicas

_____

_____

⬇

Interpretação errônea das sensações físicas

Primeiros pensamentos ansiosos: _____

_____

Desfecho catastrófico, o que você teme: _____

_____

_____

⬇

Esquiva e busca de segurança

Como você tenta reduzir o medo do pânico ou o risco de ataques de pânico: _____

_____

_____

Perfil de pânico de Lucia

Principais gatilhos de ansiedade relacionados ao pânico
(Situações, pensamentos, sensações, expectativas)

1. Supermercados.

2. Não estar perto de um hospital (a mais de 15 minutos de distância).

3. Grandes pontes com múltiplas faixas e grande elevação.

4. Ficar sozinha em casa à noite.

Sensações físicas

Aperto no peito, aumento da frequência cardíaca, palmas das mãos suadas, sensação de tontura, sentir as pernas fracas como se pudesse desfalecer, respiração mais rápida e superficial (parece que não estou respirando o suficiente).

Interpretação errônea das sensações físicas

Primeiros pensamentos ansiosos: Minha ansiedade está ficando fora de controle; vou ter um ataque de pânico; não suporto a sensação, é insuportável.

Desfecho catastrófico, o que você teme: [dois temas catastróficos] (a) Estou sobrecarregando meu coração, acabarei tendo um infarto; talvez eu esteja tendo um agora. (b) Vou ter o pior ataque de pânico da minha vida; terei que ser levada ao hospital.

Esquiva e busca de segurança

Como você tenta reduzir o medo do pânico ou o risco de ataques de pânico: Evito situações de ansiedade o máximo possível; também carrego remédios em caso de necessidade; muitas vezes levo meu marido porque me sinto mais segura com ele; imagino-me indo para o meu lugar de segurança.

EXERCÍCIO DE INTERVENÇÃO **Interpretações antipânico**

Nas próximas semanas, use o Registro de interpretações antipânico de sintomas (Folha de trabalho 9.5) para gerar explicações alternativas para suas sensações físicas, mentais ou emocionais indesejadas e desconfortáveis relacionadas ao pânico. Revise a lista de interpretações alternativas para sensações físicas na página 264 e selecione duas ou três possibilidades se precisar de ajuda para encontrar alternativas. Além disso, em uma folha de papel em branco, descreva experiências específicas – isto é, evidências – que respaldem as explicações alternativas. Anexe sua folha de evidências à Folha de trabalho 9.5 para que você possa se lembrar das experiências que você teve que dão respaldo às explicações alternativas para as sensações físicas. A primeira linha da folha de trabalho fornece um exemplo de reinterpretação com base na experiência de Lucia com o pânico.

Gerar interpretações alternativas realistas e verossímeis dos sintomas físicos relacionados ao pânico é uma habilidade fundamental na TCC para pânico. Na verdade, todas as demais intervenções deste capítulo dependem da existência de uma explicação alternativa plausível e verossímil para os seus sintomas físicos. Se você acredita na interpretação errônea catastrófica, as outras estratégias terapêuticas serão difíceis de implementar. É importante que você dedique algum tempo a essa intervenção e busque evidências de sua experiência diária que fortaleçam sua crença na reavaliação dos sintomas. Depois de aceitar a reavaliação dos sintomas como uma explicação confiável para seus sintomas físicos, você poderá criar um *cartão antipânico*.

EXERCÍCIO DE INTERVENÇÃO **O Cartão antipânico**

Revise seu Registro semanal de pânico (Folha de trabalho 9.3) e o Registro de interpretações antipânico de sintomas (Folha de trabalho 9.5). Selecione o principal sintoma físico, mental ou emocional mais intimamente relacionado aos seus ataques de pânico. A seguir, selecione a explicação alternativa mais confiável para cada sintoma físico listado na Folha de trabalho 9.5. Explique por que você acha que essa interpretação alternativa é melhor do que a interpretação catastrófica. Então, escreva a interpretação alternativa em um cartão de 8×13 cm ou no aplicativo de notas do seu *smartphone*. Esse será o seu Cartão antipânico. Siga as etapas abaixo para fazer um uso mais eficaz do cartão.

1. Antes de entrar em uma situação ansiogênica, reflita por dois a três minutos sobre o que você escreveu no cartão. Lembre-se de que você provavelmente terá alguns sintomas físicos. Pense no que está causando as sensações físicas e considere por que sua explicação alternativa é a mais precisa.

2. Além disso, pense em como você lidará com esses sintomas físicos na situação em que você está prestes a ingressar.

3. Depois de sair da situação ansiogênica, registre um comentário sobre sua experiência. O que aconteceu que confirmou que a explicação alternativa estava correta? Aconteceu alguma coisa que indique que a explicação alternativa precisa ser alterada? Faça as alterações que forem necessárias em seu cartão.

FOLHA DE TRABALHO 9.5

Registro de interpretações antipânico de sintomas

Instruções: use este formulário para gerar explicações alternativas e mais favoráveis sobre por que você está experimentando as sensações físicas ou mentais que o fazem entrar em pânico. Avalie o quanto você acredita que cada explicação é uma razão confiável e verdadeira para a sensação física ou mental inesperada e angustiante que você experienciou: 0 = absolutamente nenhuma crença na explicação, 10 = absolutamente certo de que esta é a causa das sensações físicas.

Sintoma físico inesperado	Liste possíveis explicações alternativas para o sintoma físico inesperado	Avalie a crença na explicação alternativa (0-10)
Exemplo de Lucia: Sensação de aperto no peito, aumento da frequência cardíaca, sinto-me corada, tonta.	Meus sintomas são decorrentes da pressa, da impaciência, porque a loja está lotada e só quero sair daqui. Provavelmente estou me movendo rapidamente, quase correndo para terminar.	Crença de que os sintomas decorrem da atividade excessiva: 7/10
	Não dormi muito ontem à noite, por isso me sinto cansada e irritada; todo mundo me irrita. Quando me sinto assim, tenho tendência a ter mais sintomas de estresse e ansiedade.	Crença de que os sintomas decorrem da falta de sono: 3/10
	Definitivamente me sinto estressada e ansiosa, então isso pode estar causando os sintomas físicos; na maioria das vezes, fico ansiosa sem ter um ataque de pânico completo.	Crença de que os sintomas decorrem do estresse e da ansiedade: 9/10

O Cartão antipânico é uma forma de aplicar a reavaliação do pânico à sua ansiedade e pânico em tempo real. Ele não será eficaz se você simplesmente lê-lo rapidamente antes de uma situação difícil. Em vez disso, você precisará pensar profundamente sobre por que a interpretação alternativa é melhor para explicar seus sintomas físicos do que a interpretação errônea catastrófica que alimenta os ataques de pânico. Você pode obter ideias adicionais sobre como escrever um cartão eficaz com o exemplo de Lucia.

Cartão antipânico de Lucia: Vou sentir um aperto no peito, palpitações cardíacas e fraqueza ao me confrontar com situações que aumentem meu medo de pânico. Sei que esses sintomas são um sinal de que estou ansiosa e estressada. Além disso, eles são mais intensos para mim do que para a maioria das pessoas porque eu estou muito focada neles. Posso me sentir desconfortável em relação a meu coração só por ficar atenta à minha frequência cardíaca. Tenho muito esses sintomas físicos, e na maioria das vezes me saio bem. Posso fazer o mesmo agora, sabendo que eles são causados pelo estresse e pela minha tendência em ficar hiperconsciente do meu corpo.

INTERVENÇÃO COGNITIVA: REFORMULAÇÃO DO PÂNICO

No Capítulo 8, apresentamos uma intervenção da TCC chamada *preocupação desapegada*. Com algumas modificações, o mesmo tipo de estratégia terapêutica pode ser utilizado para ataques de pânico. A ideia básica é confrontar deliberadamente o medo do pânico em sua imaginação. O objetivo é reduzir esse medo antes de confrontá-lo na vida real. Pessoas com ataques de pânico repetidos podem ficar tão assustadas com a experiência que até pensar em ataques de pânico as deixa ansiosas. Existem três componentes para reformular o pânico em sua imaginação:

- Crie um relato detalhado do cenário catastrófico envolvendo um ataque de pânico.
- A seguir, descreva novamente ou reformule o cenário incorporando sua explicação alternativa para seus sintomas físicos.
- Pratique a exposição imaginal diária e programada ao seu cenário de ataque de pânico.

EXERCÍCIO DE INTERVENÇÃO **Reformulação do pânico**

Passo 1: comece escrevendo sobre um de seus ataques de pânico mais graves. Descreva onde aconteceu, quem estava presente, o que você sentiu, seus sintomas/sensações físicas, as imagens e sons (até mesmo odores) relacionados ao ataque e como você respondeu à experiência. Sua descrição deve incluir o que você estava pensando, incluindo a interpretação errônea catastrófica ("Estou tendo um infarto [enlouquecendo, morrendo e assim por diante]?"). Sua narrativa deve ser escrita na primeira pessoa e no presente ("Estou começando a tremer..."). Sentimentos de desamparo e perda de controle devem ser incluídos no texto.

Passo 2: a seguir, descreva novamente seu cenário de pânico para que você sinta todas as sensações físicas e ansiedade descritas no Passo 1. Mas, agora, você faz a interpretação alternativa de seus sintomas/sensações físicas. Você não tenta acabar com o pânico, fugir dele ou se acalmar. Você deixa os sintomas físicos fluírem e refluírem enquanto permanece na situação de pânico. Você se imagina lidando com os sentimentos, focado nas tarefas associadas à situação (como fazer compras, se estiver em um supermercado lotado). Você se mantém fixo nessa imagem de enfrentamento, de lidar com o pânico e deixá-lo seguir seu curso natural.

Passo 3: programe sessões de 20 a 30 minutos todos os dias nas quais você imagina repetidamente o ataque de pânico (Passo 1) e depois o descreve novamente (Passo 2). Faça de 10 a 12 repetições da reformulação de imagens em cada sessão. Interrompa as sessões quando se sentir entediado e a prática de imaginar seu grave episódio de pânico não provocar mais ansiedade.

Escreva sua narrativa de reformulação do pânico no espaço fornecido abaixo. Use uma folha adicional se precisar de espaço extra. Segue um exemplo da reformulação de Lucia do seu primeiro ataque de pânico inesperado no trabalho.

Narrativa de reformulação do pânico: _____

_____

_____

_____

_____

Narrativa de reformulação de Lucia: Passo 1. Cenário catastrófico: lembro-me muito bem daquele dia, o pior dia da minha vida. Estou sentada à minha mesa, trabalhando na apresentação de um gerente sênior que teria que fazer mais tarde naquele dia. Não estou preparada. Estou atrasada e recebendo telefonemas e tendo interrupções que impossibilitam o trabalho na apresentação. Agora é meio-dia e estou em pânico. Ainda faltam cerca de três horas de trabalho, mas falta apenas uma hora para a apresentação. Estou pensando que vou fazer papel de boba. Começo a sentir muito calor e suar. Então, de repente, a sala parece estar girando. Instantaneamente, sinto meu coração batendo forte em meus ouvidos e começo a tremer sem parar. Não faço ideia do que está acontecendo comigo. Parece uma reação física incontrolável. Imediatamente penso no meu pai. Foi isso que ele sentiu? Será que estou tendo um infarto? Estou morrendo? Afrouxo a blusa, bebo um pouco de água, jogo água no rosto no banheiro, mas não passa. Eu não aguento mais. Digo ao meu gerente que não estou bem, que terão que adiar a reunião para uma data posterior, e vou para casa.

Passo 2. Cenário reformulado: [a segunda parte do cenário é reformulada a partir de "Será que estou tendo um infarto?"] digo a mim mesma que não estou tendo um infarto. Estou tendo uma reação grave por estar estressada com a apresentação. Isso é o que acontece quando fico sobrecarregada e começo a pensar que passarei por burra ou incompetente. Vou esperar 15 minutos para deixar que os sintomas diminuam. Vou sair do escritório e dar um passeio. Depois disso, vou comprar algo na lanchonete local e pensar nas grandes lacunas da apresentação. Depois voltarei para minha mesa e ignorarei *e-mails*, telefones tocando e esse tipo de distração. Se alguém aparecer para conversar, direi que preciso trabalhar na apresentação. Eu faço tudo isso e sinto os sintomas diminuindo. Eles não desaparecem completamente, mas tornam-se toleráveis. Eu faço a apresentação. Vai tudo bem, mas estou aliviada em ver o fim de um dia muito difícil.

INTERVENÇÃO COMPORTAMENTAL: INDUÇÃO DE PÂNICO

No Capítulo 5, você conheceu uma intervenção da TCC chamada *provocação de sintomas*. Ela envolve provocar deliberadamente sintomas de ansiedade de maneira controlada e depois deixar que eles desapareçam naturalmente. Você não tenta minimizar ou controlar a ansiedade, mas sim observar o que está sentindo de uma perspectiva passiva e um pouco distante. É uma espécie de exposição repetida aos sintomas de ansiedade para que você não tenha mais medo deles. É uma intervenção que visa a aumentar sua tolerância à ansiedade.

Você pode usar a mesma intervenção, com modificações, para tratar o pânico e o medo do pânico. Comece pela consideração dos sintomas físicos listados em seu Perfil de pânico (Folha de trabalho 9.4). Esses são os sintomas que você terá como alvos dessa intervenção. Siga os passos descritos no exercício de intervenção denominado *exposição deliberada a sintomas* (ver Capítulo 5, páginas 113-114). Substitua a expressão *sintomas de ansiedade* por *sintomas de pânico*. No Passo 2, você identificará o principal sintoma físico do pânico que mais o incomoda quando você teme a ocorrência de um ataque de pânico. Pode ser, por exemplo, dor no peito, palpitações cardíacas, falta de ar, náuseas ou tonturas. Esse é o sintoma físico que você provocará deliberadamente usando uma das técnicas de provocação de sintomas listadas na Tabela 5.1. Programe sessões diárias de indução de pânico seguindo os passos 5 a 10 para que você tenha uma exposição controlada ao sintoma físico de pânico que você mais teme. Anote os resultados de suas sessões de indução de pânico usando o Meu registro de provocação de sintomas (Folha de trabalho 5.8).

Muitos dos sintomas físicos do pânico podem ser produzidos por hiperventilação. Por isso, a respiração excessiva é a técnica de provocação de sintomas mais utilizada na TCC para pânico. O próximo exercício descreve como conduzir uma indução de pânico por hiperventilação, embora você possa usar os mesmos passos para qualquer uma das outras provocações listadas na Tabela 5.1. Como em todas as provocações de sintomas, você deve fazer sua primeira sessão de hiperventilação com seu terapeuta. Se você não estiver fazendo terapia, faça a primeira sessão com seu parceiro, um amigo próximo ou um familiar de confiança. Posteriormente, você pode fazer as sessões de indução sozinho.

EXERCÍCIO DE INTERVENÇÃO **Indução de hiperventilação**

1. **Conheça o fundamento lógico:** você está produzindo intencionalmente os sintomas físicos do pânico ao hiperventilar por dois minutos. Embora não seja exatamente igual a um ataque de pânico, as sensações físicas serão semelhantes o suficiente para produzir um efeito de exposição. A hiperventilação não é prejudicial, mas você pode se sentir desconfortável.

2. **Garanta autorização médica:** pergunte ao seu médico de família se existe algum motivo pelo qual você não deva respirar em excesso por dois minutos. Se você tiver problemas respiratórios, doenças cardiovasculares, obesidade, epilepsia, gravidez ou alguma outra condição médica, não deve praticar hiperventilação. Você pode usar outra técnica de provocação listada na Tabela 5.1.

3. **Pratique respiração controlada:** reserve cinco minutos e pratique respiração controlada. Isso envolve fazer respiração diafragmática mais profunda e lenta, de aproximadamente 8 a 12 respirações por minuto. Durante esse período, concentre-se com intensidade em como é respirar lenta e profundamente, mas normalmente.

4. **Registre as sensações físicas pré-indução:** escreva em uma folha em branco as sensações físicas que estiver sentindo no momento. Classifique-as de 1 = quase imperceptível a 10 = intensa, mal consigo tolerar o sintoma/sensação.

5. **Pratique respiração excessiva por dois minutos:** use a função de cronômetro do telefone e respire excessivamente por dois minutos ou pelo tempo que conseguir suportar. Não ultrapasse dois minutos. A respiração excessiva ou hiperventilação envolve sentar-se em uma cadeira e respirar o mais profunda e rapidamente possível. Isso normalmente é feito por meio da respiração com a boca aberta. Observe os sintomas físicos que se desenvolvem à medida que você hiperventila.

6. **Registre os sintomas pós-indução:** pare de hiperventilar e anote os três ou quatro sintomas físicos mais marcantes que estiver sentindo. Avalie a intensidade dos sintomas usando a escala de 10 pontos. Observe se você está tendo os mesmos sintomas físicos que sente durante um ataque de pânico.

7. **Pratique respiração controlada:** após registrar seus sintomas, faça dois minutos de respiração controlada. Depois, avalie seus sintomas físicos. Registre o resultado do seu exercício de hiperventilação na Folha de trabalho 5.8.

Os exercícios de provocação de sintomas, como a hiperventilação, geram vários benefícios que os tornam um tratamento eficaz para ataques de pânico.

- Você descobrirá que a exposição repetida a sintomas físicos relacionados ao pânico reduz o medo de ataques de pânico.
- Você está desafiando a interpretação errônea catastrófica dos sintomas físicos ao produzi-los intencionalmente.
- Você é apresentado à possibilidade de que a respiração excessiva ou a hiperventilação tenham um papel importante em seus ataques de pânico.
- Você notará que os sintomas físicos do pânico são enfraquecidos pela respiração controlada.

INTERVENÇÃO COMPORTAMENTAL: EXPOSIÇÃO AO PÂNICO

A maioria das pessoas que têm ataques de pânico descobre que certas situações desencadeiam os sintomas físicos que levam ao pânico. Por exemplo, você pode evitar viajar de avião ou não se sentar na fila do meio do cinema porque se sente aprisionado. Isso pode acarretar certas sensações físicas, como sentir calor ou rubor, tontura ou dissociação do corpo e do ambiente. Esses sintomas assustam porque sinalizam o possível início de um ataque de pânico. Então você evita aviões ou salas de cinema; na verdade, você evita qualquer coisa que possa desencadear uma escalada de pânico. O problema é que a lista de situações evitadas aumenta com o tempo, e muitas pessoas com pânico desenvolvem agorafobia completa. É por isso que a exposição sistemática a situações evitadas é um componente importante da TCC para pânico.

O Capítulo 7 discutiu como desenvolver um plano de exposição. Você deve focar a exposição ao pânico nos gatilhos listados na primeira seção do seu Perfil de pânico (Folha de trabalho 9.4). Além disso, as situações evitadas listadas no seu Registro de esquiva do pânico e busca de segurança (Folha de trabalho 9.1) o ajudarão a estruturar um programa de exposição. A seguir, preencha o Meu plano de exposição orientado para a recuperação para pânico (Folha de trabalho 7.9), no qual você substitui o termo *ansiedade* por *pânico*. Por exemplo, na seção A, liste o que você gostaria de fazer se não tivesse medo do pânico (seus objetivos de recuperação do pânico). Na seção B, considere respostas saudáveis que o ajudem a tolerar o medo do pânico, e na seção C, o comportamento de busca de segurança que você usa para reduzir o risco de pânico. A única outra modificação é garantir que a sua exposição se concentre em situações que geram medo de pânico. Mais uma vez, os elementos críticos são (a) aumentar gradualmente o nível de dificuldade dos exercícios de exposição; (b) garantir que cada sessão de exposição dure até que a sua ansiedade tenha diminuído pelo menos até a metade; e (c) praticar a correção de pensamentos automáticos de ameaça e perigo que ocorrem durante a exposição.

EXERCÍCIO DE INTERVENÇÃO   **Exposição situacional para pânico**

Construa uma hierarquia de gatilhos relacionados ao pânico que se inicie com situações moderadamente angustiantes que você normalmente evita e avance até situações indutoras de pânico que você sempre evita. Use a Hierarquia de exposição (Folha de trabalho 7.8) para orientar seu tratamento de exposição ao pânico. Inicie com situações moderadamente angustiantes e envolva-se em exposições situacionais repetidas várias vezes por semana. Continue se expondo a uma situação até conseguir enfrentá-la com metade da ansiedade que sentia quando iniciou. A seguir, passe para a próxima situação de sua hierarquia. A exposição estará completa quando você não evitar mais as situações de sua hierarquia.

↻ **Dicas para resolução de problemas: ajuda com a exposição ao pânico**

Se você estiver tendo dificuldade para seguir um plano de exposição, revise o trabalho concluído no Capítulo 7. Isso o ajudará a lembrar estratégias que você pode usar para superar as barreiras à exposição. Se a esquiva agorafóbica se destacar em seu problema de pânico, a exposição situacional desempenhará um papel muito maior na sua estratégia de tratamento. A redução da esquiva por meio da exposição é vital para reduzir a frequência e a gravidade dos ataques de pânico completos e com sintomas limitados.

A exposição situacional é uma intervenção central incluída em qualquer plano de tratamento cognitivo-comportamental para pânico. Ela é especialmente eficaz quando usada com reavaliação do pânico, indução do pânico e eliminação da resposta ao pânico (veja abaixo). Na verdade, todas as outras intervenções não serão eficazes se você continuar evitando os gatilhos do pânico. Isso torna imperativo que você se envolva na exposição sistemática aos gatilhos do pânico ao tratar o seu medo do pânico.

INTERVENÇÃO COMPORTAMENTAL: ELIMINAÇÃO DA RESPOSTA DE PÂNICO

A busca de segurança e outras respostas destinadas a controlar o medo do pânico e reduzir o risco de ataques de pânico se destacam quando os ataques são frequentes e debilitantes. É importante estar ciente do seu perfil de busca de segurança e trabalhar para eliminar essas respostas quando você praticar indução e exposição ao pânico. Você já coletou informações sobre busca de segurança com o Meu registro semanal de pânico (Folha de trabalho 9.3) e as incorporou ao seu Perfil de pânico (Folha de trabalho 9.4). Você também pode examinar as respostas que endossou em Meu formulário de respostas de busca de segurança (Folha de trabalho 7.4). Muitas dessas estratégias são relevantes para o medo do pânico.

> EXERCÍCIO DE INTERVENÇÃO **Eliminação da busca de segurança**
>
> Faça uma lista das estratégias mais comuns de busca de segurança que você usa quando sente medo de um ataque de pânico. Algumas estratégias, como levar consigo medicamentos ansiolíticos ou estar acompanhado por um amigo, podem ser interrompidas antes mesmo de iniciar a exposição. Outras, como visualizar-se em um local seguro, tranquilizar-se ou tentar relaxar, devem ser interrompidas e eliminadas durante a exposição. Quando estiver envolvido em exposição, pratique treinar sua atenção aos aspectos de segurança das situações (por exemplo, "Quais são as evidências de que estou realmente seguro aqui no *shopping*, mesmo que esteja me sentindo extremamente ansioso?") e aprenda a tolerar, até mesmo aceitar, o estado de ansiedade. Isso o ajudará a desafiar a interpretação errônea catastrófica e a fortalecer sua crença na interpretação alternativa dos sintomas físicos do pânico.

Fuga e esquiva eram as respostas preferidas de Lucia ao medo de ter um ataque de pânico. Havia muitas situações externas que desencadeavam seu medo de pânico, por isso ela criou uma hierarquia para orientar sua exposição situacional. Ela decidiu começar pelas compras de supermercado porque isso estava no ponto intermediário de sua hierarquia. Ter que depender de outras pessoas para conseguir mantimentos também limitava imensamente a sua liberdade, independência e capacidade de satisfazer as necessidades básicas da vida diária. Ela começou indo a supermercados menores, em horários menos movimentados, quando havia poucos clientes. Uma de suas respostas de segurança era insistir que seu marido a acompanhasse. Ela concordou que ele a esperaria no carro nas primeiras vezes e depois ela iria sozinha até a loja. Esse foi um exemplo de eliminação gradual de uma resposta de busca de segurança durante a exposição situacional ao medo do pânico. Ela decidiu parar de pensar em um lugar seguro quando detectasse o aparecimento de sintomas de ansiedade. Em vez disso, ela deixava os sintomas fluírem e refluírem por conta própria e focava sua atenção nas compras do supermercado. Ela também dizia a si mesma para ir devagar e não correr pelos corredores. Depois que conseguiu fazer compras nesse supermercado menor, sem pânico e sem depender de respostas de busca de segurança, ela passou para uma loja maior, mais lotada.

O PRÓXIMO CAPÍTULO

Ataques de pânico e preocupação são características transdiagnósticas da ansiedade. Ambos podem estar presentes em qualquer problema de ansiedade ou podem ser o principal sintoma a requerer tratamento. A presença de ataques de pânico espontâneos e debilitantes é o principal sintoma em pessoas com diagnóstico de transtorno do pânico. Mas, quer o pânico e o medo do pânico sejam os únicos sintomas ou parte de um problema maior de ansiedade, a interpretação errônea catastrófica de sintomas físicos específicos é responsável por transformar a ansiedade em pânico. O tratamento do pânico na TCC concentra-se na correção da interpretação errônea catastrófica, por meio da reavaliação dos sintomas. Também utiliza a indução de sintomas, a exposição situacional e a inibição de respostas de busca de segurança para superar o medo do pânico.

Consideremos por um momento o que você fez neste capítulo. O pânico é uma forma de ansiedade muito difícil, porque os ataques podem ser muito intensos. Um ataque de pânico completo pode dar a sensação de que você está morrendo. Portanto, se você sofre de ataques de pânico e completou os exercícios de intervenção, você está de parabéns por sua coragem e determinação. A indução do pânico e a exposição a ele exigem muito dos indivíduos. Se você fez o trabalho e obteve algum êxito, você já realizou muito. Sem dúvida, as outras intervenções cognitivas e comportamentais para ansiedade lhe parecerão muito mais fáceis. Mas, por enquanto, deixemos o universo dos ataques de pânico e consideremos outra adversidade comum a uma variedade de problemas de ansiedade: a dor da ansiedade social.

10

Supere a ansiedade social

A experiência humana está impregnada de interação social. Praticamente tudo o que fazemos envolve interação com outras pessoas. Vivemos e trabalhamos em comunidades, nossa rede familiar e de parentesco indica nossa identidade e as atividades de lazer e recreação mais agradáveis que temos são com amigos e familiares. Papéis importantes na vida, como os de parceiro íntimo, genitor e mentor, são profundamente relacionais. Dependemos de relacionamentos para aprender e nos adaptar neste mundo que está em constante mudança. É através dos nossos relacionamentos que alcançamos o mais profundo senso de significado, enriquecimento espiritual e satisfação com a vida. Dada a centralidade da interação social na experiência humana, não é de admirar que as situações sociais também sejam a fonte de alguns dos nossos maiores medos e ansiedades.

Existem duas maneiras de pensar sobre a ansiedade em ambientes sociais. A primeira é a ansiedade socioavaliativa, na qual os indivíduos se preocupam principalmente com a avaliação negativa dos outros. A segunda é a ansiedade avaliativa de desempenho, na qual o foco está em cometer um erro ou falhar na frente dos outros. A maioria dos indivíduos com ansiedade social problemática apresenta os dois tipos de ansiedade. E, no entanto, há outros que funcionam razoavelmente bem em ambientes sociais, mas depois sentem ansiedade grave em situações de avaliação, como testes escritos, entrevistas ou ao apresentar-se diante de uma plateia. No exemplo a seguir, Antônio lutava contra a ansiedade socioavaliativa e de avaliação de desempenho.

O MEDO DE ANTÔNIO

Antônio era extremamente tímido, ou pelo menos era assim que ele sempre se considerara. Mesmo quando criança, ele sempre se sentiu tenso, especialmente perto de outras crianças. Ele se lembra de uma infância solitária, com apenas um amigo próximo e um medo constante de ser o centro das atenções na sala de aula.

Agora, aos 33 anos, solteiro e trabalhando para um desenvolvedor de *software*, ele continua se sentindo sozinho e isolado. Há alguns anos, ele teve que se mudar para longe de sua família por causa de um novo emprego, e a adaptação foi difícil. Nos últimos seis meses, seu humor piorou, ele perdeu o interesse pelas coisas de que gostava antes, passou a se sentir cansado a maior parte do dia e a ter insônia. Seu médico disse que ele estava deprimido e orientou-o a tomar antidepressivos, o que o fez se sentir um pouco melhor, mas ainda persistia um sentimento profundo de solidão, tédio e insatisfação.

Antônio manteve-se isolado no trabalho e optou por trabalhar em casa quando isso se tornou uma opção. No início, os colegas de trabalho tentaram incluí-lo em conversas e o convidaram para beber depois do expediente. Mas Antônio sempre recusou. Ele se sentia tenso, desajeitado e constrangido perto dos outros e não parecia saber como manter uma conversa casual. Quando ficava ansioso, seu rosto corava, ele começava a tremer, seu coração disparava, ele sentia calor, suava e tinha a sensação de não conseguir respirar direito. Ele estava convencido de que as outras pessoas percebiam sua ansiedade e pensavam "O que há de errado com ele?", "Por que ele está tão nervoso?" ou "Ele tem alguma doença mental?". Nesse estado de intensa ansiedade, Antônio estava convencido de que as outras pessoas estavam olhando para ele e tirando todo tipo de conclusões negativas sobre sua maneira de agir. No instante em que prestavam atenção nele, seu constrangimento aumentava.

Ocasionalmente, quando tentava dizer alguma coisa, as palavras não saíam direito e ele ficava profundamente envergonhado e constrangido. Às vezes, ele ensaiava mentalmente o que dizer às pessoas, mas isso parecia piorar as coisas porque, quando pronunciadas, suas palavras pareciam artificiais e insinceras. Se lhe contavam sobre uma reunião de trabalho agendada, a ansiedade de Antônio aumentava à medida que a hora do evento se aproximava, até que a ansiedade antecipatória se tornava insuportável. Isso podia fazer com que ele passasse algumas noites sem dormir, preocupado com a forma como lidaria com um evento social futuro. Embora sentisse algum alívio depois, isso sempre durava pouco, porque ele começava a remoer mentalmente o evento e o que as pessoas poderiam ter pensado dele. Essa tendência de reviver interações sociais passadas repetidamente – o que chamamos de *processamento pós-evento* – resultava na crença de que ele havia passado vergonha mais uma vez, o que apenas consolidava sua convicção de que ele não tinha jeito com outras pessoas.

A principal estratégia de Antônio para lidar com sua intensa ansiedade social era a esquiva. Ele evitava diversas situações interpessoais, como marcar compromissos, comparecer a reuniões sociais, convidar um amigo para jantar, iniciar conversas e expressar opiniões, sair para namorar e atender o telefone, além de inúmeras situações de desempenho, como falar em reuniões, comer/beber em público, fazer compras em uma loja movimentada, caminhar na frente de um grupo de pessoas e se apresentar em público. Quando não podia evitar uma situação social, Antônio falava o mínimo possível e se retirava o quanto antes possível. Sua ansiedade melhorava um pouco caso ele tomasse alguns drinques ou mantivesse um tranquilizante à mão.

Antônio tem um problema de ansiedade social, um dos tipos mais comuns de ansiedade, que afeta cerca de 14,8 milhões de adultos americanos (7,1%) a cada ano.[56]

Os problemas de ansiedade social frequentemente começam na infância ou no início da adolescência e podem tornar-se crônicos e durar décadas. Eles podem causar uma vida inteira de decepções, ansiedade social, solidão e angústia e frequentemente estão associados a outras condições, como depressão grave, ansiedade generalizada e abuso de álcool.[4] Formas mais leves de ansiedade social são ainda mais comuns na população em geral, e o aumento da ansiedade em situações sociais é uma queixa frequente em uma variedade de condições de ansiedade.

Apesar de ter progredido em relação à sua ansiedade nos capítulos anteriores, você pode estar sentindo que a ansiedade social, mesmo sendo uma parte menor do seu problema de ansiedade, não foi tratada adequadamente. Neste capítulo, enfocamos a ansiedade social em geral e discutimos as intervenções que você pode usar e que são especificamente projetadas para reduzir a ansiedade social e avaliativa elevada. A TCC para ansiedade social é baseada nas intervenções cognitivas e comportamentais apresentadas nos Capítulos 6 e 7, mas elas foram modificadas para abordar aspectos exclusivos da ansiedade em ambientes sociais.

> **Ansiedade social** é um sentimento persistente de nervosismo ou ansiedade na maioria das situações sociais ou de desempenho, porque os indivíduos temem ser avaliados negativamente pelos outros ou agir de maneira tola e embaraçosa. Eles são especialmente sensíveis ao exame minucioso dos outros e temem que os outros percebam que estão ansiosos. As interações sociais são evitadas ou suportadas com intensa ansiedade, principalmente se envolverem pessoas desconhecidas.

O QUE AS PESSOAS VÃO PENSAR?

No cerne da ansiedade social, está uma preocupação crescente com o que os outros pensam. É claro que todos nós queremos que as pessoas tenham uma boa impressão de nós. É perfeitamente natural querer que os outros gostem de você, receber aprovação alheia, aceitação e talvez até mesmo admiração. Cumprimentos, elogios e comentários positivos de pessoas importantes em nossas vidas fazem com que nos sintamos bem, ao passo que críticas, rejeição, desaprovação e comentários negativos podem ser perturbadores. Ficar constrangido é uma das emoções mais desconfortáveis que todos sentimos, por isso é claro que fazemos o possível para evitar causar uma impressão negativa. Sejamos realistas, todos gostamos de nos integrar, de nos sentir aceitos. É desconfortável se destacar da multidão e estar em evidência.

Isso significa que é perfeitamente normal nos sentirmos um pouco nervosos ou tensos quando nos encontramos em uma situação social desconhecida ou precisamos nos apresentar, conversar, dar nossa opinião – tudo isso parecendo descontraídos, confiantes e envolventes ou espirituosos. Todo mundo pensa às vezes "Como estou me saindo?", "O que será que eles pensam de mim?", "Espero não ter dito nada estúpido", "Eu realmente me sinto como um peixe fora d'água" ou "Mal posso esperar para sair daqui". Procuramos sinais de outras pessoas de que estamos indo bem, de que nos encaixamos; e podemos nos sentir desconfortáveis, até envergonhados, se tivermos a sensação de que os outros estão entediados, desinteressados ou, pior, irritados conosco. Depois de deixarmos essas inoportunas interações sociais, repassamos em nossas mentes os acontecimentos da noite – como "atuamos", as reações das outras pessoas em relação a nós – tentando encontrar alguma resposta para a pergunta "Será que fiz papel de idiota?".

Se você tem ansiedade social, tudo o que acabamos de descrever provavelmente parece ampliado mil vezes. Talvez você se sinta paralisado pelo medo em situações sociais, vivendo com medo de causar uma impressão negativa. A possibilidade de se constranger pode parecer uma catástrofe que você não pode arriscar. Você está tão convencido de que parece esquisito e inepto que começa a monitorar todos os seus gestos e expressões verbais, em um esforço para causar uma boa impressão. Mas, com o tempo, você começa a sentir que está perdendo a batalha: quanto mais você tenta se encaixar, pior é o resultado percebido. Você se convence de que se constrangeu e olha para as interações sociais com vergonha, lembrando-as como as piores experiências da sua vida. Por fim, você decide que não pode mais se submeter a essa tortura; é melhor evitar os outros o máximo possível do que suportar a humilhação. E então você começa a se isolar, a se recolher atrás de muros de autoproteção, protegendo-se do resto da humanidade. Mas isso tem um grande custo: muitas vezes você se sente sozinho, com um profundo sentimento de insatisfação e tem uma redução da qualidade de vida. O outro grande custo é que você se torna menos experiente na "arte do discurso social" e assim se sente cada vez mais desconfortável em situações sociais. Você está preso em um círculo vicioso do qual parece impossível escapar!

Você se sente sobrecarregado pela ansiedade social ou de desempenho? Você se preocupa demais com o que as pessoas pensam de você? No espaço a seguir, liste os custos pessoais da ansiedade social. O que está faltando em sua vida por causa de sua ansiedade diante dos outros?

_____   _____

_____   _____

_____   _____

Considerando o impacto negativo da ansiedade social, será que agora não é o momento de enfrentar esse problema? Se você fez o trabalho dos capítulos anteriores, você já tem uma base sólida em TCC para ansiedade. Mostraremos como concentrar suas habilidades de TCC nas características específicas da ansiedade social, para que você não seja mais prejudicado em suas relações com outras pessoas.

OS FUNDAMENTOS DA ANSIEDADE SOCIAL

Eu (D.A.C.) falei recentemente com uma viúva idosa que se sentia entediada, isolada e sozinha. Eu estava dando sugestões sobre onde ela poderia ir, quem poderia contatar e sobre vários eventos e reuniões para idosos dos quais ela poderia participar. De repente, ela me interrompeu. "Puxa vida", ela exclamou, "eu não poderia ir a lugar nenhum sozinha. Eu me sentiria muito desconfortável. Eu nunca iria gostar. Nunca me divertiria. Na minha idade, por que me obrigar a fazer algo que não me agradaria?". A ansiedade social da senhora não era grave, mas ainda assim estava prejudicando significativamente a sua vida.

Para entender como as pessoas escolhem uma vida inferior, é importante considerar os três processos que tornam a ansiedade social uma influência tão poderosa:

1. **Medo de avaliação negativa:** o medo de ser julgado negativamente pelos outros e de ser alvo de seu desprezo e desdém – medo de que os outros pensem que você é idiota, fraco, inepto, talvez até louco.

2. **Maior atenção autocentrada:** ficar intensamente focado em seu desempenho social, imaginando como você está se relacionando com os outros, a ponto de mal conseguir ouvir o que as pessoas estão dizendo. Paradoxalmente, quanto mais você tenta controlar e avaliar cada fala, expressão facial e gesto, mais desajeitado você se torna em suas interações sociais. O que impulsiona esse intenso foco em si próprio é o medo de que os outros percebam que você está ansioso ou que está causando uma má impressão que será constrangedora, humilhante e possivelmente levará à rejeição.

3. **Fuga e esquiva:** evitar as pessoas tanto quanto possível e fugir na primeira oportunidade quando forçado a participar de situações sociais. Ao limitar o contato social a um círculo cada vez menor de pessoas confiáveis e familiares, a pessoa socialmente ansiosa torna-se mais inábil para lidar com situações sociais novas e desconhecidas.

Antônio estava dominado pelo temor de que as outras pessoas notassem sua ansiedade em situações sociais. Ele estava convencido de que elas veriam seu rosto corado, suas mãos trêmulas, sua fala hesitante e então se perguntariam o que havia de errado com ele. Ele dizia a si mesmo que elas provavelmente estavam pensando: "Coitado, ele parece tão ansioso", "Que pessoa fraca e patética que nem consegue se relacionar com os outros" ou "Ele provavelmente tem alguma doença mental grave". Essa visão altamente negativa o tornava mais constrangido, o que por sua vez aumentava sua ansiedade – mas também fazia com que sua preocupação com sua falta de habilidade de conversação se tornasse realidade, pois ele achava difícil ouvir e se concentrar no que as pessoas estavam lhe dizendo. No final, a ansiedade era tão grande que Antônio abandonava essas funções sociais o mais rápido possível. A fuga lhe trazia um alívio instantâneo inacreditável. A cada vez, ele jurava nunca mais se submeter a tal tormento.

É difícil não admirar aquelas pessoas sociáveis que se mostram cheias de charme, inteligência, conforto e confiança perto dos outros. Suas personalidades ousadas e vibrantes dominam os nossos filmes favoritos, estabelecendo padrões culturais de desempenho social que são irrealistas para a maioria das pessoas. Na vida real, conhecemos indivíduos altamente sociáveis que conseguem preencher uma sala com a sua presença e parecem despertar a aprovação dos outros. É fácil que isso se torne o padrão de desempenho social para o indivíduo socialmente ansioso. Mas trata-se de um padrão irrealista, nascido do perfeccionismo, o que só pode amplificar nossa ansiedade em relação aos outros. Isso estabelece um processo duplo no indivíduo que é socialmente ansioso – um medo de avaliação negativa e padrões irrealistas de desempenho social.

EXERCÍCIO DE AVALIAÇÃO **Expectativas sociais de si mesmo e dos outros**

Nossas melhores e piores expectativas de nós mesmos e dos outros terão um impacto profundo em nosso nível de ansiedade em situações sociais. Use o espaço abaixo para descrever qual padrão de desempenho social você deseja para si mesmo. Você pode pensar nisso como a impressão mais positiva que gostaria de causar nos outros. Você gostaria de parecer simpático, confiante, relaxado, espirituoso, inteligente ou alguma outra característica?

Minha impressão mais positiva: _____

_____

_____

_____

Agora, use o espaço a seguir para registrar a impressão mais negativa que você teme que possa causar nos outros. Qual é a avaliação negativa que você mais teme? Por exemplo, você teme que pensem que você é idiota, fraco, inseguro, patético, instável ou algum outro atributo?

Minha impressão mais negativa: _____

_____

_____

_____

Você pode pensar no medo da avaliação negativa e nos padrões sociais perfeccionistas como processos duplos que o levam à ansiedade social. A impressão mais negativa de Antônio era de que ele parecesse ansioso e patético ao interagir com pessoas desconhecidas. Ao mesmo tempo, ele sonhava em impressionar os outros com seu jeito calmo, confiante e espirituoso. Mas, na realidade, Antônio sabia que estava muito mais perto de causar uma impressão negativa nos outros. Essas duas expectativas diametralmente opostas garantiam que Antônio evitasse ao máximo situações sociais desconfortáveis.

A MENTE SOCIALMENTE ANSIOSA

A ansiedade social torna-se um problema generalizado na vida por meio de um circuito circular de retroalimentação. Você começa antevendo encontros sociais com algum grau de apreensão, depois se vê na situação social tendo pensamentos e ações inúteis que aumentam sua ansiedade, e então posteriormente você relembra e remói o encontro social, o que só intensifica o pavor que sente pela próxima interação social. O modelo TCC, com essas três fases, está representado na Figura 10.1.

Fase I. Antecipação

Embora as interações sociais possam ocorrer inesperadamente (como quando você encontra um colega de trabalho enquanto faz compras), na maioria das vezes sabemos sobre reuniões, entrevistas e festas com bastante antecedência. Isso significa que, durante essa *fase antecipatória*, temos muito tempo para pensar sobre elas. A ansiedade pode aumentar drasticamente durante um período de antecipação, dependendo das circunstâncias. Por exemplo, se o seu supervisor pede que você faça uma breve apresentação na reunião do departamento na próxima sexta-feira, a ansiedade antecipatória será muito maior do que se você simplesmente tiver que comparecer. Muitos de nossos clientes disseram que sua ansiedade costuma ser mais intensa durante a antecipação do que quando estão realmente expostos ao evento. Duas coisas influenciarão o grau de ansiedade antecipatória que você sente:

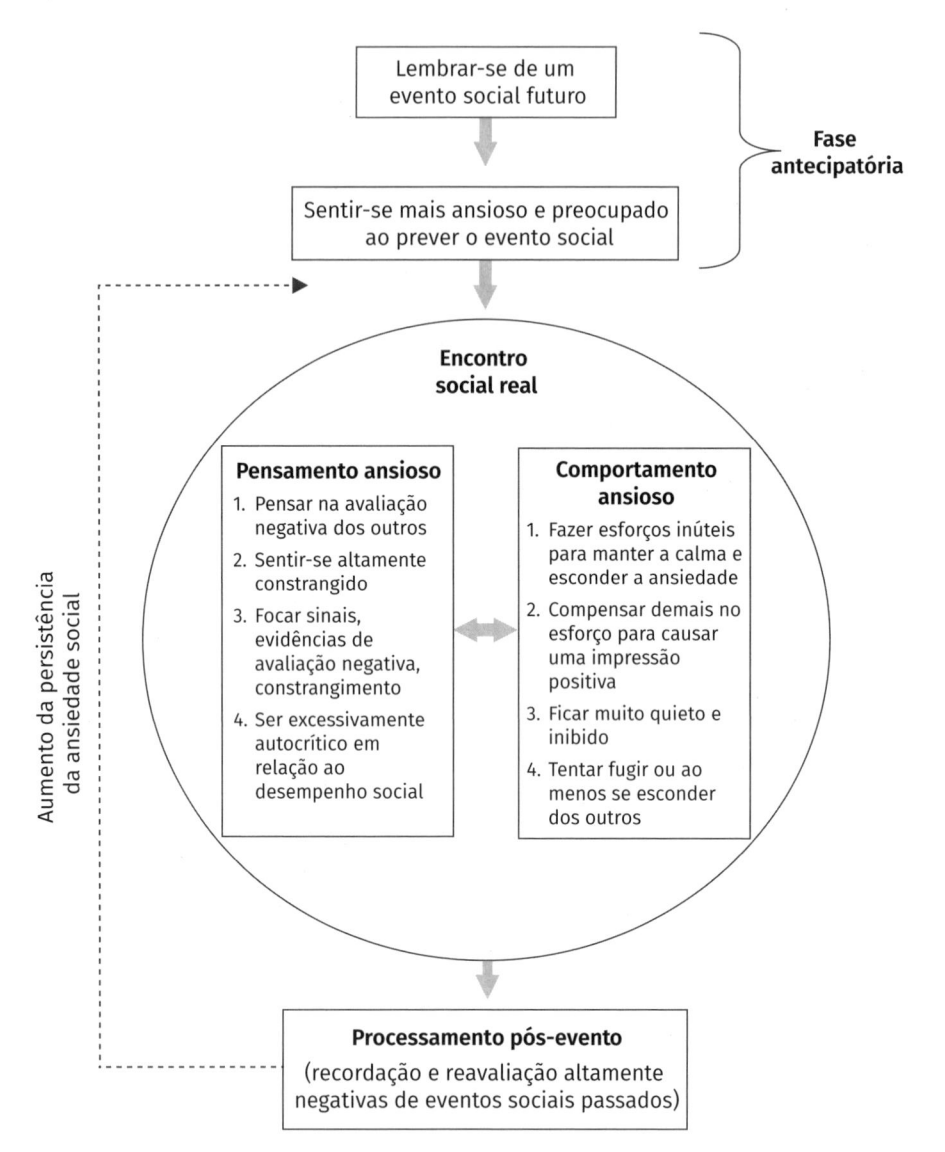

FIGURA 10.1 Modelo de ansiedade social da TCC.

Baseado em *Cognitive Therapy of Anxiety Disorders* (Guilford Press, 2010, p. 349), de David A. Clark e Aaron T. Beck.

- **Proximidade do evento:** quanto mais próximo você estiver de um evento social temido, mais intensa será sua ansiedade, pois ela se acumula durante a fase antecipatória. É isso que o psicólogo John Riskind chamou de [vulnerabilidade] *pairante*,* algo conhecido por desempenhar um papel importante na ansiedade.[57]

---

* N. de T.: *Looming*, no original.

- **Pensamento exagerado sobre ameaças:** catastrofizar sobre o evento social, pensar que você provavelmente irá se constranger ou se humilhar, ou talvez ter um ataque de pânico, e prever que seu desempenho será ruim com base em lembranças de eventos sociais passados, também irá aumentar seu nível de ansiedade.

O problema da ansiedade antecipatória é que ela prepara o terreno para sentir intensa ansiedade mesmo antes de você se deparar com a situação social. Ela faz você se sentir derrotado antes mesmo de começar! Antônio sentia intensa ansiedade antecipatória sempre que tinha que interagir com pessoas desconhecidas. Certa manhã, um colega de trabalho apareceu no escritório de Antônio e o convidou para almoçar com algumas pessoas, inclusive um dos novos contratados do departamento. Antônio sentiu que não poderia recusar, mas passou a manhã inteira preocupado com o almoço: "Do que vou falar? Sou tão ruim de papo!", "E se eu ficar muito nervoso e constrangido?", "Será que os outros vão notar minha ansiedade e se perguntarão o que há de errado comigo?", "A última vez que saí com algumas pessoas no trabalho, me senti um idiota, sentado ali sem nada a dizer enquanto todo mundo conversava e ria". Durante vários dias depois daquele incidente, Antônio não conseguiu encarar ninguém no trabalho sem se sentir envergonhado. Agora seu pensamento ansioso era tão ruim que ele mal conseguia trabalhar. Na hora do almoço, ele estava sentindo ansiedade grave.

Podemos literalmente nos torturarmos em um estado intensificado de ansiedade mesmo antes de ocorrer um evento social. A TCC reduz a ansiedade antecipatória, fornecendo-lhe ferramentas para corrigir suas expectativas que induzem a ansiedade.

Fase II. Encontro social

Chega a hora e você se vê no temido evento social. Esse é o seu momento de exposição a outras pessoas, e é a experiência definidora para pessoas socialmente ansiosas. Como você pode ver pelo círculo na parte central da Figura 10.1, vários processos cognitivos e comportamentais atuam como aceleradores da ansiedade social.

1. Crenças sociais negativas

Uma das primeiras coisas que provavelmente acontecerá quando você entrar em uma situação interpessoal é que crenças negativas subjacentes sobre você e outras pessoas serão ativadas. A Tabela 10.1 apresenta uma seleção de crenças comuns na ansiedade social. Se algumas dessas crenças forem pessoalmente relevantes para você, liste-as no espaço a seguir. Elas se tornarão um foco importante do seu plano de tratamento de TCC.

TABELA 10.1. Crenças comuns sobre ansiedade social

Tipo de crença	Interpretação errônea catastrófica
Crenças sobre si mesmo	• Sou chato, hostil e desinteressante para os outros. • As pessoas tendem a não gostar de mim. • Sou socialmente desajeitado; eu não me encaixo.
Crenças sobre os outros	• As pessoas tendem a ser altamente críticas. • Em situações sociais, as pessoas estão sempre fazendo julgamentos, examinando minuciosamente os outros, à procura de suas falhas e fraquezas. • Não suporto confrontos.
Crenças sobre desaprovação	• É horrível quando as pessoas me desaprovam. • Seria horrível se os outros pensassem que sou fraco ou incompetente. • É uma catástrofe pessoal passar vergonha na frente dos outros. • As pessoas não querem me incluir; elas gostariam de me excluir de seus eventos sociais.
Crenças sobre desempenho	• É importante não mostrar sinais de fraqueza ou perda de controle perto dos outros. • Devo parecer confiante e competente interpessoalmente em todas as minhas interações sociais. • Devo sempre parecer inteligente, interessante ou ser divertido perto de outras pessoas.
Crenças sobre ansiedade	• A ansiedade é um sinal de fraqueza e perda de controle. • É importante não mostrar sinais de ansiedade perto de outras pessoas. • Se as pessoas virem que estou corado, transpirando, tremendo e assim por diante, elas vão se perguntar o que há de errado comigo. • Se estiver ansioso, não serei capaz de funcionar nesta situação social. • Não suporto me sentir ansioso perto das pessoas.

De *Cognitive Therapy of Anxiety Disorders* (Guilford Press, 2010, p. 349), de David A. Clark e Aaron T. Beck. Copyright © 2010 The Guilford Press. Republicado com permissão.

Minhas crenças sociais negativas: _____

_____

_____

Antônio tinha várias crenças que aumentavam sua ansiedade perto dos outros. Ele estava convencido de que era enfadonho e chato, mas sentia que deveria se esforçar para ser envolvente, divertido e parecer descontraído e confiante. Como resultado, ele sentia que era fundamental esconder sua ansiedade tanto quanto possível – não apenas os outros o julgariam severamente se percebessem que ele estava nervoso, mas sentir-se constrangido parecia ser a pior coisa que poderia acontecer com ele. "É melhor evitar as pessoas tanto quanto possível do que correr o risco de ficar constrangido ou ser humilhado", acreditava Antônio.

2. Pensamentos avaliativos negativos

Se você é socialmente ansioso, automaticamente pensa que os outros estão percebendo sua ansiedade, fazendo julgamentos negativos sobre seu comportamento e se perguntando o que há de errado com você. Você pode imaginá-los pensando: "O que há de errado com ela?", "Por que ela está tão ansiosa?", "Ela deve estar emocionalmente perturbada", "Isso foi uma coisa estúpida de se dizer", "Ela é tão incompetente; gostaria que ela ficasse calada ou desaparecesse".

Como outros pensamentos ansiosos, essas cognições avaliativas negativas são automáticas e bastante convincentes durante estados de ansiedade elevada. Na verdade, elas podem ocorrer como pensamentos intrusivos indesejados. Ou seja, os pensamentos negativos parecem surgir espontaneamente em sua mente e, uma vez que você os percebe, eles se tornam "pensamentos pegajosos". Você acha difícil se concentrar em outra coisa que não seja a má impressão que está convencido de que está causando. É como se a ansiedade social o fizesse pensar só em uma coisa: as pessoas estão pensando mal de mim.

Mais tarde, você terá a oportunidade de manter um registro de seus pensamentos avaliativos negativos, mas, por enquanto, anote alguns pensamentos negativos mais significativos que você teve durante experiências anteriores de ansiedade social.

Meus pensamentos de avaliação social negativos: _____

_____

Pensamentos de avaliação social negativos de Antônio: As pessoas estão olhando para mim. Elas veem que eu estou nervoso. Estou trêmulo e minha voz parece fraca e hesitante. Elas provavelmente estão pensando: "O que há de errado com ele? Por que ele fica tão ansioso perto de nós? Ele é patético".

3. Atenção inclinada à ameaça

Quando estamos ansiosos em uma situação social, nossa atenção também fica distorcida. Primeiro nos tornamos totalmente autocentrados. Pesquisas experimentais demonstram que indivíduos com ansiedade social se envolvem em um automonitoramento excessivo e interpretam mal suas sensações físicas e emocionais, de uma forma que, na verdade, aumenta sua ansiedade.[4] Você pode se preocupar com a possibilidade de seu rosto estar corado, de suas mãos estarem tremendo, e pode considerar se sua conversa faz sentido, se sua fala flui ou se é hesitante e estranha. É claro que essa autoconsciência elevada tem um efeito negativo:

- Ela aumenta os sintomas de ansiedade e a sensação de perda de controle.
- Ela faz com que você fique tão focado em si mesmo que não consegue prestar atenção adequada em como as outras pessoas estão reagindo a você.
- Ela prejudica a sua capacidade de desempenho social.

Em segundo lugar, quando estamos socialmente ansiosos, nossa atenção concentra-se estreitamente em sinais internos e externos de ameaça, constrangimento e avaliação negativa. Digamos que você esteja nervosamente tentando fazer um comentário. Sua atenção se fixa na pessoa que está olhando para seu próprio *smartphone* ou em outra direção. Imediatamente você interpreta isso como um sinal de tédio e desinteresse. Você já está se sentindo ansioso, então sua atenção se torna altamente seletiva e você tende a focar em qualquer expressão facial, comportamento ou gesto que possa sugerir uma avaliação negativa. Você não percebe indicadores de que as pessoas o estão ajudando ou estão interessadas em você. Você faz o mesmo com sua experiência interna, prestando atenção às sensações de rubor que você interpreta como indicativas de ansiedade evidente, porém ignorando que sua fala é coerente e flui razoavelmente bem. Na TCC, ensinamos as pessoas a corrigirem sua atenção tendenciosa para que possam diminuir sua ansiedade social em vez de alimentá-la. Reserve um momento para pensar sobre em que você se concentra internamente quando está socialmente ansioso e para considerar o que percebe nos outros (seu público) quando sua ansiedade irrompe em situações sociais.

O que eu foco em mim mesmo quando estou ansioso: _____

_____

O que eu foco nos outros quando estou ansioso: _____

_____

4. Pensamentos autocríticos

Quando você está intensamente focado em seu próprio desempenho, você rapidamente chega à conclusão de que está causando uma má impressão ou realmente sofrendo uma humilhação pública. É provável que você faça internamente um comentário contínuo sobre seu desempenho social, concluindo que está falhando miseravelmente. Antônio sentia-se especialmente constrangido em relação à possibilidade de enrubescer enquanto falava com outras pessoas. Ele se tornou extremamente consciente de sentir calor ou rubor, e os primeiros sinais de que estava enrubescendo o distraíam da conversa em andamento. Ele presumia que o rubor era mais perceptível e distrativo para os outros do que realmente era e que isso estava tornando sua capacidade de conversar menos coerente e mais estranha. Ele rapidamente presumia que estava causando uma impressão horrível e se constrangendo diante dos outros. A TCC o ajudará a interromper esse discurso interno e autocrítico sobre seu desempenho e o quanto ele é insatisfatório e a conclusão de que certamente você é um constrangimento. No espaço abaixo, escreva sua conversa interna mais crítica em situações sociais.

As declarações mais críticas que faço a mim mesmo quando estou socialmente ansioso:

_____

_____

_____

_____

5. *Esforços de ocultação*

Você pode ter tentado diversas estratégias para esconder sua ansiedade ou pelo menos minimizar os sintomas mais óbvios. Talvez você evite o contato visual, tensione os braços ou as pernas para controlar o tremor, use roupas em excesso para esconder o suor, use maquiagem pesada para esconder o rubor ou memorize o que dizer em reuniões sociais.[58] Infelizmente, alguns desses comportamentos de segurança acabam chamando ainda mais atenção.

Uma mulher acreditava que a respiração controlada exagerada a acalmava, mas sua respiração era tão alta e difícil que podia ser ouvida a vários metros de distância, possivelmente chamando a atenção de outras pessoas, que poderiam pensar se ela estava tendo um ataque de asma ou alguma outra emergência médica. Lembre-se de algumas de suas experiências anteriores com ansiedade social. Como você tenta esconder sua ansiedade ou pelo menos reduzir os sintomas mais óbvios que outras pessoas poderiam notar?

Minhas estratégias de dissimulação: _____

_____

6. *Exagero*

Para lidar com os déficits percebidos em habilidades sociais e causar uma impressão positiva, você já se pegou exagerando ao tentar compensá-los? Você pode ter ocasionalmente se esforçado tanto para ser engraçado, inteligente ou simpá-

tico que, inadvertidamente, causou uma impressão desfavorável. Quando Antônio percebeu que tinha tendência a olhar para baixo ao falar com outras pessoas,
tentou corrigir o hábito olhando diretamente para elas, mas acabou ficando com
o olhar tão fixo que as outras pessoas ficavam desconfortáveis.

Algum amigo ou membro da sua família já mencionou algo em que você exagera em situações sociais (por exemplo, rir muito alto ou de forma inadequada,
falar muito ou rápido demais, olhar fixamente para as pessoas, ficar muito perto
delas, interromper muito)? Liste alguns de seus comportamentos de supercom-
pensação aqui.

_____   _____

_____   _____

7. Inibição social e fuga

Prever o constrangimento naturalmente o deixa inibido perto dos outros. Você
chegou à conclusão de que é muito rígido ou inflexível nas interações sociais? Talvez você gagueje ou tenha dificuldade para encontrar a palavra certa para expressar seus pensamentos. Se você já teve essa experiência, sabe que é como se aquilo
que você mais teme estivesse acontecendo com você. Quando isso de fato acontece, não é de admirar que você sinta vontade de fugir. Como tudo o que ele tentava
dizer parecia sair errado, Antônio estava determinado a ficar sozinho ou pelo menos falar o mínimo possível quando não pudesse evitar um encontro social.

Esforçar-se para manter a calma, tentar esconder a ansiedade, tentar compen-
sar a falta de jeito social e ficar inibido de modo geral podem levar justamente àquilo
que você mais teme: avaliação negativa e constrangimento. A abordagem da CT-R
para ansiedade social enfatiza a mudança nas suas estratégias de enfrentamento,
para que o seu comportamento interpessoal proporcione melhores relações sociais,
em vez de relacionamentos contaminados pelo medo e pela ansiedade.

Quais são suas inibições sociais quando você sente a onda de ansiedade tomar
conta de você em situações sociais? Você fica sem palavras, desvia o olhar, fica
indiferente, se afasta fisicamente das outras pessoas, olha para o telefone? Pense
em algumas experiências sociais recentes e, no espaço fornecido a seguir, liste
algumas de suas respostas típicas de inibição social.

Minhas respostas de inibição social mais comuns:

_____   _____

_____   _____

_____   _____

Fase III. Processamento pós-evento

Em muitos aspectos, a ansiedade social é "o presente que continua sendo dado". Embora você possa sentir alívio depois de sair de uma situação social que desperta ansiedade, o alívio geralmente dura pouco. Logo você se pega recapitulando e analisando demais um encontro social – "Como foi meu desempenho?" e "Eu disse algo idiota, rude ou vergonhoso?" –, e fica tentando lembrar o que as pessoas disseram para determinar se você causou uma boa ou má impressão. Mas essa análise retrospectiva tende a ser muito seletiva: você fica se perguntando se o encontro social foi humilhante e, quanto mais você rumina essa pergunta, mais evidências você tende a desencavar para respondê-la afirmativamente. Esse processamento pós-evento pode durar horas ou até vários dias, dependendo da importância do evento. A maior parte da recapitulação ocorre em sua mente, mas às vezes você pode repetidamente pedir um *feedback* de amigos próximos ou familiares. Normalmente, com ansiedade social, não importa o que os outros digam em contrário, você acaba convencido de que "Sim, foi uma experiência terrível, passei por um constrangimento total e todos provavelmente pensam que sou um completo fracassado". O resultado? Sua ansiedade social é reforçada e intensificada.

O processamento pós-evento era um problema significativo na ansiedade social de Antônio. Ele poderia passar dias reanalisando o que disse em uma conversa e como a outra pessoa respondeu. Quanto mais pensava sobre isso, mais convencido ficava de que sua ansiedade estava à mostra e de que sua conversa era tão incoerente que deixava a outra pessoa perplexa. Em alguns casos, ele evitava essa pessoa no trabalho, sentindo-se envergonhado toda vez que a encontrava. Às vezes, Antônio chegava a pensar que talvez o colega de trabalho estivesse contando aos outros sobre a estranha conversa que tivera com ele.

É comum na ansiedade social relembrar encontros sociais do passado que você considera embaraçosos de uma forma seletiva e altamente tendenciosa, que leva a uma percepção exagerada de vergonha e constrangimento. Uma vez que esse processamento pós-evento contribui decisivamente para a ansiedade social, ele se torna um alvo importante para mudança na TCC.

O processamento pós-evento desempenha um papel em sua ansiedade social? No espaço a seguir, descreva uma experiência recente de processamento pós-evento. Descreva resumidamente o que você pensou ao recapitular mentalmente uma experiência recente de ansiedade social. Você ficou analisando o evento social para determinar se causou uma má impressão nos outros? Você ficou mais preocupado com a possibilidade de ter dito algo inapropriado ou idiota? Você ficou tentando analisar o significado por trás de um comentário ambíguo feito durante o evento?

Experiência recente de processamento pós-evento:

_____

_____

_____

AVALIAÇÃO DA ANSIEDADE SOCIAL

Todos nós já passamos por momentos em que estávamos socialmente ansiosos. Talvez tenha sido em uma grande reunião em que você não conhecia ninguém, em um jantar de negócios com um cliente importante, ao ser entrevistado para um emprego ou ao ter que se apresentar diante de uma plateia. Algumas pessoas ficam ansiosas na maioria dos ambientes sociais, e outras ficam ansiosas apenas em alguns ambientes. Alguns sentem ansiedade grave, outros um leve desconforto. E muitas pessoas são por natureza tímidas e introvertidas.

De acordo com um levantamento, 40% das pessoas consideravam-se cronicamente tímidas,[59] e outro estudo populacional em geral apontou que 7,5% dos adultos apresentavam sintomas significativos de ansiedade social.[60] Se acontecer de você se encontrar em um daqueles coquetéis desconfortáveis em que não conhece quase ninguém, olhe ao seu redor. Se houver 50 pessoas na festa, há uma boa chance de que pelo menos 20 delas estejam sentindo algum desconforto, e talvez cinco estejam sentindo altos níveis de ansiedade.

Dadas todas essas considerações, há uma boa chance de que haverá momentos em que você terá ansiedade antecipatória ou se envolverá em processamento pós-evento, mesmo que a ansiedade social não seja um problema significativo e recorrente para você. O trabalho que você fez até agora será útil para todo o espectro de ansiedade social. Esta seção fornece ferramentas que você pode utilizar para avaliar em que medida você está sofrendo de ansiedade social problemática e mostra como você pode se beneficiar com as intervenções a seguir.

> EXERCÍCIO DE AVALIAÇÃO **Checklist de ansiedade social**
>
> A Folha de trabalho 10.1 faz perguntas sobre diferentes aspectos da ansiedade social com base nas características da mente socialmente ansiosa.

Se você marcou "sim" em muitos dos itens da *Checklist* de ansiedade social, não desanime. As estratégias de TCC discutidas neste capítulo serão particularmente relevantes para você, porque foram elaboradas para pessoas com ansiedade social moderada a grave.

FOLHA DE TRABALHO 10.1

Checklist de ansiedade social

Instruções: leia cada pergunta e determine se o item é *geralmente relevante* para o seu funcionamento atual em situações sociais. Se você respondeu "sim" a mais de cinco ou seis perguntas, então a ansiedade social provavelmente é um problema significativo para você.

Perguntas	Sim	Não
1. Você se sente bastante ansioso com muita frequência em diversas situações sociais que encontra em seu cotidiano?		
2. Você costuma se sentir apreensivo ou preocupado com eventos sociais futuros?		
3. Você evita ou inventa desculpas para se desvencilhar das obrigações sociais?		
4. Quando você não consegue evitar um encontro social, você tenta se retirar o quanto antes possível?		
5. Você tende a presumir que está causando uma má impressão nas pessoas ou que elas o estão julgando de maneira negativa (pensando que você é idiota, incompetente, perturbado e assim por diante)?		
6. Você tem muito medo de dizer algo embaraçoso ou humilhante quando conversa com outras pessoas?		
7. Você se esforça para não parecer ansioso em situações sociais?		
8. Quando você está perto de outras pessoas, você tenta falar o mínimo possível para evitar chamar a atenção para si mesmo?		
9. Em situações sociais, você fica bastante preocupado com seu desempenho, tendendo a "analisar demais" como está sendo percebido pelas outras pessoas?		
10. Você recorre a diferentes estratégias de enfrentamento para reduzir sua ansiedade perto de outras pessoas, como evitar contato visual, ensaiar o que vai dizer antes de falar ou respirar fundo?		
11. A ansiedade social já o prejudicou em sua profissão, relações familiares, atividades de lazer ou amizades?		
12. Depois de uma interação social, você costuma repassar mentalmente o que disse ou que impressão causou nas outras pessoas?		
13. Você parece ter uma memória particularmente boa para encontros sociais difíceis ou embaraçosos do passado?		
14. Você costuma sentir que não sabe o que dizer às pessoas?		
15. Você acredita que é particularmente incompetente ou inepto perto de outras pessoas?		

(Continua)

FOLHA DE TRABALHO 10.1 *(Continuação)*

Perguntas	Sim	Não
16. Constranger-se na frente dos outros é a pior coisa que você pode imaginar?		
17. Você tem dificuldade para ser assertivo ou expressar sua opinião?		
18. As pessoas que melhor o conhecem diriam que você é uma pessoa tímida, ansiosa?		
19. Você costuma sentir que todos estão olhando para você em situações sociais?		
20. Você acha que fica mais ansioso em situações sociais do que a maioria das pessoas?		
21. Você foi socialmente ansioso ou inibido durante a maior parte da sua vida?		
22. Você já tentou superar a ansiedade social, mas teve sucesso limitado em vencê-la?		

Valores sociais, metas e aspirações

Vamos supor que você concluiu que sua ansiedade social é um problema que você gostaria de resolver. O próximo passo é determinar o que você gostaria de mudar na sua capacidade de se relacionar com os outros. Na CT-R, não focamos apenas a redução da ansiedade social, embora esse seja o seu objetivo principal. Enfatizamos também a busca de aspirações e valores positivos. Como você gostaria de funcionar em situações sociais? Como você precisaria pensar, sentir e agir para transformar suas interações sociais em uma experiência positiva, uma fonte de maior autoestima?

Se você está tendo dificuldades com ansiedade social, provavelmente nunca considerou que interações sociais difíceis poderiam aumentar sua autoestima e enriquecer a sua vida. Mas, no tratamento da ansiedade social, é importante olhar além da redução da ansiedade e ver o que você gostaria de se tornar. Isso significa descobrir seus valores e aspirações sociais e então criar metas e objetivos pertinentes.

> EXERCÍCIO DE AVALIAÇÃO **Valores e aspirações sociais**
>
> A seguir, há uma lista de valores e aspirações relacionais comuns. Marque aqueles que se aplicam a você. Esses são os valores que você almeja em seus relacionamentos com os outros. Você também pode pensar nesses valores/aspirações como a impressão positiva que você gostaria de causar em suas interações sociais. Que impressão você gostaria de

causar nas pessoas? Existem três espaços em branco no final da lista para você registrar valores/aspirações sociais únicos que você possa ter e que não estejam incluídos nela.

☐ Competente, instruído	☐ Enérgico, animado	☐ Confiante
☐ Simpático	☐ Espontâneo	☐ Autêntico, honesto
☐ Interessante, único	☐ Controlado	☐ Solidário
☐ Compreensivo	☐ Assertivo	☐ Outro: _____
☐ Compassivo, empático	☐ Calmo	☐ Outro: _____
☐ Espirituoso, bem-humorado	☐ Agradável	☐ Outro: _____

Depois de identificar seus valores e aspirações sociais, o próximo passo é formular algumas metas específicas que sejam coerentes com a forma como você gostaria de funcionar nas relações sociais.

EXERCÍCIO DE AVALIAÇÃO   **Metas de mudança social**

Comece a Folha de trabalho 10.2 pensando em três ou quatro situações sociais que lhe causam ansiedade moderada a grave e que, no entanto, são essenciais para sua qualidade de vida. A seguir, pense de que maneira você gostaria de agir em cada situação, de forma que sua ação seja condizente com suas aspirações e reduza sua ansiedade. Tente ser o mais específico possível sobre como você gostaria de pensar, se sentir e agir em cada situação. Essas serão as metas com as quais você poderá trabalhar quando praticar as estratégias de intervenção indicadas mais adiante neste capítulo.

Você conseguiu formular algumas metas de desempenho social para três ou quatro situações que desencadeiam ansiedade social moderada ou grave? A exposição a situações que provocam ansiedade social é um componente importante da TCC para ansiedade social. Você pode usar os objetivos descritos na Folha de trabalho 10.2 como guia para conduzir suas exposições a essas situações sociais específicas. Pense nos objetivos como uma descrição de "como você gostaria de ser" ao se deparar com a situação social listada na primeira coluna.

Automonitoramento da ansiedade social

Uma avaliação precisa da ansiedade depende da coleta de experiências da vida real. Ao longo deste livro, enfatizamos a importância de manter um registro semanal dos seus episódios de ansiedade. Isso também se aplica à ansiedade social. Uma descrição sistemática de seus episódios de ansiedade social, registrados o quanto antes possível após sua ocorrência, fornece a melhor visão sobre seu problema de ansiedade social. *A maneira como você pensa sobre si mesmo, sobre as outras pessoas e sobre sua ansiedade determinará se você sentirá ansiedade leve ou grave.* É importante descobrir como você pensa durante encontros sociais reais.

FOLHA DE TRABALHO 10.2

Minhas metas de mudança social

Instruções: na coluna da esquerda, liste algumas situações sociais que são importantes para você, mas que causam ansiedade social moderada a grave. Use a coluna da direita para explicar de que maneira você gostaria de se sentir, agir e pensar em cada situação, de forma que seja coerente com as aspirações que você endossou no exercício anterior. A primeira linha apresenta um exemplo ilustrativo retirado da história de Antônio.

Situação social	Meta de desempenho social
Exemplo de Antônio: Reunir-me com meu gerente para revisar meu trabalho	Nessa situação, quero ser competente, experiente, confiante e calmo. Esses são os valores sociais mais importantes nesse caso. Isso significa que preciso focar o trabalho que produzi e não como me sinto. Precisarei ouvir ativamente as perguntas e comentários do meu gerente. Se eu não tiver uma resposta, anotarei a pergunta e retornarei a ele mais tarde com uma resposta. Preciso lembrar que sei mais sobre este documento do que qualquer pessoa.

EXERCÍCIO DE AVALIAÇÃO **Mantenha um registro semanal de ansiedade social**

Mantenha um registro de suas interações sociais enquanto trabalha nas intervenções de TCC deste capítulo. Meu registro de ansiedade social (Folha de trabalho 10.3) concentra-se especificamente em como você pensa durante as três fases da ansiedade social: antecipação, encontro e lembrança pós-evento. Sua forma de lidar com sua ansiedade também é importante, mas o registro se concentra em suas cognições porque elas são mais difíceis de identificar. A primeira coluna pede que você descreva brevemente a situação social prevista que desencadeia sua ansiedade. As três colunas seguintes devem ser preenchidas o quanto antes possível depois que você passar por cada fase do encontro social. Ao manter uma folha de automonitoramento, você estará treinando para identificar formas de pensar que agravam sua ansiedade e o impedem de atingir suas metas de relacionamento social.

⊃ **Dicas para resolução de problemas: preenchendo o Registro de ansiedade social**

Se você tiver dificuldade em manter um registro de ansiedade social, considere o seguinte:

- Certifique-se de registrar situações que evoquem um nível de ansiedade moderado a grave. Se você ficar apenas levemente ansioso, não terá o pensamento ansioso prejudicial que é a marca registrada da ansiedade social problemática.
- Escreva o que você considera ser o pior que poderia acontecer ou aconteceu na situação social. Sem dúvida, seu pensamento ansioso em cada fase está relacionado à impressão que você causa nos outros, ao que eles pensam de você e ao modo como você se comportou.
- Seu pensamento ansioso pode focar o medo do constrangimento. De que forma você pensa que pode se constranger? Quando você reflete sobre o encontro social, você fica ruminando a possibilidade de ter dito algo embaraçoso?

Antônio sentiu que poderia preencher vários registros de ansiedade social em uma semana normal. Houve muitos exemplos de encontros sociais no trabalho, mas também fora dele, na vida cotidiana, que o deixaram ansioso. Um dos itens de seu registro de ansiedade social envolvia ter que devolver um produto com defeito comprado em uma loja de ferragens. Na primeira coluna, ele escreveu: "Preciso devolver uma furadeira sem fio de 18 volts com defeito que comprei há duas semanas. É uma compra de 125 dólares, por isso é importante que eu receba meu dinheiro de volta. Descobri que esta marca de furadeira tem uma classificação de desempenho terrível".

Na coluna antecipatória, ele escreveu: "O atendimento ao cliente vai me dar trabalho. Eles vão alegar que fiz mau uso da furadeira. Terei que manter minha posição, mas odeio confrontos. Ficarei muito ansioso. Não vou conseguir aguentar". Imediatamente após sair da loja de ferragens, Antônio escreveu na coluna do encontro: "Foi horrível. Fiquei muito ansioso. Meu rosto ficou vermelho, eu estava tremendo, minha voz ficou embargada e percebi que a balconista estava se perguntando por que eu estava ficando tão chateado. Provavelmente eu a assustei

Meu registro de ansiedade social

Instruções: use o formulário a seguir para registrar sua experiência diária de situações que lhe causam algum nível de ansiedade social. Registre o encontro social na coluna da esquerda. Use as próximas três colunas para escrever sobre o que você estava pensando antes do encontro social, seus pensamentos enquanto estava envolvido na interação social e, em seguida, como você avaliou a si mesmo e a experiência social após o evento.

Gatilho de ansiedade social (Situação, pensamentos, lembranças)	Pensamentos ansiosos durante a fase de antecipação	Pensamentos ansiosos durante a fase de encontro	Pensamentos ansiosos durante o processamento pós-evento

e ela ficou pensando se eu perderia o controle. Recebi meu dinheiro de volta, mas estou muito envergonhado pela forma como agi".

Nos dias seguintes, Antônio não conseguiu tirar o incidente da cabeça. Na coluna pós-evento, ele escreveu: "Fico pensando em como assustei aquela jovem. Eu agi mal e não foi culpa dela. Ela estava sendo muito legal e apenas fazendo seu trabalho. Tenho certeza de que outros clientes que passavam devem ter me notado no balcão e pensaram 'O que há de errado com aquele cara?'. Talvez eu tenha assustado muita gente. Obviamente, não se pode confiar em mim para lidar com confrontos".

PERFIL DE ANSIEDADE SOCIAL

Com base no que você aprendeu até agora, é hora de reunir seus conhecimentos e percepções e criar seu perfil exclusivo de ansiedade social. Como em outros capítulos, o Perfil de ansiedade social é um guia que focará as intervenções da TCC em aspectos importantes da sua ansiedade em ambientes sociais. A estrutura do perfil é baseada no modelo de ansiedade social da TCC da Figura 10.1. As próximas cinco etapas mostrarão como construir seu perfil de ansiedade social.

Passo 1. Conheça seus gatilhos sociais

Revise a primeira coluna do Meu registro de ansiedade social (Folha de trabalho 10.3) para produzir uma lista de situações que desencadeiam ansiedade social moderada a grave. Escreva aproximadamente 20 situações sociais que o deixam ansioso. Como é provável que não haja tantos registros em seu Registro de ansiedade social, você vai precisar pensar em uma gama completa de atividades sociais que podem deixá-lo ansioso. Você deve incluir uma mistura de situações que lhe causem níveis variados de ansiedade, de desconforto moderado a grave. Certifique-se de incluir pensamentos ou lembranças sobre experiências sociais que podem desencadear ansiedade. Escolha também alguns gatilhos que ocorrem diariamente, muitos que ocorrem semanalmente e apenas alguns que ocorrem com menos frequência. Por exemplo, fazer um discurso pode ser a situação mais ansiogênica que você é capaz de imaginar, mas, a menos que seu trabalho exija falar em público, você raramente terá a oportunidade de fazer um discurso e, portanto, esse item deve ser excluído da sua lista.

Depois de elaborar sua lista de situações, organize-as hierarquicamente, da menos à mais ansiogênica. Você pode usar a Minha hierarquia de exposição (Folha de trabalho 7.8) para criar sua hierarquia de exposição à ansiedade social. Voltaremos a essas situações mais adiante neste capítulo.

Passo 2. Descubra sua ansiedade antecipatória

Já discutimos por que a expectativa de encontros sociais é tão importante no processo de ansiedade social. Apesar de sua importância, esse é geralmente o aspecto menos compreendido pela pessoa que é socialmente ansiosa. Mesmo que você tenha coletado informações sobre seu pensamento antecipatório no Registro de ansiedade social, pode ser necessário fazer um trabalho extra para completar essa seção do perfil.

> EXERCÍCIO DE AVALIAÇÃO   **Análise de ansiedade antecipatória**
>
> O Formulário de ansiedade social antecipatória (Folha de trabalho 10.4) foi elaborado para fornecer uma avaliação mais completa do seu pensamento socialmente ansioso durante a fase antecipatória. Use a folha de trabalho para registrar seu nível de ansiedade nas horas, dias ou talvez até semanas antes de um evento social. Indique também se a ansiedade piorou à medida que o evento se aproximava e o que você estava pensando sobre ele. Você estava preocupado com o que poderia acontecer, como os outros poderiam lhe responder ou como você poderia se sentir e agir? Estava pensando sobre seu desempenho na situação, em eventos passados semelhantes ou em um possível constrangimento?

Antônio vem de uma numerosa família extensa que realiza uma grande festa anual de verão, incluindo muitos tios, tias e primos distantes. Espera-se que ele compareça, mas o evento o enche de pavor. Esse é um dos eventos sociais que ele registrou na Folha de trabalho 10.4. Só de pensar no evento ele já sentia uma ansiedade considerável, cuja intensidade ele avaliou como 6 de 10. À medida que a data do temido evento se aproximava, sua ansiedade disparou para 9 de 10. A ameaça prevista era "Vou encontrar pessoas que mal conheço. Elas vão perguntar por que ainda estou solteiro. Alguns dos primos mais novos vão me achar um *nerd*. Espera-se que eu fique batendo papo, coisa em que sou péssimo. Vou me sentir extremamente desconfortável e não poderei ir embora por causa dos meus pais. Terei que sofrer até o final".

Na última coluna da Folha de trabalho 10.4, Antônio escreveu sobre uma lembrança da reunião familiar do ano passado, quando ele era o único jovem adulto solteiro. Esperava-se que ele conversasse com outros homens casados de sua idade, que só falavam sobre reformas de casas e esportes. Nenhum dos tópicos interessava a Antônio. Ele acabou se entretendo com jogos em seu telefone. Posteriormente, ele soube que alguns parentes comentaram que ele parecia frio e distante.

Passo 3. Identifique o pensamento social ansioso

Até agora você já trabalhou muito para identificar os pensamentos negativos que estão no cerne de sua ansiedade social. Anteriormente, você escreveu sobre

FOLHA DE TRABALHO 10.4

Formulário de ansiedade social antecipatória

Instruções: registre situações sociais que despertam ansiedade e que você prevê que acontecerão nos próximos dias ou semanas. Avalie o quanto você se sente ansioso só de pensar no evento futuro em uma escala de 10 pontos em que 0 = sem ansiedade e 10 = ansiedade intensa em nível de pânico. Use a terceira coluna para descrever como você pensa sobre esse evento iminente. Anote tudo o que você lembra de eventos anteriores que possa contribuir para sua atual ansiedade antecipatória.

Situação social prevista	Nível de ansiedade (0-10)	Ameaça prevista	Lembranças anteriores recordadas

a impressão mais negativa que pode causar e alguns de seus pensamentos de avaliação social negativos mais acentuados. Você também registrou seus pensamentos ansiosos durante encontros sociais no Registro de ansiedade social (Folha de trabalho 10.3). Agora é hora de compilar todas essas informações para que você tenha uma compreensão clara e precisa do seu pensamento socialmente ansioso.

EXERCÍCIO DE AVALIAÇÃO **Pensamento de avaliação social negativo**

No espaço abaixo, liste os pensamentos negativos mais frequentes que lhe ocorrem quando você está em situações sociais. Isso pode incluir pensamentos avaliativos negativos, como opiniões ou julgamentos temidos de outras pessoas, sinais de ameaça social que chamem sua atenção (expressões faciais que parecem negativas, se os outros parecem entediados e assim por diante), aquilo em que você se fixa em seu íntimo ("Será que estou ficando corado?", "Estou falando muito rápido?"), qualquer pensamento autocrítico (como "Acabei de dizer alguma besteira?") ou a preocupação de que outras pessoas percebam que você está ansioso.

Pensamentos socialmente ansiosos mais frequentes:

_____	_____
_____	_____
_____	_____
_____	_____
_____	_____
_____	_____

Passo 4. Observe o enfrentamento e a esquiva prejudiciais à saúde

Quando nos sentimos muito ansiosos em uma situação social, é raro não fazermos nada. Nossa prioridade é fazer alguma coisa para não nos sentirmos tão emocionalmente perturbados e atormentados. No Capítulo 7, discutimos detalhadamente o papel da busca de segurança, da fuga/esquiva e do enfrentamento prejudicial na persistência da ansiedade problemática. Essa discussão é altamente relevante para a forma como as pessoas respondem quando se sentem socialmente ansiosas. Revise seu Formulário de respostas de busca de segurança (Folha de trabalho 7.4), Descobrindo meu perfil de esquiva (Folha de trabalho 7.5) e Lista de mudanças de comportamento (Folha de trabalho 7.6), já preenchidos. Determine quais respostas ou registros também descrevem sua forma de lidar com a ansiedade social e os inclua na categoria apropriada no exercício a seguir.

EXERCÍCIO DE AVALIAÇÃO **Protocolo de segurança e esquiva**

Abaixo estão quatro categorias de busca de segurança, esquiva e enfrentamento prejudicial na ansiedade social. Com base no seu trabalho no Capítulo 7, liste as estratégias que você tende a usar quando se sente ansioso em situações sociais. Consulte seu Registro de ansiedade social (Folha de trabalho 10.3) para ajudá-lo a lembrar de respostas adicionais que você dá em situações sociais que provocam ansiedade.

A. *Comportamentos de busca de segurança* (como tento esconder minha ansiedade, parecer estar no controle ou reduzir sentimentos de ansiedade)

1. _____   4. _____
2. _____   5. _____
3. _____   6. _____

B. *Esforços para impressionar* (como tento causar uma impressão favorável)

1. _____   4. _____
2. _____   5. _____
3. _____   6. _____

C. *Comportamento inibido* (como ajo de forma inibida ou estranha; como posso me constranger)

1. _____   4. _____
2. _____   5. _____
3. _____   6. _____

D. *Fuga ou esquiva*

1. _____   3. _____
2. _____   4. _____

⮕ **Dicas para obter sucesso: aprofundando-se nas respostas de enfrentamento social**

Algumas de nossas respostas quando estamos socialmente ansiosos podem ser difíceis de identificar por serem muito automáticas. Isso é especialmente verdadeiro no que diz respeito ao gerenciamento de impressões e aos comportamentos inibidos. Se não tiver certeza se documentou com precisão suas respostas de busca de segurança e enfrentamento, monitore suas ações em situações sociais durante as próximas duas semanas. Você pode criar um formulário como o Registro de ansiedade social, que divide suas respostas em busca de segurança, esforços para impressionar, comportamento inibido e fuga/esquiva. Cada vez que você tiver uma experiência social, escreva como você agiu em cada uma das quatro categorias. Você também pode pedir a um amigo, familiar ou parceiro de confiança para observá-lo em ambientes sociais e registrar o que ele percebe. Às vezes, as pessoas fazem um comentário que indica que você está lidando com a situação de uma certa maneira, como "Desculpe, mas você poderia falar mais alto?" ou "Percebi que você estava sozinho na porta". O primeiro comentário indicaria comportamento inibido (falar baixo) e o segundo seria fuga/esquiva (perto de uma saída para uma fuga rápida).

Passo 5. Faça uma análise pós-evento

O componente final do seu perfil de ansiedade social concentra-se no período após uma experiência social. É importante determinar a natureza e a extensão da sua reflexão sobre experiências sociais passadas. Já explicamos a importância do processamento pós-evento como um dos três principais componentes da ansiedade social. Você pode revisar o que escreveu anteriormente sobre uma experiência recente de processamento pós-evento. Aqui, nos aprofundamos no assunto para que você entenda melhor o que precisa mudar em seu pensamento pós--evento para eliminar a influência dele em sua ansiedade social.

EXERCÍCIO DE AVALIAÇÃO   **Pensamento negativo pós-evento**

Revise seus registros na coluna final do Registro de ansiedade social (Folha de trabalho 10.3). Leia os pensamentos ansiosos que você registrou durante a fase de processamento pós-evento de seus episódios de ansiedade social. A seguir, preencha o Formulário de análise pós-evento (Folha de trabalho 10.5) com base no que você registrou em seu Registro de ansiedade social.

Você marcou "sim" em vários itens do Formulário de análise pós-evento? Essas serão as características do pensamento pós-evento que você deverá mudar quando trabalhar mais tarde na eliminação do processamento pós-evento negativo. Antônio percebeu que assinalou vários itens sobre constrangimento, confirmando que esse é um de seus maiores medos. Ele passava muito tempo relembrando um encontro social, tentando descobrir se havia se constrangido.

Passo 6. Componha o perfil

Agora é hora de reunir todas essas informações em um único diagrama que represente o seu percurso até a ansiedade social problemática. Esse perfil servirá de guia em nossas estratégias de intervenção e indicará quais aspectos de sua ansiedade social precisam ser direcionados para mudança nos três estágios da ansiedade social: antecipação, encontro social e processamento pós-evento.

EXERCÍCIO DE AVALIAÇÃO   **Seu Perfil de ansiedade social**

Muitas das informações para o seu Perfil de ansiedade social podem ser obtidas no Registro de ansiedade social (Folha de trabalho 10.3). Um conjunto completo de instruções para completar o perfil pode ser encontrado na Folha de trabalho 10.6.

Se você teve dificuldade para preencher seu Perfil de ansiedade social, leia o exemplo de Antônio. Sua maneira de pensar e responder à ansiedade social em todas

FOLHA DE TRABALHO 10.5

Formulário de análise pós-evento

Instruções: abaixo há uma lista de 11 afirmativas que dizem respeito a vários aspectos do pensamento pós-evento. Marque "sim" se a afirmação descreve como você tende a pensar sobre uma experiência social passada durante o período pós-evento e "não" se a afirmação não for válida.

Afirmativas de processamento pós-evento	Sim	Não
A. Reavaliando o encontro social		
1. Fico mais convencido de que as pessoas me julgaram negativamente.		
2. Penso em como me comportei ou no que eu disse que causou uma impressão negativa nos outros.		
3. Fico convencido de que me envergonhei ou me humilhei.		
4. Quanto mais me debruço sobre o evento social, mais me convenço de que foi uma experiência terrível, de que o desfecho foi realmente péssimo.		
5. Fico pensando em como falhei nessa interação social.		
6. Quanto mais penso sobre a experiência, mais convencido fico de que a ansiedade era intolerável, de que eu não poderia enfrentar uma experiência semelhante novamente.		
B. Lembranças de eventos sociais difíceis		
7. Penso em experiências sociais anteriores embaraçosas.		
8. Penso em como as pessoas reagiram à minha ansiedade em experiências sociais anteriores.		
9. Penso em como essas experiências embaraçosas continuam me afetando.		
10. Tenho uma imagem vívida desses acontecimentos sociais difíceis quando os recordo.		
C. Temas ruminativos		
11. Quando penso em um encontro social difícil, analiso repetidamente:		
a. O quanto me senti ansioso		
b. Se fui inapropriado, rude ou ofensivo		
c. Se os outros notaram que eu estava ansioso		
d. Se eu pareci incompetente, chato ou socialmente inábil		
e. O fato de que fui ignorado pelos outros e senti sua desaprovação		
f. Os comentários críticos feitos pelos outros		

FOLHA DE TRABALHO 10.6

Meu perfil de ansiedade social

Instruções: preencha as seções a seguir com base nos registros feitos nas folhas de trabalho anteriores, especialmente no Registro de ansiedade social. Selecione 10 situações sociais que provocam ansiedade moderada a grave para a seção A. Você pode ter registrado algumas dessas situações na hierarquia de exposição (Folha de trabalho 7.8). Escolha situações que sejam mais frequentes e que tenham um papel importante no seu dia a dia. Organize também as situações que provocam menos ou mais ansiedade. O Formulário de ansiedade social antecipatória (Folha de trabalho 10.4) fornecerá informações sobre o seu pensamento ansioso mais típico durante a fase antecipatória (seção B). Para o aspecto comportamental, considere o que você tende a fazer para se sentir menos ansioso ao antever um evento social que você sabe que causará ansiedade significativa.

A seção C pede que você liste os pensamentos e crenças ansiosos mais típicos ativados durante um encontro social. No que você pensa quando está envolvido em uma experiência social que aumenta consideravelmente sua ansiedade? Você encontrará muitas informações no exercício do Protocolo de segurança e esquiva (página 309) que o ajudarão a listar suas respostas de busca de segurança, esquiva e enfrentamento. Para a seção D, os pensamentos e lembranças negativas mais comuns que ocorrem durante o processamento pós-evento podem ser obtidos no Formulário de análise pós-evento (Folha de trabalho 10.5).

A. Situações sociais associadas a ansiedade moderada a grave

1. _____   6. _____
2. _____   7. _____
3. _____   8. _____
4. _____   9. _____
5. _____   10. _____

B. Fase de ansiedade antecipatória

Pensamentos ansiosos	Respostas de busca de segurança/esquiva/enfrentamento
1. _____ _____	1. _____ _____
2. _____ _____	2. _____ _____
3. _____ _____	3. _____ _____
4. _____ _____	4. _____ _____
5. _____ _____	5. _____ _____

(Continua)

FOLHA DE TRABALHO 10.6 *(Continuação)*

C. Fase de encontro social

Pensamentos/crenças avaliativas negativas

Respostas de busca de segurança/ esquiva/enfrentamento

1. _____
   _____
2. _____
   _____
3. _____
   _____
4. _____
   _____
5. _____
   _____

1. _____
   _____
2. _____
   _____
3. _____
   _____
4. _____
   _____
5. _____
   _____

D. Fase de processamento pós-evento

Recordação negativa de eventos sociais

1. _____
   _____
   _____
2. _____
   _____
   _____
3. _____
   _____
   _____
4. _____
   _____
   _____
5. _____
   _____
   _____

6. _____
   _____
   _____
7. _____
   _____
   _____
8. _____
   _____
   _____
9. _____
   _____
   _____
10. _____
    _____
    _____

Perfil de ansiedade social de Antônio

A. Situações sociais associadas a ansiedade moderada a grave

1. Conversar com colegas de trabalho.
2. Participar de reuniões de departamento.
3. Atender o telefone.
4. Falar com pessoas desconhecidas (estranhos).
5. Fazer uma apresentação formal no trabalho.
6. Comer sozinho em um restaurante.
7. Declarar opinião ou ponto de vista.
8. Falar com uma mulher atraente.
9. Lidar com a raiva ou com o confronto.
10. Falar com pessoas em posição de autoridade.

B. Fase de ansiedade antecipatória

Pensamentos ansiosos

1. Ficarei intensamente ansioso; eu não aguento.

2. Vou parecer desajeitado e as pessoas vão pensar que há algo errado comigo.

3. Preciso esconder minha ansiedade, mantê-la sob controle.

4. Eu me pergunto se posso evitar esse evento social.

Respostas de busca de segurança/esquiva/enfrentamento

1. Tento me convencer de que não será tão ruim assim; talvez eu não me sinta ansioso.

2. Tento não pensar no evento social.

3. Tento me distrair, me manter ocupado.

4. Tomo um tranquilizante quando me sinto ansioso e não consigo parar de pensar no evento.

C. Fase de encontro social

Pensamentos/crenças avaliativas negativas

1. Estou com calor, suado e corado, todos percebem que estou ansioso.

2. Eles estão se perguntando o que há de errado comigo, achando que eu sou fraco e patético.

3. Me dá um branco e eu não digo nada; eles devem pensar que eu sou muito idiota.

4. Estou perdendo o controle; não suporto a ansiedade.

5. Todos os outros parecem tão calmos; o que há de errado comigo?

Respostas de busca de segurança/esquiva/enfrentamento

1. Tento relaxar com a respiração, mas não funciona.

2. Vou ao banheiro e jogo água no rosto, mas não me acalmo.

3. Sento-me no fundo da sala e não digo nada.

4. Não consigo me concentrar, então me pergunto se estou encarando as pessoas; tento parecer interessado, mas talvez eu pareça idiota.

5. A ansiedade torna-se excessiva; dou uma desculpa e saio; tiro o resto do dia de folga do trabalho.

D. Fase de processamento pós-evento

Recordação negativa de eventos sociais

1. Eu continuo pensando se minha ansiedade foi perceptível para os outros. _____

2. Fizeram-me algumas perguntas e continuo pensando em minhas respostas, se elas pareceram estúpidas ou não. _____

3. Tento lembrar como as pessoas reagiram, se havia indícios de que pensavam mal de mim. _____

4. Fico pensando em como eu poderia ter ficado mais calmo e parecido mais competente. _____

5. Será que as pessoas perceberam que tirei o resto do dia de folga por causa de minha ansiedade? _____

6. Repasso as conversas mentalmente até descobrir se posso ter ofendido alguém. _____

7. Quando acho que fui criticado, imagino maneiras diferentes de responder e me defender, em vez de não dizer nada. _____

8. Se uma pessoa me disse alguma coisa ambígua ou inesperada, eu a analiso várias vezes em um esforço para descobrir seu verdadeiro significado. _____

9. _____

10. _____

as três fases é bastante típica de indivíduos com ansiedade social problemática. Se você pulou alguns dos exercícios e folhas de trabalho anteriores neste capítulo, talvez seja necessário voltar e concluí-los antes de poder compor um perfil preciso de ansiedade social. Recomendamos enfaticamente que você não prossiga com as intervenções de TCC do restante do capítulo até que tenha completado seu Perfil de ansiedade social. Ele é o seu roteiro para usar estratégias de TCC para superar sua experiência com ansiedade social. Organizamos nossas intervenções de TCC em torno dos quatro componentes da ansiedade social destacados no perfil.

TCC PARA ANSIEDADE SOCIAL ANTECIPATÓRIA

Nosso modo de pensar sobre um evento social iminente determina se sentimos ansiedade antecipatória grave ou leve. Catastrofizar uma situação social futura só piorará as coisas, causando grave ansiedade e fazendo você se sentir derrotado antes mesmo de começar.

Apresentamos três intervenções de TCC que você pode usar para reduzir a ansiedade social antecipatória e aumentar a autoconfiança em situações sociais. Elas se baseiam nas habilidades cognitivas que você aprendeu no Capítulo 6, especialmente na busca de evidências e na geração de interpretações alternativas. Na fase antecipatória, ficamos ansiosos por causa da forma como pensamos sobre um evento social que se aproxima. Por isso, faz sentido que as intervenções nessa fase foquem a mudança de nossos padrões de pensamento.

Intervenção cognitiva: modificando suas expectativas sociais

A ansiedade antecipatória aumenta quando imaginamos todas as maneiras como uma interação social iminente poderia dar errado e nos causar constrangimento, até mesmo vergonha. O antídoto para a produção de previsões catastróficas sobre o evento social é pensar em uma previsão mais realista, o que é mais provável que aconteça.

EXERCÍCIO DE INTERVENÇÃO **Mantenha o realismo**

Use o Formulário de expectativas sociais (Folha de trabalho 10.7) para identificar e avaliar as diversas expectativas associadas a um encontro social que se aproxima. Comece com um evento social significativo no qual você esteve pensando nos últimos dias e siga as instruções para preencher o restante da folha de trabalho.

⊃ **Dicas para obter sucesso: mantendo sua expectativa realista**

Ao registrar o pior desfecho no qual você estava pensando ao prever o evento, certifique-se de incluir alguma avaliação negativa de outras pessoas que o constrangeria. Para chegar ao melhor desfecho possível, permita-se realmente sonhar. Você também pode consultar suas Metas de mudança social (Folha de trabalho 10.2) para se inspirar. Sua resposta à seção D da Folha de trabalho 10.7 exigirá alguma criatividade. Aqui, você deve propor um desfecho com maior probabilidade de ocorrer, com base em suas experiências sociais. Ele não será o melhor nem o pior. Finalmente, ao refletir sobre as razões pelas quais é improvável que o pior aconteça e a expectativa realista é mais provável, você pode incluir evidências de suas experiências sociais passadas.

Antônio ficou preocupado por vários dias antes da reunião mensal da equipe. Sua pior expectativa era ser questionado por seu gerente, ficar nervoso e depois ter um ataque de pânico. Sua melhor expectativa era ir à reunião sentindo-se positivo e tranquilo. Ele seria questionado, mas responderia com respostas claras e perspicazes, impressionando os outros com seu conhecimento e brilhantismo. Mas, realisticamente, Antônio sabia por experiência própria que provavelmente se sentiria bastante ansioso. Ele falaria muito pouco, se sentaria no fundo da sala e daria respostas curtas e incompletas às perguntas.

Intervenção comportamental: agindo de forma realista

Depois de descobrir uma previsão mais realista, é importante colocá-la em prática sempre que começar a ficar ansioso com o evento social que se aproxima. Você pode fazer isso continuando a adicionar à lista razões/evidências de que a expectativa realista tem maior probabilidade de acontecer. Além disso, pratique imaginar repetidamente o desfecho realista acontecendo durante o encontro social. Fazer isso reduzirá sua ansiedade antecipatória em comparação com imaginar o desfecho catastrófico acontecendo.

FOLHA DE TRABALHO 10.7

Formulário de expectativas sociais

Instruções: em resposta à seção A, descreva sucintamente um evento social ao qual você deverá comparecer nas próximas duas a quatro semanas. Depois, escreva sobre um desfecho catastrófico que você imagina na seção B, e o melhor desfecho possível que você imagina na seção C. Na seção D, registre o desfecho mais realista associado a esse evento. Por fim, liste as razões pelas quais o desfecho catastrófico não é provável e o desfecho realista é mais provável.

A. Evento social: qual é o próximo evento social com o qual você está preocupado? _____

_____

B. Pior expectativa: qual é a pior coisa que poderia acontecer com você? O que você considera uma catástrofe, a coisa mais embaraçosa que poderia acontecer? Descreva: ____

_____

C. Melhor expectativa: qual é o desfecho mais desejável e ideal que você consegue imaginar? Deve ser a melhor impressão que você poderia causar nos outros. Descreva: ___

_____

D. Expectativa realista: o que é mais provável que aconteça nesse evento social? Será em algum ponto entre o pior e o melhor? Descreva: _____

_____

Razões ou evidências de que o pior desfecho é improvável	Razões ou evidências de que o desfecho realista é mais provável
1.	1.
2.	2.
3.	3.
4.	4.

O próximo passo para desenvolver sua expectativa mais realista é criar um plano para colocá-la em ação quando você se deparar com o ambiente social. Isso começa com aceitar que você ficará ansioso e depois pensar em algumas formas mais simples de melhorar seu funcionamento social que sejam coerentes com sua previsão realista da situação social prevista.

EXERCÍCIO DE INTERVENÇÃO   **Aceitação ativa**

No espaço fornecido abaixo, liste três maneiras pelas quais você pode melhorar seu funcionamento social nessa situação, mas certifique-se de que essas mudanças sejam viáveis, dado o seu nível de ansiedade. São maneiras de lidar com sua ansiedade que são coerentes com suas expectativas mais realistas.

Minha expectativa realista para essa situação: _____

_____

_____

Três mudanças que colocam em prática minha expectativa realista:

    1. _____

    2. _____

    3. _____

Exemplo de mudança realista de Antônio:

Expectativa realista de Antônio: Vou me sentir bastante ansioso – falar muito pouco, sentar-me no fundo da sala e dar respostas curtas e incompletas às perguntas.

Três mudanças que colocam em prática a expectativa realista de Antônio:

    1. Posso me sentar mais no meio da sala para que mais pessoas me vejam. Essa é uma maneira de aceitar minha ansiedade e não tentar me esconder.

    2. Quando me fizerem uma pergunta, pedirei à pessoa que a repita, em vez de fingir que ouvi corretamente na primeira vez, quando não entendi por causa da minha ansiedade.

    3. Prestarei atenção às outras pessoas quando lhes fizerem perguntas. Alguma delas parece desconfortável?

Você consegue ver como essas pequenas mudanças no comportamento de Antônio o ajudariam a aceitar melhor sua ansiedade e a agir de maneira compatível com suas expectativas realistas? Ao fazer um plano para mudar alguns aspectos do seu comportamento social na situação prevista, você está mudando seu foco de "Como será terrível" para "O que posso fazer diferente nesta situação sabendo que vou me sentir ansioso?".

Intervenção comportamental: treinamento de autoinstrução

Você avaliou as expectativas catastróficas e realistas nos exercícios anteriores e passou a aceitar a segunda expectativa. Você começou a colocar essa nova perspectiva em prática fazendo algumas pequenas alterações em seu comportamento de enfrentamento. O passo final é mudar sua perspectiva de uma forma mais completa, de uma visão focada na emoção para uma perspectiva focada no problema. Você terá muita ansiedade antecipatória se continuar pensando na possibilidade catastrófica e em como se sentirá ansioso. Se você mudar seu foco para o desenvolvimento de um plano mais detalhado sobre como agirá na situação social, sua abordagem estará mais focada no problema. Isso reduzirá a ansiedade antecipatória porque você estará pensando "O que posso fazer?" em vez de "O que posso sentir?".

EXERCÍCIO DE INTERVENÇÃO **Cartão de ansiedade social**

Assim como criou o Cartão antipânico do Capítulo 9, crie um Cartão de ansiedade social para cada situação social que você encontrar. Esses cartões são desenvolvidos durante a fase antecipatória para estabelecer uma abordagem focada no problema para sua ansiedade antecipatória. O cartão deve fornecer instruções explícitas sobre como agir e se comunicar na situação social. Ele deve ser portátil para que você possa consultá-lo antes de entrar na situação social. Você pode usar o espaço abaixo para redigir um Cartão de ansiedade social e depois copiá-lo em uma ficha de 8 × 13 cm ou digitá-lo no aplicativo de notas do seu *smartphone*.

Meu cartão de ansiedade social: _____

_____

_____

Fornecemos um exemplo de Cartão de ansiedade social baseado na tarefa de Antônio de fazer uma breve apresentação instrutiva no trabalho.

Cartão de ansiedade social de Antônio: Devo fazer uma apresentação de 10 minutos sobre o novo programa de sincronização de dispositivos móveis que estamos apresentando aos funcionários da empresa. Vou me sentir moderadamente ansioso, o que será óbvio para os outros. A apresentação não será ótima, mas transmitirei os pontos principais aos meus colegas de trabalho. Todo mundo já sabe que fico ansioso, mas isso não mudou a forma como se relacionam comigo. No passado, nunca fiz nada embaraçoso ou inapropriado, a não ser me sentir muito ansioso. Posso escrever o que vou dizer, praticar o discurso e aprender a fazê-lo mesmo estando nervoso. Portanto, o resultado é que ficarei ansioso ao fazer a apresentação, mas isso não terá impacto duradouro.

> ⟳ **Dicas para resolução de problemas: descobrindo a expectativa realista**
>
> Mesmo depois de corrigirem o seu pensamento ansioso exagerado sobre um evento social futuro, algumas pessoas têm dificuldade para encontrar uma forma de pensar mais útil durante a fase de antecipação. Perguntar a um amigo próximo ou a um membro da família o que ele pensa quando está nervoso com um evento futuro, como uma entrevista de emprego ou um jantar com convidados desconhecidos, pode lhe dar algumas ideias. Além disso, a forma alternativa de pensar normalizada deve incluir o fato de que você se sentirá ansioso no evento. Tentar se convencer, quando estiver antecipando um evento social, de que não se sentirá ansioso não ajudará, porque não é uma expectativa realista.

Resumindo, a abordagem da TCC para reduzir a ansiedade antecipatória envolve três objetivos:

1. Abandonar a previsão catastrófica da experiência social prevista.
2. Aceitar uma previsão mais realista que reconheça que você ficará socialmente ansioso.
3. Adotar uma abordagem focada no problema para melhorar alguns aspectos do funcionamento social durante a fase de encontro.

TCC PARA EXPOSIÇÃO SOCIAL

A exposição é o componente mais importante da TCC para ansiedade social. Você não tem como conseguir mudanças significativas em sua ansiedade social a menos que se envolva em exposição frequente e sustentada a situações sociais difíceis e evitadas.

Como você aprendeu neste capítulo, a ansiedade social persiste por causa de pensamentos de avaliação social negativos e crenças prejudiciais sobre ameaça e vulnerabilidade social. Os exercícios baseados na exposição fornecem evidências cruciais da vida real que desafiam esse modo de pensar prejudicial e fornecem os alicerces para construir uma forma menos ansiosa de se relacionar com os outros. Portanto, nós o encorajamos a dedicar muito tempo às intervenções desta seção. Você precisará ir devagar, ser paciente consigo mesmo e abordar esses exercícios com coragem e determinação.

Intervenção comportamental: construir e implementar um plano de exposição

Tomar medidas concretas para superar sua ansiedade social envolve expor-se corajosamente à fonte de sua ansiedade – o medo que você sente quando está perto de outras pessoas. Nunca é demais enfatizar que a aplicação das estratégias comportamentais do Capítulo 7 às suas temidas situações sociais é um componente necessário da TCC para ansiedade social.

EXERCÍCIO DE INTERVENÇÃO **Exposição social graduada**

Anteriormente neste capítulo, você desenvolveu uma hierarquia de exposição a situações sociais (veja a seção A do seu Perfil de ansiedade social, Folha de trabalho 10.6). Selecione uma situação social que esteja a três ou quatro itens da base da hierarquia – uma que lhe cause ansiedade moderada e que ocorra pelo menos duas ou três vezes por semana. A seguir, construa um plano de exposição para essa situação usando a Folha de trabalho 10.8 como formato. Você deve fazer cópias extras da folha de trabalho, porque cada situação social em sua hierarquia exigirá seu próprio plano de exposição (acesse a página do livro em loja.grupoa.com.br para baixar e imprimir).

➲ **Dicas para obter sucesso: mais sobre exposição social**

A parte mais difícil da exposição é dar o primeiro passo. Às vezes as pessoas começam com situações sociais que são muito fáceis e acabam obtendo pouco progresso porque estão fazendo coisas que provavelmente fariam de qualquer maneira. No outro extremo, estão as pessoas que começam com tarefas muito desafiadoras e ficam rapidamente sobrecarregadas com a ansiedade e o desânimo. Elas logo desistem do exercício. Para garantir que você esteja iniciando a exposição com a melhor chance de sucesso, você pode consultar seu terapeuta ou seu parceiro, um amigo próximo ou um membro da família que conheça sua ansiedade social para obter sua opinião sobre uma tarefa realista de primeira exposição. É importante que a tarefa seja desafiadora, mas não opressora. Você não quer se derrotar antes de começar. Fornecemos um exemplo de um plano de exposição social baseado na ansiedade social de Antônio no trabalho.

Depois de criar um plano de exposição, é importante realizá-lo sem demora. Você deve fazer as exposições repetidamente até se sentir significativamente menos ansioso. Uma vez alcançado isso, você poderá avançar para a próxima situação social de sua hierarquia. Crie um plano de exposição social para essa situação e execute-o repetidamente até se sentir menos ansioso. Continue dessa forma até superar todas as situações sociais de sua hierarquia.

Depois de escrever seu plano detalhado de exposição, Antônio começou a frequentar pelo menos três intervalos para o café na semana seguinte. Ele usou o Formulário de prática de exposição (Folha de trabalho 7.10) para manter um resumo de suas experiências de exposição. A partir disso, ele percebeu uma diminuição significativa da ansiedade ao longo do tempo. Ao final de três semanas, Antônio sentia um mínimo de ansiedade durante os intervalos para o café e não conseguia acreditar que essa tinha sido uma situação social tão difícil para ele apenas algumas semanas antes.

FOLHA DE TRABALHO 10.8

Meu plano de exposição social

Instruções: selecione uma situação social que cause ansiedade moderada e que você evita sempre que possível. Na seção A, descreva brevemente como você pode se comportar para funcionar em um nível aceitável na situação, mesmo que ainda se sinta ansioso. Identifique as principais cognições de avaliação social que aumentam sua ansiedade na seção B e formas alternativas e mais saudáveis de pensar que podem reduzir a ansiedade na seção C. Na seção D, liste as respostas prejudiciais que inadvertidamente aumentam a ansiedade e, na seção E, liste as estratégias de enfrentamento que potencialmente diminuem sua ansiedade na situação social selecionada.

Indique a situação social ansiogênica: _____

_____

A.   Plano de ação (meu papel/função na situação): _____

_____

_____

_____

_____

B.   Pensamentos/crenças de avaliação social negativas a serem corrigidas: _____

_____

_____

_____

C.   Pensamentos saudáveis e realistas a serem adotados: _____

_____

_____

_____

D.   Comportamentos inúteis de segurança e controle a serem eliminados: _____

_____

_____

_____

E.   Estratégias de enfrentamento saudáveis a serem implementadas: _____

_____

_____

_____

Plano de exposição social de Antônio

Indique a situação social ansiogênica: Participar do intervalo para o café com meus colegas de trabalho.

A. Plano de ação (meu papel/função na situação): Pelo menos três vezes por semana, acompanharei meus colegas de trabalho no intervalo para o café das 10h30. Ficarei sentado em silêncio, tomarei meu café e ouvirei as brincadeiras. Planejarei fazer pelo menos um comentário sobre um dos assuntos levantados na conversa. Se alguém me fizer uma pergunta ou pedir minha opinião, darei uma resposta curta. Todos verão que me sinto muito desconfortável com conversas casuais, mas não tentarei esconder isso.

B. Pensamentos/crenças de avaliação social negativas a serem corrigidas: As pessoas vão se perguntar por que comecei a tomar café com elas. Elas vão pensar que sou uma pessoa muito hostil. Elas vão notar que eu coro quando falo com elas. Eles vão pensar que sou uma pessoa muito estranha.

C. Pensamentos saudáveis e realistas a serem adotados: Não há problema em ficar quieto; não preciso dizer nada se não tiver vontade. Eles precisam de tempo para se acostumar comigo. De certa forma, sou como um novo funcionário e todos precisam de tempo para se acostumar uns com os outros. Eles verão que estou ansioso, mas também verão que estou tentando melhorar e ser mais simpático.

D. Comportamentos inúteis de segurança e controle a serem eliminados: Preciso ficar os 15 minutos completos e não fugir quando começar a me sentir ansioso. Resistirei à vontade de verificar meu telefone porque só servirá para eu ser atraído pela tela, o que é uma forma de fugir da situação.

E. Estratégias de enfrentamento saudáveis a serem implementadas: Preciso praticar minhas habilidades de escuta ativa e prestar atenção ao que as pessoas estão dizendo. Também preciso trabalhar para fazer contato visual e não olhar para baixo quando falo com os outros. Se não achar algo engraçado, posso dar um sorriso divertido em vez de ignorar o comentário, a menos que ele viole meu código moral de alguma forma.

Intervenção cognitiva: corrigir expectativas irrealistas

Expectativas ou padrões de desempenho irrealistas são especialmente tóxicos para superar a ansiedade em situações sociais. Leia a lista a seguir e assinale as expectativas que você possa ter em relação à exposição. Você pode adicionar à lista outras expectativas que sejam exclusivamente suas e que podem prejudicar o sucesso de suas tarefas de exposição.

☐ Depois de completar todos os exercícios do manual, devo estar tão bem preparado que não ficarei ansioso ao me expor a situações sociais.

☐ Devo ser capaz de suprimir minha ansiedade e me sentir no controle perto dos outros.

☐ Devo estar totalmente envolvido com outras pessoas durante a tarefa de exposição.

☐ Para que um trabalho de exposição seja bem-sucedido, preciso ser positivo e me sentir bem comigo mesmo.

☐ Preciso sentir que fui eficaz com outras pessoas ou que o exercício foi muito bem-sucedido para me beneficiar de uma tarefa de exposição social.

☐ Preciso sentir alguns sinais de aprovação ou aceitação de outras pessoas para me beneficiar de uma tarefa de exposição social.

☐ Devo sentir que sou querido e aceito pelos outros presentes na situação social.

Se você marcou diversas declarações, você pode estar se prendendo a um padrão irrealista. Isso enfraquecerá sua determinação e fará com que você abandone a intervenção antes que ela tenha chance de ser eficaz. Você deve estar se perguntando qual é a atitude mais útil em relação à exposição. É importante entender que você se sentirá ansioso durante a exposição à situação social, você provavelmente não causará uma impressão tão boa quanto gostaria, e algumas pessoas provavelmente perceberão que você está nervoso. Além disso, você pode se sentir desajeitado, diferente dos outros e não particularmente bem aceito na situação social. Sem dúvida você se sentirá constrangido e sairá da interação social ciente dos pontos fracos em seu desempenho social. Mas o importante a lembrar sobre a exposição é que você está enfrentando seus medos sociais e irá vencê-los com *prática, prática, prática*.

Antes de cada tarefa de exposição, faça uma checagem mental de suas expectativas. Você pode se surpreender com a facilidade com que essas expectativas e desejos irrealistas voltam à sua mente. Se você se pegar pensando que a exposição se desenvolverá de maneira irrealista, corrija isso fazendo uma checagem da realidade, lembrando-se da perspectiva alternativa (que você ficará ansioso, e assim por diante), que é mais prática e está firmemente ancorada na realidade.

Intervenção cognitiva: estratégias mentais úteis

Você viu no modelo de ansiedade social da TCC (Figura 10.1) que a maneira como pensamos em ambientes sociais tem um grande impacto em nosso nível de ansiedade. Pensar que você está sendo um constrangimento e que os outros o estão avaliando da maneira mais negativa possível, além de focar internamente seus sentimentos de ansiedade, tornará suas exposições sociais mais ansiogênicas. Existem várias estratégias cognitivas que você pode usar para reverter esse padrão de pensamento tóxico e aperfeiçoar suas experiências de exposição social.

1. Mantenha um foco externo

Para quebrar o hábito de ficar excessivamente atento ao seu estado emocional e sensações internas, observe as outras pessoas de forma deliberada e consciente. Preste atenção ao que as pessoas estão dizendo. Talvez você precise repetir para si mesmo o que elas estão dizendo para ter certeza de que está acompanhando a conversa.

2. Procure sinais sociais positivos

Para combater sua sensibilidade a sinais de ameaça ou desaprovação, busque deliberadamente sinais positivos de outras pessoas. Foque a pessoa que parece interessada, que tem uma expressão facial positiva e que está prestando atenção à sua conversa. Ambos fomos professores universitários e ministramos centenas de palestras para estudantes, profissionais e o público em geral. Como palestrante, você aprende rapidamente a focar um ou dois alunos que parecem interessados em sua palestra e a prestar o mínimo de atenção possível aos alunos que estão dormindo, enviando mensagens de texto ou que parecem totalmente entediados. Essa é a dica de sobrevivência número um do palestrante profissional!

3. Minimize distorções de pensamento

Muitas das distorções de pensamento discutidas no Capítulo 6 são dominantes quando nos expomos a situações de medo social. Ler pensamentos (supor que sabemos o que outras pessoas estão pensando), tirar conclusões precipitadas, ter visão em túnel e pensamento de "tudo ou nada" são erros comuns. Aprender a identificar esses erros e lembrar-se de que sua forma de ver a situação provavelmente é tendenciosa e excessivamente negativa são estratégias terapêuticas importantes a serem praticadas. O fato mais importante a ter em mente é que não podemos ter certeza do que as pessoas pensam a nosso respeito ou controlar sua forma de nos avaliar. Não temos escolha a não ser aceitar que muitas coisas são desconhecidas e estão além do nosso controle em situações sociais. Tentar adivinhar o que as pessoas estão pensando é um terreno fértil para tendências preconcebidas e distorções de pensamento.

4. Corrija avaliações de ameaça exageradas

Em situações sociais, a pessoa com ansiedade tenderá a pensar que a probabilidade e a gravidade da rejeição, desaprovação ou julgamento negativo de outras pessoas são muito maiores do que realmente são. Reconhecer sua tendência a exagerar o negativo e aprender a recalibrar suas avaliações para que fiquem mais próximas da realidade é necessário para reduzir seu nível de ansiedade.

EXERCÍCIO DE INTERVENÇÃO   **Pratique habilidades cognitivas pró-sociais**

Mudar seu estilo cognitivo em situações sociais que provocam ansiedade é difícil porque a forma ansiosa de pensar é muito automática. Você precisará treinar sua mente para pensar de forma diferente ao fazer exposições sociais. Uma maneira é manter um registro de sua experiência no uso de habilidades cognitivas pró-sociais durante suas experiências de exposição. A Folha de trabalho 10.9, o Formulário de habilidades cognitivas pró-sociais, lista cinco habilidades cognitivas pró-sociais. Após uma experiência de exposição, descreva brevemente como você se envolveu em cada uma das habilidades. A segunda coluna fornece um exemplo baseado na ansiedade de Antônio em reuniões da família extensa. Faça várias cópias da Folha de trabalho 10.9 porque você deve continuar usando o formulário após múltiplas exposições sociais acesse a página do livro em loja. grupoa.com.br para baixar e imprimir).

⊃   **Dicas para obter sucesso: estratégia de treinamento cognitivo pró-social**

Implementar estratégias cognitivas para corrigir o pensamento tendencioso pode ser difícil quando se sente ansiedade grave. Uma maneira de superar esse problema é praticar essas habilidades em situações não ansiosas ou levemente desconfortáveis. Você pode praticar direcionar sua atenção para outras pessoas, processar os sinais positivos em seu ambiente social, detectar distorções cognitivas e corrigir avaliações tendenciosas relacionadas a ameaças nessas situações menos intimidantes. Com dezenas de testes práticos, essas habilidades cognitivas se tornarão mais automáticas e você poderá começar a usá-las em situações de alta ansiedade.

Outra abordagem é trabalhar uma habilidade cognitiva de cada vez. Por exemplo, identifique um pensamento ansioso específico (como "Estou chamando a atenção para mim") e trabalhe para corrigir apenas ele, em vez de cada pensamento ansioso que você está tendo na situação. A seguir, decida qual estratégia cognitiva você usará para combater esse pensamento ansioso e depois pratique o uso da estratégia contra o pensamento ansioso. Quando tiver progredido nesse pensamento, passe para outro pensamento ansioso e tente usar outra estratégia cognitiva.

Manter um registro de sua prática usando habilidades cognitivas pró-sociais é uma boa maneira de treinar novamente sua forma de pensar quando se sente ansioso em uma situação social. Com a repetição, você gradualmente passa do modo de pensar socioavaliativo negativo para estratégias mais saudáveis, que ajudam a reprimir uma mente ansiosa. Além disso, o automonitoramento de suas habilidades cognitivas pró-sociais oferece uma abordagem mais positiva, enfatizando o que você está fazendo certo para superar sua ansiedade social.

Intervenção comportamental: agir com estratégias úteis

Você aprendeu algumas estratégias cognitivas que podem ajudá-lo a lidar melhor com os sentimentos de ansiedade durante a exposição. Agora gostaríamos de sugerir algumas técnicas comportamentais que você pode adicionar ao seu *kit* de ferramentas. Você notará que nossas estratégias comportamentais focam a construção de um repertório de respostas que permita que você tenha um melhor de-

Formulário de habilidades cognitivas pró-sociais

Instruções: a primeira coluna lista cinco habilidades cognitivas que podem melhorar o desempenho social. A segunda coluna mostra exemplos baseados na experiência de Antônio. Use as colunas 3 a 6 para indicar como você trabalhou cada habilidade cognitiva em diferentes situações sociais provocadoras de ansiedade que foram alvo de seus exercícios de exposição.

Habilidades cognitivas pró-sociais	Exemplo de Antônio (uma reunião de família)	Exposição social 1	Exposição social 2	Exposição social 3	Exposição social 4
1. Mantive um foco externo.	Consegui ouvir as conversas e não pensar apenas em como me sentia.				
2. Observei sinais de interesse e aceitação nos outros.	Notei que os familiares me faziam perguntas e respondiam quando eu dizia alguma coisa.				

(Continuação)

FOLHA DE TRABALHO 10.9 *(Continuação)*

Habilidades cognitivas pró-sociais	Exemplo de Antônio (uma reunião de família)	Exposição social 1	Exposição social 2	Exposição social 3	Exposição social 4
3. Contestei distorções de pensamento.	Eu me peguei lendo pensamentos e tirando conclusões precipitadas quando realmente não sei o que as pessoas acham de mim.				
4. Corrigi a catastrofização.	Eu contestei o pensamento "Eles acham que sou um fracassado total" com "Eles me conhecem e sabem o que eu conquistei; provavelmente eles me consideram tímido".				
5. Reconheci minha ansiedade.	Não há problema em ficar nervoso com parentes que não conheço bem. Percebo que alguns deles parecem nervosos ao falarem comigo. Devo apenas ser eu mesmo.				

sempenho em situações que provocam ansiedade. Algumas das estratégias explicam como treinar habilidades sociais positivas, enquanto outras focam maneiras de superar os aceleradores da ansiedade social. Ao ler sobre essas estratégias comportamentais, selecione duas ou três que você acha que serão especialmente úteis ao enfrentar situações sociais difíceis.

1. Dramatização

Os terapeutas cognitivo-comportamentais fazem muitas dramatizações (ou *role--plays*) ao tratar a ansiedade social. Terapeuta e cliente dramatizam diversas situações sociais que o indivíduo vivencia cotidianamente. Novas formas de interação podem ser praticadas, e o terapeuta pode experimentar vários cenários do pior caso possível que uma pessoa pode imaginar, tal como lidar com uma reação raivosa ou crítica de alguém ou com um possível constrangimento. Além disso, as dramatizações são uma ótima maneira de provocar pensamentos ansiosos automáticos que podem ser corrigidos na hora.

Se não estiver em terapia, você pode fazer dramatizações com seu parceiro, um membro da família ou um amigo próximo. Na verdade, ter duas ou três pessoas como parceiros de dramatização introduzirá alguma variação e novidade nas sessões práticas. A videoconferência por computador, iPad ou *smartphone* oferece ainda mais oportunidades para praticar habilidades sociais. Você pode começar usando a câmera do seu telefone para gravar-se ensaiando uma interação social. A seguir, você pode ensaiar a mesma habilidade com um amigo usando Facetime ou videoconferência. Às vezes, as pessoas acham mais tranquilo praticar suas habilidades sociais virtualmente antes de experimentá-las na interação face a face.

Antônio, por exemplo, queria convidar uma conhecida para sair, mas ficava petrificado só de pensar nisso. Ele trabalhou com seu terapeuta como entabular uma conversa com ela. Eles passaram um tempo considerável dramatizando repetidamente como iniciar uma conversa casual, trabalhando nas habilidades de comunicação de Antônio e praticando estratégias para ele interagir com outras pessoas mesmo quando estivesse se sentindo moderadamente ansioso.

2. Ensaio comportamental

Isso é muito semelhante à dramatização. Selecione dois ou três comportamentos sociais específicos que você gostaria de aperfeiçoar. Alguns exemplos são manter contato visual, melhorar a postura, falar mais alto, expressar sua opinião, responder a perguntas ou aprender a interromper os outros de maneira educada para não ficar de fora das conversas. Trabalhe nesses comportamentos e crie oportunidades para praticá-los em situações sociais reais antes de passar para outro comportamento que deseja aperfeiçoar. Experimente também esses novos comportamentos em dramatizações repetidas e em situações sociais não ansiosas, para que eles se tornem mais automáticos mesmo quando você sente ansiedade grave.

"Ensaio comportamental" é outra expressão para "aprender uma nova habilidade por meio da experiência". Se você quer aprender a tocar um instrumento musical, por exemplo, você pratica repetidamente algumas habilidades básicas fundamentais envolvidas no uso desse instrumento. Com o tempo, você incorpora essas habilidades a uma ação coordenada e holística que chamamos de tocar o instrumento. O mesmo acontece com o ensaio comportamental de habilidades sociais específicas. Você pratica e refina essas habilidades para que sejam combinadas e integradas com outras habilidades sociais, de modo que você obtenha um desempenho social muito melhor. Dessa forma, você será capaz de progredir na realização das metas de mudança social listadas na Folha de trabalho 10.2.

3. Eliminação de comportamentos de segurança

Ao nos sentirmos socialmente ansiosos, a inibição é a nossa resposta natural. Olhar para baixo, murmurar, manter uma postura corporal rígida, tomar uma bebida, respirar fundo, conferir continuamente nossas anotações, limpar a garganta repetidamente e usar óculos escuros são alguns exemplos de comportamento inibitório. O comportamento inibitório (ou de busca de segurança) nos dá a falsa sensação de que estamos controlando a ansiedade, mas com mais frequência esses comportamentos tornam nossas interações sociais mais inibidas e desajeitadas, o que atrai a atenção indesejada de outras pessoas. Livrar-se dessas estratégias de enfrentamento prejudiciais é uma parte importante da superação da ansiedade social.

Antônio, por exemplo, costumava fazer respirações "relaxantes" quando ficava gravemente ansioso, mas elas soavam como suspiros profundos que eram irritantes para as outras pessoas. Caso você tenha dificuldade para identificar seus comportamentos de segurança, peça a um amigo que o observe em situações sociais e aponte qualquer coisa que você possa estar fazendo automaticamente e que interrompa o fluxo de sua interação social. É claro que, se você estiver fazendo terapia, seu terapeuta cognitivo-comportamental trabalhará com você para reduzir seu comportamento de busca de segurança.

> EXERCÍCIO DE INTERVENÇÃO **Fortalecendo o comportamento pró-social**
>
> Existem comportamentos pró-sociais específicos que você deve praticar em suas dramatizações e ensaios comportamentais. Use o Guia de reeducação comportamental (Folha de trabalho 10.10) para descrever as habilidades que você deseja praticar. A folha de trabalho passa a ser o guia que você segue ao realizar suas sessões práticas de dramatização.

> ⊃ **Dicas para obter sucesso: como maximizar as dramatizações e a prática de habilidades sociais**
>
> Comece selecionando uma situação social de sua hierarquia de exposição (Folha de trabalho 7.8) que cause ansiedade moderada. Peça a um amigo ou parceiro para encenar essa situação com você. Certifique-se de fazer a encenação várias vezes por semana. Peça ao seu parceiro de dramatização um retorno sobre comportamentos de segurança que se evidenciem durante a sua dramatização. Corrija seus eventuais pensamentos negativos sobre seu desempenho na dramatização e pratique uma ou duas habilidades sociais específicas. Elabore um cartão para lidar com essa situação social. Depois de várias práticas de dramatização, participe da atividade social real e registre o desfecho em seu Registro de ansiedade social (Folha de trabalho 10.3).
>
> Lembre-se, dramatização é outro nome para atuação. Muitos de nós não somos atores naturais, por isso pode ser difícil fingir ser outra pessoa. Às vezes, quando as pessoas interpretam papéis, elas comentam sobre o papel em vez de assumi-lo (elas falam sobre o que deveriam dizer em vez de realmente dizerem "suas falas" na encenação). Se isso estiver acontecendo com você, tente primeiro escrever um roteiro – um conjunto de falas a dizer, exatamente como o *script* de um ator. Depois, tente representar as falas dizendo-as como se você estivesse na temida situação social. Com o tempo, você deve se esforçar para ser mais espontâneo e não ler falas ao praticar encenações de situações sociais.

Aperfeiçoar sua comunicação verbal, ser mais assertivo e lidar melhor com raiva, conflitos ou críticas dos outros pode aliviar a ansiedade social. Mais uma vez, as dramatizações e o ensaio comportamental são indispensáveis para identificar pontos fracos no seu desempenho social e praticar novas habilidades sociais. Não tente mudar muitos comportamentos ao mesmo tempo. Acima de tudo, seja gentil consigo mesmo. Não espere conseguir muito em pouco tempo. A mudança comportamental exige muito tempo e prática. Você está tentando romper hábitos que podem ter estado presentes por toda a vida. Não espere romper um hábito antigo em algumas semanas. Seja realista consigo mesmo e dê crédito a si mesmo quando tiver feito mudanças e enfrentado seus assustadores medos sociais.

A maneira mais eficaz de superar a ansiedade social é praticar dramatização antes de uma interação social e depois expor-se repetidamente à situação social real. No final, são as suas experiências de exposição a situações sociais ansiogênicas da vida real que irão alterar radicalmente sua ansiedade e aumentar sua autoconfiança perto de outras pessoas.

TCC PARA PROCESSAMENTO PÓS-EVENTO

Ruminar experiências sociais passadas pode ter um grande impacto no seu nível atual de ansiedade social, por isso é importante corrigir a forma como você se lembra dessas experiências. Depois de vivenciar uma situação social, você tende a pensar nela por dias a fio? Na seção de avaliação, você já fez algum trabalho sobre como avaliar seu pensamento pós-evento. Reserve um momento para revisar

FOLHA DE TRABALHO 10.10

Meu guia de reeducação comportamental

Instruções: registre o retorno que receber dos seus parceiros de dramatização na primeira coluna. Use a segunda coluna para escrever uma descrição concisa e passo a passo de como você deseja agir em situações sociais específicas. Liste os comportamentos inibitórios e de busca de segurança a serem eliminados na terceira coluna.

Retorno da dramatização	Habilidades pró-sociais a serem praticadas	Comportamentos inibitórios e de busca de segurança a serem eliminados

as declarações que você marcou no Formulário de análise pós-evento (Folha de trabalho 10.5). Qual dos três aspectos do processamento pós-evento é mais relevante: reavaliar o encontro social, relembrar dificuldades passadas ou ruminar o passado? Use as declarações da análise pós-evento que você marcou como um guia para o tratamento que você usará nesta seção.

O objetivo das estratégias da TCC para processamento pós-evento é passar da ruminação sobre experiências sociais passadas para um foco mais proativo no presente. Indivíduos com ansiedade social raramente aprendem com o processamento pós-evento porque o foco tende a ser autocrítico e de natureza catastrófica. É também uma tentativa de renovar a própria confiança de que o encontro social não foi tão ruim, mas os argumentos não são convincentes. Portanto, o tratamento de processamento pós-evento envolve usar as estratégias cognitivas que você aprendeu no Capítulo 6 e aplicá-las ao pensamento pós-evento. O que se segue é uma intervenção única com vários passos que podem contrariar os efeitos negativos do processamento pós-evento.

Passo 1. Identifique

No espaço abaixo, escreva sobre uma ou duas experiências sociais traumáticas anteriores que lhe ocorrem sempre que você pensa sobre sua ansiedade social. Essas experiências devem envolver a sua pior experiência de ansiedade social. Podem ser recentes ou podem ser eventos que remontam a vários anos, até mesmo à sua infância ou adolescência. Esses eventos sociais são "a pior coisa que já aconteceu com você" e geralmente envolvem alguma experiência de maior constrangimento, humilhação ou sentimentos de vergonha.

Minhas experiências sociais mais constrangedoras:

1. _____

2. _____

Agora aponte duas ou três experiências sociais mais recentes que você listou na seção "Recordação negativa de eventos sociais" do seu Perfil de ansiedade social (Folha de trabalho 10.6). Essas podem não ser suas piores experiências, mas são eventos nos quais você ainda pensa dias ou semanas depois.

Eventos sociais recentes:

1. _____

2. _____

3. _____

Como sua experiência social mais "traumática", Antônio escreveu sobre um discurso para sua turma do nono ano. Ele disse que foi o pior dia de sua vida. Ele ficou tão apavorado que tremia incontrolavelmente e começou a gaguejar. Ele percebeu que alguns alunos estavam rindo, e a professora o interrompeu no meio do discurso e disse-lhe para voltar para seu lugar. Quando pensa sobre seu problema de ansiedade social, ele praticamente revive aquela experiência terrível. Para seus eventos sociais mais recentes, Antônio registrou diversas experiências de trabalho, como almoçar com seus colegas de trabalho e depois se preocupar com ter dito algo idiota, ou ter que apresentar um relatório ao seu supervisor e ficar pensando se pareceu incompetente ou mal preparado.

Depois de identificar os eventos sociais sobre os quais você se pega pensando muito tempo depois que eles terminaram, é importante lidar com essas lembranças de uma forma mais construtiva. Vamos começar com suas experiências sociais mais recentes. O objetivo é descobrir se você está exagerando nos aspectos negativos da experiência e descatastrofizar sua forma de lembrar-se da experiência para que seu pensamento seja mais realista e equilibrado. Mais uma vez, utilizamos as estratégias de busca de evidências, consequências e pensamento alternativo do Capítulo 6 para corrigir lembranças de acontecimentos sociais recentes. Faça a si mesmo três perguntas:

1. Será que as outras pessoas realmente me avaliaram tão mal como eu me lembro?
2. Minha ansiedade e desempenho social foram tão terríveis como eu me lembro?
3. Estou exagerando a importância e o impacto da experiência a longo prazo (isto é, estou exagerando a consequência ou o desfecho negativo)?

Passo 2. Avalie sua recordação

No cerne da ansiedade social, está o medo de que outras pessoas o avaliem negativamente em uma interação social. Quando você relembra essas experiências durante o período pós-evento, sua memória tem uma tendência negativa? Talvez você esteja se lembrando seletivamente de sinais negativos e deixando de lembrar de informações mais positivas que seriam incompatíveis com sua suposição de "fiz papel de bobo". Ou você pode estar interpretando mal alguns dos sinais sociais que obteve de outras pessoas. É fácil interpretar erroneamente uma expressão facial ou um comentário isolado, especialmente quando se entra em uma situação social imaginando causar uma má impressão nos outros. Há três coisas que se deve ter em mente ao tentar descobrir a opinião dos outros.

1. O elogio é efêmero

O que pensamos sobre uma pessoa muda a cada momento. Portanto, não há como obter uma avaliação positiva "permanente" ou garantida de outras pessoas. A avaliação delas mudará de um momento para o outro, dependendo de seu estado de humor, de suas circunstâncias e de outros fatores.

2. As pessoas são inconstantes

Você realmente acha que é possível que todos em uma situação social o julguem positivamente? Se você disser: "Não, claro que não", quantas pessoas precisam ter uma impressão positiva para que você se sinta bem consigo mesmo? É realmente uma maioria simples, como 51%? A maioria das pessoas com ansiedade social tem crenças irrealistas sobre a avaliação dos outros. Mesmo que 90% das pessoas em um evento social tenham uma impressão razoavelmente positiva de você, uma ou duas pessoas que tenham uma impressão negativa irão sobrepujar todas as avaliações positivas. Você está excessivamente focado em uma ou duas pessoas que têm uma opinião negativa? Há muito mais pessoas na situação social que podem ter tido uma impressão ligeiramente positiva ou pelo menos neutra (benigna) de você?

3. As verdadeiras avaliações estão ocultas

Raramente dizemos às pessoas o que realmente pensamos sobre elas. Podemos sorrir, acenar com a cabeça e fazer muito contato visual com uma pessoa para que ela pense que estamos interessados nela. Mas, em nosso íntimo, podemos estar pensando: "Que chato! Gostaria que ele parasse de falar" ou "Como ele pode ser tão idiota?". A questão é que nunca poderemos realmente saber o que de fato as pessoas pensam sobre nós. Não saímos por aí revelando nossos verdadeiros sentimentos em relação às pessoas. Se o fizéssemos, a vida seria caótica e extremamente estressante. Assim, guardamos nossos pensamentos sobre outras pessoas para nós mesmos. O que isso significa é que, no final, você **nunca saberá realmente o que uma pessoa pensa de você**. Sempre há uma grande lacuna em relação ao que os outros realmente pensam de nós, e todos ficamos adivinhando, preenchendo as lacunas com nossas suposições preconcebidas. O problema da ansiedade social é que sempre presumimos que as outras pessoas pensam negativamente sobre nós.

EXERCÍCIO DE INTERVENÇÃO **Avaliação da lembrança**

O objetivo deste exercício é reavaliar suas atividades sociais passadas para reestruturar sua forma de se recordar dessas experiências. É importante focar experiências sociais específicas que fazem com que você se envolva em processamento pós-evento negativo. Use o Formulário de avaliação pós-evento negativa (Folha de trabalho 10.11) para trabalhar em diversas experiências sociais. Você precisará fazer várias cópias da folha de trabalho (acesse a página do livro em loja.grupoa.com.br para baixar e imprimir).

⮑ **Dicas para obter sucesso: evitando a busca de tranquilização**

Ao decidir o que as pessoas provavelmente pensam de você na situação social, você pode pedir observações aos amigos que estavam presentes, mas precisa ter cuidado para que isso não se torne uma forma habitual de busca de validação.

Antônio constantemente ensaiava o que disse nas reuniões do departamento. A última reunião havia sido há uma semana, e desde então ele havia ficado pensando se pareceu incompetente ao responder algumas perguntas. Para interromper a ruminação pós-evento, Antônio poderia fazer uma avaliação da lembrança. O exemplo de Antônio mostra o que ele poderia ter descoberto.

Depois de examinar as evidências da sua avaliação pós-evento, Antônio concluiu que a maioria das pessoas provavelmente pensava que ele era competente, mas bastante tímido, e não um bom orador. Essa era uma forma mais realista e equilibrada de pensar sobre o seu desempenho social passado. Ele conseguiu deixar de pensar em "como me envergonhei" e passou a pensar em "como posso melhorar meu desempenho nas futuras reuniões do departamento". Quando nosso pensamento se torna mais focado no problema, isso reduz a tendência de ruminar o passado.

Passo 3. Descatastrofize a consequência

Um tema predominante no processamento pós-evento é pensar continuamente nas consequências de suas ações. Você já fez algum trabalho em sua lembrança do que aconteceu, mas pode dar um passo adiante usando a estratégia de descatastrofização explicada no Capítulo 8. Nesse caso, você se concentra em descatastrofizar o que você considera serem as consequências imediatas e de longo prazo de seu "mau desempenho" percebido em uma interação social passada.

Comece descrevendo a catástrofe na qual você esteve pensando durante o período pós-evento. Sem dúvida, a possibilidade catastrófica que mais o incomoda envolve algum nível de vergonha ou constrangimento sentido na situação social. Esse será o cenário catastrófico pós-evento em que você esteve pensando durante dias após a experiência social.

FOLHA DE TRABALHO 10.11

Formulário de avaliação pós-evento negativa

Instruções: comece registrando um evento social negativo recente na seção A. Na primeira coluna, liste todas as evidências que o fazem pensar que algumas pessoas formaram uma dura opinião negativa sobre você. Na segunda coluna, liste as evidências de que algumas pessoas não tinham uma opinião clara sobre você ou pareciam indiferentes. E, na terceira coluna, registre evidências de comentários positivos, interesse ou mesmo elogios dirigidos a você. Depois de concluir essa análise, registre o juízo ou opinião mais provável que você acha que as outras pessoas tiveram a seu respeito na situação social.

A.   Experiência social negativa relembrada: _____

_____

Avaliação da lembrança

Evidência de julgamento negativo dos outros	Evidência de indiferença/ neutralidade dos outros	Evidência de visão/ comentários positivos dos outros

O que concluo sobre a opinião dos outros: _____

_____

B.   Experiência social negativa relembrada: _____

_____

Avaliação da lembrança

Evidência de julgamento negativo dos outros	Evidência de indiferença/ neutralidade dos outros	Evidência de visão/ comentários positivos dos outros

O que concluo sobre a opinião dos outros: _____

_____

Avaliação pós-evento negativa de Antônio

A.   Experiência social negativa relembrada: Na semana passada, na reunião do departamento, tive que responder a algumas perguntas sobre nosso novo programa de sincronização. Eu estava tão ansioso que mal consigo me lembrar do que disse. Tenho certeza de que todos na reunião ficaram pensando no que havia de errado comigo.

Avaliação da lembrança

Evidência de julgamento negativo dos outros	Evidência de indiferença/ neutralidade dos outros	Evidência de visão/ comentários positivos dos outros
1. Susan pareceu intrigada com minha resposta. 2. Jaron fez uma pergunta e depois fez outra. É claro que não respondi à sua primeira pergunta. 3. Nossa gerente, que presidiu a reunião, me interrompeu uma vez quando eu estava respondendo a uma pergunta.	1. Algumas pessoas não estavam prestando atenção na reunião. Elas estavam mandando mensagens de texto o tempo todo. 2. Recebi apenas algumas perguntas de duas pessoas. Os outros apenas aceitaram o que eu disse. Eu não sabia se eles se importavam com o que eu havia dito.	1. Percebi que Sharon fez algumas anotações quando fiz uma análise do progresso do meu trabalho. 2. Depois da reunião, Teresa disse que estava interessada no que eu estava fazendo e queria saber se eu poderia ajudá-la com um problema de *software*. 3. Depois da reunião, nossa gerente me designou um projeto de *software* ainda mais difícil.

O que concluo sobre a opinião dos outros: Sem dúvida todos sabiam que eu estava ansioso, mas ficou claro que algumas pessoas na reunião não estavam prestando atenção em mim. Alguns estavam prestando atenção às minhas respostas. Eles fizeram perguntas e tomaram notas. Minha gerente obviamente achou que eu era competente, pois me passou uma tarefa ainda mais difícil. Das 12 pessoas presentes na reunião, talvez duas tenham criticado bastante as minhas respostas. Essas são as mesmas pessoas que sempre me tratam mal, então provavelmente não gostam de mim nem me respeitam.

EXERCÍCIO DE INTERVENÇÃO   **O verdadeiro custo do constrangimento**

Depois de identificar o que você considera um "constrangimento catastrófico", é hora de determinar se você está exagerando a importância dele. Será que você está pensando demais no impacto imediato e de longo prazo do seu constrangimento em você e nos outros? Caso você esteja ruminando uma interação social passada, você pode estar convencido de que causou danos irreparáveis à impressão que você causa nos outros devido ao seu comportamento constrangedor. Mas isso é verdade? Reserve um tempo para pensar profundamente e de forma mais prática sobre os efeitos da experiência constrangedora. O Formulário do custo do constrangimento (Folha de trabalho 10.12) pode ser usado para registrar sua avaliação das consequências realistas do seu desempenho constrangedor.

FOLHA DE TRABALHO 10.12

Formulário do custo do constrangimento

Instruções: descreva sucintamente uma experiência de constrangimento significativo e me-morável no espaço fornecido. A seguir, use as colunas para listar todas as consequências de curto e longo prazo que você sofreu devido à experiência constrangedora. Use a coluna da esquerda para escrever sobre os efeitos imediatos do constrangimento e a coluna da direita para registrar mudanças mais permanentes e de longo prazo causadas pela experiência constrangedora. Depois de concluir essa análise, use o espaço fornecido para compor uma perspectiva mais realista sobre o significado pessoal e de longo prazo da experiência cons-trangedora.

Aponte o "constrangimento catastrófico" que você rumina durante o período pós-evento:

_____

_____

Custos/consequências imediatas	Custos/consequências a longo prazo
1.	1.
2.	2.
3.	3.
4.	4.
5.	5.
6.	6.

Depois de analisar as consequências, qual é o efeito mais provável da sua experiência cons-trangedora em você e nos outros? _____

_____

> **⊃ Dicas para obter sucesso: questionando seu constrangimento**
>
> No momento em que ocorre, o constrangimento pode ser dolorosamente desconfortável. Mas a intensidade dessa angústia momentânea pode ser enganosa. Ela causa tendenciosidade em nosso pensamento, por isso presumimos que o constrangimento deve ter uma consequência devastadora. Mas os efeitos do constrangimento geralmente desaparecem rapidamente. Faça a si mesmo as perguntas a seguir ao reavaliar uma experiência constrangedora do passado. Presumiremos que muitas pessoas no evento social repararam em você e pensaram que você era inadequado, incompetente ou defeituoso de alguma forma.
>
> - Como essa opinião negativa mudou a minha vida?
> - Meus colegas de trabalho, amigos ou familiares agora me tratam de maneira diferente?
> - A opinião negativa que eles têm sobre mim é permanente? Estou pensando que, seja o que for que eu faça nos próximos anos, esse evento constrangedor irá se sobrepor a tudo?
> - Eu acho que a avaliação negativa das pessoas muda de um dia para o outro?
> - Qual é o efeito do tempo no constrangimento? A maioria das pessoas esquecerá isso, exceto a pessoa que se sente constrangida.
> - Qual é a importância do evento social em termos de alcançar meus objetivos e aspirações de vida? A maioria de nossas interações sociais diárias são bastante triviais e mundanas quando vistas do ponto de vista mais amplo do propósito e significado da vida.
> - Será que algumas pessoas terão uma reação diferente ao testemunharem o meu constrangimento? Por exemplo, alguns podem sentir empatia e compreensão quando veem alguém constrangido porque sabem como é isso. Seria possível que algumas pessoas tenham feito um julgamento severo de mim, mas outras possam ter visto isso de forma diferente?

Você conseguiu chegar a uma avaliação mais realista das consequências de sua experiência constrangedora? Se você está tendo dificuldade para passar de uma lembrança "catastrófica" do constrangimento para um pensamento mais "realista" sobre seu desempenho, reconsidere as questões investigativas listadas na seção Dicas para obter sucesso. Elas foram elaboradas para ajudá-lo a reavaliar a importância do que você considera um desempenho constrangedor em um evento social.

Reservar um tempo para questionar e avaliar sua interpretação do constrangimento é uma boa maneira de recalibrar a importância de um evento social e vê-lo como ele realmente é: apenas uma das muitas interações interpessoais que temos durante a vida diária normal.

Passo 4. Gere uma alternativa

Agora que você avaliou a situação social pela qual passou e decidiu que estava pensando o pior sobre a situação, é hora de apresentar um relato mais realista do encontro social. Qual é a maneira melhor e mais realista de relembrar sua experiência social? Foque o seguinte:

- Desenvolver uma nova compreensão da experiência social.
- Aprender com a interação social para que você possa agir e pensar de outra forma quando se deparar com eventos sociais semelhantes no futuro.

Ao gerar uma perspectiva alternativa, é importante focar os fatos, o que aconteceu, com base em evidências e não em como você se sente. Você pode ficar ansioso ou constrangido com a situação, mas atenha-se ao que realmente aconteceu ao elaborar sua nova perspectiva. Revise o trabalho que você fez no Passo 2 (Avalie sua recordação) e no Passo 3 (Descatastrofize a consequência) para reavaliar como os outros reagiram a você e como você se comportou no encontro social. Ao pensar novamente na experiência, você está exagerando sua importância e influência em sua vida? Com base nessas observações, gere um relato alternativo da experiência social pela qual você passou.

EXERCÍCIO DE INTERVENÇÃO   **Crie uma nova perspectiva pós-evento**

Use a Folha de trabalho 10.13 para integrar o trabalho que você fez nesta seção sobre processamento pós-evento. Comece relatando brevemente a experiência social na qual você esteve pensando durante o período pós-evento. A seguir, preencha o restante da folha de trabalho. Faça várias cópias para poder usar a folha de trabalho em vários encontros sociais (acesse a página do livro em loja.grupoa.com.br para baixar e imprimir).

⊃ Dicas para resolução de problemas: ruminação descontrolada

Às vezes podemos ficar tão envergonhados com uma experiência social que ficamos ruminando o que aconteceu quase constantemente ao longo do dia. Se isso estiver acontecendo com você, não tente suprimir ou controlar sua ansiedade. Deixe que ela flua e reflua naturalmente enquanto você realiza suas tarefas diárias. Anote as coisas sobre o evento social que você está lembrando e planeje uma sessão especial de preocupação de 30 a 45 minutos em casa à noite. Separe as coisas que você registrou durante o dia e trabalhe nelas usando o Formulário de exposição à preocupação (Folha de trabalho 8.11) do Capítulo 8. Assim que a emoção associada à ruminação tiver desaparecido, retome seu trabalho de avaliar as consequências de sua experiência constrangedora e produzir uma perspectiva alternativa.

Para impedir que o processamento pós-evento alimente sua ansiedade social, você deve ser capaz de descatastrofizar o passado e colocá-lo em perspectiva. Gerar uma nova compreensão sobre suas falhas sociais e constrangimentos percebidos é uma parte crítica desse processo. Uma vez desenvolvidas as perspectivas alternativas, você pode praticar a substituição da memória ansiosa de eventos passados pela explicação alternativa e mais equilibrada. Isso irá acalmar a ansiedade e renovar sua confiança para enfrentar futuras dificuldades sociais. Essa

FOLHA DE TRABALHO 10.13

Uma reavaliação realista do meu desempenho social passado

Instruções: primeiro descreva sucintamente o encontro social específico em que você tem pensado nos últimos dias ou semanas e depois diga como você acha que se constrangeu naquela situação. Use o terceiro item para registrar uma perspectiva diferente, mais realista e equilibrada do seu desempenho naquela situação. Por fim, liste três ou quatro coisas que você aprendeu com essa experiência e que pode aplicar a experiências futuras de recordação pós-evento angustiante.

1. Experiência social passada relembrada durante o pensamento pós-evento: _____

   _____

2. O constrangimento/fracasso social "catastrófico": _____

   _____

   _____

   _____

   _____

3. Compreensão alternativa e mais realista do seu desempenho social: _____

   _____

   _____

   _____

   _____

4. O que você aprendeu com essa experiência social:

   a. _____

      _____

   b. _____

      _____

   c. _____

      _____

é uma forma eficaz de diminuir o pensamento ruminativo pós-evento. Se você estiver se perguntando se sua explicação alternativa pode ser eficaz na redução da ansiedade social, dê uma olhada no exemplo de Antônio.

Parabéns! Você chegou ao final de nossa intervenção de TCC para ansiedade social. É hora de revisar o trabalho que você fez neste capítulo. Você achou um dos três componentes da ansiedade social mais relevante que os outros? Nesse caso, você pode querer dedicar um pouco mais de tempo ao estágio antecipatório, do encontro social ou do processamento pós-evento. Também é hora de revisitar

Reavaliação realista de Antônio do seu desempenho social passado

1. Experiência social passada relembrada durante o pensamento pós-evento: Continuo pensando na reunião da semana passada com meu supervisor e me preocupo com meu desempenho e com a opinião dele sobre mim.

2. O constrangimento/fracasso social "catastrófico": Tive dificuldade para articular; eu sei que ele percebeu que eu estava corando, que minhas mãos tremiam e que eu não conseguia me expressar com clareza. Ele provavelmente ficou pensando o que havia de errado comigo, por que eu estava tão nervoso. Ele fez várias perguntas, o que significa que o que eu estava dizendo não estava fazendo sentido. Estou tão envergonhado; ele provavelmente está se perguntando se sou competente o suficiente para fazer este trabalho.

3. Compreensão alternativa e mais realista do seu desempenho social: Ele provavelmente percebeu que eu estava nervoso, mas já sabe que sou tímido e ansioso. Ele ainda me passa trabalho para fazer e frequentemente pede meus conselhos. Há muitas evidências, pela natureza de suas perguntas, de que ele entendeu o que eu estava lhe dizendo. Desde o nosso encontro, o comportamento dele em relação a mim não mudou e ele ainda me passa trabalho e pede minha opinião. Então, obviamente, ele não acha que sou incompetente. Ele pode até estar achando que sou competente ou talentoso, e possivelmente uma pessoa legal, mas que tenho problema de ansiedade. É provável que ele aceite minha ansiedade melhor do que eu.

4. O que você aprendeu com essa experiência social:

   a. Posso esperar ficar ansioso em situações sociais; devo aceitar a ansiedade, trabalhar com ela em vez de tentar escondê-la dos outros ou suprimi-la.

   b. Preciso diminuir o ritmo quando falo; tento me apressar quando estou ansioso porque quero acabar logo com aquilo, mas isso só piora as coisas e dificulta o acompanhamento do que estou dizendo.

   c. Da próxima vez, posso perguntar antecipadamente ao meu gerente o objetivo da reunião, assim posso anotar alguns pontos-chave aos quais posso me referir durante a reunião.

Minhas metas de mudança social (Folha de trabalho 10.2), considerando o trabalho que você realizou para reduzir sua ansiedade social. A sua recuperação da ansiedade social será maior se você também observar essas intervenções do ponto de vista da CT-R. Você viu como o trabalho que você fez neste capítulo também pode enriquecer suas relações sociais e ajudá-lo a alcançar as metas de mudança social listadas na Folha de trabalho 10.2?

CONCLUSÃO

A ansiedade social é um dos problemas de ansiedade mais comuns, que frequentemente se inicia na infância e continua por décadas. Ela pode ter um efeito debilitante na qualidade de vida e causar considerável sofrimento pessoal. Neste capítulo, apresentamos o modelo de ansiedade social da TCC, que enfatiza três componentes: o período antecipatório, o encontro social e o processamento pós--evento. Foram descritas várias intervenções que modificam o medo paralisante da avaliação negativa por parte dos outros e ajudam a mudar o desempenho social improdutivo e as respostas de enfrentamento que perpetuam um senso de vulnerabilidade e esquiva. Mas você não precisa se contentar apenas em reduzir a ansiedade social. A TCC também pode reforçar e enriquecer as relações sociais, um dos pilares da resiliência pessoal e do bem-estar emocional.

Recursos

ASSOCIAÇÕES

Várias entidades profissionais de saúde mental têm *sites* que fornecem informações úteis sobre as últimas pesquisas e tratamentos da ansiedade para o público em geral. Alguns desses *sites* também fornecem informações sobre como localizar um terapeuta cognitivo-comportamental competentemente treinado.

Estados Unidos

Anxiety and Depression Association of America
adaa.org

Association for Behavioral and Cognitive Therapies (ABCT)
abct.org

Academy of Cognitive and Behavioral Therapies (ACBT)
academyofcbt.org

Beck Institute
beckinstitute.org

Canadá

Canadian Association of Cognitive and Behavioural Therapies (CACBT)
cacbt.ca

Canadian Psychological Association
cpa.ca

Reino Unido

British Association for Behavioural and Cognitive Therapies
babcp.com

British Psychological Society
bps.org.uk

Austrália

Australian Association for Cognitive and Behaviour Therapy
aacbt.org

Europa e abrangência global

European Association for Behavioural and Cognitive Therapies (EABCT)
eabct.eu

World Confederation of Cognitive and Behavioural Therapies (WCCBT)
wccbt.org

Nova Zelândia

Aotearoa New Zealand Association for Cognitive Behavioural Therapies (AnzaCBT)
cbt.org.nz

RECURSOS *ON-LINE*

Anxiety Canada
anxietycanada.com

Anxiety and Depression Association of America
adaa.org

International OCD Foundation
iocdf.org

National Alliance on Mental Illness
nami.org

National Center for PTSD
ptsd.va.gov

National Institute for Health and Care Excellence
nice.org.uk

NIMH Anxiety Disorders
nimh.nih.gov/health/topics/anxiety-disorders

Social Anxiety Association
socialphobia.org

LEITURAS RECOMENDADAS

Os livros de autoajuda mencionados a seguir oferecem vários tipos de tratamentos de orientação cognitiva para ansiedade e seus transtornos. Esses materiais variam em sua ênfase às estratégias cognitivas e comportamentais para reduzir a ansiedade. Alguns incluem estratégias alternativas para reduzir a ansiedade, como meditação, treinamento de atenção plena e abordagens de aceitação/compromisso. Também incluímos recursos sobre depressão.

Transtornos de ansiedade (geral)

Bourne, E. J. (2024). *Vencendo a ansiedade e a fobia: Guia prático* (7. ed.). Porto Alegre: Artmed.

Bourne, E. J., & Garano, L. (2016). *Coping with anxiety: 10 simple ways to relieve anxiety, fear and worry* (2nd ed., rev.). Oakland, CA: New Harbinger.

Butler, G., & Hope, T. (2007). *Managing your mind: The mental fitness guide.* Oxford, UK: Oxford University.

Clark, D. A. (2018). *The anxious thoughts workbook: Skills to overcome the unwanted intrusive thoughts that drive anxiety, obsessions and depression.* Oakland, CA: New Harbinger.

Clark, D. A. (2020). *The negative thoughts workbook: CBT skills to overcome repetitive worry, shame, and rumination that drive anxiety and depression.* Oakland, CA: New Harbinger.

Clark, D. A. (2023). *Manual de terapia cognitivo-comportamental para adolescentes ansiosos: Livrando-se de pensamentos negativos e preocupações.* Porto Alegre: Artmed.

Forsyth, J. P., & Eifert, G. H. (2016). *The mindfulness and acceptance workbook for anxiety: A guide to breaking free from anxiety, phobias and worry using acceptance and commitment therapy.* Oakland, CA: New Harbinger.

Greenberger, D., & Padesky, C. A. (2017). *A mente vencendo o humor: Mude como você se sente, mudando o modo como você pensa.* (2. ed.) Porto Alegre: Artmed.

Hofmann, S. G. (2022). *Lidando com a ansiedade: Estratégias de TCC e mindfulness para superar o medo e a preocupação.* Porto Alegre: Artmed.

Knaus, W. J. (2014). *The cognitive behavioral workbook for anxiety: A step-by-step program* (2nd ed.). Oakland, CA: New Harbinger.

Leahy, R. L. (2010). *Livre de ansiedade.* Porto Alegre: Artmed.

Leahy, R. L. (2021). *Não acredite em tudo que você sente: Identifique seus esquemas emocionais e liberte-se da ansiedade e da depressão.* Porto Alegre: Artmed.

McKay, M., Davis, M., & Fanning, P. (2021). *Thoughts and feelings: Taking control of your mood and your life* (5th ed.). Oakland, CA: New Harbinger.

Norton, P. J., & Antony, M. M. (2021). *The anti-anxiety program: A workbook of proven strategies to overcome worry, panic, and phobias* (2nd ed.). New York: Guilford.

Schab, L. M. (2021). *The anxiety workbook for teens: Activities to help you deal with anxiety and worry* (2nd ed.). Oakland, CA: New Harbinger.

Tirch, D. D. (2012). *Overcoming anxiety: Using compassion-focused therapy to calm worry, panic, and fear.* Oakland, CA: New Harbinger.

Watt, M. C., & Stewart, S. H. (2009). *Overcoming fear of fear: How to reduce anxiety sensitivity.* Oakland, CA: New Harbinger.

Winston, S. M., & Seif, M. N. (2017). *Overcoming unwanted intrusive thoughts: A CBT-based guide to getting over frightening, obsessive, or disturbing thoughts.* Oakland, CA: New Harbinger.

Winston, S. M., & Seif, M. N. (2022). *Overcoming anticipatory anxiety: A CBT guide for moving past chronic indecisiveness, avoidance, and catastrophic thinking.* Oakland, CA: New Harbinger.

Transtorno do pânico

Antony, M. M., & McCabe, R. E. (2004). *10 simple solutions to panic: How to overcome panic attacks, calm physical symptoms, and reclaim your life.* Oakland, CA: New Harbinger.

Barlow, D. H., & Craske, M. G. (2007). *Mastery of your anxiety and panic* (4th ed.). New York: Oxford University.

McKay, M., & Zuercher-White, E. (1999). *Overcoming panic disorder and agoraphobia — client manual.* Oakland, CA: New Harbinger.

Transtorno de ansiedade social

Antony, M. M., & Swinson, R. P. (2017). *The shyness and social anxiety workbook: Proven, step-by-step techniques for overcoming your fear* (3rd ed.). Oakland, CA: New Harbinger.

Bulter, G. (2021). *Overcoming social anxiety and shyness: A self-help guide using cognitive behavioural techniques* (2nd ed.). London: Constable & Robinson.

Hope, D. A., Heimberg, R. G., & Turk, C. L. (2012). *Vencendo a ansiedade social com a terapia cognitivo-comportamental: Manual do paciente* (2. ed.). Porto Alegre: Artmed.

Stein, M. B., & Walker, J. R. (2002). *Triumph over shyness: Conquering shyness and social anxiety*. New York: McGraw-Hill.

Preocupação e transtorno de ansiedade generalizada

Leahy, R. L. (2007). *Como lidar com as preocupações: Sete passos para impedir que elas paralisem você*. Porto Alegre: Artmed.

Meares, K., & Freeston, M. (2008). *Overcoming worry: A self-help guide using cognitive behavioural techniques*. London: Constable & Robinson.

Orsillo, S. M., & Roemer, L. (2016). *Worry less, live more: The mindful way through anxiety workbook*. New York: Guilford.

Robichaud, M., & Buhr, K. (2018). *The worry workbook: CBT skills to overcome worry and anxiety by facing the fear of uncertainty*. Oakland, CA: New Harbinger.

Robichaud, M., & Dugas, M. J. (2015). *The generalized anxiety disorder workbook: A comprehensive CBT guide for coping with uncertainty, worry, and fear*. Oakland, CA: New Harbinger.

Rygh, J. L., & Sanderson, W. C. (2004). *Treating generalized anxiety disorder: Evidence-based strategies, tools, and techniques*. New York: Guilford.

Seif, M. N., & Winston, S. M. (2019). *Needing to know for sure: A CBT-based guide to overcoming compulsive checking and reassurance seeking*. Oakland, CA: New Harbinger.

Depressão

Addis, M. E., & Martell, C. R. (2004). *Overcoming depression one step at a time: The new behavioral activation approach to getting your life back*. Oakland, CA: New Harbinger.

Bieling, P. J., & Antony, M. M. (2003). *Ending the depression cycle*. Oakland, CA: New Harbinger.

Leahy, R. L. (2015). *Vença a depressão antes que ela vença você*. Porto Alegre: Artmed.

Teasdale, J., Williams, M., & Segal, Z. (2014). *The mindful way workbook: An 8-week program to free yourself from depression and emotional distress*. New York: Guilford.

Wright, J. H., & McCray, L. W. (2012). *Breaking free from depression: Pathways to wellness*. New York: Guilford.

Referências

1. Baxter, A. J., Scott, K. M., & Whiteford, H. A. (2013). Global prevalence of anxiety disorders: A systematic review and meta-regression. *Psychological Medicine, 43*, 897–910.

2. Kessler, R. C., Berglund, P., Demler, O., Robertson, M. S., & Walters, E. E. (2005). Lifetime prevalence and age-of-onset distributions of DSM-IV disorders in the National Comorbidity Survey Replication. *Archives of General Psychiatry, 62*, 593–602.

3. Everydayhealth.com. (2020). 13 celebrities with anxiety disorders. Retrieved January 7, 2020, from *www.everydayhealth.com/anxiety-pictures/celebrities-with-anxiety-disorders. aspx.*

4. Clark, D. A., & Beck, A. T. (2010). *Cognitive therapy of anxiety disorders: Science and practice.* New York: Guilford Press.

5. Hofmann, S. G., Asnaani, A., Vonk, I. J. J., Sawyer, A. T., & Fang, A. (2012). The efficacy of cognitive-behavioral therapy: A review of meta-analyses. *Cognitive Therapy and Research, 36*, 427–440.

6. Zhang, A., Borhneimer, L. A., Weaver, A., Franklin, C., Hai, A. H., Guz, S., & Shen, L. (2019). Cognitive behavioral therapy for primary care depression and anxiety: A secondary meta-analytic review using robust variance estimation in meta-regression. *Journal of Behavioral Medicine, 42*, 1117–1141.

7. Butler, A. C., Chapman, J. F., Forman, E. M., & Beck, A. T. (2006). The empirical status of cognitive-behavioral therapy: A review of meta-analyses. *Clinical Psychology Review, 26*, 17–31.

8. Epp, A. M., Dobson, K. S., & Cottraux, J. (2009). Applications of individual cognitivebehavioral therapy to specific disorders. In G. O. Gabbard (Ed.), *Textbook of psychotherapeutic treatments* (pp. 239–262). Washington, DC: American Psychiatric Publishing.

9. Hollon, S. D., Stewart, M. O., & Strunk, D. (2006). Enduring effects for cognitive behavior therapy in the treatment of depression and anxiety. *Annual Review of Psychology, 57*, 285–315.

10. American Psychiatric Association. (1998). Practice guidelines for the treatment of patients with panic disorder. *American Journal of Psychiatry, 155*(Suppl.), 1–34.

11. National Institute for Health and Clinical Excellence (NICE) Guidelines. (2019, July 30). *Generalised anxiety disorder and panic disorder in adults: Management*. Retrieved June 13, 2020, from *www.guidelines.co.uk/mental-health/nice-anxiety-guideline/212067.article*.

12. Beck, A. T., Grant, P., Inverso, E., Brinen, A. P., & Perivoliotis, D. (2020). *Recovery-oriented cognitive therapy for serious mental health conditions*. New York: Guilford Press.

13. Beck, A. T. (1996). Beyond belief: A theory of modes, personality, and psychopathology. In P. M. Salkovskis (Ed.), *Frontiers of cognitive therapy* (pp. 1–25). New York: Guilford Press.

14. Beck, J. S. (2020). *Cognitive behavior therapy: Basics and beyond* (3rd ed.). New York: Guilford Press.

15. Robinson, P., Oades, L. G., & Caputi, P. (2015). Conceptualising and measuring mental fitness: A Delphi study. *International Journal of Wellbeing, 5*, 53–73.

16. Kazantzis, N., Whittington, C., & Dattilio, F. (2010). Meta-analysis of homework effects in cognitive and behavioral therapy: A replication and extention. *Clinical Psychology: Science and Practice, 17*, 144–156.

17. Kazantzis, N., Whittington, C., Zelencich, L., Kyrios, M., Norton, P. J., & Hofmann, S. G. (2016). Quantity and quality of homework compliance: A meta-analysis of relations with outcome in cognitive behavior therapy. *Behavior Therapy, 47*, 755–772.

18. Watt, M. C., & Stewart, S. H. (2008). *Overcoming the fear of fear: How to reduce anxiety sensitivity*. Oakland, CA: New Harbinger.

19. Reiss, S., & McNally, R. J. (1985). Expectancy model of fear. In S. Reiss & R. R. Bootzin (Eds.), *Theoretical issues in behavior therapy* (pp. 107–121). Orlando, FL: Academic Press.

20. Taylor, S. (1995). Anxiety sensitivity: Theoretical perspectives and recent findings. *Behaviour Research and Therapy, 33*, 243–258.

21. Taylor, S., Zvolensky, M. J., Cox, B. J., Deacon, B., Heimberg, R. G., Ledley, D. R., et al. (2007). Robust dimensions of anxiety sensitivity: Development and initial validation of the Anxiety Sensitivity Index-3. *Psychological Assessment, 19*, 176–188.

22. Jardin, C., Paulus, D. J., Garey L., Kauffman, B., Bakhshaie, J., Manning, K., et al. (2018). Towards a greater understanding of anxiety sensitivity across

groups: The construct validity of the Anxiety Sensitivity Index-3. *Psychiatry Research, 268,* 72–81.

23. Stonerock, G. L., Hoffman, B. M., Smith, P. J., & Blumenthal, J. A. (2015). Exercise as treatment for anxiety: Systematic review and analysis. *Annals of Behavioral Medicine, 49,* 542–556.

24. Broman-Fulks, J. J., Abraham, C. M., Thomas, K., Canu, W. H., & Nieman, D. C. (2018). Anxiety sensitivity mediates the relationship between exercise frequency and anxiety and depression symptomatology. *Stress and Health, 34,* 500–508.

25. Sabourin, B. C., Stewart, S. H., Watt, M. C., & Krigolson, O. E. (2015). Running as interoceptive exposure for decreasing anxiety sensitivity: Replication and extension. *Cognitive Behaviour Therapy, 44,* 264–274.

26. Mathews, A., & MacLeod, C. (2005). Cognitive vulnerability to emotional disorders. *Annual Review of Clinical Psychology, 1,* 167–195.

27. Beck, A. T., & Haigh, E. A. P. (2014). Advances in cognitive theory and therapy: The generic cognitive model. *Annual Review of Clinical Psychology, 10,* 1–24.

28. Dugas, M. J., Buhr, K., & Ladouceur, R. (2004). The role of intolerance of uncertainty in etiology and maintenance. In R. G. Heimberg, C. L. Turk, & D. S. Mennin (Eds.), *Generalized anxiety disorder: Advances in research and practice* (pp. 143–163). New York: Guilford Press.

29. Lohr, J. M., Olatunji, B. O., & Sawchuk, C. N. (2007). A functional analysis of danger and safety signals in anxiety disorders. *Clinical Psychology Review, 27,* 114–126.

30. Salkovskis, P. M. (1996). Avoidance behavior is motivated by threat belief: A possible resolution of the cognitive-behavior debate. In P. M. Salkovskis (Ed.), *Trends in cognitive and behavioral therapies* (pp. 25–41). Chichester, UK: Wiley.

31. Abramowitz, J. S., Deacon, B. J., & Whiteside, S. P. H. (2019). *Exposure therapy for anxiety: Principles and practice* (2nd ed.). New York: Guilford Press.

32. Craske, M. G., Treanor, M., Conway, C., Zborinek, T., & Vervliet, B. (2014). Maximizing exposure therapy: An inhibitory learning approach. *Behaviour Research and Therapy, 58,* 10–23.

33. Pittig, A., Treanor, M., LeBeau, R. T., & Craske, M. G. (2018). The role of associative fear and avoidance learning in anxiety disorders: Gaps and directions for future research. *Neuroscience and Biobehavioral Reviews, 88,* 117–140.

34. Hofmann, S. G. (2020). *The anxiety skills workbook: Simple CBT and mindfulness strategies for overcoming anxiety, fear, and worry.* Oakland, CA: New Harbinger.

35. Norton, P. J., & Antony, M. M. (2021). *The anti-anxiety program: A workbook of proven strategies to overcome worry, panic, and phobias* (2nd ed.). New York: Guilford Press.

36. Montero-Marin, J., Garcia-Campayo, J., Pérez-Yus, M., Zabaleta-del-Olmo, E., & Cuijpers, P. (2019). Meditation techniques versus relaxation therapies when treating anxiety: A metaanalytic review. *Psychological Medicine, 49*, 2118–2133.

37. Forsyth, J. P., & Eifert, G. H. (2016). *The mindfulness and acceptance workbook: A guide to breaking free from anxiety, phobias and worry using acceptance and commitment therapy* (2nd ed.). Oakland, CA: New Harbinger.

38. Robichaud, M., & Dugas, M. J. (2015). *The generalized anxiety disorder workbook: A comprehensive CBT guide for coping with uncertainty, worry, and fear.* Oakland, CA: New Harbinger.

39. Robichaud, M., & Dugas, M. J. (2006). A cognitive-behavioral treatment targeting intolerance of uncertainty. In G. C. L. Davey & A. Wells (Eds.), *Worry and its psychological disorders: Theory, assessment, and treatment* (pp. 289–304). Chichester, UK: Wiley.

40. Antony, M. M., & Swinson, R. P. (2009). *When perfect isn't good enough: Strategies for coping with perfectionism* (2nd ed.). Oakland, CA: New Harbinger.

41. Shafran, R., Egan, S., & Wade, T. (2018). *Overcoming perfectionism: A self-help guide using cognitive behavioural techniques* (2nd ed.). London: Robinson Press.

42. Leahy, R. L. (2009). *Anxiety free: Unravel your fears before they unravel you.* Carlsbad, CA: Hay House.

43. Wegner, D. M. (1994). The ironic processes of mental control. *Psychological Review, 101*, 34–52.

44. Wells, A. (2009). *Metacognitive therapy for anxiety and depression.* New York: Guilford Press.

45. McKay, M., Davis, M., & Fanning, P. (2021). *Thoughts and feelings: Taking control of your mood and your life* (5th ed.). Oakland, CA: New Harbinger.

46. Borkovec, T. D., Hazlett-Stevens, & Diaz, M. L. (1999). The role of positive beliefs about worry in generalized anxiety disorder and its treatment. *Clinical Psychology and Psychotherapy, 6*, 126–138.

47. Borkovec, T. D., Alcaine, O. M., & Behar, E. (2004). Avoidance theory of worry and generalized anxiety disorder. In R. G. Heimberg, C. L. Turk, & D. S. Mennin (Eds.), *Generalized anxiety disorder: Advances in research and practice* (pp. 77–108). New York: Guilford Press.

48. Hoyer, J., Beesdo, K., Gloster, A. T., Runge, J., Höfler, M., & Becker, E. S. (2009). Worry exposure versus applied relaxation in the treatment of generalized anxiety disorder. *Psychotherapy and Psychosomatic, 78*, 106–115.

49. Robichaud, M., & Buhr, K. (2018). *The worry workbook: CBT skills to overcome worry and anxiety by facing the fear of uncertainty.* Oakland, CA: New Harbinger.

50. Seif, M. N., & Winston, S. M. (2019). *Needing to know for sure: A CBT-based guide to overcoming compulsive checking and reassurance seeking.* Oakland, CA: New Harbinger.

51. Hayes, S. G. (with Smith, S.). (2005). *Get out of your mind and into your life: The new acceptance and commitment therapy.* Oakland, CA: New Harbinger.

52. Brown, T. A., & Deagle, E. A. (1992). Structured interview assessment of nonclinical panic. *Behavior Therapy, 23*, 75–85.

53. Norton, G. R., Dorward, J., & Cox, B. J. (1986). Factors associated with panic attacks in nonclinical subjects. *Behavior Therapy, 17*, 239–252.

54. Beck, A. T., & Emery, G. (with Greenberg, R. L.). (1985). *Anxiety disorders and phobias: A cognitive perspective.* New York: Basic Books.

55. Clark, D. M. (1986). A cognitive approach to panic. *Behaviour Research and Therapy, 24*, 461–470.

56. National Institute of Mental Health. (2017). *Mental health information: Social anxiety disorder.* Retrieved March 21, 2021, from *www.nih.gov.*

57. Riskind, J. H., & Rector, N. A. (2018). *Looming vulnerability: Theory, research and practice in anxiety.* New York: Springer.

58. Clark, D. M. (2001). A cognitive perspective on social phobia. In W. R. Crozier & L. E. Alden (Eds.), *International handbook of social anxiety: Concepts, research and interventions relating to the self and shyness* (pp. 405–430). New York: Wiley.

59. Henderson, L., & Zimbardo, P. (1999). Shyness. In H. S. Friedman (Ed.), *Encyclopedia of mental health* (Vol. 3, pp. 497–509). San Diego, CA: Academic Press.

60. Fehm, L., Beesdo, K., Jacobi, F., & Fiedler, A. (2008). Social anxiety disorder above and below the diagnostic threshold: Prevalence, comorbidity and impairment in the general population. *Social Psychiatry and Psychiatric Epidemiology, 43*, 257–265.

Índice

Observação: as letras *f* e *t* após um número de página indicam, respectivamente, figuras e tabelas.